21世纪高职高专系列教材

工程力学

主　编　赵爱梅　王亚飞
　　　　陈　光
副主编　刘同森　邓吉伟
　　　　袁益民　李　颖

山东大学出版社

21世纪高职高专系列教材
编委会成员名单

出版说明

江泽民同志在党的十六大报告中指出："教育是发展科学技术和培养人才的基础，在现代化建设中具有先导性全局性作用，必须摆在优先发展的战略地位。……加强职业教育和培训，发展继续教育，构建终身教育体系。"职业教育作为我国教育事业的一个重要的组成部分，改革开放以来，尤其是近年来获得了长足发展。据不完全统计，目前全国各类高等职业学校有近千所，仅山东省就有五十多所，为国家和地方培养了一大批高素质的劳动者和专门人才。与此相适应，教材建设也硕果累累，各出版社先后推出了多部具有高职特色的高职高专教材。但总体上看，与迅猛发展的高职教育相比，教材的出版相对滞后，这不仅表现在教材品种相对较少，更表现在内容的针对性不强，某些方面与高职的专业设置、培养目标相去甚远。同时，地方性、区域性的高职教材也稍嫌不足。以山东省为例，作为一个经济强省、人口大省、教育大省，迄今为止，居然没有一套统编的、与山东省社会、经济、文化发展相适应的高职教材，严重地制约了我省高职高专教育的发展。

有鉴于此，我们在山东省教育厅的领导与支持下，依据教育部《高职高专教育基础课程教学基本要求》和《高职高专教育专业人才培养目标及规格》，并结合我省高职院校及专业设置的特点，组织省内二十余所高职院校长期从事高职高专教学和研究的专家、教授，编写了这套"21世纪高职高专系列教材"。该教材充分借鉴近年来国内高职高专院校教材建设的最新成果，认真总结和汲取省内高职院校和成人高校在教育、培养新时期技术应用性专门人才方面所取得的成功经验，以适应高职院校教学改革的需要为目标，重点突出实用性、针对性，力求从内容到形式都有一定的突破和创新。本系列教材拟分批出版，约一百余种。出齐后，将涵盖山东省高职高专教育的基础课程和主干课程。

编写这套教材，在我们是一次粗浅的尝试，也是一次学习、探索和提高的机会。由于我们水平有限，加之编写时间仓促，本教材无论在内容还是形式上都难免会存在这样那样的缺憾或不足，敬请专家和读者批评指正。

21世纪高职高专系列教材编写委员会

2005年7月

前　言

本书是按照国家教育部提出的高职院校基础理论教学“以必需、够用为度”的原则组织编写的，适合作为高职高专机械类，近机械类的工程力学课程的教学用书。

本书在编写过程中力求突出以下特点：(1)教学内容的选取服务于专业课的需要。为此，编者曾认真听取了专业课教师的意见和建议，并翻阅了机械类专业的主要专业课教材，专业课教学中所用到的工程力学的知识尽量编入，并力求阐述比较详细，同时也考虑到循序渐进的教学规律，将这些知识由浅入深地组合成便于施教的体系。(2)适应高职院校培养目标的需要。高职高专院校培养的是高技能人才而不是工程设计人员，要求掌握的工程力学知识是以静力学和材料力学的基本知识为主体，过于深奥的理论和习题未再编入。(3)教材尽量通俗易懂，充分考虑高职高专院校学生的知识起点和接受能力。每个重要知识点后面都编入了课堂练习题，有助于学生加深理解和及时巩固。

本书共分两篇。第一篇为静力学，第二篇为材料力学。静力学编入了物体受力分析、平面力系、摩擦、空间力系等内容；材料力学编入了拉伸与压缩、剪切与挤压、扭转、弯曲、组合变形、强度理论、压杆稳定等知识。每一章的后面还编入了一些关于力学科学的阅读材料，以提高学生的学习兴趣，开阔学生的视野。

本书由赵爱梅、王亚飞、陈光主编，刘同森、邓吉伟、袁益民、李颖副主编，参编者王鲁娟、吴耀华、王立芳、赵庆松、张桂云、谭永顺。

本书的第一、二、五、七、八章由赵爱梅编写，第三章由袁益民、李颖、王立芳编写，第四章由陈光、邓吉伟、吴耀华编写，第六章由赵爱梅、张桂云编写，第九、十章由刘同森、谭永顺编写，第十一章、第十二章由王亚飞、王鲁娟、赵庆松编写。全书由赵爱梅、王亚飞统稿。周峥、杨琳、王洪琳、姚云英等老师提出宝贵的编写意见，在此表示真诚的感谢。由于编者水平所限，书中难免有不足之处，欢迎读者批评指正。

编　者

2005 年 8 月

目 录

第一篇 静力学

第一篇　静力学

静力学主要研究物体受力的分析方法和物体处于平衡状态的规律。**物体的平衡状态**，是指物体相对于地面保持静止或作匀速直线运动状态。平衡是机械运动的一种特殊情况，即物体受力后的运动状态不发生变化。在生产和日常生活中，常常见到物体在力的作用下处于平衡的状态。例如，在静载荷作用下的工程结构（如桥梁、房屋、起重机、水坝等），常见的机械构件（如轴、齿轮、螺栓等），以及手动工具和低速机械等，它们在工作时大多处于平衡状态，或者可以近似地看作平衡状态。为了合理地设计或选择这些构件的形状、尺寸，保证构件安全可靠地工作，必须首先运用静力学知识，对构件进行受力分析，并根据平衡条件求出未知力，所以静力学是学习本书第二篇材料力学的基础。静力学的知识还可直接用来解决工程技术中的许多问题。

第一章　静力学基础

第一节　静力学基本概念

一、力

在物理中已学过，**力**是物体之间的相互机械作用，一个物体受到力的作用，一定有另一个物体对它施加这种作用。因此，在分析物体受力时，必须分清哪个是受力物体，哪个是施力物体。

力对物体的作用效果取决于三个要素，即力的大小、方向与作用点。力可以用一条有向线段来表示，如图 1-1 所示，线段的长度表示力的大小，单位为牛顿(N)。箭头的方向表示力的方向。可用有向线段的始端或末端表示力的作用点。

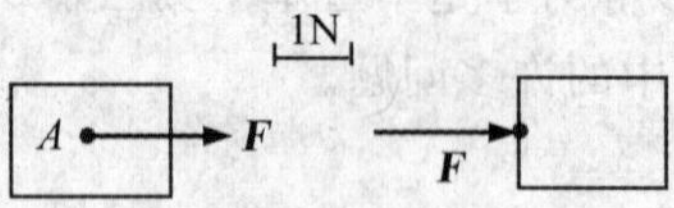

图 1-1

力是具有大小和方向的量，所以力是矢量。本书用黑体字母表示矢量，如力 $\boldsymbol{F}$，手写时可写为$\vec{F}$，而字母 F 只表示力的大小。如图 1-1 所示，在力的图示中，必须标注 $\boldsymbol{F}$ 或 $\boldsymbol{F}'$(既表示出矢量的大小，又表示出矢量的方向性)。而在表达力的大小时，只能写成 $F=2N$(不可写$\vec{F}=2N$)。

二、刚　体

力对物体的作用效应有两种，一种是改变物体的运动状态，称为力的运动效应或力的外效应；另一种是改变物体的形状，称为力的变形效应或力的内效应。

在力的作用下，保持大小和形状不变的物体称为**刚体**。实际上，物体在力的作用下，或多或少都会变形，如果物体产生的微小变形对所研究的问题不起主要作用，就可以将物体视为刚体，这样可使研究的问题简化。可见，刚体是从实际受力物体中抽象出来的一种理想化的力学模型，这种模型的应用在于避开问题的次要因素，而抓住其主要因素进行研究，既能科学地反映问题的本质，又能使研究过程简化。

在静力学中，研究对象为刚体。但在第二篇材料力学中，主要研究构件在力作用下的变形规律，研究对象就不是刚体了。

三、静力学公理

人类在生活和生产中，经过长期的经验积累和实践验证，认识了关于力的各种性质。其中最基本的性质可总结为以下四个静力学公理。静力学的全部理论，就是建立在这些公理的基础上。

公理1:力的平行四边形公理

作用于物体上同一点的两个力(两个共点力)的合力也作用于该点，且合力的大小和方向可用这两个力为邻边所作的平行四边形的对角线来确定。

如图1-2所示，$\boldsymbol{F}_1$与$\boldsymbol{F}_2$为两个共点力，以这两个力为邻边作出平行四边形，从O点作出的对角线即表示$\boldsymbol{F}_1$与$\boldsymbol{F}_2$的合力$\boldsymbol{F}$。可用矢量式表示为$\boldsymbol{F}=\boldsymbol{F}_1+\boldsymbol{F}_2$(注意不可表示为$F=F_1+F_2$)。如图1-2，若$F_1=3\text{N}$，$F_2=2\text{N}$，$\theta=60°$，则合力$\boldsymbol{F}$可表示为$\boldsymbol{F}=\boldsymbol{F}_1+\boldsymbol{F}_2$，但合力的大小$F$则要依照余弦定理去求得：

$$F=\sqrt{F_1^2+F_2^2-2\cos(180°-60°)}=\sqrt{3^2+2^2+2\cos60°}=\sqrt{14}\text{N}$$

实际上，在求合力$\boldsymbol{F}$时，不一定要画出整个平行四边形。因为平行四边形的对边平行且相等，只要画出其中的一个三角形即可，这样画出的三角形为**力三角形**。如图1-2，可将$\boldsymbol{F}_1$与$\boldsymbol{F}_2$首尾相接画出，再由第一个力的始端向第二个力的终端画出一条有向线段，该有向线段即表示合力$\boldsymbol{F}$。依照图1-2画的力三角形，如图1-3所示。

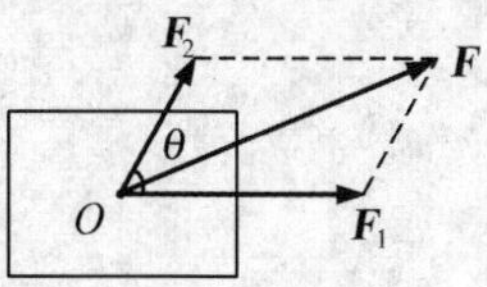

图1-2

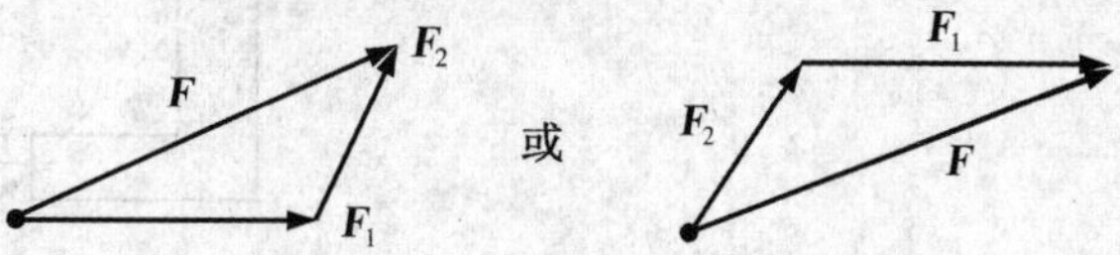

图1-3

显然，在画力三角形时，两力$\boldsymbol{F}_1$与$\boldsymbol{F}_2$的先后次序是任意选定的，不影响合力$\boldsymbol{F}$的大小与方向。这种画两个共点力的合力的方法称为力**三角形法则**。

练习:物体的受力如图1-4所示，分别用力的平行四边形公理及力三角形法则画出两共点力$\boldsymbol{F}_1$,$\boldsymbol{F}_2$的合力$\boldsymbol{F}$。

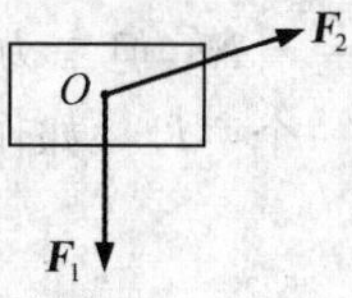

图1-4

公理2:二力平衡公理

作用于刚体上的两个力,使刚体处于平衡状态的必要与充分条件是:这两个力大小相等、方向相反且作用在同一直线上(简称二力等值、反向、共线)。用矢量表示为:$\boldsymbol{F}_1=-\boldsymbol{F}_2$,如图 1-5 所示。

图 1-5

在两个力作用下处于平衡的刚体称为**二力体**。如果刚体为一构件,则称为二力构件。二力构件上的两个力必须等值、反向、共线。

必须注意:二力平衡条件只对刚体适用。对于非刚体只是必要条件而不是充分条件。如绳索两端受一对等值、反向、共线的拉力可以平衡,但受两个等值、反向、共线的压力时就不能平衡。

例:如图 1-6 所示,一个二力构件,在 A,B 两点各受一个力作用,试画出这两个力。

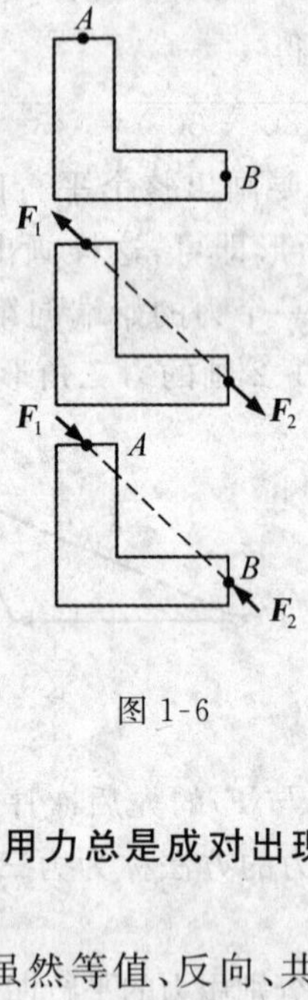

图 1-6

公理 3:作用与反作用公理

两个物体之间的作用力与反作用力总是成对出现,且大小相等,方向相反,沿着同一直线,但分别作用在这两个物体上。

必须指出,作用力与反作用力虽然等值、反向、共线,但它们却分别作用在不同物体上,所以不是一对平衡力。

如图 1-7 所示,一物体放在桌面上,物体对桌面施加一个压力 $\boldsymbol{N}$(作用在桌面上),同时桌面对物体施加一支持力 $\boldsymbol{N}'$。$\boldsymbol{N}=-\boldsymbol{N}'$,但二力不是一对平衡力。在以后画受力图时,作用力与反作用力一般应标注同一个字母。如作用力为 $\boldsymbol{F}$,则反作用力为 $\boldsymbol{F}'$。

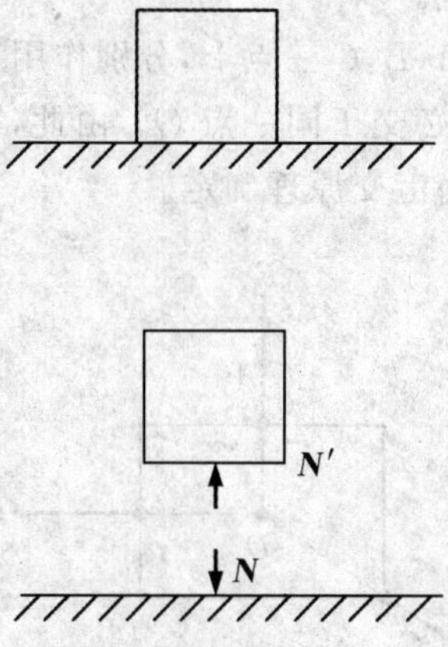

图 1-7

公理 4:加减平衡力系公理

力系是指作用于同一物体上的一群力。力系中力的个数最少为一个。一个平衡力系中至少有两个力(一对平衡力)。

在作用着已知力系的刚体上,加上或减去任意平衡力系,都不会改变原力系对刚体的作用效果。

如图 1-8 所示,一物体受已知力 $\boldsymbol{R}$ 的作用,再加上或减去由 $\boldsymbol{F}_1$ 与 $\boldsymbol{F}_2$ 构成的平衡力系,不会改变力 $\boldsymbol{R}$ 对物体的作用效果。

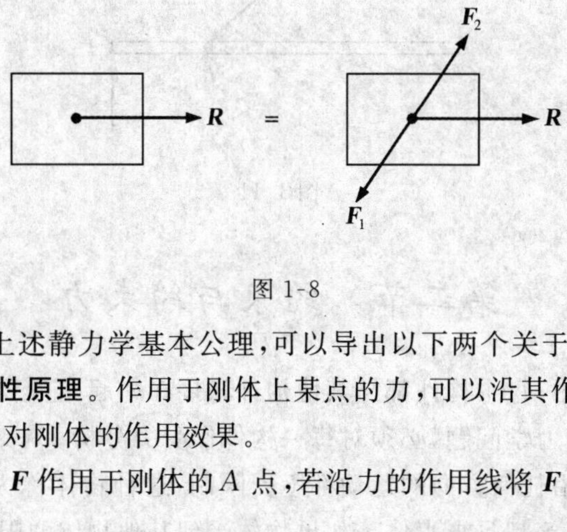

图 1-8

两个推论　根据上述静力学基本公理,可以导出以下两个关于力的性质的重要推论。

推论 1:力的可传性原理。作用于刚体上某点的力,可以沿其作用线移到刚体上的任一点,而不会改变该力对刚体的作用效果。

如图 1-9 所示,力 $\boldsymbol{F}$ 作用于刚体的 A 点,若沿力的作用线将 $\boldsymbol{F}$ 移至 B 点,不会改变 $\boldsymbol{F}$ 对刚体的作用效果。

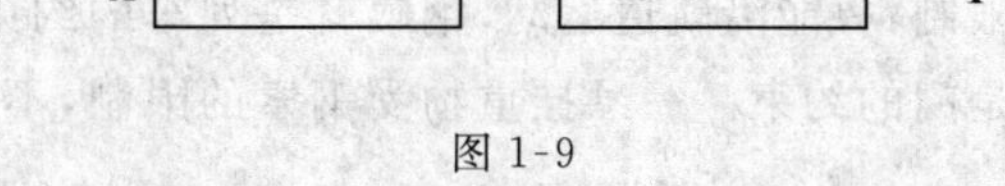

图 1-9

推论 2:三力平衡汇交原理。刚体受不平行的三个力作用而平衡时这三个力的作用线必在同一平面内且汇交于一点。

如图 1-10 所示，设在刚体 A,B,C 三点上，分别作用三个力 $\boldsymbol{F}_1$,$\boldsymbol{F}_2$,$\boldsymbol{F}_3$，刚体处于平衡状态，则这三力作用线(延长线)必交于同一点 O。由此，只要已知其中两个力的方向，则第三个力的方向就可按三力平衡汇交原理确定。

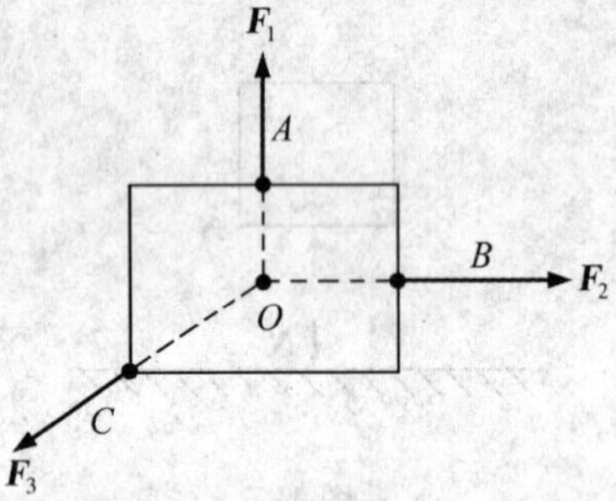

图 1-10

必须注意，三力平衡汇交原理是同一平面内不平行的三个力平衡的必要条件，但不是充分条件。即三力平衡必汇交，但汇交于一点的三个力不一定平衡。

练：如图 1-11，一杆件在 A,B,C 三点分别受力 $\boldsymbol{F}_1$,$\boldsymbol{F}_2$,$\boldsymbol{F}_3$ 作用，其中 $\boldsymbol{F}_1$,$\boldsymbol{F}_2$ 的方向如图所示，试画出 $\boldsymbol{F}_3$ 的方向(先画出 $\boldsymbol{F}_1$ 与 $\boldsymbol{F}_2$ 的汇交点 O，则 $\boldsymbol{F}_3$ 必沿 CO 连线方向)。

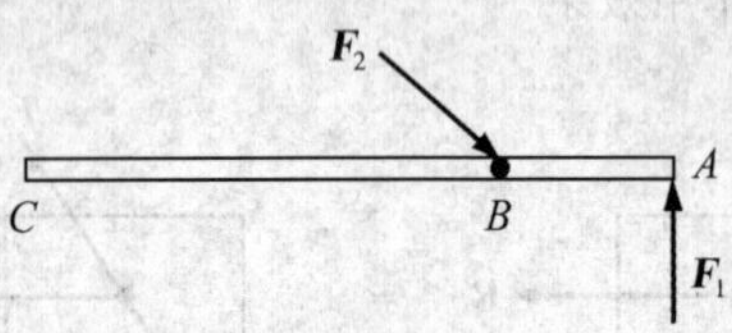

图 1-11

第二节　约束与约束力

机械或工程结构中，每个构件都与其他构件联接在一起，它们之间保持着一定的作用力，为了研究工程中的力学问题，必须对每一构件作受力分析。

如果物体在空间沿任何方向的运动都不受限制，这种物体称为**自由体**，例如，飞行的飞机、火箭和人造卫星等都是自由体。如果物体受到其他物体的限制，而使此物体在某些方向的运动成为不可能，则这种运动受到限制的物体称为**非自由体**。例如，桌子、门窗、火车、吊车钢索上悬挂的重物等，都是非自由体。那些限制非自由体运动的周围物体称为**约束**。例如，列车受钢轨限制，只能沿轨道运动，钢轨就是列车的约束；门受铰链限制，只能绕铰链轴转动，铰链就是门的约束。一悬挂重物受钢索的限制，不能下落，钢索就是重物的约束。

因为约束能限制物体的运动，也就是约束能起到改变物体运动状态的作用，所以约束的作用实际上就是一种力的作用。约束作用于非自由体上而限制其运动的力,称为**约束反作用力(简称为约束力)**。约束力的方向总是与它所能限制其运动方向相反。应用这个准则,可以确定非自由体上约束力的方向或作用线位置。至于约束力的大小,一般是未知的。除约束力以外,物体所受的其他力(例如重力、拉力、压力等),称为**主动力**。物体所受的主动力的大小和方向往往是已知或可测定的。在静力学问题中,主动力和约束力组成平衡力系,因此可利用平衡条件来求约束力。

下面介绍工程中常见的几种约束和确定约束力的方法。

一、柔性约束

由柔软的绳索、链条、皮带等所形成的约束称为柔性约束。柔性约束只能承受拉力,不能承受压力,其约束力作用于联接点,方向沿着绳索而背离物体。通常用 $\boldsymbol{T}$ 或 $\boldsymbol{S}$ 表示这类约束力。例如,用联接于铁环 A 的钢丝绳,吊起一减速箱盖,如图 1-12(a)所示,箱盖的重力 $\boldsymbol{G}$ 是主动力,根据柔性约束力的特点,可以确定钢丝绳给铁环 A 的力一定是拉力(图中的 $\boldsymbol{T}_1$,$\boldsymbol{T}_2$ 和 $\boldsymbol{T}$)。钢丝绳给箱盖的力也是拉力($\boldsymbol{T}_1$,$\boldsymbol{T}_2$)。图 1-12(b)所示带传动中,传动带给两个带轮的力都是拉力,并沿传动带与轮缘相切的方向,如图 1-12(b)右图所示。

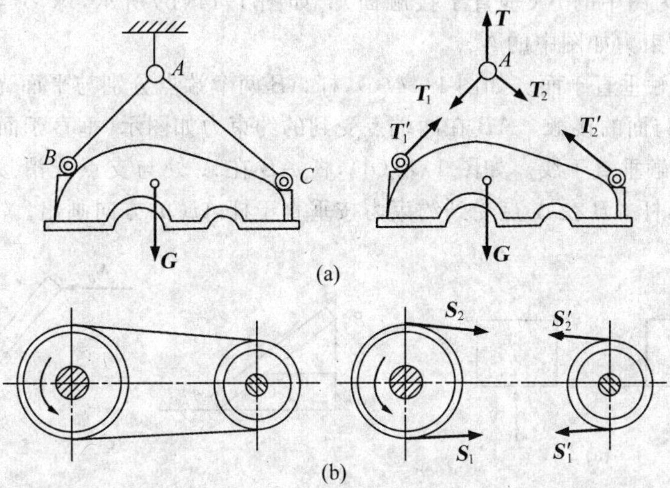

图 1-12

二、光滑面约束

两个互相接触的物体,如接触面上的摩擦力很小,可忽略不计时,这种光滑接触面所构成的约束,称为**光滑面约束**。物体可以沿光滑的支承面自由滑动,也可向离开支承面的方向运动,但是支承面能限制物体沿接触面法线朝向支承面方向的运动。所以,光滑面约束的约束力通过接触点,方向总是沿接触表面的公法线而指向受力物体,使物体受一法向压力作用。这种约束力又称为法向力,通常以符号 $\boldsymbol{N}$ 表示。图 1-13(a)所示为一停在光滑地面上的小车。地面对小车 A,B 二轮的约束力 $\boldsymbol{N}_A$,$\boldsymbol{N}_B$ 都沿着接触表面(轮缘与地面)

的公法线方向，指向车轮。图 1-13(b)所示为另一种光滑面约束，物体与约束在 A,B,C 三处均为点与直线(或点与平面)接触，约束力沿接触处的公法线而指向被约束物体。图 1-13(c)所示为齿轮传动时，相啮合的一对轮齿以它们的齿廓曲面相接触，齿轮传递的作用力通过接触点 A，并沿齿廓公法线指向被研究的齿轮。

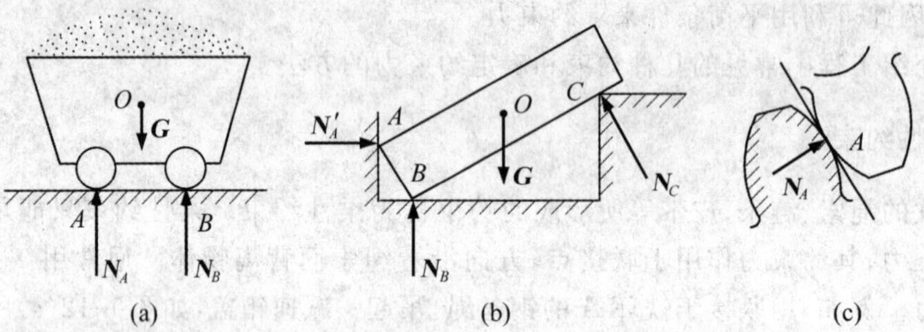

图 1-13

一般情况下，光滑接触面的约束力，可遵照以下规律画出：

1. 面面接触垂直于面。如图 1-14(a)，木块 A 的下底面与平面约束 B 光滑接触，A 受到的约束力为图中的 $\boldsymbol{N}$(垂直于接触面)。如图 1-14(b)所示，球 B 与平面 A 光滑接触，B 受到的约束力如图中的 $\boldsymbol{N}$。

2. 点面接触垂直于面。如图 1-14(c)，杆 AB 两个端点分别与平面光滑接触，A,B 两处均可视为点与面的接触。AB 在两端点受到的约束力如图示(垂直于面)。

3. 点线接触垂直于线。如图 1-14(d)，杆 AB 在 A 处与支点光滑接触，可视为点与线的光滑接触，杆 AB 在 A 点受到约束力按垂直于杆 AB 的方向画出。

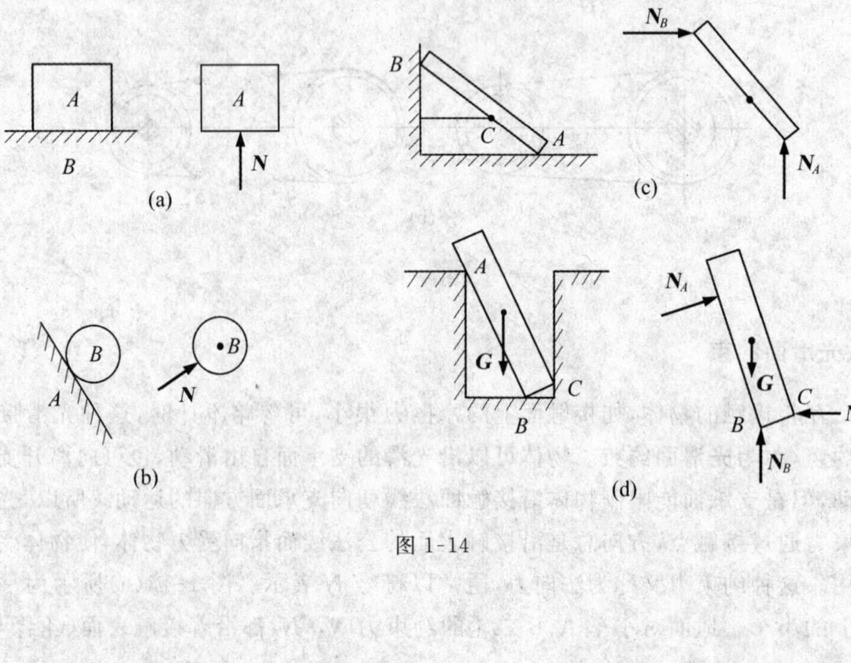

图 1-14

三、铰链约束

由铰链构成的约束，称为**铰链约束**。这种约束是采用圆柱销 C 插入构件 A 和 B 的圆孔内而构成，如图 1-15(a)(b)所示。其接触面是光滑的。这种约束使构件 A 和 B 相互限制了彼此的相对移动，而只能绕圆柱销 C 自由转动。铰链约束简图，如图 1-15(c)所示。铰链的应用很广，例如，门窗的铰链(又称合页)，内燃机的曲柄连杆机构中，曲柄与连杆用曲柄销联接(图 1-16 中的 A 处)，连杆与活塞用活塞销联接(图 1-16 中的 B 处)，都是铰链约束的实例。

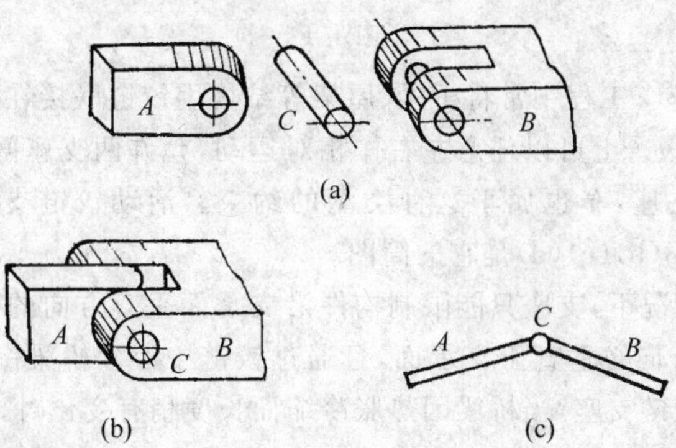

图 1-15

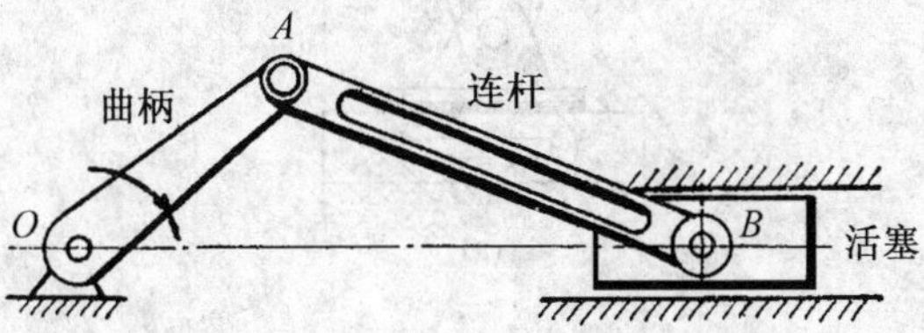

图 1-16

工程上常用铰链将桥梁、起重机的起重臂等结构与支承面或机架联接起来，这就构成了铰链支座。下面介绍两种常见的铰链支座约束。

1. 固定铰链支座　用圆柱销联接的两构件中，有一个是固定件，称为支座，其构造如图 1-17(a)所示，圆柱销 3 固连于支座 1 上，构件 2 可绕圆柱销中心旋转。图 1-17(c)和图 1-16 的 O 处是固定铰链支座的简图。

固定铰链支座约束能限制物体(构件 2)沿圆柱销半径方向的移动，但不能限制其转动，其约束力作用线必定通过圆柱销的中心，但其大小 R 及方向 α 均为未知(图 1-17(b))，需根据构件受力情况才能确定。在画图和计算时，这个方向待定的支座约束力，常用相互垂直的两个分力 $\boldsymbol{R}_x$，$\boldsymbol{R}_y$来代替，如图 1-17(c)所示。但若固定铰链支座的约束力方向可以确定，如二力平衡构件、三力平衡构件，这时约束力的方向按二力平衡公理、三力平衡汇交原理画出。

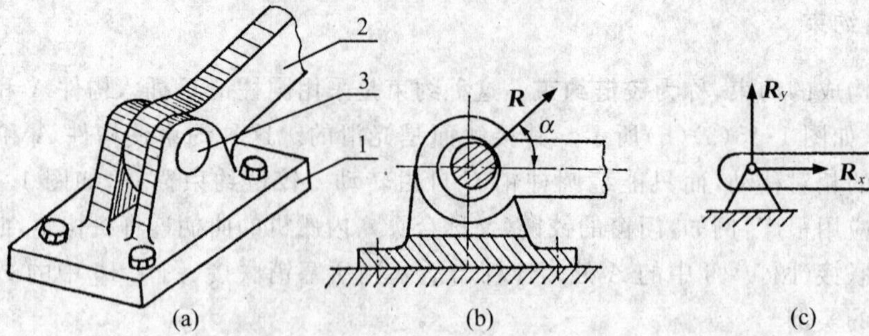

图 1-17

2. 活动铰链支座　工程中常将桥梁、屋架等结构用铰链联接在有几个圆柱形滚子的活动支座上，支座在滚子上可以任意左右作相对运动，允许两支座间距离稍有变化，这种约束称为活动铰链支座，车也属于这种类型的约束。活动铰链支座结构示意图，如图 1-18(a)所示，图 1-18(b)(c)(d)是它的简图。

在不计摩擦的情况下，支座只能限制构件沿支承面垂直方向的移动，因此，活动铰链支座的约束力 $\boldsymbol{R}$ 的方向必垂直于支承面，且通过铰链中心。桥梁一端用固定铰链支座，另一端则要用活动铰链支座，当桥梁因热胀冷缩而长度稍有变化时，活动支座可相应地沿支承面移动。

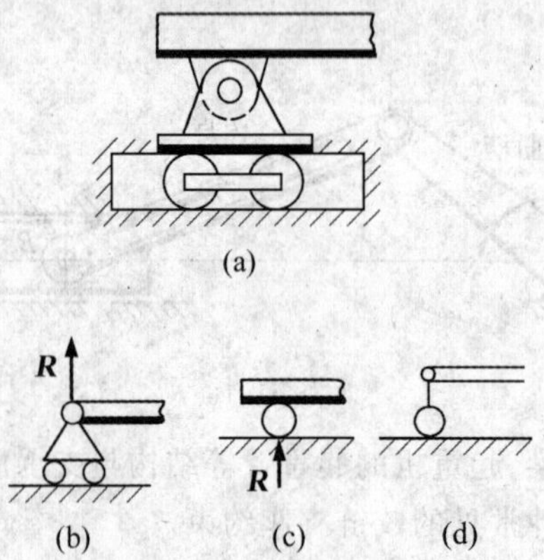

图 1-18

四、固定端约束

如图 1-19 所示，建筑物上的阳台，车床上的刀具，立于路旁的电线杆等均不能沿任何方向移动和转动，构件所受到的这种约束称为固定端约束，平面问题中一般用图 1-20(a)所示简图符号表示，约束作用如图 1-20(b)所示，两个正交约束力 $\boldsymbol{R}_{Ax}$，$\boldsymbol{R}_{Ay}$，表示限制构件的移动的约束作用，一个约束力偶 m_A 表示限制构件转动的约束作用。即固定端约束的约束力通常由两部分组成：一个力(方向可用两个正交分力画出)与一个力偶。

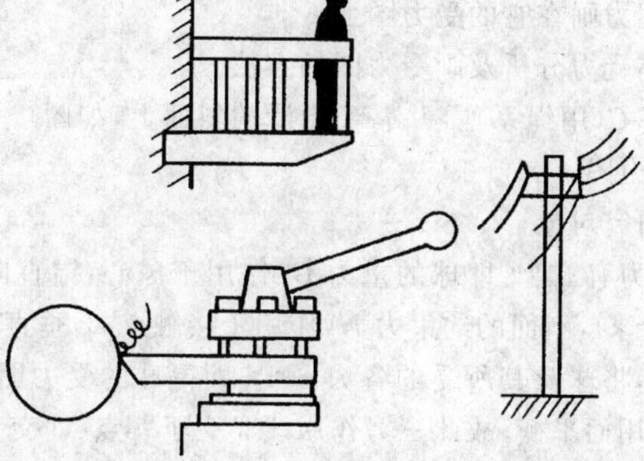

图 1-19

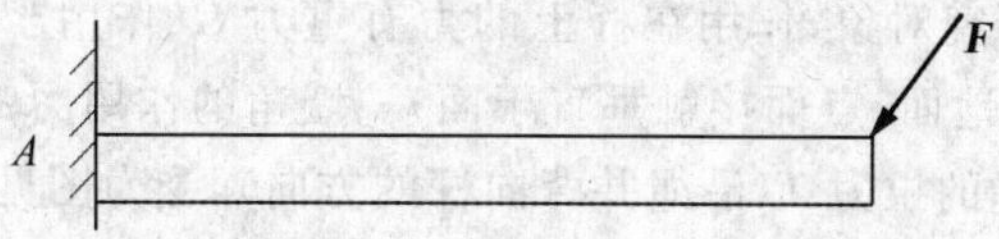

(a)

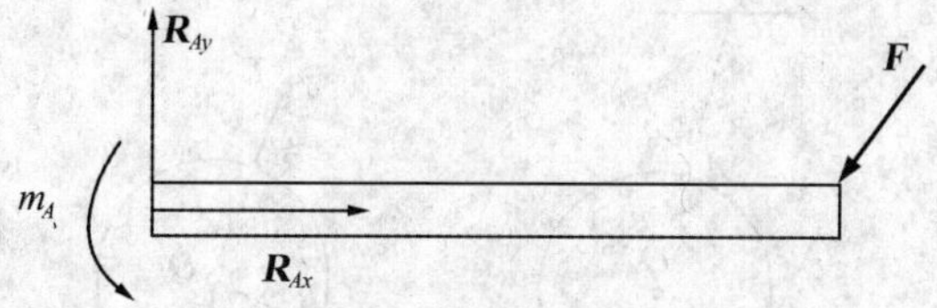

(b)

图 1-20

以上讨论了约束的几种基本类型和约束力位置及方向的确定方法，掌握它们的特征有利于分析物体受力情况。在工程实际中，一个非自由体常同时具有几个约束，有的约束比较复杂，分析时需要进行简化，这些问题将在后面的章节中再作进一步介绍。

第三节　物体的受力分析和受力图

研究物体的平衡或运动问题时，首先必须分析物体受到哪些力的作用，并确定每个力的作用位置和力的作用方向，这个分析过程称为物体的受力分析。为了清楚地表示物体的受力情况，需要把所研究的物体（称为研究对象）从周围的物体中隔离出来，单独画出它的简图，并画出作用在研究对象上的全部外力（包括主动力和约束力），这种表示物体受力的简图称为隔离**受力图**。画物体受力图是解决静力学平衡问题的第一步，也是学好静力学的关键，必须正确无误，否则以后的分析计算不可能得到正确的结果。

对物体进行受力分析和画受力图时一般步骤如下：

1. 首先确定研究对象，将其隔离画出。有时为了简化过程，也可在原图上画。

2. 对照原图，观察研究对象受哪些物体的作用，并逐个在隔离图上相应位置画出这些力。尤其注意不要漏画重力（重力不计的情况除外）。

3. 注意只画该研究对象所受到的其他物体的作用力(包括主动力和约束力),不能将它对其他物体的反作用力画在它的受力图上。

下面举例说明物体受力分析及画受力图的方法。

【例 1-1】均质球重 **G**,用绳系住,并靠于光滑的斜面上,如图 1-21(a)所示,试分析球的受力情况,并画出受力图。

解:(1)确定球为研究对象

(2)作用在球上的力有三个:即球的重力 **G**(作用于球心,铅直向下),绳的拉力 **T**(作用于 A 点,沿绳并背向球),斜面的约束力 **N**(作用于接触点 B,垂直于斜面并指向球)。

(3)根据以上分析,将球及其所受的各力画出,即得球的受力图,如图 1-21(b)所示。因球受 **G**,**T**,**N** 三力作用而平衡,故此三力作用线必交于一点(即交于球心 O)。

【例 1-2】均质杆 AB,重量 **G**,支于光滑的地面及墙角间,并用水平绳 DE 系住,如图 1-22(a)所示,试画杆 AB 的受力图。

解:以杆 AB 为研究对象,作用在杆上的力有重力 **G**(作用于杆的重心 O),地面约束力 $\mathbf{N}_A$(过 A 点垂直于地面,点面接触垂直于面)。墙角的作用力 $\mathbf{N}_C$(过 C 点与杆垂直,点线接触垂直于线)及绳的拉力 **T**(沿绳并背向杆的方向),受力图见图 1-22(b)。

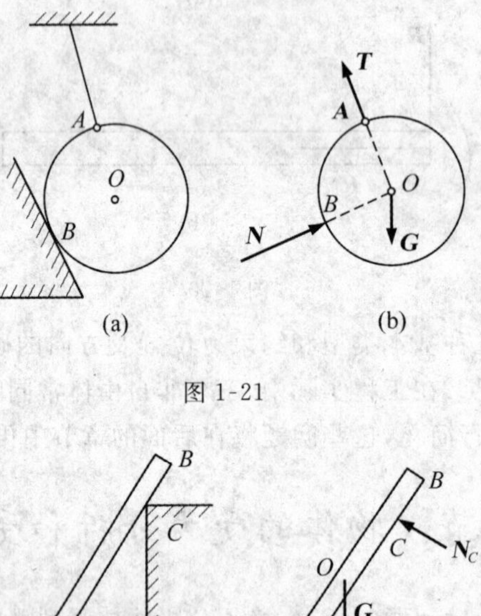

图 1-21

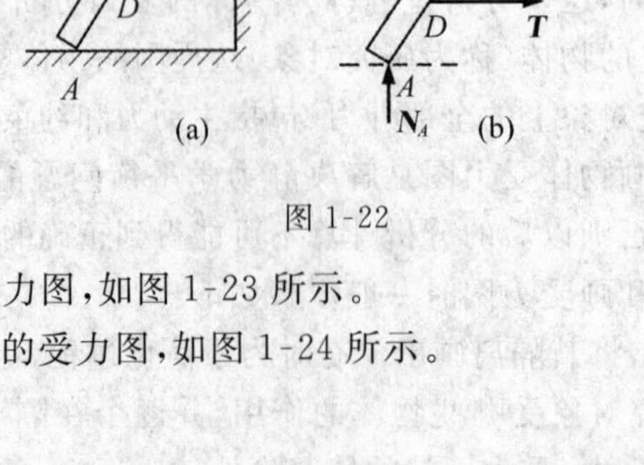

图 1-22

练习 1:画出球的受力图,如图 1-23 所示。

练习 2:画出杆 AB 的受力图,如图 1-24 所示。

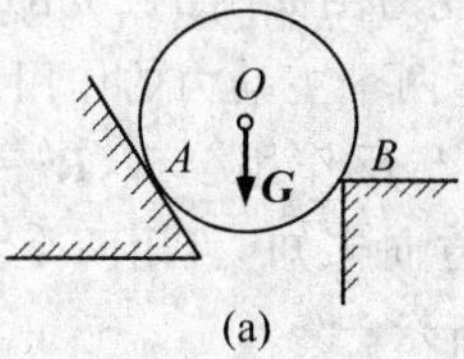

图 1-23

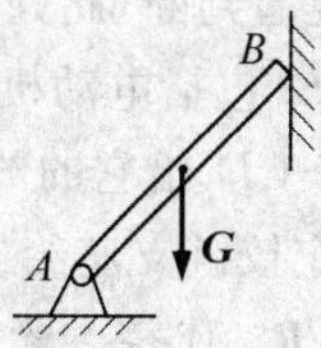

图 1-24

【**例 1-3**】均质水平梁重 $\boldsymbol{G}$，一端 A 为固定铰链支座，另一端 B 为活动铰链支座，梁上受力 $\boldsymbol{P}$ 作用，如图 1-25(a)所示，试画出梁的受力图。

解：以梁 AB 为研究对象，其上所受的主动力有重力 $\boldsymbol{G}$ 及外力 $\boldsymbol{P}$，约束力有活动铰链支座 B 的作用力 $\boldsymbol{R}_B$（与支承面垂直）及固定铰链支座 A 的反作用力 $\boldsymbol{R}_{Ax}$，$\boldsymbol{R}_{Ay}$。受力图如图 1-25(b)所示。

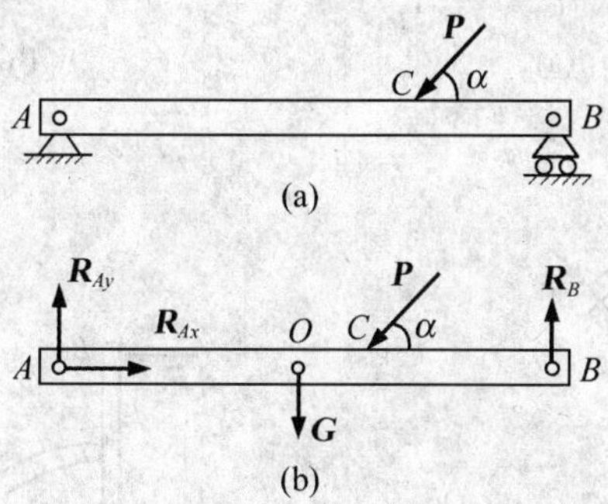

图 1-25

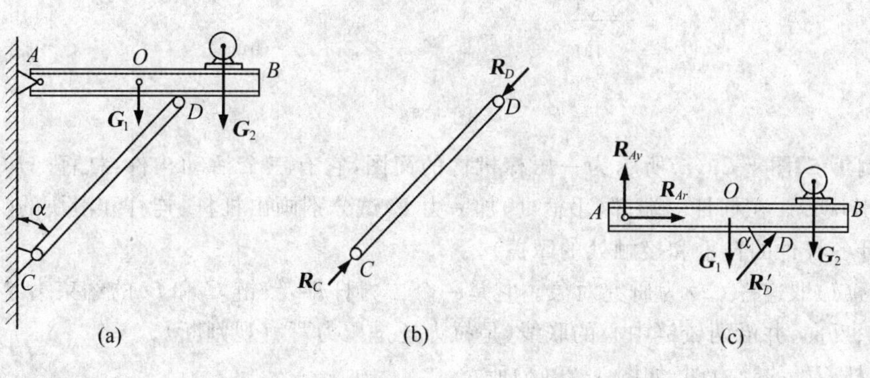

图 1-26

【**例 1-4**】水平梁 AB 用斜杆 CD 支撑，A，C，D 三处均为光滑铰链联接，均质梁重 $\boldsymbol{G}_1$，其上放置一重为 $\boldsymbol{G}_2$ 的电动机，如图 1-26(a)所示。如不计杆 CD 的自重，试分别画出杆 CD 和梁 AB（包括电动机）的受力图。

解：(1)先分析斜杆 CD 的受力情况。由于斜杆的自重不计，因此只在杆的两端分别受到铰链 C 和 D 的约束力 $\boldsymbol{R}_C$ 和 $\boldsymbol{R}_D$ 的作用。显然 CD 杆是一个二力杆件，根据二力平衡公理，这两个力必定沿同一直线，且等值、反向。由此可确定 $\boldsymbol{R}_C$ 和 $\boldsymbol{R}_D$ 的作用线应沿 C 与

D 的连线。由经验判断，此处杆 CD 受压力。斜杆 CD 的受力图如图 1-26(b)所示。

(2)取梁 AB(包括电动机)为研究对象。它受有 $\boldsymbol{G}_1$，$\boldsymbol{G}_2$ 两个主动力的作用。梁在铰链 D 处受有二力杆 CD 给它的约束力 $\boldsymbol{R}'_D$ 的作用。根据作用与反作用公理，$\boldsymbol{R}'_D=-\boldsymbol{R}_D$。梁在 A 处受有固定铰链支座给它的约束力 $\boldsymbol{R}_A$ 的作用，由于方向未知，可用两个大小未定的垂直分力 $\boldsymbol{R}_{Ax}$ 和 $\boldsymbol{R}_{Ay}$ 代替。梁 AB 的受力图如图 1-26(c)所示。

练习 1: 画出杆 AB 受力图。如图 1-27 所示。

练习 2: 分别画出杆 AB、CD 的受力图。如图 1-28 所示。

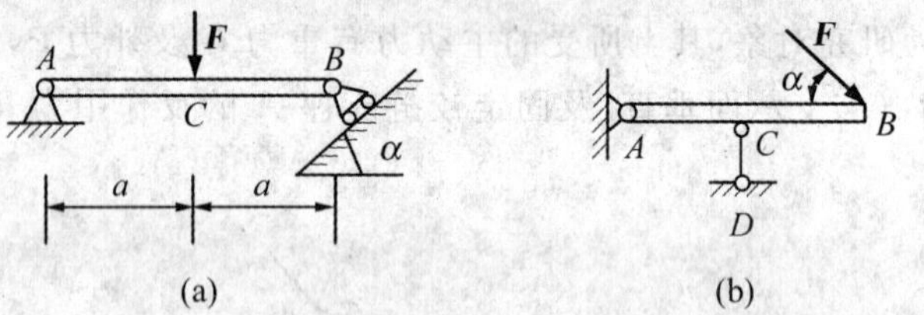

图 1-27

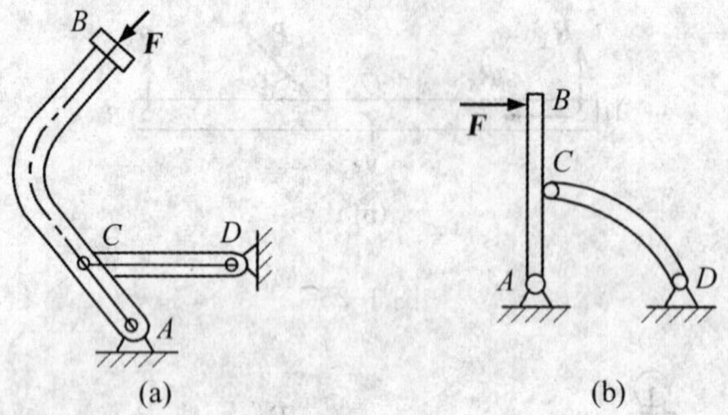

图 1-28

【例 1-5】图 1-29(a)所示为一压榨机构的简图，它有三个活动构件：杠杆 ABC、连杆 CD 和滑块 D。在杠杆的端部(手柄处)加一力 $\boldsymbol{F}$，试分别画出杠杆、连杆和滑块的受力图。(设不计各杆件的自重和接触处的摩擦)。

解：(1)取连杆 CD 为研究对象。它是一个二力杆件，铰链 C 和 D 的约束力 $\boldsymbol{R}_C$ 和 $\boldsymbol{R}_D$ 必等值、反向，并沿两铰链中心的联线(是拉力还是压力可直观判断)。

连杆 CD 的受力图，如图 1-29(b)所示。

(2)取滑块 D 为研究对象。滑块受连杆的作用力 $\boldsymbol{R}'_D$、工件的反作用力 $\boldsymbol{Q}$ 以及导轨的法向反力 $\boldsymbol{N}$ 的作用。由 $\boldsymbol{R}'_D$ 的方向可判断，滑块 D 与导轨的右侧接触，所以反力 $\boldsymbol{N}$ 的方向向左。

滑块 D 的受力图，如图 1-29(c)所示。

(3)取杠杆 ABC 为研究对象。杠杆受到主动力 $\boldsymbol{F}$、连杆的反作用力 $\boldsymbol{R}'_C$ 以及固定铰链支座 B 的反作用力 $\boldsymbol{R}_B$ 的作用，根据三力平衡汇交原理，$\boldsymbol{R}_B$ 与已知力 $\boldsymbol{F}$ 和 $\boldsymbol{R}'_C$ 必汇交于一点 K。

杠杆 ABC 的受力图为 1-29(d)。

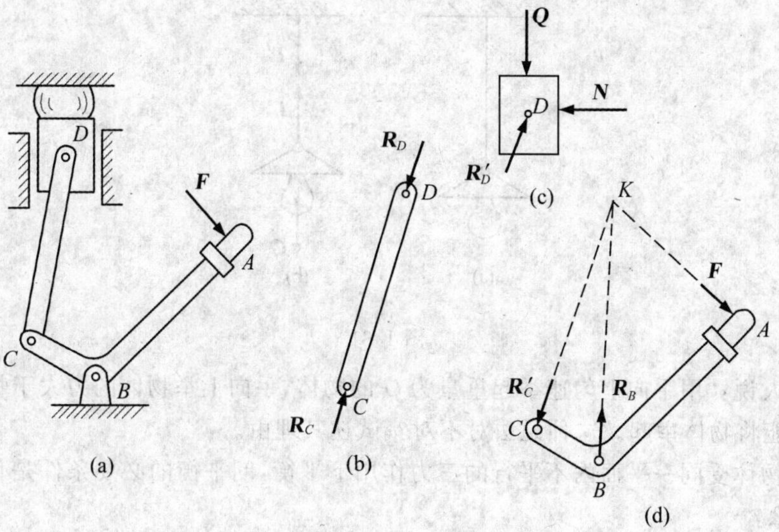

图 1-29

练习:画出下列两图中各个指定物体的受力图,如图 1-30 所示。

(1)分别画出(a)中物体 D,轮 O,杆 AB 的受力图;

(2)分别画出(b)中物体 D,销钉 O,轮 O 的受力图。

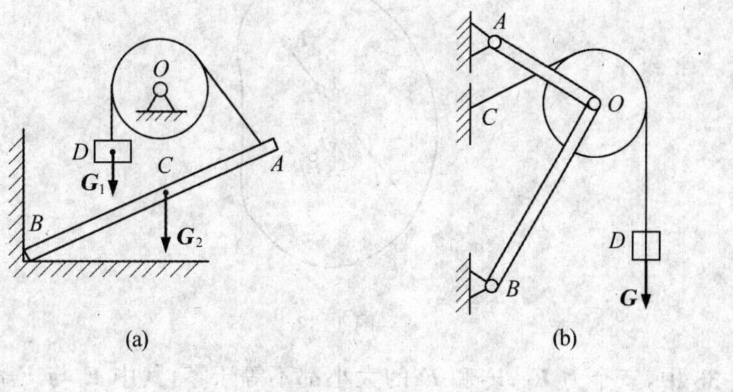

图 1-30

思考题

1. 二力平衡公理和作用与反作用公理有什么不同?图 1-31(a)所示的电灯,用电线系于天花板上,试判断受力图 1-31(b)中,哪两个力是二力平衡问题,哪两个力是作用与反作用关系。

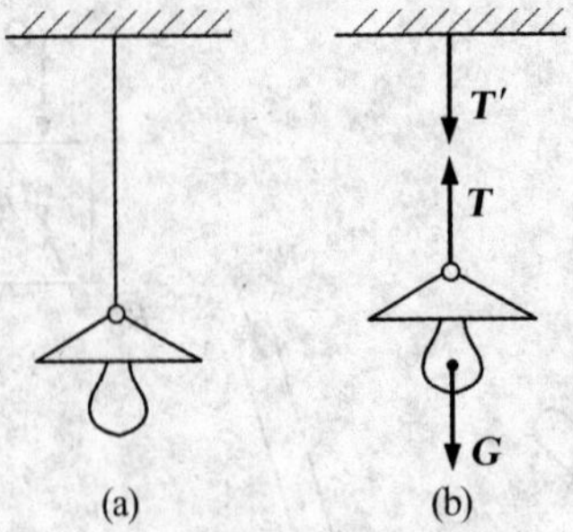

图 1-31

2. 有人说:"用手向上匀速举起重量为 G 的物体,手向上举物体的力大于物体的重力 $\boldsymbol{G}$,因而才能将物体举起。"这种说法对不对?试述其理由。

3. 一物体受同一平面内不平行的三力作用下平衡,问平衡的必要条件是什么?充分条件是什么?

4. 下面两种说法是否正确?(a)同一平面内作用线不汇交于一点的三个力一定不平衡。(b)同一平面内作用线汇交于一点的三个力一定平衡。

5. 图 1-32 中,在 A 点作用一已知力 $\boldsymbol{F}$,如果在 B 点加一个力,能否使物体平衡?为什么?

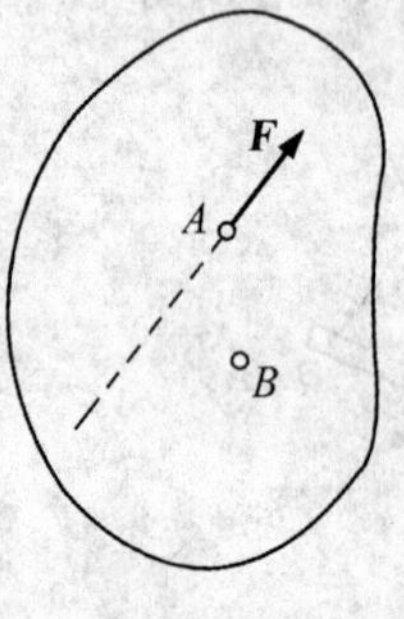

图 1-32

6. 图 1-33 中,三个力 $\boldsymbol{F}_1$,$\boldsymbol{F}_2$ 和 $\boldsymbol{F}_3$ 的大小都不等于零,其中 $\boldsymbol{F}_1$ 与 $\boldsymbol{F}_2$ 沿同一作用线,问这三个力能否互相平衡?为什么?

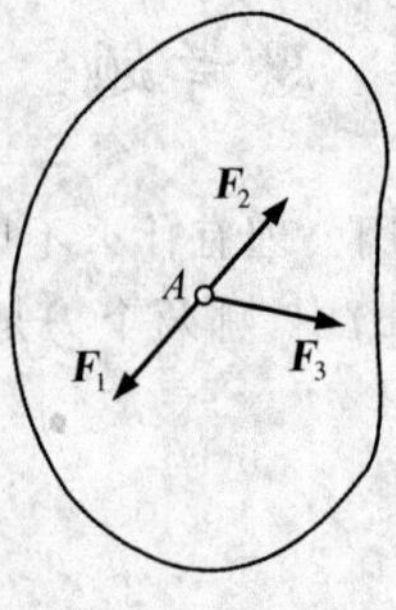

图 1-33

7. 试区别 $\boldsymbol{R}=\boldsymbol{F}_1+\boldsymbol{F}_2$ 和 $R=F_1+F_2$ 两个等式代表的意义。

8. 为什么二力平衡公理、加减平衡力系公理和力的可传性原理都只能适用于刚体？

9. 汇交于一点的两个力的合力，其大小和方向如何确定？

10. 如何作图求出图 1-34(a),(b)所示两种受力情况下 $\boldsymbol{F}_1$ 与 $\boldsymbol{F}_2$ 的合力？

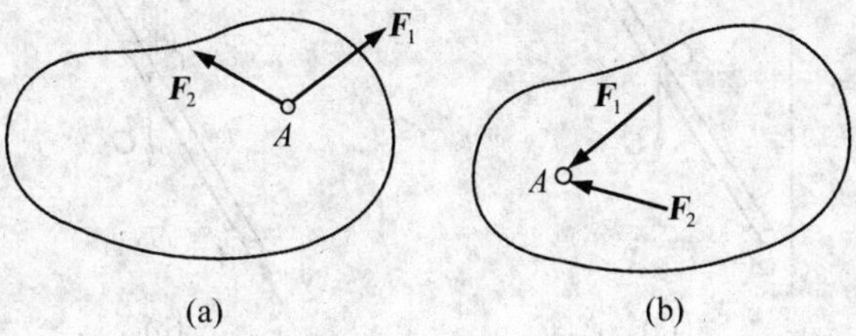

图 1-34

11. 什么是自由体？什么是非自由体？试各举一例。

12. 什么是约束？工程上常见的约束有哪几种类型？确定约束力的原则是什么？

13. 柔性约束的约束力沿什么方向？作用点在何处？

14. 光滑面约束的约束力如何确定

15. 铰链约束有什么特点？固定铰链支座和活动铰链支座的约束力各沿什么方向？

16. 如图 1-35 所示，重量为 $\boldsymbol{G}$ 的球，用绳 AC 悬挂，当绳 AC 正好处于铅直位置时，球与墙的接触点 B 是否有约束力？为什么？

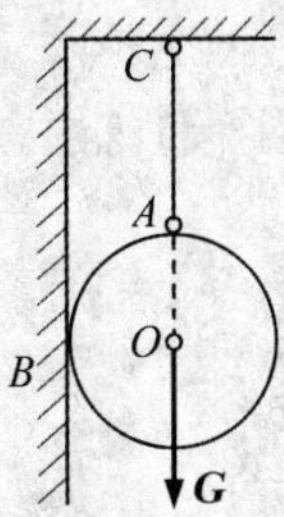

图 1-35

17. 如图 1-36 所示，重量为 $\boldsymbol{G}$ 的梯子，支靠于光滑的地面与墙面之间，问梯子是否能平衡？为什么？

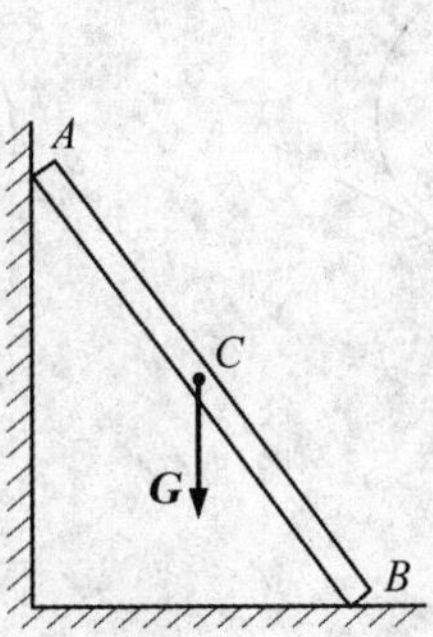

图 1-36

18. 指出并改正图 1-37、图 1-38、图 1-39 和图 1-40 所示各构件受力图中的错误(设所有接触面都是光滑的)。

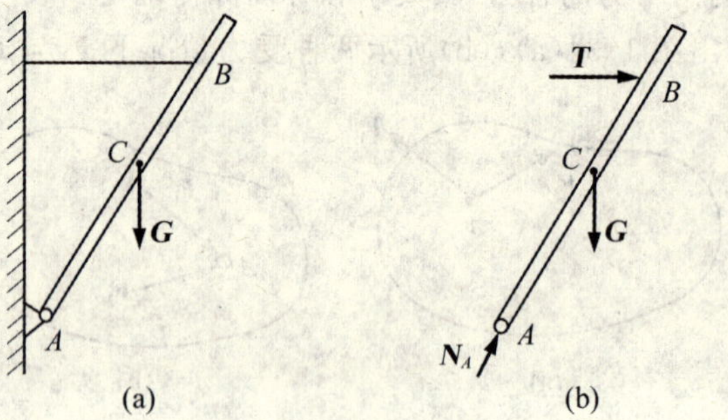

图 1-37

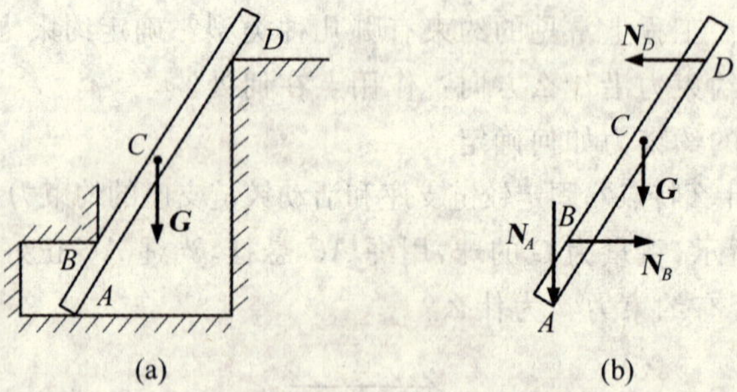

图 1-38

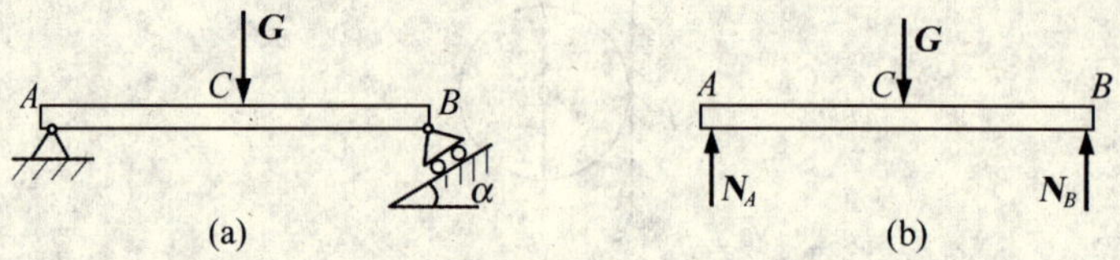

图 1-39

图 1-40

习　题

1-1　电灯重 $\boldsymbol{G}$,用细绳与灯上的电线联接于 A 点,试分别画出电灯 B 与联接点 A 的受力图。

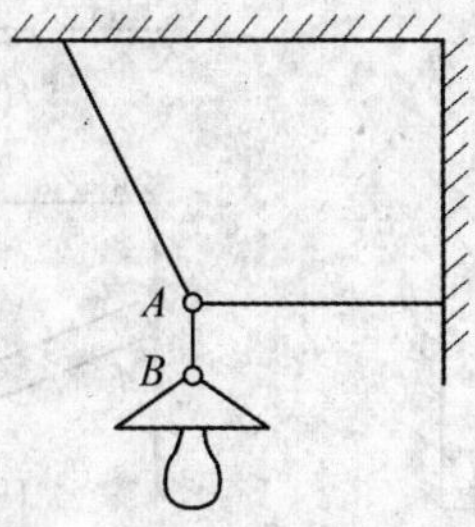

题 1-1 图

1-2　画出杆 AB 的受力图(设杆自重 $\boldsymbol{G}$,各接触面均为光滑面)。

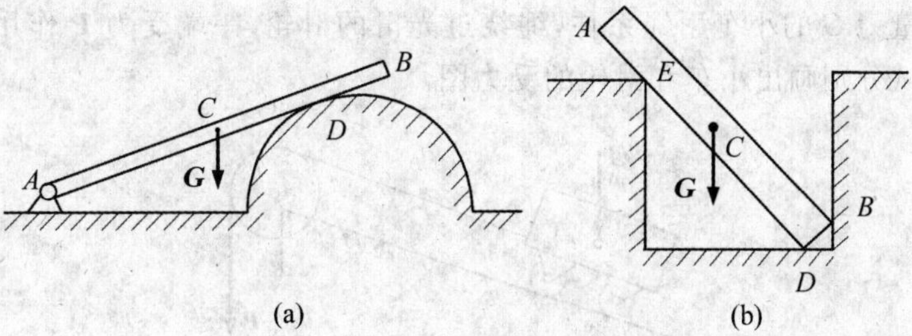

题 1-2 图

1-3　画出球的受力图(设球自重 $\boldsymbol{G}$,各接触面均为光滑面)。

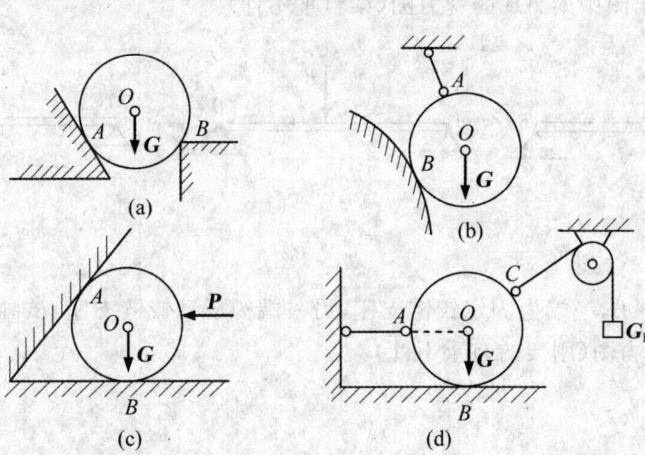

题 1-3 图

1-4　杆 AB 受力 $\boldsymbol{P}$ 作用,试画受力图(杆自重不计)。

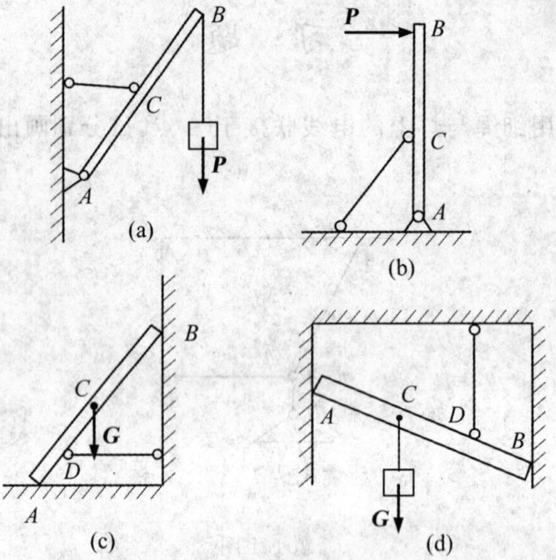

题 1-4 图

1-5　重量为 $\boldsymbol{G}$ 的小车用绳系住，绳绕过光滑的滑轮，一端受力 $\boldsymbol{P}$ 作用，使小车沿斜面匀速上升，试分别画出小车和滑轮的受力图。

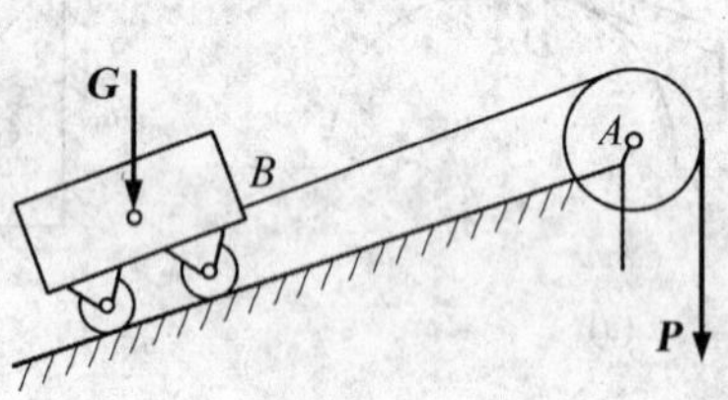

题 1-5 图

1-6　试画出图中梁 AB 的受力图(梁自重不计)。

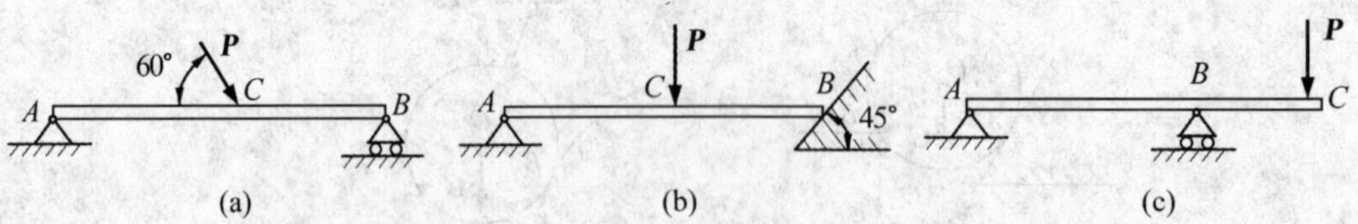

题 1-6 图

1-7　刚架 AB，一端为固定铰链支座，另一端为活动铰链支座，试画出图中各种受力情况下刚架的受力图(刚架的自重不计)。

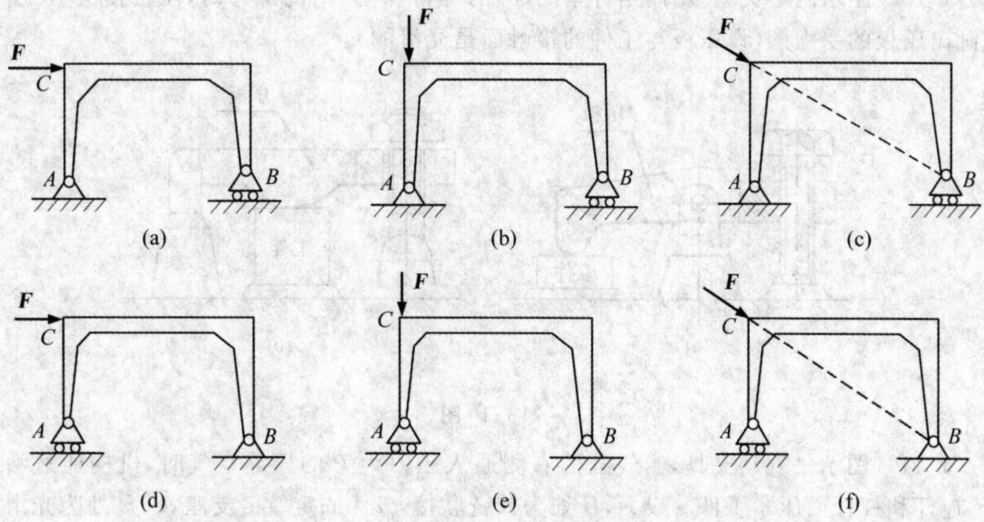

题 1-7 图

1-8　杆 AB 和 BC 用铰链联接于 B 点，杆的另一端 A 和 C 分别用固定铰链支座联接于墙上。在铰链 B 的销钉上挂一重量为 $\boldsymbol{G}$ 的物体，如不计各杆自重，试分别画出杆 AB,BC 及销钉 B 的受力图。

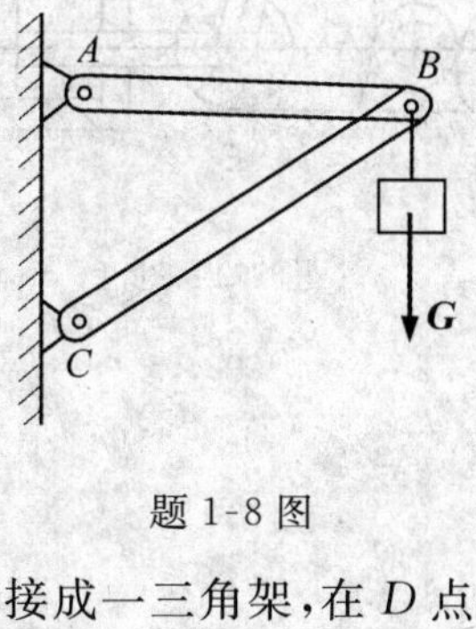

题 1-8 图

1-9　杆 AB 和 BC 用铰链联接成一三角架，在 D 点有一作用力 $\boldsymbol{P}$，如不计各杆自重，试分别画出杆 AB 和杆 BC 的受力图。

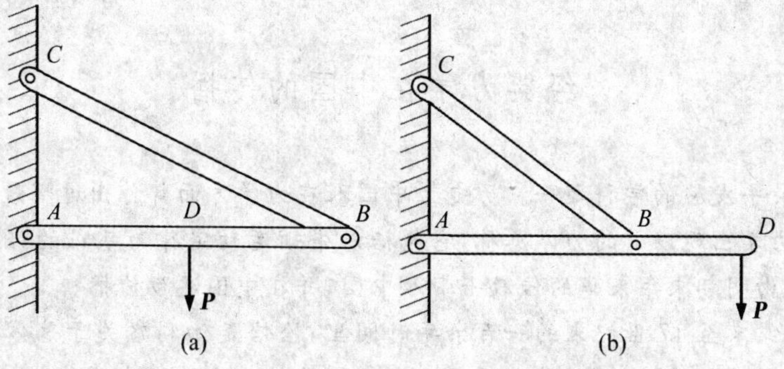

题 1-9 图

1-10 图示两个夹紧装置,当拧紧图(a)的螺钉和图(b)的螺母时,压板便夹紧工件。试画出压板的受力图(设压板与工件的接触面是光滑的)。

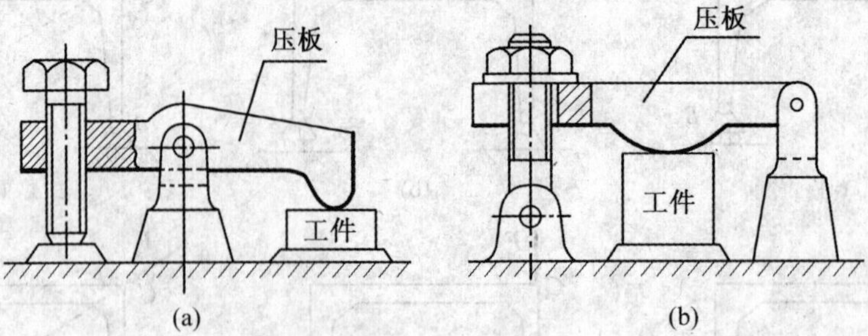

题 1-10 图

1-11 图示一气动夹具,当气缸的右侧通入压力为 $\boldsymbol{P}$ 的压缩空气时,机构通过活塞杆、连杆和杠杆而压紧工件。设 A,B 处为铰链联接,O 为固定铰链支座,C,E 处为光滑接触面。各杆自重不计。试画活塞杆 AD、连杆 AB、杠杆 BOC 及滚轮 A 的受力图。

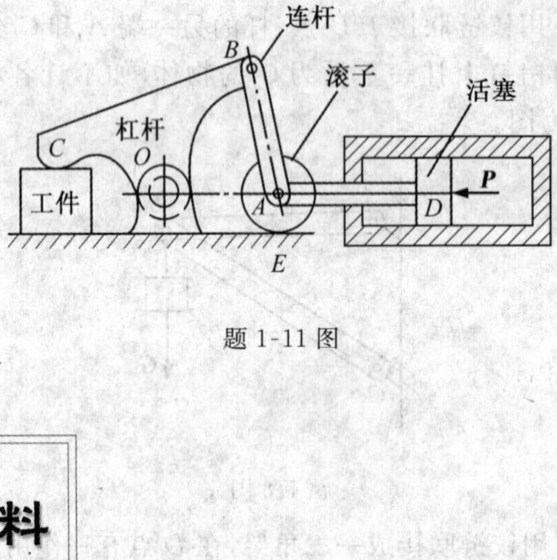

题 1-11 图

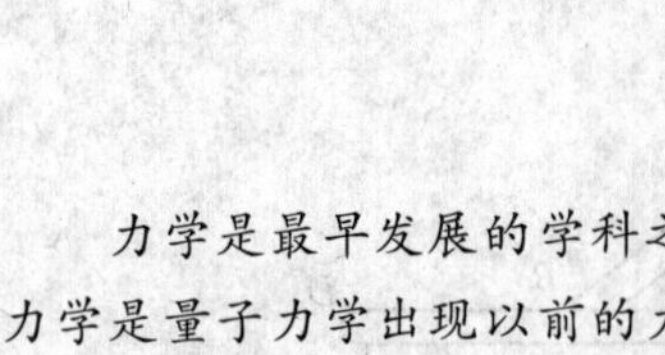

经典力学在中国的传播

力学是最早发展的学科之一。历史上中国人在力学方面曾作出过辉煌的成就。经典力学是量子力学出现以前的力学总称,它包括以牛顿运动定律为基础的经典理论和狭义相对论,最早由明朝末年来华的传教士带入中国,并在中国逐步传播。

在 16 世纪末至 17 世纪末的一百余年时间里,恰恰是伽利略关于落体的研究到牛顿出版《自然哲学的数学原理》所持续的约一个世纪的经典力学创建的时期。中国正式接触“西学”时,除天文历法外,还有力学,而力学在这个时期占了很重要的地位。英文力学一词“Mechanics”在这时被译为“重学”，而“力学”之说也仅是19世纪最后十年中偶然可见的事。

力学由西方传入中国时，主要集中在以下三本书中：第一本是《远西奇器图说》，该书的内容包括：地心说、重心及其求解、求水体积、求浮体及其体积、比重及其求解、液体的比容，以及简单机械如天平、戥子、杠杆、滑车、圆轮、藤线等。书中关于简单机械的叙述，有可能是源于伽利略1600年著的《力学》，该书共八章，包括有力学诸器的运用、重心定义、杠杆、铰盘、滑车、螺旋等内容。第二本是《灵台仪象志》，这是一部介绍西方天文学的著作，其中涉及材料力学的内容多来自伽利略1638年出版的《关于两门新科学的对话》一书。第三本是《泰西水法》，这部书共六卷，主要介绍取水工器，虽然对农田水利的建设作用不小，但就力学而言，基本上还只限于古代自然科学的常识。

在鸦片战争以前，即在明末清初的近一百年时间里，西方传教士带进中国的图书有七千余种，而涉及自然科学的却很少，特别是经典力学最本质的如落体定律、牛顿三大运动定律和万有引力定律并未传入中国，而力学在当时正处于一个硕果累累的时期。

鸦片战争以后，帝国主义的炮舰轰开了中国的门户。外国传教士又纷纷来到中国，经典力学及其重大成果逐步在中国传播。

1858年，英国人胡威立(W. Whewell，1794～1866)所著的《An Elementary Treatise On Mechanics》被译成中文刊行于世，其中文译本定名为《重学》，由1848年来华的英国传教士艾约瑟(J. Edkins，1823～1905)口述，李善兰撰写。这也是最早介绍经典力学到中国的一本书，该书中译本刊于1858年。1860年底在太平军攻克苏州城时，该书大部分被战火焚毁。1866年重新刊印。

李善兰(1810～1882)，字壬叔，生于浙江海宁县，自幼学习算学。1852年，他在上海结识英国传教士纬烈亚力、艾约瑟等人，从事自然科学的翻译工作，除数学、天文学外，力学也是一个方面。因李善兰注重对力学的研究，故在翻译《重学》时，其文笔就比传教士高了一筹。

《重学》一书共二十卷，一至七卷为静力学，八至十八卷包括了落体运动、抛物体运动在内的动力学，十九至二十卷为流体力学。李善兰作为我国近代数理科学的代表人物，曾打算翻译牛顿的《自然哲学的数学原理》，但也只是愿望而已。直到1931年，牛顿的《原理》一书才由商务印书馆出版了郑太朴的译本。从1853年到1897年的44年中，在传教士译本中属自然科学的共68种，平均每年译书不到两种。直到清朝末年，江南制造局才刊印了我国第一本名为《物理学》的图书。该书分上、中、下三篇，有关力学的内容在该书的上、中篇。1906年出版了英国人著的《力学课篇》，这也是我国第一本以“力学”为书名叙说力学的教科书。

“力学”一词的来源

第一个将西文“Mechanics”一词译为“力学”的人既不是自然科学工作者，也不是工程师，而是近代的启蒙思想家、翻译家严复(1854～1921)。严复由福州船政学堂第一届毕业，后留学英国海军学校。1895 年，他在翻译英国科学家赫胥黎(1825～1895)的《进化论与伦理学》一书的序言中写道“夫西学最为切实而执其例可以御蕃变者。名、数、质、力四者之学而已。”严复这里所说的四学即逻辑学、数学、化学、力学。

此前，在意大利传教士邓玉函(Jean Terrenz 1576～1630)与华人王征合作的《远西奇器图说》一书中，称力学为“力艺”或“重学”。另外，英国人爱约瑟(1823～1905)与清朝数学家、天文学家李善兰合作翻译的英国科学家胡威立(1794～1866)编著的力学教材起名为《重学》。

在 1890 年前后，由英国人傅兰雅(1839～1928)用汉文编写的名为《格致须知》教材，其中有一章名为“重学”，而另有一章则名为“力学”。在教材的行文中，将“重学”一章分为两部分，一为静重学，一为动重学，而在有时也把后者称为“力学”，这显然不是今天意义下的力学。

由此可见，严复是将英文一词“Mechahics”译为汉语“力学”的第一人。在他之前，大多数译作都是由外国人译述，中国人笔录共同合作完成的，只有少量是由外国人直译为中文的。

在古汉语中，虽有力学一词，但那是指努力学习之意，与自然科学中的力学一词毫无关系。

第二章　平面力系

作用在物体上的一组力称为力系。如果力系中各力的作用线均在同一平面内，则此力系称为**平面力系**。根据各力作用线分布的特点，平面力系分为：

1. 平面汇交力系。力系中各力的作用线都汇交于一点，如图 2-1 所示，三角架的结点 B 即受一平面汇交力系作用。

2. 平面平行力系。力系中各力的作用线都互相平行，如图 2-2 所示夹具的压板 AB 即受一平面平行力系作用。

3. 平面任意力系。力系中各力的作用线在同一平面内，可以既不汇交于一点，又不互相平行。如图 2-3 所示起重机的横梁 AB 即受一平面任意力系的作用。

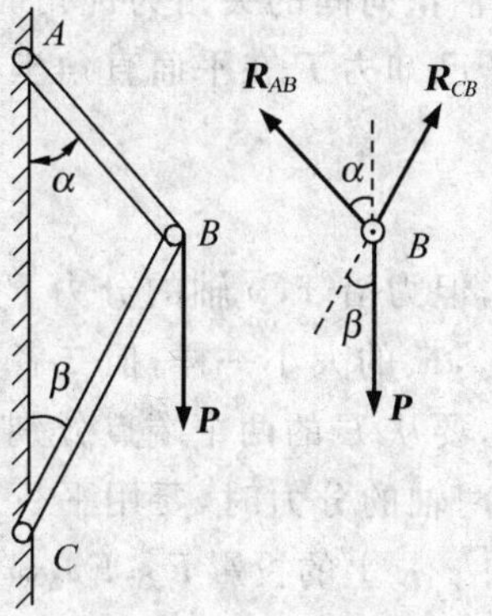

图 2-1

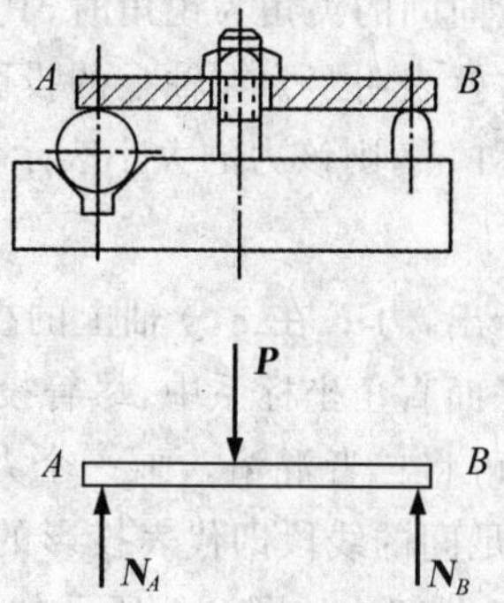

图 2-2

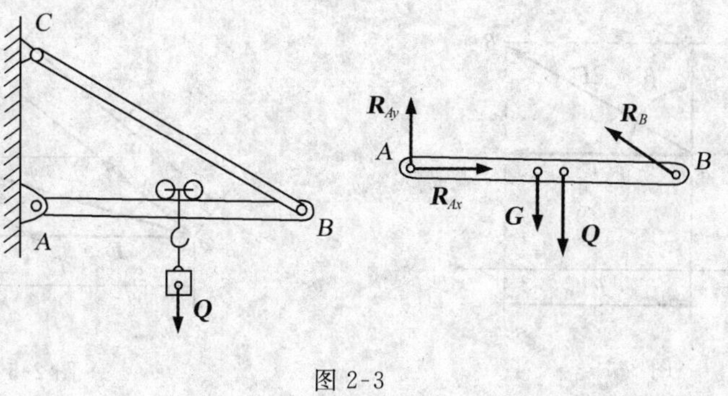

图 2-3

本章主要研究平面力系的合成与平衡问题，这是静力学的重点内容。

第一节 平面汇交力系的合成(解析法)

求一个平面汇交力系合成的过程即为平面汇交力系的合成。由静力学基本公理1可知作用于物体上同一点的两个力(两个共点力)的合力可根据平行四边形公理或力三角形法则画出。在此基础上对于多个共点力所构成的平面汇交力系求合力，可连续应用力的平行四边形公理，或将力三角形法则推广到力的多边形法则。但是，用力的平行四边形法则或力的多边形法则求多个汇交力的合力时，无论采用几何作图还是几何计算都很不方便，而采用力系合成的解析法来求多个汇交力的合力则要简捷、准确得多。力系合成的解析法，就是通过力矢量在坐标轴上的投影来表示合力与分力之间的关系。

一、力在平面直角坐标轴上的投影

如图2-4所示，已知力 $\boldsymbol{F}$ 与平面直角坐标轴 x,y 正向的夹角为 α,β，于是力 $\boldsymbol{F}$ 在轴 x,y 上的投影表示为

$$\left.\begin{aligned}F_x&=F\cos\alpha\\F_y&=F\cos\beta\end{aligned}\right\}\tag{2-1}$$

即力在某轴上的投影等于力的大小乘以力与投影轴正向间夹角的余弦。可以看出，力与投影轴正向间的夹角为锐角时，其投影为正；力与投影轴正向间的夹角为钝角时，其投影为负。这就表明了力在轴上的投影为代数量。反之，若已知力 $\boldsymbol{F}$ 在平面直角坐标轴上的投影 F_x 和 F_y，则该力的大小表示为：

$$F=\sqrt{F_x^2+F_y^2}\tag{2-2}$$

须指出，力 $\boldsymbol{F}$ 在 x,y 轴上的投影 F_x,F_y 是代数量，但力沿 x,y 轴的分力 $\boldsymbol{F}_x,\boldsymbol{F}_y$ 是矢量。在平面直角坐标系中，尽管投影 F_x 和 F_y 与分力 $\boldsymbol{F}_x,\boldsymbol{F}_y$ 的大小一样，但二者是有区别的，切不可将二者混淆。画一个力 $\boldsymbol{F}$ 在轴上的投影时，要从 F 的两个端点分别向轴画垂线，两垂足间的线段即代表投影的大小。而画力 $\boldsymbol{F}$ 沿两轴的分力时，要用平行四边形法则将力 $\boldsymbol{F}$ 分解。如图2-5所示的力 $\boldsymbol{F}$ 在非直角坐标轴 x,y 上的投影 F_x,F_y，显然不等于该力沿非直角坐标轴 x,y 的分力 $\boldsymbol{F}_x,\boldsymbol{F}_y$。

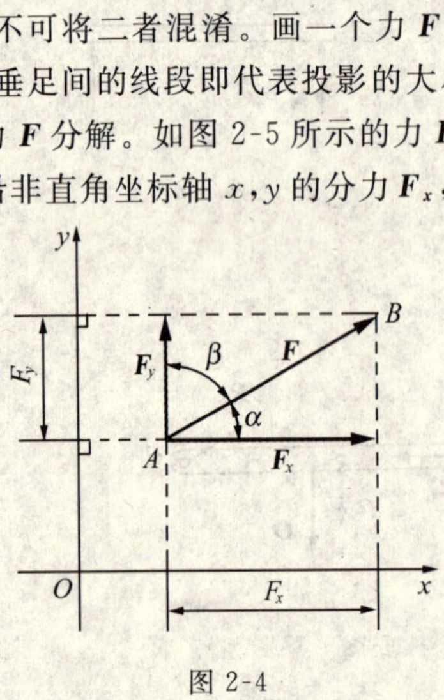

图2-4

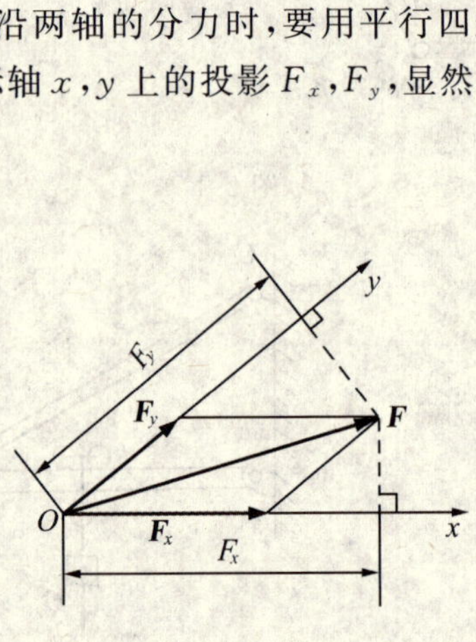

图2-5

练习: 如图 2-6,求 $\boldsymbol{F}_1,\boldsymbol{F}_2,\boldsymbol{F}_3$ 在三个坐标轴上的投影。其中 $F_1=3\sqrt{2}\text{N},F_2=6\text{N},F_3=4\text{N}$。

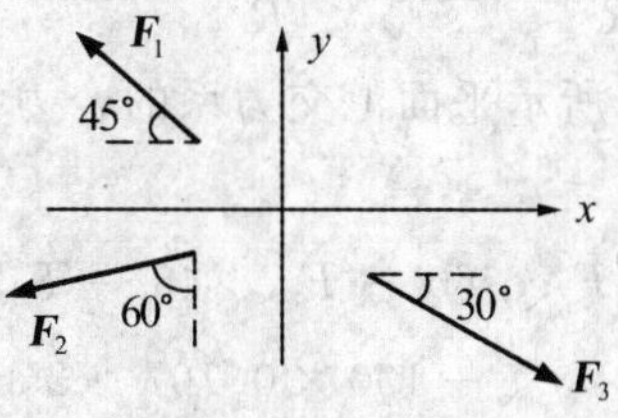

图 2-6

二、合力投影定理

由 n 个力 $\boldsymbol{F}_1,\boldsymbol{F}_2,\cdots,\boldsymbol{F}_n$ 组成的平面汇交力系作用在刚体上,其合力为 $\boldsymbol{R}$,记为 $\boldsymbol{R}=\boldsymbol{F}_1+\boldsymbol{F}_2+\cdots+\boldsymbol{F}_n=\sum\boldsymbol{F}$(矢量和)但不能写作 $R=F_1+F_2+\cdots+F_n$。

在该力系平面内建立直角坐标系 Oxy,并将力系的分力和合力都投影在 x,y 轴上(图 2-7)。容易证明(证略),合力在某一坐标轴上的投影等于各分力在同一轴上投影的代数和,亦即

$$R_x=F_{1x}+F_{2x}+\cdots+F_{nx}=\sum F_x$$

$$R_y=F_{1y}+F_{2y}+\cdots+F_{ny}=\sum F_y \tag{2-3}$$

这个关系称为**合力投影定理**。

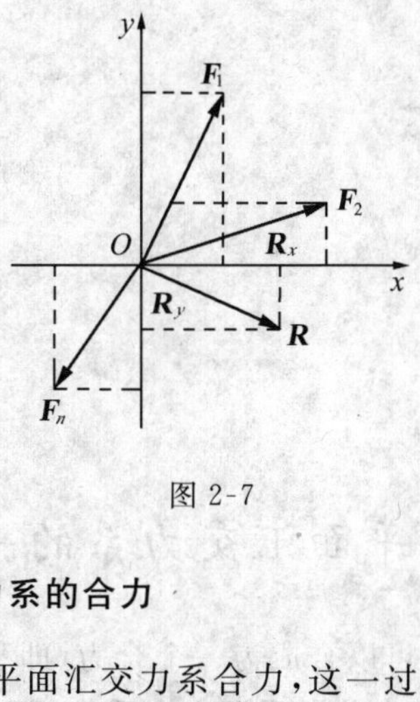

图 2-7

三、用解析法求平面汇交力系的合力

由合力投影定理可以求出平面汇交力系合力,这一过程称为平面汇交力系合成的解析法。利用解析法求平面汇交力系的合力时,可先算出力系中各力在 x,y 轴上投影的代数和,再由式(2-3)求得合力 $\boldsymbol{R}$ 在 x,y 轴上的投影 R_x 和 R_y。由图 2-7 可以看出,若求出平面汇交力系的合力 $\boldsymbol{R}$ 在两个坐标轴上的投影 R_x,R_y,则可以利用勾股定理求得合力 $\boldsymbol{R}$ 的大小,并能进一步求得合力 $\boldsymbol{R}$ 及 x,y 轴正方向之间的夹角 α,β,即合力 R 的大小与方向都可求得。

$$\left.\begin{aligned} R &= \sqrt{R_x^2 + R_y^2} = \sqrt{(\sum F_x)^2 + (\sum F_y)^2} \\ \cos\alpha &= \frac{R_x}{R}, \quad \cos\beta = \frac{R_y}{R} \end{aligned}\right\} \tag{2-4}$$

【例 2-1】用解析法求图 2-8 所示平面汇交力系的合力。

解:由式(2-3)得

$$R_x = \sum F_x = F_1\cos30° - F_2\cos60° - F_3\cos45° + F_4\cos45°$$

$$= (200\times0.866 - 300\times0.5 - 100\times0.707 + 250\times0.707)\text{N} = 129.3\text{N}$$

$$R_y = \sum F_y = F_1\cos60° - F_2\cos30° - F_3\cos45° - F_4\cos45°$$

$$= (200\times0.5 - 300\times0.8665 - 100\times0.707 - 250\times0.707)\text{N} = 112.3\text{N}$$

再由式(2-4)得

$$R = \sqrt{R_x^2 + R_y^2} = \sqrt{(129.3^2 + 112.3^2)}\,\text{N} = 171.3\text{N}$$

$$\cos\alpha = \frac{R_x}{R} = \frac{129.3}{171.3} = 0.755, \quad \cos\beta = \frac{R_y}{R} = \frac{112.3}{171.3} = 0.656$$

合力 $\boldsymbol{R}$ 的作用点为各分力的汇交点 O,与轴 x,y 的夹角分别是

$$\alpha = 40.99°, \quad \beta = 49.01°$$

练习:用解析法求如图 2-9 平面汇交力系的合力,其中 $F_1 = F_2 = F_3 = 200\text{N}$。

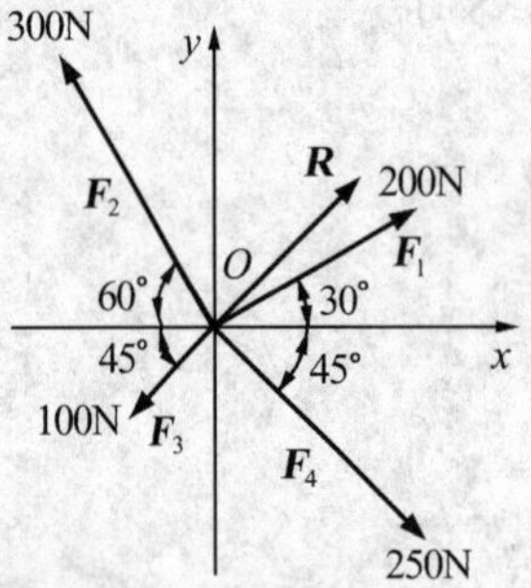

图 2-8

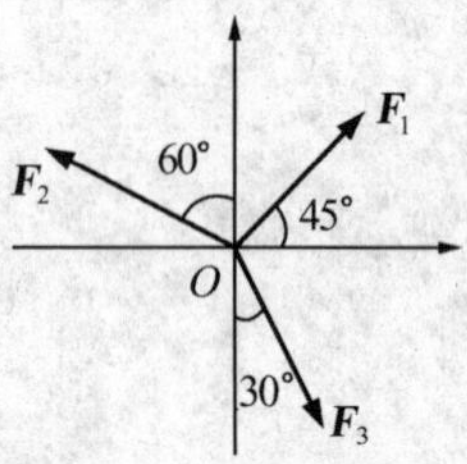

图 2-9

第二节　平面汇交力系的平衡方程

由上节可知,平面汇交力系可以合成为一个合力,即平面汇交力系可用其合力来代替。显然,如果合力为零,则物体在此平面汇交力系作用下一定处于平衡。反之,如果物体处于平衡,则作用于该物体上的力系的合力必须为零。所以,平面汇交力系平衡的充分和必要条件是力系的合力 $\boldsymbol{R}$ 等于零。则由式(2-4)应有

$$R = \sqrt{(\sum F_x)^2 + (\sum F_y)^2} = 0$$

欲使上式满足,必须同时满足

$$\left.\begin{array}{l}\sum F_x = 0\\ \sum F_y = 0\end{array}\right\} \tag{2-5}$$

于是得**平面汇交力系平衡的解析条件**为：力系中的各力在 x，y 轴上投影的代数和分别等于零。

式(2-5)称为**平面汇交力系的平衡方程**。这是两个独立的方程，可以求解两个未知量。

用平衡方程求解平面汇交力系平衡问题的主要步骤是：

1. 根据题意选取适当的研究对象；

2. 进行受力分析，画出研究对象的受力图；

3. 在力系平面内选定坐标系，列平衡方程并求解。

【例 2-2】图 2-10(a)所示为一简易起重机。已知载荷 $G=20\text{kN}$，用绳子挂在支架的滑轮 B 上，绳的另一端接在铰车 D 上。若不计杆、绳与滑轮的自重，并略去滑轮的大小及接触处的摩擦，试求平衡时杆 AB 和 BC 所受的力。

解：因杆 AB 和 BC 均为二力杆，假设两杆均受压力，如图 2-10(b)所示。为求杆 AB 和 BC 所受的力，可通过两杆对滑轮的约束力来解决，因此取滑轮 B 为研究对象。它受绳的拉力 $\boldsymbol{T}_1$，$\boldsymbol{T}_2$ 以及杆 AB 和 BC 的约束力 $\boldsymbol{R}_{AB}$ 和 $\boldsymbol{R}_{BC}$ 的作用，如图 2-10(c)所示。其中已知 $T_1=T_2=G=20\text{kN}$。

取图示坐标系，列平衡方程并求解：

$$\sum F_y = 0,\quad R_{BC}\cos30^\circ - T_1 - T_2\sin45^\circ = 0$$

得

$$R_{BC}=\frac{T_1+T_2\sin45^\circ}{\cos30^\circ}=\frac{20+20\times0.707}{0.866}=39.42\text{kN}$$

$$\sum F_x = 0,\quad R_{AB} + R_{BC}\sin30^\circ - T_2\cos45^\circ = 0$$

得

$$R_{AB}=T_2\cos45^\circ - R_{BC}\sin30^\circ = 20\times0.707-39.42\times0.5=-5.57\text{kN}$$

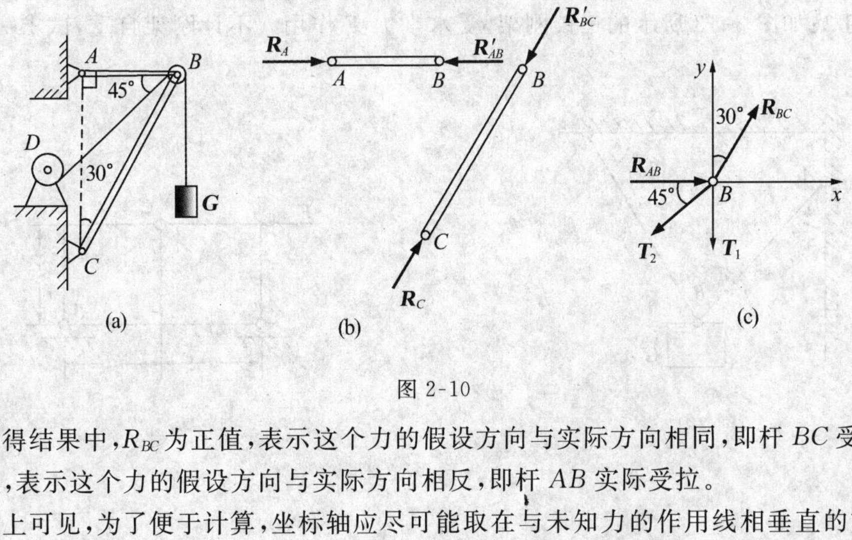

图 2-10

所得结果中，R_{BC} 为正值，表示这个力的假设方向与实际方向相同，即杆 BC 受压；R_{AB} 为负值，表示这个力的假设方向与实际方向相反，即杆 AB 实际受拉。

由上可见，为了便于计算，坐标轴应尽可能取在与未知力的作用线相垂直的方向，这样在一个平衡方程中只出现一个未知数，可以避免解联立方程。

【例 2-3】一圆柱形工件被压在 V 形槽中，如图 2-11(a)所示。设水平压板给工件的压力为 $\boldsymbol{P}$，不计接触面间的摩擦和工件自重。试求 V 形槽对工件的约束反力。

解：取工件为研究对象。其受力图如图 2-11(b)所示。因接触面是光滑的，故压板给工件的作用力沿接触面的公法线铅直向下，并通过圆心；V 形槽两斜面对工件的反力 $\boldsymbol{N_A}$ 和 $\boldsymbol{N_B}$ 分别沿其接触面的公法线指向圆心。故知工件受一平面汇交力系作用而平衡。

取图示坐标系，列平衡方程并求解：

$$\sum F_x = 0, \quad N_A - P\cos 30^\circ = 0$$

得
$$N_A = P\cos 30^\circ = \frac{\sqrt{3}}{2}P$$

$$\sum F_y = 0, \quad N_B - P\cos 60^\circ = 0$$

得
$$N_B = P\cos 60^\circ = \frac{1}{2}P$$

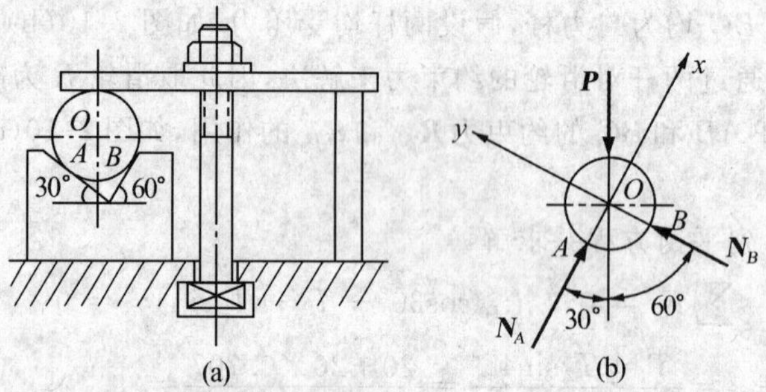

图 2-11

练习 1：重 $G=100\text{N}$ 的物体，用两绳悬挂，如图 2-12 所示。不计绳的重量，试求绳的拉力。

练习 2：如图 2-13 所示的三铰刚架，受水平力 $\boldsymbol{F}$ 作用。不计刚架自重，试求 A，B 支座反力。

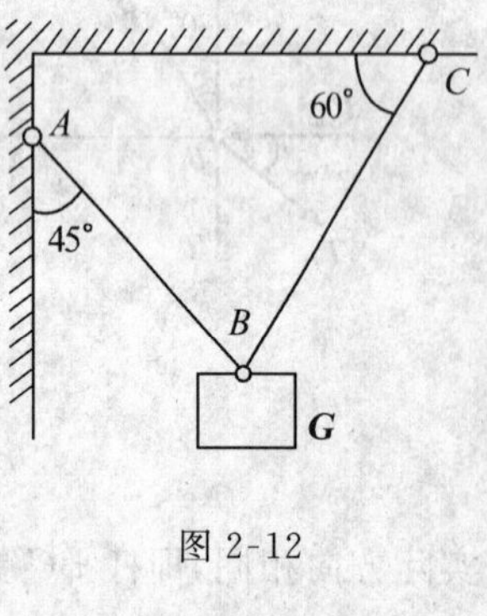

图 2-12

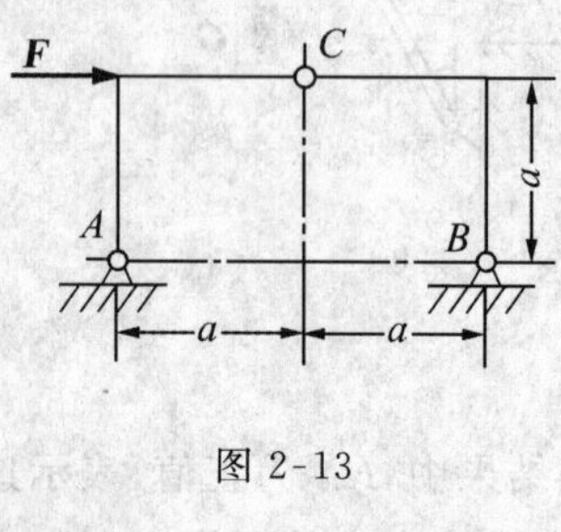

图 2-13

第三节　力对点之矩　合力矩定理

在研究平面任意力系的简化和平衡问题时，要用到力对点之矩的概念和计算、力偶的概念和性质。这些知识在理论上和实际应用上都具有重要意义。

一、力对点之矩

实践表明，力除了能使物体移动外，还能使物体绕某一点转动。例如，用扳手拧紧螺母时，作用在扳手上的力 $\boldsymbol{F}$ 能使扳手连同螺母绕 O 点（亦即绕通过 O 点垂直于图面的轴）转动，如图 2-14 所示。由经验可知，拧紧螺母的作用不仅与力 F 的大小有关（F 值越大，螺母拧得越紧），而且与 O 点到力 F 的作用线的垂直距离 d 有关（d 值越大，拧紧螺母越省力）。因此，力 F 使扳手绕 O 点的转动效果可用两者的乘积 Fd 来度量，此乘积称为力 $\boldsymbol{F}$ 对 O 点之矩，简称**力矩**。O 点称为力矩中心，简称**矩心**。O 点到力 $\boldsymbol{F}$ 的作用线的垂直距离 d 称为**力臂**。

显然，力 $\boldsymbol{F}$ 使扳手绕 O 点转动的方向不同，转动效果也不同。

由此可见，力 $\boldsymbol{F}$ 使物体绕 O 点转动的效果，由下列两个因素决定：

(1)力的大小与力臂的乘积 Fd；

(2)力使物体绕 O 点转动的方向。

为了区别力使物体绕矩心转动的方向，通常规定：力使物体绕矩心逆时针方向转动时，力矩为正；力使物体绕矩心顺时针方向转动时，力矩为负。

因此，在平面问题中，力矩的大小等于力的大小与力臂的乘积，其正、负号表示力使物体绕矩心转动的方向。

力 $\boldsymbol{F}$ 对 O 点之矩用符号 $M_o(\boldsymbol{F})$ 表示，其计算公式为

$$M_o(\boldsymbol{F}) = \pm Fd \tag{2-6}$$

力矩的单位决定于力和力臂的单位。在国际单位制中常用 N·m。

当力的作用线通过矩心时，因力臂为零，故力矩等于零，此时力不能使物体绕矩心转动。

【例 2-4】已知皮带轮的直径 $d=300\text{mm}$（图 2-15），皮带紧边拉力 $T_1=560\text{N}$，松边拉力 $T_2=160\text{N}$。试分别计算两边拉力对轮心 O 之矩。

解：紧边拉力 $\boldsymbol{T}_1$ 对 O 点之矩为

$$M_o(\boldsymbol{T}_1) = -T_1\frac{d}{2} = -560\times0.15 = -84\text{N}\cdot\text{m}$$

松边拉力 $\boldsymbol{T}_2$ 对 O 点之矩为

$$M_o(\boldsymbol{T}_2) = T_2\frac{d}{2} = 160\times0.15 = 24\text{N}\cdot\text{m}$$

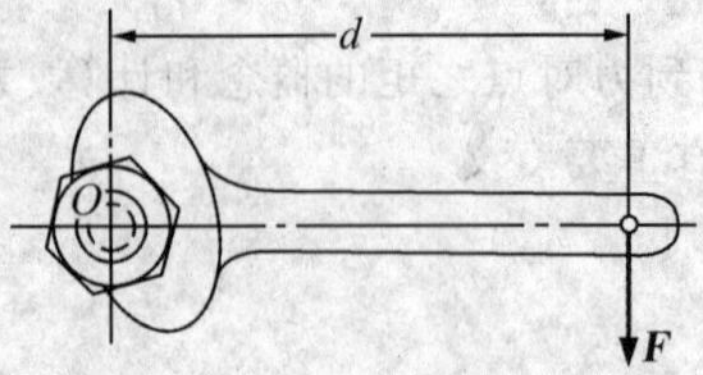

图 2-14

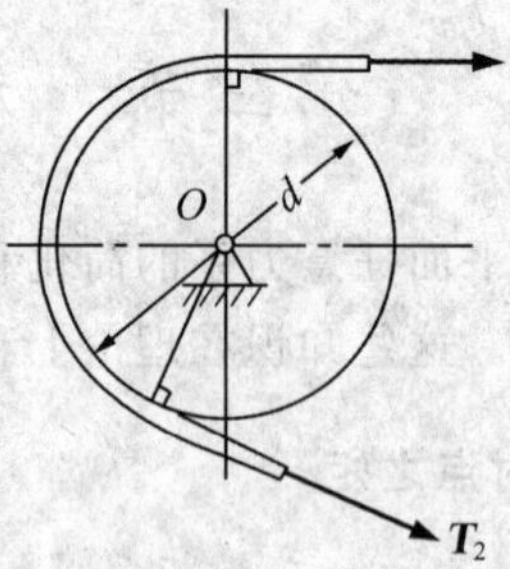

图 2-15

二、合力矩定理

在计算力矩时，力臂一般可通过几何关系确定。但在有些实际问题中，由于几何关系比较复杂，力臂不易求出，因而力矩不便于计算。这时，若将力进行适当分解，计算各分力的力矩则很方便。因此，有必要找出合力对某点之矩与其各分力对同一点之矩的关系。

下面以平面汇交力系为例予以说明。

如图 2-16 所示，设平面汇交力系 $\boldsymbol{F}_1,\boldsymbol{F}_2,\cdots,\boldsymbol{F}_n$ 作用于 **A** 点，$\boldsymbol{R}$ 为力系的合力。各力对平面内任一点 O 之矩分别为

$$M_o(\boldsymbol{F}_1)=-F_1d_1$$

$$M_o(\boldsymbol{F}_2)=F_2d_2$$

……

$$M_o(\boldsymbol{F}_n)=-F_nd_n$$

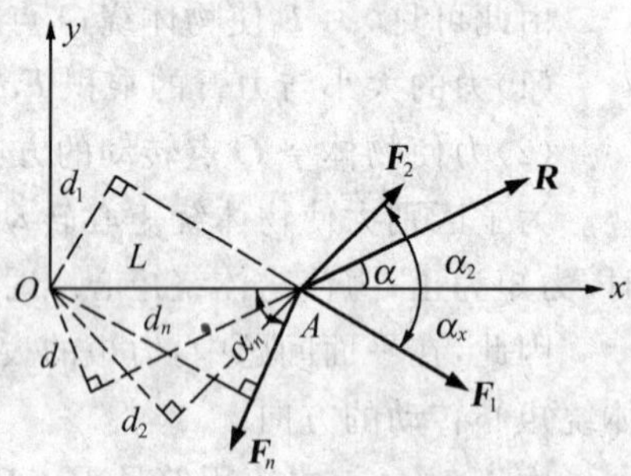

图 2-16

合力 $\boldsymbol{R}$ 对 O 点之矩

$$M_o(\boldsymbol{R})=Rd=RL\sin\alpha=R_yL$$

可以证明（略）

$$M_o(\boldsymbol{R})=M_o(\boldsymbol{F}_1)+M_o(\boldsymbol{F}_2)+\cdots+M_o(\boldsymbol{F}_n)=\sum M_o(\boldsymbol{F}) \tag{2-7}$$

上式表明，平面汇交力系的合力对平面内任一点之矩等于各分力对同一点之矩的代数和。此关系称为**合力矩定理**。这个定理也适用于有合力存在的其他各种力系，这将在后面有关章节中论证。

【例 2-5】图 2-17 所示的直齿圆柱齿轮，受到与它啮合的另一齿轮（未画出）的法向压力 $\boldsymbol{P}$ 作用。设 $P=500\text{N}$，齿轮节圆半径 $r=150\text{mm}$，压力角 $\alpha=20°$。试计算 $\boldsymbol{P}$ 对轴心 O 之矩。

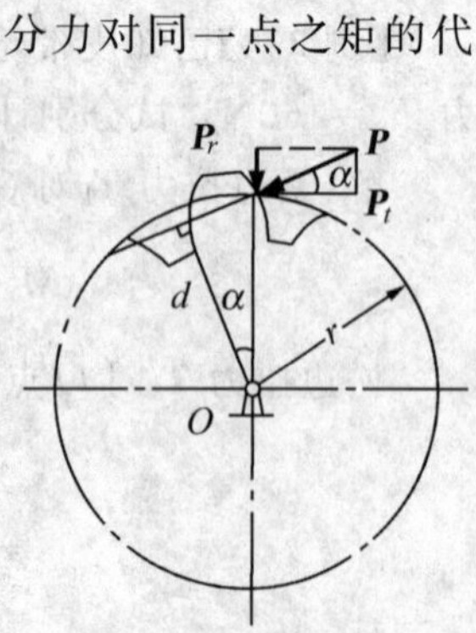

图 2-17

解：力 $\boldsymbol{P}$ 对 O 点之矩可直接应用力矩的计算公式求出，即

$$M_o(\boldsymbol{P})=Pr\cos\alpha=500\times0.15\cos20°$$

$$=70.5\text{N}\cdot\text{m}$$

也可应用合力矩定理来求。为此，将力 $\boldsymbol{P}$ 分解为圆周力 $\boldsymbol{P}_t$ 和径向力 $\boldsymbol{P}_r$，则

$$M_o(\boldsymbol{P})=M_o(\boldsymbol{P}_t)+M_o(\boldsymbol{P}_r)$$

由于径向力 $\boldsymbol{P}_r$ 通过矩心 O，故 $M_o(\boldsymbol{P}_r)=0$。于是得

$$M_o(\boldsymbol{P})=M_o(\boldsymbol{P}_t)=Pr\cos\alpha=70.5\text{N}\cdot\text{m}$$

【例 2-6】图 2-18 所示为液压驱动起重机吊臂的简图。设尺寸 a，b 和角度 α 为已知，试求油缸中油的推力 $\boldsymbol{F}$ 对固定铰支 O 点之矩。

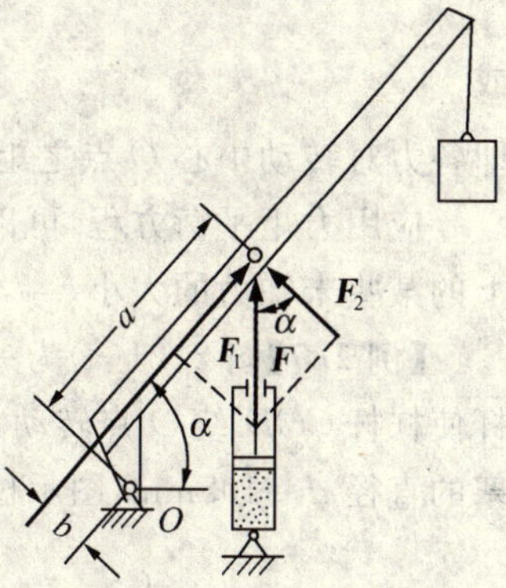

图 2-18

解：在本例中，若直接用力 $\boldsymbol{F}$ 求力矩，则计算力臂较困难，而利用合力矩定理来求却很简便。为此，将力 $\boldsymbol{F}$ 分解为 $\boldsymbol{F}_1$ 和 $\boldsymbol{F}_2$ 两个分力。根据合力矩定理，得

$$\begin{aligned}M_o(\boldsymbol{F})&=M_o(\boldsymbol{F}_1)+M_o(\boldsymbol{F}_2)\\&=-F_1b+F_2a\\&=-Fb\sin\alpha+Fa\cos\alpha\\&=F(a\cos\alpha-b\sin\alpha)\end{aligned}$$

练习：试求图 2-19 中各种情况下力 $\boldsymbol{F}$ 对 O 点之矩。

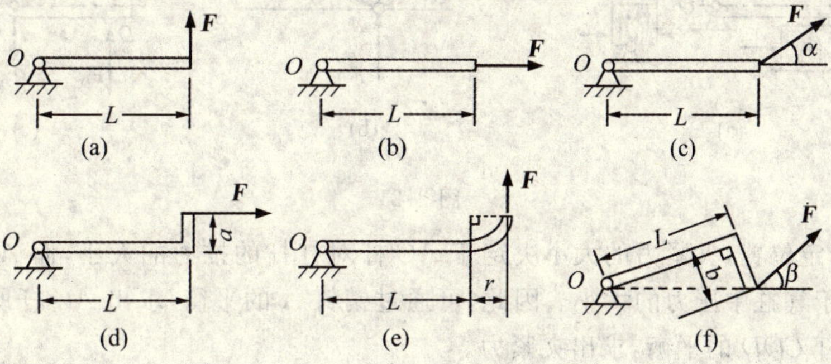

图 2-19

三、力矩平衡

在生产实践中，常遇到力矩平衡的问题。例如图 2-20 所示的钻床夹具，当拧动螺钉时，杠杆压板便绕 O 点转动而压紧工件，这时，在螺钉处压板受到力 $\boldsymbol{F}_1$ 的作用，在工件处受到力 $\boldsymbol{F}_2$ 的作用。力 $\boldsymbol{F}_1$ 对 O 点产生逆时针方向转动的力矩为 F_1d_1，力 F_2 对 O 点产生顺时针方向转动的力矩为 F_2d_2。显然，当 $F_1d_1=F_2d_2$，即此两力对 O 点之矩的代数和等于零时，压板就处于平衡状态。故其平衡条件为：

$$M_o(\boldsymbol{F}_1)+M_o(\boldsymbol{F}_2)=F_1d_1-F_2d_2=0$$

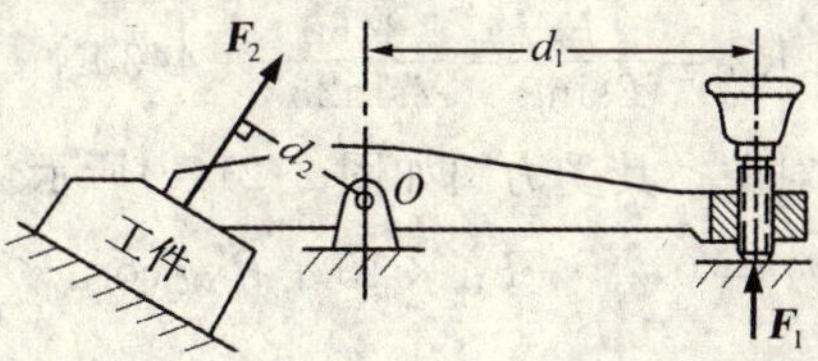

图 2-20

如果具有固定转动中心 O 的物体受有 n 个力的作用，各力对 O 点之矩分别用 $M_o(\boldsymbol{F}_1)$，$M_o(\boldsymbol{F}_2)$，…，$M_o(\boldsymbol{F}_n)$表示，则该物体的平衡条件为

$$M_o(\boldsymbol{F}_1)+M_o(\boldsymbol{F}_2)+\cdots+M_o(\boldsymbol{F}_n)=0$$

或

$$\sum M_o(\boldsymbol{F})=0 \tag{2-8}$$

即各力对转动中心 O 点之矩的代数和为零。式(2-8)称为**力矩平衡方程**。

应用力矩平衡方程，可以分析、计算具有固定转动中心的物体处于平衡时，作用于其上的某些未知力的大小。

【例 2-7】图 2-21(a)为一气动夹紧装置简图。空气压力推动活塞向上运动，通过 AC 杆使杠杆 COD 绕 O 点转动，从而夹紧工件。已知压缩空气的压强 $p=40\text{N/cm}^2$，气缸活塞的直径 $d=105\text{mm}$，图示位置 $\alpha=23°$，各杆自重和摩擦不计。试求工件所受的夹紧力。

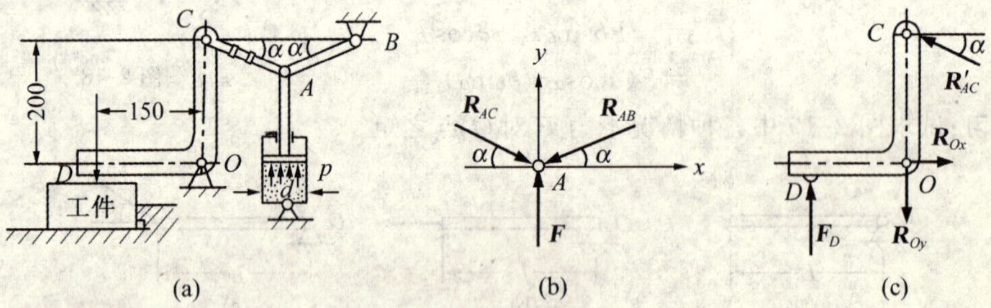

图 2-21

解：在给定位置，夹紧力的大小决定于 AC 杆对杠杆的推力的大小，而 AC 杆受力的大小又决定于气缸中压力的大小。因此，可通过销钉 A 的平衡，求出 AC 杆所受的力，进而可通过杠杆 COD 的平衡，求出夹紧力。

压缩空气对活塞的压力为

$$F=\frac{\pi d^2}{4}p=\frac{3.14\times10.5^2}{4}\times40=3460\text{N}$$

取销钉 A 为研究对象。其受力如图 2-21(b)所示。因 AB 和 AC 杆均为二力杆，故力 $\boldsymbol{R}_{AB}$ 和 $\boldsymbol{R}_{AC}$ 的作用线均沿杆的轴线。取坐标系 A_{xy}，列平面汇交系的平衡方程并求解：

$$\sum F_x=0,\quad R_{AC}\cos\alpha-R_{AB}\cos\alpha=0$$

得

$$R_{AC}=R_{AB}$$

$$\sum F_y=0,\quad F-R_{AB}\sin\alpha-R_{AC}\sin\alpha=0$$

得

$$R_{AC}=\frac{F}{2\sin\beta}=\frac{3460}{2\sin23°}=4430\text{N}$$

再取杠杆 COD 为研究对象。其受力图如图 2-21(c)所示。列力矩平衡方程并求解：

$$\sum M_o(\boldsymbol{F})=0,\quad -F_D\times15+R'_{AC}\cos\alpha\times20=0$$

得

$$F_D=\frac{R'_{AC}\cos\alpha\times20}{15}=\frac{4430\cos23°\times20}{15}=5540\text{N}$$

由作用与反作用公理可知，工件所受的夹紧力与力 $\boldsymbol{F}_D$ 等值、反向。

【**例 2-8**】图 2-22(a)所示的差动滑轮（俗称神仙葫芦）是常用的起重设备。它用两个固连在一起的链轮 A，通过一根绕在链轮 A 上的链条带动装有吊钩的滑轮 B，当在链条空圈下垂的一边作用手拉力 $\boldsymbol{F}$ 时，就能提升吊钩上的重物。设重物的重量为 $\boldsymbol{G}$，大链轮的半径为 R，小链轮和滑轮 B 的半径均为 r，不计摩擦。试求匀速提升重物时，手拉力 $\boldsymbol{F}$ 与物重 $\boldsymbol{G}$ 的关系。

解：取滑轮 B 为研究对象。作用其上的力有重物的重力 $\boldsymbol{G}$ 和两边链条的拉力 $\boldsymbol{T}_1$，$\boldsymbol{T}_2$，如图 2-22(b)所示。以 O_1 点矩心，列力矩平衡方程并求解：

$$\sum M_{o1}(\boldsymbol{F}) = 0,\quad T_2 r - T_1 r = 0$$

得

$$T_1 = T_2$$

由实践可知，滑轮 B 平衡时，力 $\boldsymbol{T}_1$ 和 $\boldsymbol{T}_2$ 的合力必与力 $\boldsymbol{G}$ 等值、反向、共线。于是可得

$$T_1 = T_2 = \frac{G}{2}$$

再取链轮 A 为研究对象。作用其上的有手拉力 $\boldsymbol{F}$ 和链条拉力 $\boldsymbol{T}_1'$，$\boldsymbol{T}_2'$ 以及固定铰支 O_2 的反力 R_{O2x} 和 R_{O2y}，如图 2-22(c)所示。以 O_2 点为矩心，列力矩平衡方程并求解：

$$\sum M_{o2}(\boldsymbol{F}) = 0,\quad T'_1 R - T'_2 r - FR = 0$$

由于 $T_1 = T_1'$，$T_2 = T_2'$，且 $T_1 = T_2 = \dfrac{G}{2}$，故得

$$F = \frac{T_1(R-r)}{R} = \frac{G}{2}\left(1 - \frac{r}{R}\right)$$

或

$$\frac{F}{G} = \frac{1}{2}\left(1 - \frac{r}{R}\right)$$

由上式可知，若 r 越接近于 R，则 F/G 值越小，也即力 F 越小，越省力。

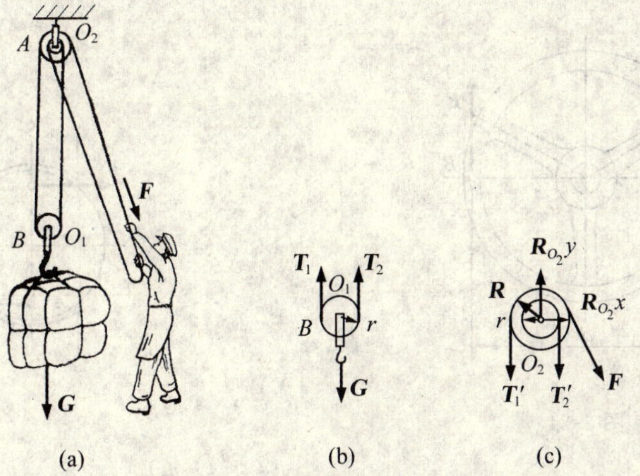

图 2-22

练习：绞车的鼓轮轴如图 2-23 所示。直齿圆柱齿轮所受的啮合力 F=500(N)，力 $\boldsymbol{F}$

在铅直面内与水平切线之间的夹角(即压力角)$\alpha=20°$,齿轮节圆直径 $d=300$(mm),鼓轮直径 $D=100$(mm)。试求均速转动时,起重载荷的大小 G。

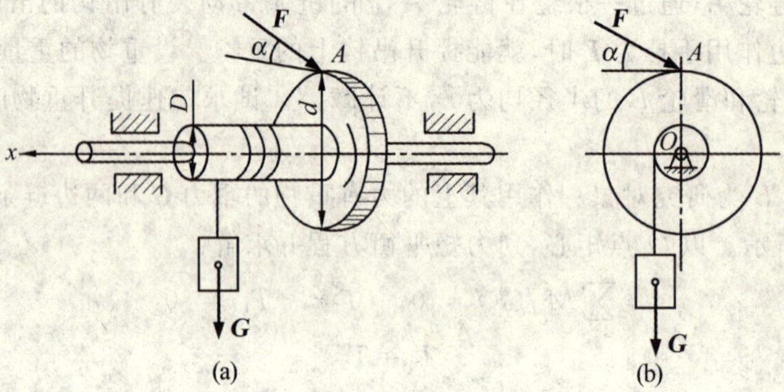

图 2-23

第四节 力 偶

一、力偶的概念

在实践中,常可见到物体受两个大小相等、方向相反、但不在同一作用线上的平行力作用,使物体转动的情况,例如,汽车司机用双手转动方向盘(图 2-24),电动机的定子磁场对转子作用电磁力使之旋转(图 2-25),钳工用双手攻螺纹(图 2-26),以及用手指拧水龙头或旋转钥匙开锁等。在同一物体上受等值反向的二平行力作用,其合力显然等于零,但是由于它们不共线而不能相互平衡。这种大小相等、方向相反、作用线平行的二力组成的力系,称为**力偶**,如图 2-27 所示,可记作($\boldsymbol{F},\boldsymbol{F}'$)。力偶中两力之间的垂直距离 d 称为力偶臂,力偶所在的平面称为**力偶的作用面**。

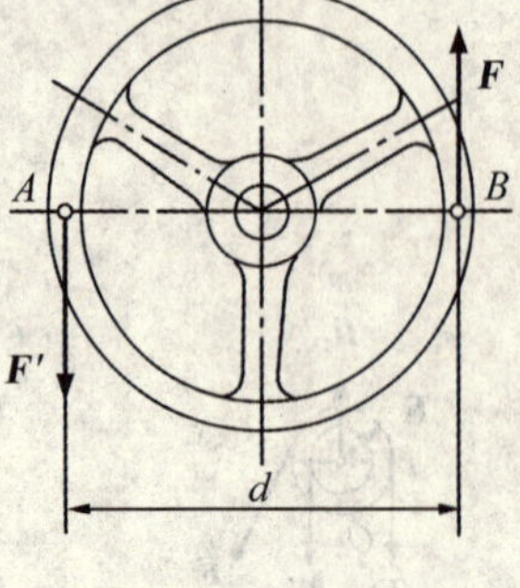

图 2-24

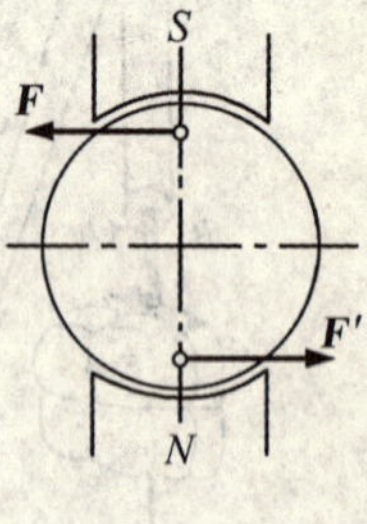

图 2-25

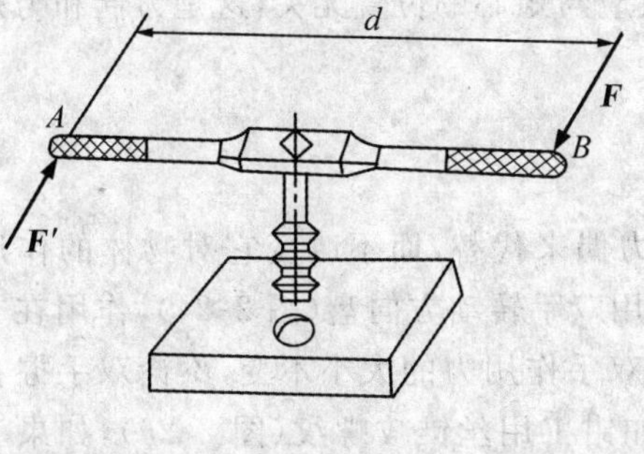

图 2-26

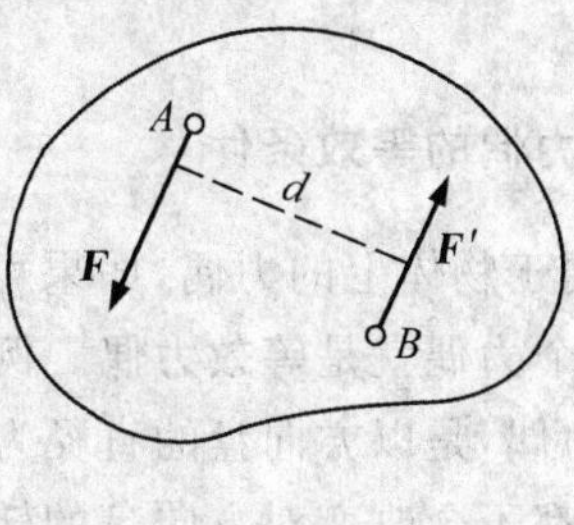

图 2-27

显然，力偶不可能合成为一个力，或用一个力来等效替换，因而力偶也不能用一个力来平衡。所以，力和力偶是力学中的两个基本力学量。

二、力偶矩

由经验可知，力偶对物体的作用效果的大小，既与力 $\boldsymbol{F}$ 的大小成正比，又与力偶臂 d 的大小成正比，因此，可用两者的乘积 Fd 来度量力偶作用效果的大小，这个乘积称为**力偶矩**。

由于力偶在其作用面内的转向不同，作用效果也不相同，因此，与力矩一样，可用力偶矩的正、负号来表示力偶的转向，即逆时针转向为正，顺时针转向为负，如图 2-28 所示。

力偶$(\boldsymbol{F},\boldsymbol{F}')$的力偶矩，以符号 $m(\boldsymbol{F},\boldsymbol{F}')$表示，或简写为 m，则

$$m=\pm Fd \tag{2-8}$$

即力偶矩的大小等于力的大小与力偶臂的乘积，其正、负号表示力偶的转向。

力偶矩的单位与力矩的单位相同。在国际单位制中用牛(顿)·米(N·m)。

必须注意，力矩和力偶都能使物体转动状态发生变化，这是它们的共性。但力矩使物体的转动效应与矩心的位置有关，而力偶对其作用面内任一点的矩为常数，且等于本身力偶矩。证明如下：

设已知力偶$(\boldsymbol{F},\boldsymbol{F}')$的力偶矩为 $m=Fd$(图 2-29)，在其作用面内任取一点 O 为矩心，设 O 点到力 F'的距离为 x，则力偶$(\boldsymbol{F},\boldsymbol{F}')$对 O 点的矩为

$$M_o(\boldsymbol{F})+M_o(\boldsymbol{F}')=F(d+x)-F'\cdot x=Fd+Fx-F'\cdot x=Fd=m$$

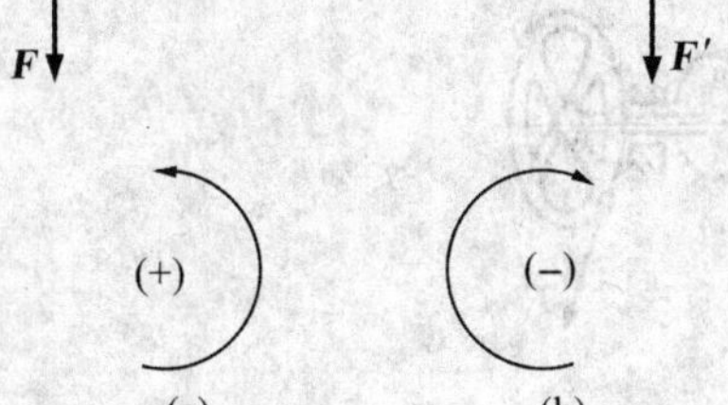

图 2-28

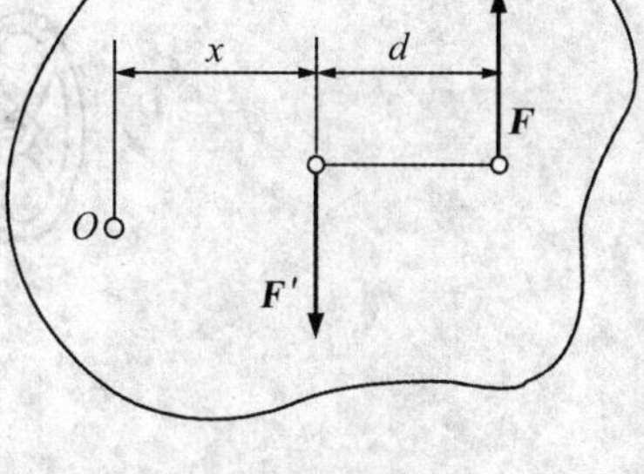

图 2-29

由于 O 点是任意选的,所以,力偶的转动效应与矩心的位置无关,这是力偶和力矩的区别。

三、力偶的等效条件

作用于物体上的力偶,如果可以用另一个力偶来代替,而不改变它对物体的作用效果,这两个力偶就是**等效力偶**。例如,汽车司机用双手转动方向盘(图 2-24),作用在方向盘上的力偶,是以方向盘的直径为力偶臂,只要双手作用力的大小不变,不论双手握在什么位置,都不会改变对方向盘的转动作用。又如钳工用丝锥攻螺纹(图 2-26),如果手柄比原来的加长一倍时,则所需的力就可以比原来的减小一半,但攻螺纹的力偶矩是相等的。通过以上等效力偶的实例可得出两个重要推论:

(1)力偶可以在它的作用面内任意移动和转动,而不改变它对物体的作用。因此,力偶对物体的作用与力偶在其作用面内的位置无关。

(2)只要保持力偶矩的大小和力偶的转向不变,可同时改变力偶中力的大小和力偶臂的长短,而不会改变力偶对物体的作用效果。

图 2-30(a),(b)表示了上述两个推论:在力偶的作用平面内,不论力偶的位置如何,也不论力的大小和力偶臂的长短是多少,只要两力偶的力偶矩的大小和力偶的转向相同,则此两力偶就是等效力偶,这就是**力偶的等效条件**。由于力偶的臂和力的大小都不是力偶的特征量,所以今后常用带箭头的圆弧线表示力偶,如图 2-30(c)所示。

顺便指出,因为力偶总是使物体绕某一垂直于力偶作用面的轴转动,所以当力偶的作用面平行移动时,并不改变它对物体的作用效果。例如,图 2-31 所示的绞车,无论在右端手轮上作用力偶($\boldsymbol{F}$,$\boldsymbol{F}'$),还是在左端手轮上作用力偶($\boldsymbol{Q}$,$\boldsymbol{Q}'$),只要二者的力偶矩相等,它们的转动效果也相同。

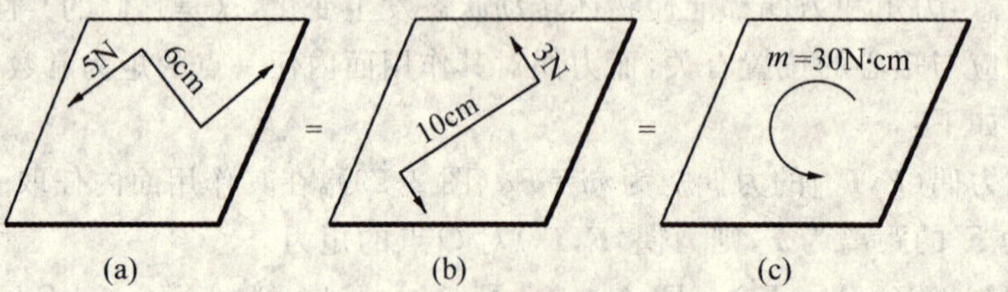

图 2-30

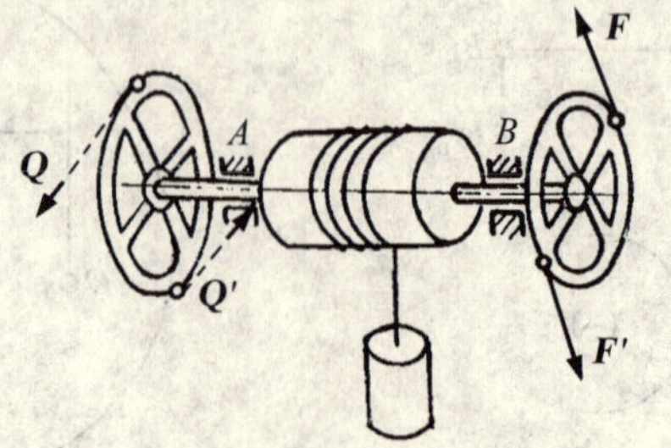

图 2-31

四、平面力偶系的合成及平衡条件

1. 平面力偶系的合成

作用在物体上同一平面内的许多力偶，称为**平面力偶系**。力偶系的合成，就是求力偶系的合力偶。设 $m_1, m_2, \cdots, m_n$ 为平面力偶系中各力偶的力偶矩，M 为合力偶的力偶矩，则合力偶矩等于平面内力偶系中各力偶矩的代数和(证明从略)。即

$$M = m_1 + m_2 + \cdots + m_n = \sum m_i \tag{2-9}$$

2. 平面力偶系的平衡条件

由于平面力偶系合成的结果只能是一个合力偶，当其合力偶矩等于零时，表明使物体顺时针方向转动的力偶矩与使物体逆时针方向转动的力偶矩相等，作用效果相互抵消，物体保持转动平衡状态，也就是相对静止或作匀速转动。因此，平面力偶系平衡的必要和充分条件是：所有各力偶矩的代数和等于零，即

$$\sum m_i = 0 \tag{2-10}$$

由上式可知，力偶只能用力偶来平衡。

【例 2-9】梁 AB 上受力偶($\boldsymbol{P}, \boldsymbol{P}'$)作用(图 2-32)，设 $P = P' = 400\text{N}$，$L = 200\text{mm}$，$a = 50\text{mm}$，梁自重不计，求 A，B 两处支座的反力。

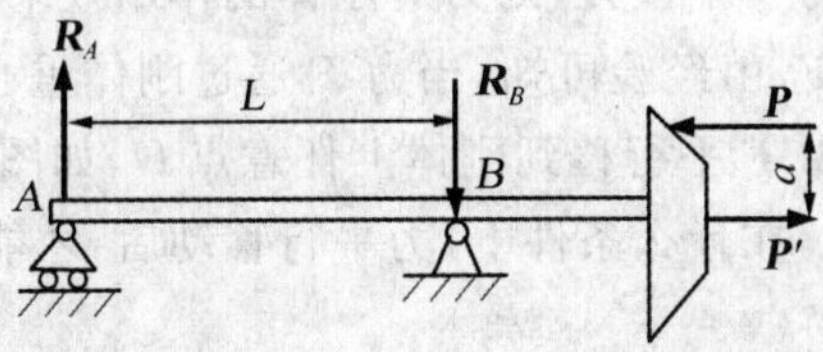

图 2-32

解：取梁 AB 为研究对象。梁在已知力偶($\boldsymbol{P}, \boldsymbol{P}'$)和支座 A，B 的约束力作用下处于平衡。由支座的性质可知，$\boldsymbol{R}_A$ 的方位铅直，$\boldsymbol{R}_B$ 的方位不定。因力偶只能用力偶来平衡，所以 $\boldsymbol{R}_A$ 与 $\boldsymbol{R}_B$ 必组成一力偶，$\boldsymbol{R}_A$ 和 $\boldsymbol{R}_B$ 的指向假设如图。由平面力偶系的平衡条件：

$$\sum m_i = 0, \quad Pa - R_A L = 0$$

所以

$$R_A = \frac{Pa}{L} = 100\text{N}$$

$$R_A = R_B = 100\text{N}$$

即支座 A 和 B 的约束力均为 100(N)，组成一顺时针方向的力偶。从本例可以看出，力偶($\boldsymbol{P}, \boldsymbol{P}'$)在梁上的位置对支座 A，B 的反力无影响。

【例 2-10】用多轴钻床在水平工件上钻孔，如图 2-33 所示。每个钻头的切削刀刃作用于工件的力在水平面内构成一力偶，设已知三个孔所受的力偶矩分别为 $m_1 = m_2 = 13.5\text{N} \cdot \text{m}$，$m_3 = 17\text{N} \cdot \text{m}$，求工件受到的合力偶矩。如果工件在 A，B 二处用螺柱固定，A 和 B 之间的距离 $l = 0.2\text{m}$，试求两个螺柱所受的水平力。

解：(1)求三个主动力偶的合力偶矩。

$$M = \sum m_i = -m_1 - m_2 - m_3 = -13.5 - 13.5 - 17 = -44\text{N} \cdot \text{m}$$

负号表示合力偶矩为顺时针方向。

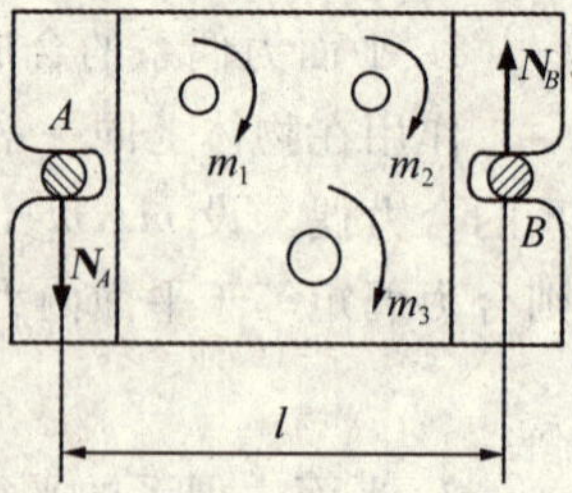

图 2-33

(2)求两个螺柱所受的水平力。选工件为研究对象,工件受三个主动力偶和两个螺柱的水平反力的作用而平衡。因为力偶只能与力偶平衡,故两个螺柱的水平反力 $\boldsymbol{N}_A$ 和 $\boldsymbol{N}_B$ 必然组成为一力偶,它们的方向假设如图所示,则 $N_A = N_B$,由平面力偶系的平衡条件,有

$$\sum m_i = 0, \quad N_A l - m_1 - m_2 - m_3 = 0$$

可解得

$$N_A = N_B = \frac{m_1 + m_2 + m_3}{l} = \frac{44}{0.2} = 220\text{N}$$

所得 N_A 和 N_B 为正值,故图 2-33 上所假设的方向是正确的。

五、力的平移定理

我们已经知道,力对物体的作用效果决定于力的三要素:力的大小、方向和作用点。力沿其作用线移动时,力对刚体的作用效果是不变的。但是,如保持力的大小、方向不变,将力的作用线平行移动到另一个位置,则力对刚体的作用效果将发生改变。

设在刚体上作用一力 $\boldsymbol{F}$,由经验可知,当力 $\boldsymbol{F}$ 通过刚体重心 C 时,如图 2-34(a)所示,刚体只发生平动。如果将力 $\boldsymbol{F}$ 平行移到刚体上任意点 D,如图 2-34(b)所示,则刚体既发生平动,又发生转动。那么,在什么条件下,力平行移动后,才能与原力等效呢?力的平移定理回答了这一问题。

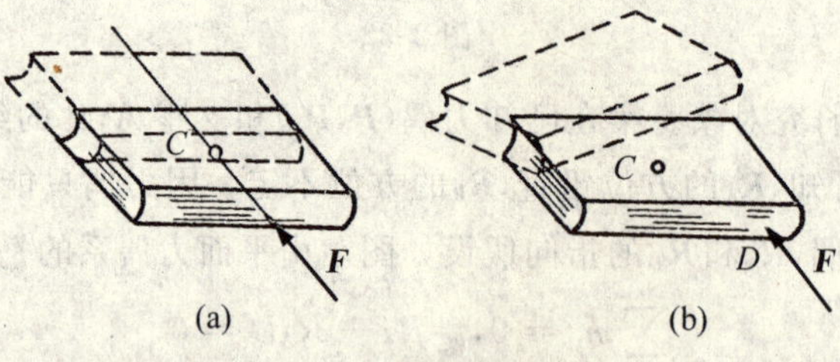

图 2-34

图 2-35 所示,为将作用于刚体上 A 点的力 $\boldsymbol{F}$ 平行移动到刚体上任一点 O 的推理过程。设在刚体上的 A 点作用一力 $\boldsymbol{F}$ 图 2-35(a),在刚体上任取一点 O,在 O 点加一对等值、反向的力 $\boldsymbol{F}'$ 和 $\boldsymbol{F}''$,并使该两力与力 $\boldsymbol{F}$ 平行且大小相等,即令 $\boldsymbol{F}' = -\boldsymbol{F}'' = \boldsymbol{F}$,如图 2-35(b)所示。显然,三个力 $\boldsymbol{F}, \boldsymbol{F}', \boldsymbol{F}''$ 组成的新力系与原来的一个力 $\boldsymbol{F}$ 等效。但是这三个力可看作是一个作用在 O 点的力 $\boldsymbol{F}'$ 和一个力偶($\boldsymbol{F}, \boldsymbol{F}''$)。这样,原来作用在 A 点的力 $\boldsymbol{F}$,便被力 $\boldsymbol{F}'$ 和力偶($\boldsymbol{F}, \boldsymbol{F}''$)等效代换。由此可见,可以把作用在 A 点的力 $\boldsymbol{F}$ 平移到 O 点,但必须同时加上一个相应的力偶,这个力偶称为附加力偶,如图 2-35(c)所示。此附加力偶的矩 $\boldsymbol{m}$ 为

$$m = M_o(\boldsymbol{F}) = Fd \tag{2-11}$$

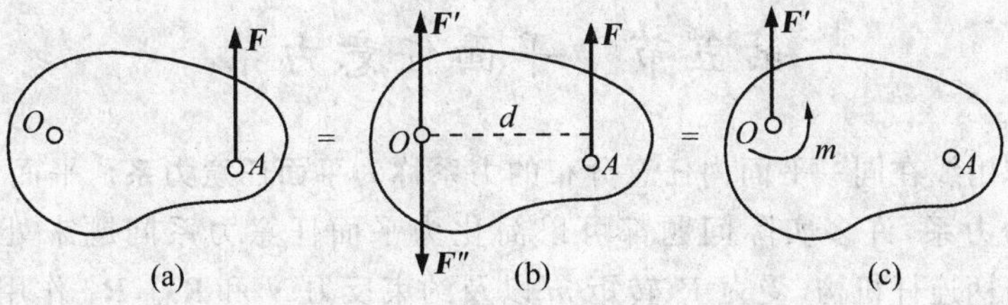

图 2-35

上式说明，此附加力偶矩的大小及转向与力 $\boldsymbol{F}$ 对 O 点的矩相同。由此可得**力的平移定理**：若将作用在刚体某点的力，平移到刚体上另一点，而不改变原力的作用效果，则必须同时附加一力偶，其力偶矩等于原力对新作用点的矩。

力的平移定理很容易从实际问题中得到验证。例如，作用于石磨柄上的力 $\boldsymbol{F}$ 对于石磨的作用，不但可使石磨绕定轴 O 转动，而且使石磨轴受到横向力 $\boldsymbol{F}'$ 的作用（图 2-36），这个力可认为是从作用于 A 点的力 $\boldsymbol{F}$ 平移过来的。使石磨转动的力矩等于原力 $\boldsymbol{F}$ 对石磨轴 O 之矩 $M_o(\boldsymbol{F})$。

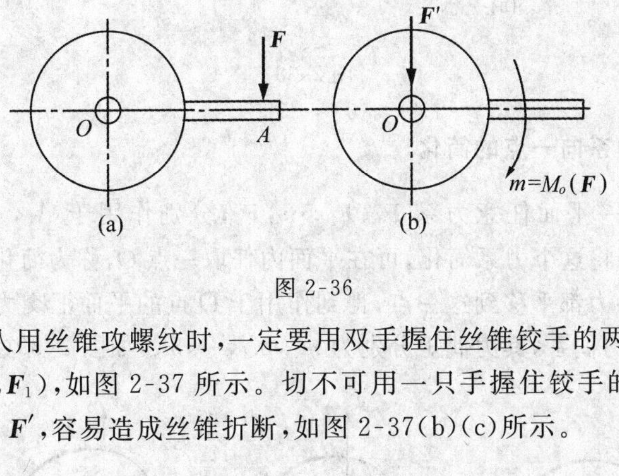

图 2-36

同样道理，工人用丝锥攻螺纹时，一定要用双手握住丝锥铰手的两端，一推一拉，均匀用力，形成力偶$(\boldsymbol{F},\boldsymbol{F}_1)$，如图 2-37 所示。切不可用一只手握住铰手的一端用力，否则丝锥上将受到横向力 $\boldsymbol{F}'$，容易造成丝锥折断，如图 2-37(b)(c)所示。

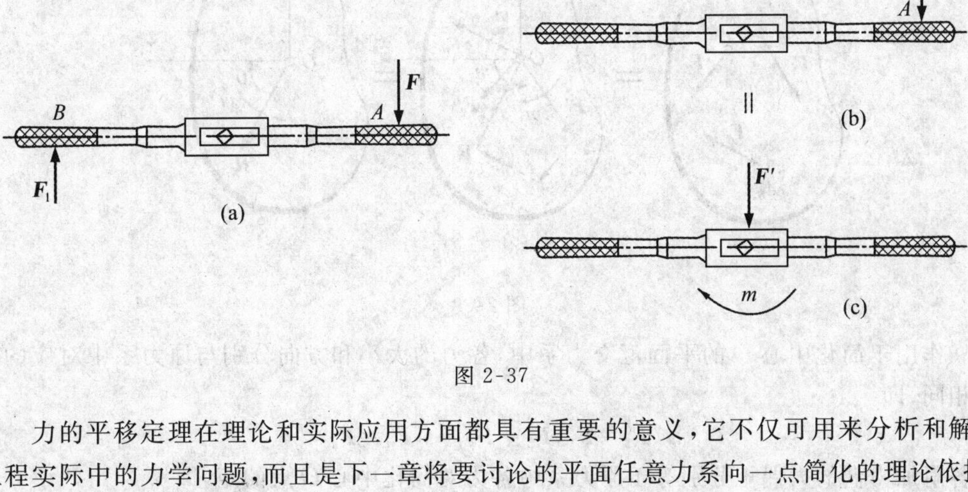

图 2-37

力的平移定理在理论和实际应用方面都具有重要的意义，它不仅可用来分析和解决工程实际中的力学问题，而且是下一章将要讨论的平面任意力系向一点简化的理论依据。

第五节　平面任意力系

各力的作用线在同一平面内任意分布的力系称为**平面任意力系**。平面任意力系是工程上最常见的力系，许多实际问题都可以简化为平面任意力系问题来处理。例如，图2-38所示的曲柄连杆机构，受力 $\boldsymbol{F}$、转矩 m 以及约束反力 $\boldsymbol{N}$ 和 $\boldsymbol{R}_{Ax}$，$\boldsymbol{R}_{Ay}$ 作用，这个力系就是平面任意力系。又如飞机在空中飞行时，受到分布于机翼和尾翼上的升力 $\boldsymbol{Q}_1$，$\boldsymbol{Q}_2$，发动机的推力 $\boldsymbol{P}$，空气阻力 $\boldsymbol{F}$ 及重力 $\boldsymbol{G}$ 等的作用，这些力都对称于通过其重心的纵向铅直平面，因此可以将原力系简化到该平面内，作为平面任意力系来处理。

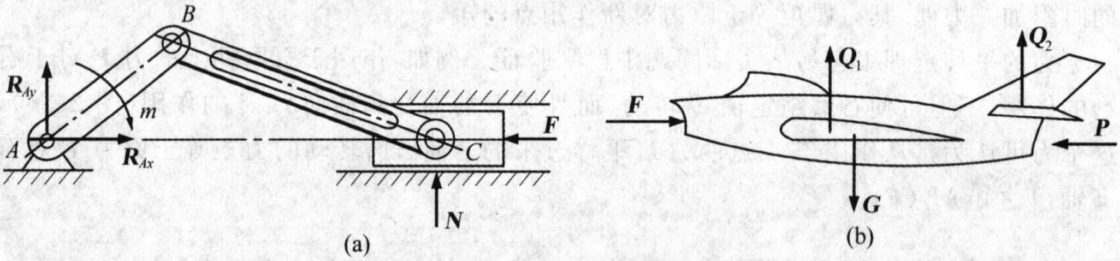

图 2-38

一、平面任意力系向一点的简化

设在刚体上有一平面任意力系 $\boldsymbol{F}_1, \boldsymbol{F}_2, \cdots, \boldsymbol{F}_n$，分别作用于 $A_1, A_2, \cdots, A_n$ 点，如图2-39(a)所示。现要将这个力系简化，可在平面内任取一点 O，称为简化中心，应用力的平移定理，把力系中各力都平移到这一点，得到作用于 O 点的平面汇交力系 $\boldsymbol{F}_1', \boldsymbol{F}_2', \cdots, \boldsymbol{F}_n'$，和一个附加的平面力偶系，其力偶矩分别为 $m_1, m_2, \cdots, m_n$，如图 2-39(b)所示。

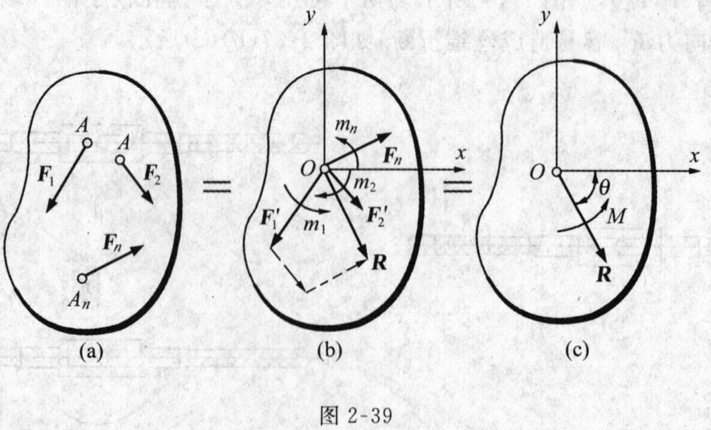

图 2-39

作用于简化中心 O 的平面汇交力系中，各力的大小和方向分别与原力系中对应的各力相同，即

$$\boldsymbol{F}_1' = \boldsymbol{F}_1, \boldsymbol{F}_2' = \boldsymbol{F}_2, \cdots, \boldsymbol{F}_n' = \boldsymbol{F}_n$$

而各附加力偶的力偶矩分别等于原力系中各力对简化中心 O 点的矩，即

$$m_1=M_o(\boldsymbol{F}_1),m_2=M_o(\boldsymbol{F}_2),\cdots,m_n=M_o(\boldsymbol{F}_n)$$

这样,平面任意力系分解成了两个力系:平面汇交力系和平面力偶系。然后,再分别合成这两个力系,就得到一个作用于 O 点的力 $\boldsymbol{R}$ 和力偶矩为 M 的一个力偶,如图 2-39(c)所示。

$\boldsymbol{R}$ 的大小和方向由所有汇交力的几何和来确定,即

$$\begin{aligned}\boldsymbol{R}&=\boldsymbol{F}_1'+\boldsymbol{F}_2'+\cdots+\boldsymbol{F}_n'\\&=\boldsymbol{F}_1+\boldsymbol{F}_2+\cdots+\boldsymbol{F}_n=\sum\boldsymbol{F}\end{aligned}\tag{2-12}$$

力偶矩 M 应等于所有力偶的代数和,即

$$\begin{aligned}M&=m_1+m_2+\cdots+m_n\\&=M_o(\boldsymbol{F}_1)+M_o(\boldsymbol{F}_2)+\cdots+M_o(\boldsymbol{F}_n)\\&=\sum M_o(\boldsymbol{F})\end{aligned}\tag{2-13}$$

于是可得结论:平面任意力系向作用面内任一点 O(简化中心)简化,一般可得一个力和一个力偶:这个力作用于简化中心,等于原力系中所有各力的几何和;这个力偶的矩等于原力系中所有各力对于简化中心的矩的代数和。

应当注意,如果选取不同的简化中心,力 $\boldsymbol{R}$ 的大小和方向并不改变(当然,作用点在新的简化中心上),但所得力偶的力偶矩却是不一样的,因为力系中各力对于不同简化中心的矩是不同的,因而它们的代数和一般说来也不相等。

二、平面任意力系的平衡方程

由上节可知,平面任意力系可以分解为一个平面汇交力系和一个平面力偶系,或者说,前者与后二者是等效力系。如果原平面任意力系是一个平衡力系,则它所分解的两个基本力系都分别应该是平衡力系。这样,根据前两章所得结论,此平面汇交力系必须满足平衡条件:

$$R=\sqrt{(\sum F_x)^2+(\sum F_y)^2}=0$$

平面力偶系必须满足平衡条件:

$$M=\sum M_o(\boldsymbol{F})=0$$

以上平衡条件可以用解析式表示,即平面任意力系平衡时,必须同时满足下列三个平衡方程

$$\left.\begin{aligned}\sum F_x=0\\\sum F_y=0\\\sum M_o(\boldsymbol{F})=0\end{aligned}\right\}\tag{2-14}$$

即(1)力系中所有的力在 x 轴上投影的代数和等于零;

(2)力系中所有的力在 y 轴上投影的代数和等于零;

(3)力系中所有的力对任意矩心的力矩的代数和等于零。

上式称为**平面任意力系平衡方程**,也是平面任意力系平衡的必要和充分条件。利用

这组平衡方程，可以求出平衡的平面任意力系中的三个未知量。解题时，矩心的位置可以任意选定，但将矩心选在两个未知力的交点上时，可使方程较易理解。

现举例说明求解平面任意力系平衡问题的方法和主要步骤。

【例 2-11】起重机的水平梁 AB，A 端以铰链固定，B 端用拉杆 BC 拉住，如图 2-40(a)所示。梁重 $G=4\text{kN}$，载荷重 $Q=10\text{kN}$。梁的尺寸如图示。试求拉杆的拉力及铰链 A 的约束反力。

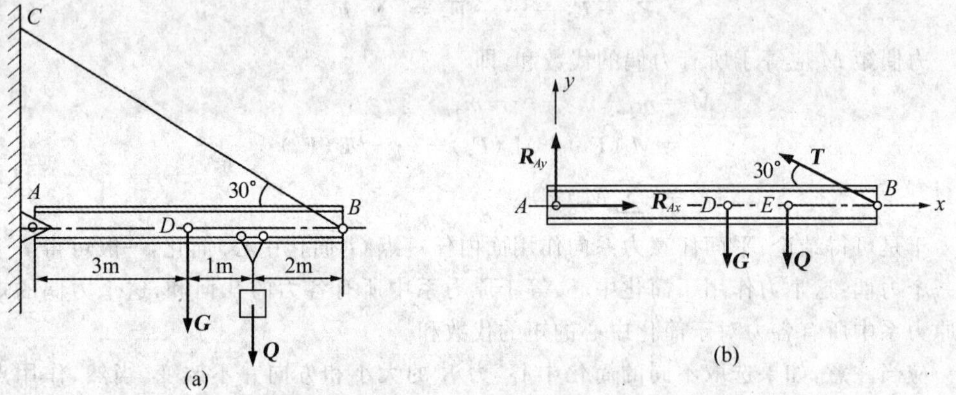

图 2-40

解：(1)选取梁 AB 为研究对象。

(2)画受力图。梁上所受的已知力有 $\boldsymbol{G}$ 和 $\boldsymbol{Q}$，未知力有拉杆的拉力 $\boldsymbol{T}$ 和铰链 A 的约束力 $\boldsymbol{R_A}$。因杆 BC 为二力杆，故拉力 $\boldsymbol{T}$ 沿连线 BC；力 $\boldsymbol{R}_A$ 的方向未知，故分解为两个分力 $\boldsymbol{R_{Ax}}$ 和 $\boldsymbol{R}_{Ay}$。这些力的作用线可近似地认为分布在同一平面内，如图 2-40(b)所示。

(3)列平衡方程。由于梁 AB 处于平衡状态，因此这些力必须满足平面任意力系的平衡方程。取坐标轴如图所示，应用平面任意力系的平衡方程，得：

$$\sum \boldsymbol{F}_x = 0,\quad R_{Ax} - T\cos30^\circ = 0 \qquad ①$$

$$\sum \boldsymbol{F}_y = 0,\quad R_{Ay} + T\sin30^\circ - G - Q = 0 \qquad ②$$

$$\sum M_A(\boldsymbol{F}) = 0,\quad T \cdot AB \cdot \sin30^\circ - G \cdot AD - Q \cdot AE = 0 \qquad ③$$

(4)解方程组。从式③可解得：

$$T=\frac{G \cdot AD+Q \cdot AE}{AB \cdot \sin30^\circ}=\frac{4\times3+10\times4}{6\times0.5}=17.33\text{kN}$$

将 T 值代入①，②式可得

$$R_{Ax}=T\cos30^\circ=17.33\times0.866=15.01\text{kN}$$

$$R_{Ay}=-T\sin30^\circ+G+Q=-17.33\times0.5+4+10=5.33\text{kN}$$

练习：均质杆 AB 重 $G=200\text{N}$，A 端为固定铰支，B 端用绳系于墙上(图 2-41)。已知力 $P=500\text{N}$，且 $AB=4\text{m}$，$BC\perp AB$。试求支座 A 的约束力和绳 BC 的拉力。

【例 2-12】冲天炉的加料斗车如图 2-42 所示。料斗车沿着与水平面成 $\alpha=60^\circ$ 的倾斜轨道匀速上升，已知斗车和炉料共重 $G=10\text{kN}$，重心在 C 点。图中尺寸为 $a=0.4\text{m}$，$b=0.5\text{m}$，$e=0.2\text{m}$，$h=0.3\text{m}$。试求钢索拉力 $\boldsymbol{T}$ 和 A，B 轮对轨道的压力。

解：(1)取料斗车为研究对象。料斗车沿轨道作匀速直线运动，故处于平衡状态。

(2)画受力图。作用于车上的力有重力 $\boldsymbol{G}$、钢索拉力 $\boldsymbol{T}$、轨道对车轮的约束力 $\boldsymbol{N}_A$ 与 $\boldsymbol{N}_B$（略去了车轮与轨道之间的摩擦力）。

(3)列平衡方程。斗车所受的力都在对称于通过重心的纵向铅直平面内，故可将车上所受的力都简化到此平面上，作为平面任意力系处理。取 x 轴沿轨道方向，y 轴垂直于轨道，这样可使投影方程的计算比较简便。将重力 $\boldsymbol{G}$ 分解为 $\boldsymbol{G}_x$ 及 $\boldsymbol{G}_y$，其中 $G_x=G\sin60°=8.66\text{kN}$，$G_y=G\cos60°=5\text{kN}$。应用平面任意力系平衡方程，得

$$\sum \boldsymbol{F}_x=0,\quad T-G_x=0 \qquad ①$$

$$\sum \boldsymbol{F}_y=0,\quad N_A+N_B-G_y=0 \qquad ②$$

$$\sum M_A(\boldsymbol{F})=0,\quad N_B(a+b)-T\cdot h+G_x\cdot e-G_y\cdot a=0 \qquad ③$$

(4)解方程组。从式(1)得

$$T=G_x=G\sin60°=10\times0.866=8.66(\text{kN})$$

将 T 值代入式③，得

$$N_B=\frac{T\cdot h-G_x\cdot e+G_y\cdot a}{a+b}=\frac{8.66\times0.3-8.66\times0.2+5\times0.4}{0.4+0.5}=3.18\text{kN}$$

再将 N_B 值代入式②，得：

$$N_A=G_y-N_B=5-3.18=1.82\text{kN}$$

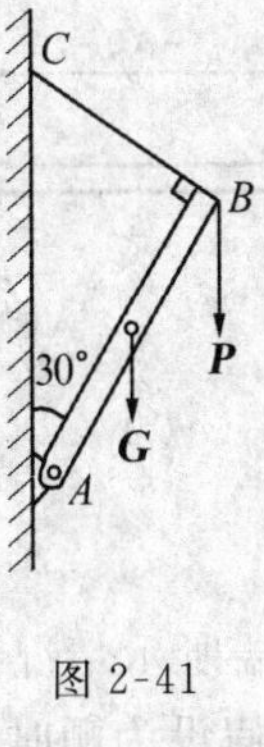

图 2-41

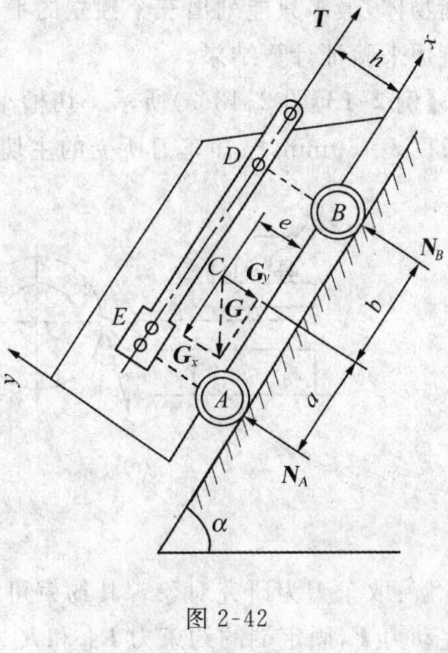

图 2-42

本题计算结果是：钢索拉力 $T=8.66\text{kN}$。根据作用与反作用公理，A 和 B 轮对轨道的压力 $N'_A=1.82\text{kN}$，$N'_B=3.18\text{kN}$。实际上 A 和 B 处左右各有两轮，这里 N'_A 和 N'_B 分别是左右两轮的总压力。

在本例中，若选取 $\boldsymbol{N}_A$ 和 $\boldsymbol{T}$ 的交点 E（或选 $\boldsymbol{N}_B$ 与 $\boldsymbol{T}$ 的交点 D）为矩心，列平衡方程的第③式，则解题较为方便。读者可用此式来验证本题计算结果。

上例中为什么可以用另一种形式的平衡方程求解呢，这是因为式(2-14)所表示的只是平面任意力系平衡方程的基本形式，但并不是唯一的形式。有时为了解题方便或为了验证计算结果，还可以应用平面任意力系平衡方程的另外二种形式：

二力矩式 即三个平衡方程中，有两个力矩方程和一个投影方程，可写为：

$$\left.\begin{aligned}\sum M_A(\boldsymbol{F}) &= 0\\ \sum M_B(\boldsymbol{F}) &= 0\\ \sum F_x &= 0\end{aligned}\right\}\tag{2-15}$$

其中 A，B 两点的连线 AB 不能与 x 轴垂直。

三力矩式 即三个平衡方程都是力矩方程，可写为

$$\left.\begin{aligned}\sum M_A(\boldsymbol{F}) &= 0\\ \sum M_B(\boldsymbol{F}) &= 0\\ \sum M_C(\boldsymbol{F}) &= 0\end{aligned}\right\}\tag{2-16}$$

其中 A，B，C 三点不能共线。

这两种平衡方程的证明从略。上述三组方程(2-14)(2-15)(2-16)都可用来解决平面任意力系的平衡问题。解题时究竟宜采用哪一组平衡方程，完全决定于计算是否简便，要力求避免解联立方程。但不论用哪一组方程解题，对于单个的受平面任意力系作用的平衡物体，最多只能列出三个独立的平衡方程，求出三个未知量。任何第四个平衡方程都只能用来验证计算结果。

【例 2-13】图 2-43(a)所示一切槽车刀，刀杆夹持在刀架上，形成固定端约束。车刀伸出长度 $l=60\text{mm}$，已知车刀所受的主切削 $F=5.2\text{kN}$，$\alpha=25°$，试求固定端的约束反力。

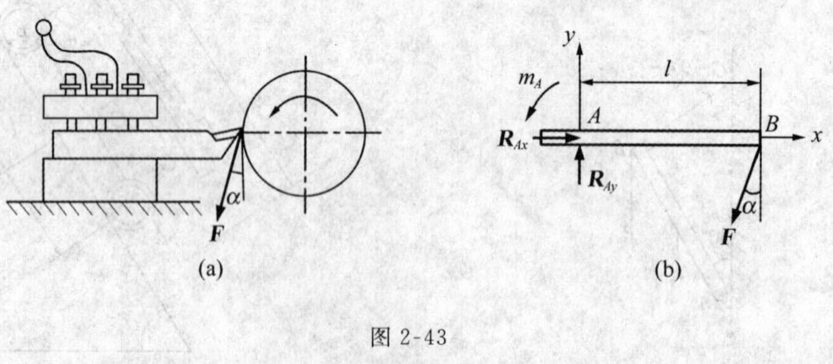

图 2-43

解：取车刀为研究对象。其约束可简化为图 2-43(b)左端所示情况。其上所受的力有主动力 $\boldsymbol{F}$，固定端的约束力 $\boldsymbol{R}_{Ax}$ 和 $\boldsymbol{R}_{Ay}$ 及约束反力偶 m_A（暂假设为顺时针方向），取坐标轴如图示，列出平衡方程

$$\sum \boldsymbol{F}_x = 0,\quad -F\sin25° + R_{Ax} = 0 \qquad ①$$

$$\sum \boldsymbol{F}_y = 0,\quad -F\cos25° + R_{Ay} = 0 \qquad ②$$

$$\sum M_A(\boldsymbol{F})=0,\quad m_A+(F\cos 25°)\cdot l=0 \tag{③}$$

由式①得

$$R_{Ax}=F\sin 25°=5.2\times 0.432=2.2\text{kN}$$

由式②得

$$R_{Ay}=F\cos 25°=5.2\times 0.906=4.7\text{kN}$$

由式③得

$$m_A=-F\cdot l\cdot \cos 25°=-4.7\times 0.06=-0.283\text{kN}\cdot\text{m}$$

求得的固定端 A 的约束反力 R_{Ax}，R_{Ay} 的数值均为正号，说明原假设各力的方向与实际方向相同。而求得的约束反力偶 m_A 为负号，说明它的实际转向与假设的转向相反，为逆时针方向。

三、平面平行力系的平衡方程

若平面力系中各力作用线互相平行，这种力系称为**平面平行力系**。如图 2-44 所示的螺钉压板夹具，作用在压板 AB 上的力有拧紧螺母时的铅直压力 $\boldsymbol{F}$ 和 A，B 两端的铅直反力 $\boldsymbol{N_A}$ 和 $\boldsymbol{N_B}$，就是平面平行力系的实例。梁桥、起重机等结构上所受的力系，常常可以简化为平面平行力系。

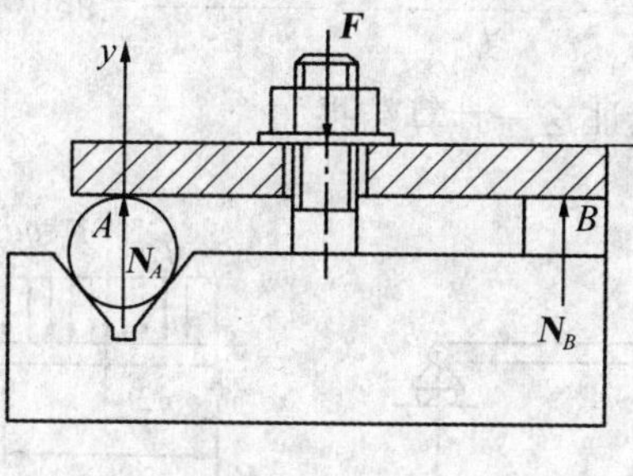

图 2-44

平面平行力系是平面任意力系的特殊情况，它的平衡方程可由平面任意力系平衡方程导出。如选择坐标轴 $\boldsymbol{x}$ 与各力垂直，则各力在 $\boldsymbol{x}$ 轴上的投影均为零，即 $\sum F_x=0$，不论力系平衡与否，此式必成立，可不必列出。同理若力系中各力均垂直于 $\boldsymbol{y}$ 轴，则 $\sum F_y=0$。于是平面平行力系的平衡方程只有两个，即

$$\left.\begin{aligned}\sum F&=0\\ \sum M_o(\boldsymbol{F})&=0\end{aligned}\right\}\tag{2-17}$$

平面平行力系的平衡方程还可用二矩式表示，即

$$\left.\begin{aligned}\sum M_A(\boldsymbol{F})&=0\\ \sum M_B(\boldsymbol{F})&=0\end{aligned}\right\}\tag{2-18}$$

其中两矩心 A，B 的连线不能与各力作用线平行。

应该注意两组方程(2-17)(2-18)，不论用哪一组平衡方程解题，只能列出两个独立

的方程,解出两个未知量。

【例 2-14】水平简支梁 AB,长度 $l=5\text{m}$,自重不计,梁在 AC 段上受均匀分布载荷作用,其载荷密度(每单位长度上所受力的大小)为 $q=600\text{N/m}$,$a=2\text{m}$,如图 2-45(a)所示。试求 A,B 二铰链支座的约束力。

解:以梁 AB 为研究对象。梁上 AC 段所受的均布力在这里可简化为一合力 $\boldsymbol{F}$(图中虚线所示),作用在受力部分的中点,合力的大小等于载荷密度 q 乘受载部分长度 a,即 $F=qa=1200(\text{N})$,如图 2-45(b)所示。因活动铰链支座 B 的约束力 $\boldsymbol{R}_B$ 及已知力 $\boldsymbol{F}$ 都沿铅直方向,显然固定铰链支座 A 的反力 $\boldsymbol{R}_A$ 必然也为铅直方向,无水平方向的分力。即梁 AB 所受力为平面平行力系。由式(2-18),得

$$\sum M_A(\boldsymbol{F})=0,\quad R_B\cdot l-qa\cdot\frac{a}{2}=0 \qquad ①$$

所以 $$R_B=\frac{qa\cdot\frac{a}{2}}{l}=\frac{1200\times 1}{5}=240(\text{N})$$

$$\sum M_B(\boldsymbol{F})=0,\quad qa\left(l-\frac{a}{2}\right)-R_A\cdot l=0 \qquad ②$$

所以 $$R_A=\frac{qa\left(l-\frac{a}{2}\right)}{l}=\frac{1200\times 4}{5}=960(\text{N})$$

读者试用 $\sum F=0$ 来验证这一计算结果。

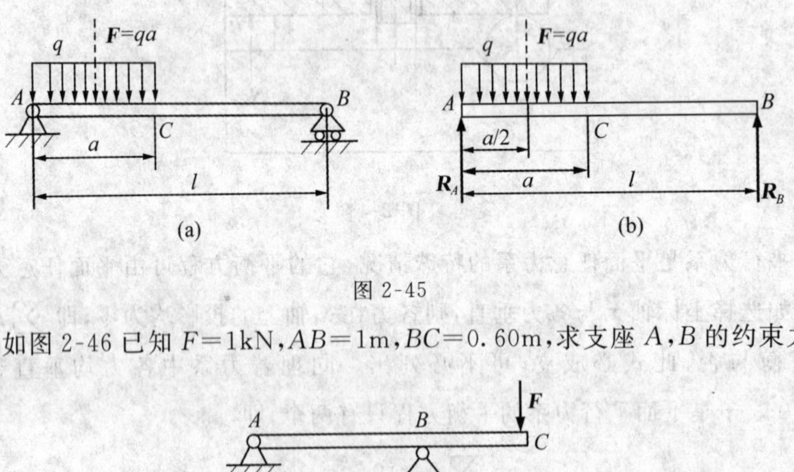

图 2-45

练习:如图 2-46 已知 $F=1\text{kN}$,$AB=1\text{m}$,$BC=0.60\text{m}$,求支座 A,B 的约束力。

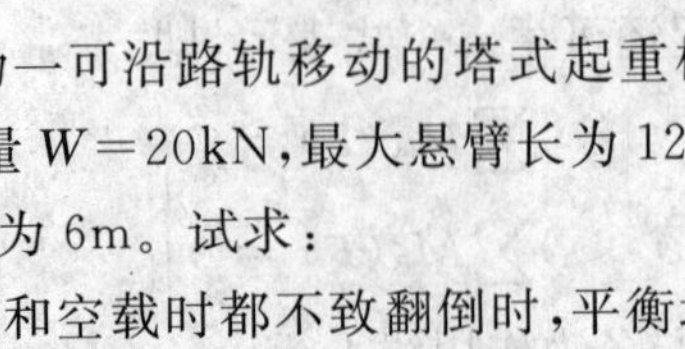

图 2-46

【例 2-15】图 2-47 所示为一可沿路轨移动的塔式起重机。机身自重 $G=50\text{kN}$,作用线通过塔架中心。最大起重量 $W=20\text{kN}$,最大悬臂长为 12m,轨道 AB 的间距为 4m。平衡块重 $\boldsymbol{Q}$,到机身中心线距离为 6m。试求:

(1)能保证起重机在满载和空载时都不致翻倒时,平衡块的重量 $\boldsymbol{Q}$ 的大小。

(2)当平衡块重 $Q=20\text{kN}$ 而起重机满载时,轨道对轮子 A,B 的反作用力。

解:(1)要使起重机不翻倒,作用在起重机上所有的力应该满足平衡条件。起重机在吊起重物时,作用在它上面的力有机身自重 $\boldsymbol{G}$,平衡块重 $\boldsymbol{Q}$,起吊重量 $\boldsymbol{W}$ 以及轨道对轮子 A,B 的约束反力 $\boldsymbol{N}_A$,$\boldsymbol{N}_B$,这些力组成了平面平行力系。

当起重机满载时($W=20\text{kN}$),要保证起重机不会绕 B 点向右翻倒,其平衡的临界情况(即轮 A 即将离开轨道,将翻未翻时)为 $N_A=0$,这时由平衡方程求出的是平衡块重量的最小值 $\boldsymbol{Q}_{\min}$。由图 2-47 可列出平面平行力系平衡方程:

$$\sum M_B(F)=0,\quad Q_{\min}(6+2)+G\times 2-W(12-2)=0$$

所以
$$Q_{\min}=\frac{1}{8}(10W-2G)=\frac{100}{8}=12.5\text{kN}$$

当起重机空载时($W=0$),要保证起重机不会绕 A 点向左翻倒,其平衡的临界情况(即轮 B 将离未离轨道)为 $\boldsymbol{N}_B=0$,这时由平衡方程求出的是平衡块重量的最大值 $Q_{\max}$,由平面平行力系平衡方程

$$\sum M_A(\boldsymbol{F})=0,\quad Q_{\max}(6-2)-G\times 2=0$$

所以
$$Q_{\max}=\frac{2G}{4}=\frac{100}{4}=25\text{kN}$$

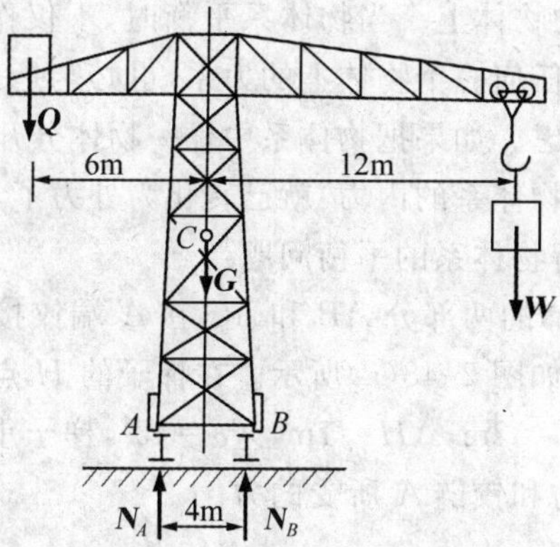

图 2-47

以上 $Q_{\min}$ 和 $Q_{\max}$ 是在满载和空载两种极限平衡状态下求得的,为了保证起重机不致翻倒,起重机实际工作时显然不允许处于这种危险状态,平衡块的重量 Q 应在这两者之间,即

$$12.5\text{kN}<Q<25\text{kN}$$

(2)取 $\boldsymbol{Q}=20\text{kN}$,求满载时,作用于轮子的约束反力 $\boldsymbol{N}_A$ 和 $\boldsymbol{N}_B$。起重机在力 $\boldsymbol{Q}$,$\boldsymbol{G}$,$\boldsymbol{W}$ 及 $\boldsymbol{N}_A$,$\boldsymbol{N}_B$(都沿铅直方向)的作用下平衡。根据平面平行力系的平衡方程,有:

$$\sum \boldsymbol{F}_y=0,\quad N_A+N_B-Q-G-W=0 \qquad ①$$

$$\sum M_A(\boldsymbol{F})=0,\quad Q(6-2)-G\times 2-W(12+2)+N_B\times 4=0 \qquad ②$$

由式②得

$$N_B=\frac{14W+2G-4Q}{4}=\frac{1}{4}(14\times 20+2\times 50-4\times 20)=\frac{300}{4}=75\text{kN}$$

代入式①得

$$N_A=Q+G+W-N_B=20+50+20-75=15\text{kN}$$

我们可以利用多余的不独立方程 $\sum M_B(F)=0$，来校核以上计算结果是否正确。取

$$\sum M_B(\boldsymbol{F})=0,\quad Q(6+2)+G\times 2-W(12-2)-N_A\times 4=0$$

$$N_A=\frac{8Q+2G-10W}{4}=15\text{kN}$$

结果相同，说明计算无误。

第六节　物体系的平衡

前面研究的都是单个物体的平衡问题，但是工程中的机械或结构通常由几个物体通过一定的约束联系在一起，力学上统称为**物体系**。例如图 2-38 所示的曲柄连杆机构，就是由曲柄、连杆、滑块、销钉等物组成的物体系。

物体系以外的物体对物体系作用的力称为外力，物体系内各物体间相互作用的力称为此物体系的内力。根据作用与反作用公理可知，内力必成对出现，且等值、反向、共线，分别作用在两个互相关联的物体上。当物体系平衡时，不仅作用于物系的所有外力形成平衡力系，而且作用于其中任何一个物体上的力系，也必定是一个平衡力系。在研究整个物体系平衡时，内力不必考虑。如果把物体系中任一物体分开来单独研究，则与它相关联的物体对此物体的作用力（物体系的内力）就已转化为外力了，因而必须考虑。

下面举例说明如何求解物体系的平衡问题：

【例 2-16】人字形折叠梯的两部分 AB 和 AC 在 A 端铰接，D，E 两点用水平绳联接，梯子放在光滑的水平面上，如图 2-48(a)所示。在梯子的 H 点站立一个重为 600N 的人，设 $AB=AC=3\text{m}$，$AD=AE=2\text{m}$，$AH=1\text{m}$，$\angle\alpha=45°$，梯子重量不计。试求：(1)B，C 两点约束力；(2)绳 DE 的拉力和铰链 A 所受的力。

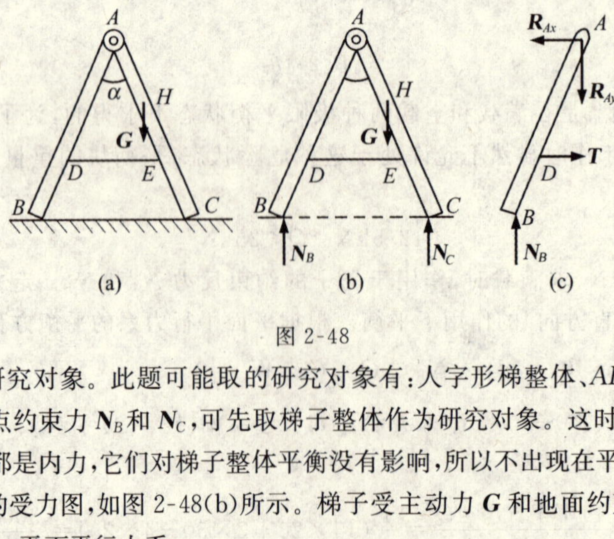

图 2-48

解：(1)选取研究对象。此题可能取的研究对象有：人字形梯整体、AB 部分或 BC 部分。为了求得 B，C 两点约束力 $\boldsymbol{N}_B$ 和 $\boldsymbol{N}_C$，可先取梯子整体作为研究对象。这时绳 DE 的拉力及铰链 A 的约束反力都是内力，它们对梯子整体平衡没有影响，所以不出现在平衡方程中。

作整个梯子的受力图，如图 2-48(b)所示。梯子受主动力 $\boldsymbol{G}$ 和地面约束力 $\boldsymbol{N}_B$，$\boldsymbol{N}_C$ 作用而平衡，此三力构成一平面平行力系。

列平衡方程：

$$\sum F_y = 0, \quad N_B + N_C - G = 0 \qquad ①$$

$$\sum M_C(F) = 0, \quad G \times HC \times \sin\frac{\alpha}{2} - N_B \times 2AB \times \sin\frac{\alpha}{2} = 0 \qquad ②$$

由式②得：

$$N_B = \frac{G \times HC}{2AB} = \frac{600 \times 2}{6} = 200\text{N}$$

将 N_B 代入式①得

$$N_C = G - N_B = 600 - 200 = 400\text{N}$$

(2)为了求得绳 DE 的拉力及铰链 A 所受的力，必须将梯子拆开研究，则各部分之间相互作用的力就转化为外力了。

取 AB 部分为研究对象。

梯子的 AB 部分受到的已知力有 $\boldsymbol{N}_B$，未知力有绳拉力 $\boldsymbol{T}$ 和铰链 A 的约束力 $\boldsymbol{R}_{Ax}$，$\boldsymbol{R}_{Ay}$，其受力图如图 2-48(c)所示，各力组成一平面任意力系。

列平衡方程：

$$\sum F_x = 0, \quad T - R_{Ax} = 0 \qquad ①$$

$$\sum F_y = 0, \quad N_B - R_{Ay} = 0 \qquad ②$$

$$\sum M_A(F) = 0, \quad -N_B \times AB \times \sin\frac{\alpha}{2} + T \times AD \times \cos\frac{\alpha}{2} = 0 \qquad ③$$

由式③得：

$$T = \frac{N_B \times AB}{AD} \cdot \frac{\sin\frac{\alpha}{2}}{\cos\frac{\alpha}{2}} = \frac{200 \times 3}{2} \cdot \tan 22.5^\circ = 300 \times 0.414 = 124.2\text{N}$$

将 T 值代入式①得：

$$R_{Ax} = T = 124.2(\text{N})$$

由式②得

$$R_{Ay} = N_B = 200(\text{N})$$

如果我们再以 AC 杆为研究对象，画受力图(要注意铰链 A 上作用力和反作用力的关系)，列出平衡方程，可用来验算以上计算结果是否正确。

思考题

1. 力 $\boldsymbol{F}$ 沿 x，y 方向的分力和力在两轴上的投影是否相同？有无区别？试以图 2-49(a)(b)两种情况为例进行分析说明：

(a)当 x 轴与 y 轴垂直时；

(b)当 x 轴与 y 轴不垂直时。

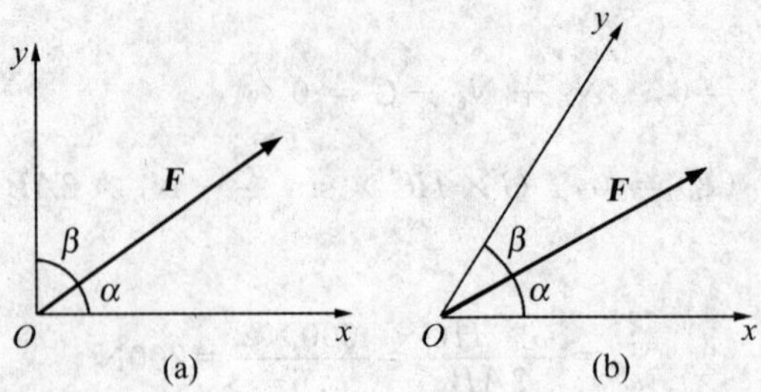

图 2-49

2. 若某力(a)在 x 轴上的投影为负值，在 y 轴上的投影为零；(b)在 x 及 y 轴的投影均为负值，试判断该力的指向。

3. 什么叫合力投影定理？如何利用这个定理求力系的合力的大小？合力的方向如何确定？

4. 什么是平面汇交力系平衡的解析条件？什么是平面汇交力系的平衡方程？

5. 用平面汇交力系平衡方程解题时，一般有几个步骤？可以解出几个未知量？

6. 在什么情况下，按平衡方程计算出来的未知力是负值？负号的意义是什么？

7. 用平衡方程解题时，先要选取适当的投影坐标轴。怎样选取才能简化计算？

8. 用解析法求平面汇交力系的合力时，若取不同的直角坐标轴，所求得的合力是否相同？为什么？

9. 物体重 $\boldsymbol{G}$，用绳系于 A，B 两点悬挂起来，若 A，B 与重心左右对称，在图 2-50 所示的三种悬挂方式中，问(1)哪种情况是平面汇交力系问题？(2)哪种情况绳的拉力最大？(3)哪种情况绳的拉力最小？

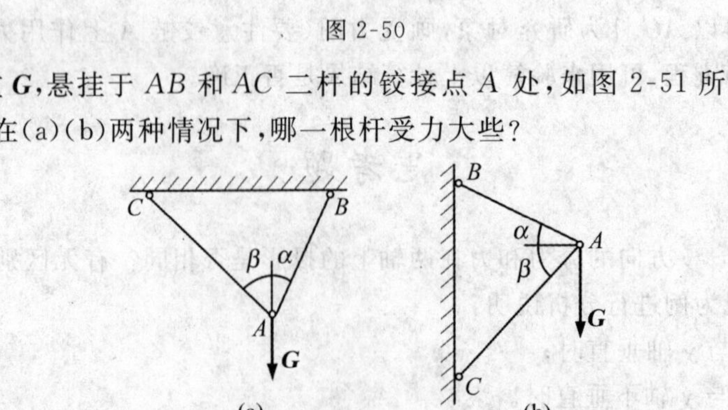

图 2-50

10. 物体重 $\boldsymbol{G}$，悬挂于 AB 和 AC 二杆的铰接点 A 处，如图 2-51 所示。设 $\alpha=30°$，$\beta=45°$，试判断在(a)(b)两种情况下，哪一根杆受力大些？

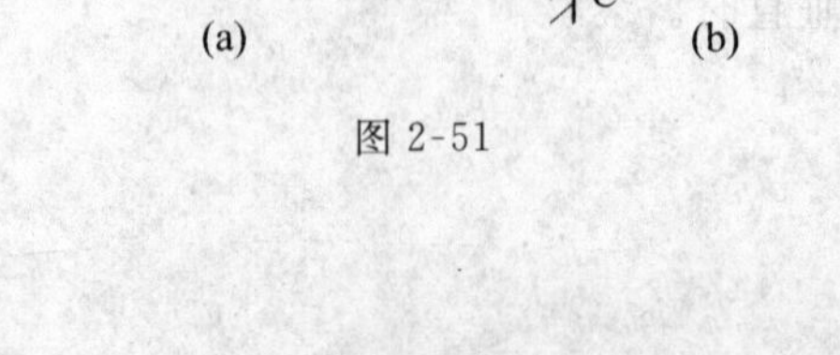

图 2-51

11. 什么是力对点的矩？力与力矩对物体的作用效果有什么不同？

12. 合力对某点的矩与分力对该点的矩之间有什么定量关系？

13. 用手拔钉子拔不出来，为什么用羊角钉锤就很容易拔出来？用手握钢丝钳，为什么不用很大的握紧力就能剪断铁丝？为什么用撬棒能够移动沉重的机床？

14. 力矩和力偶矩有什么共性？有什么区别？

15. 用扳手拧螺母与用起子拧螺钉，所用的力有什么区别？

16. 如何用最简便的方法，求图 2-52 所示的刚架上，作用于 A 点的力 $\boldsymbol{F}$ 对 B 点的矩？

17. 力偶的两力大小相等，方向相反，这与作用力和反作用力有什么不同？与二力平衡又有什么不同？

18. 能否以力在坐标轴上投影的代数和为零来判断力偶系是否平衡？图 2-53 所示的刚体上，作用二力偶($\boldsymbol{P},\boldsymbol{P}'$)和($\boldsymbol{Q},\boldsymbol{Q}'$)，它们在 x 轴和 y 轴上投影的代数和都等于零，刚体是否平衡？为什么？

19. 半径为 r 的圆盘，在力偶 $m=Fr$ 作用下转动(图 2-54)，现在在圆盘边缘上加一力 $\boldsymbol{F}$，圆盘是否能平衡？这是否说明力偶可以用一个力来平衡？

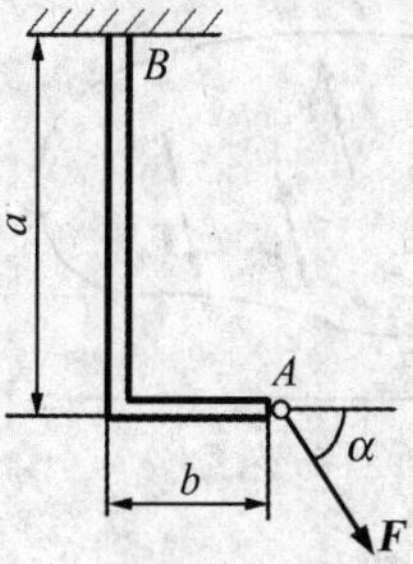

图 2-52

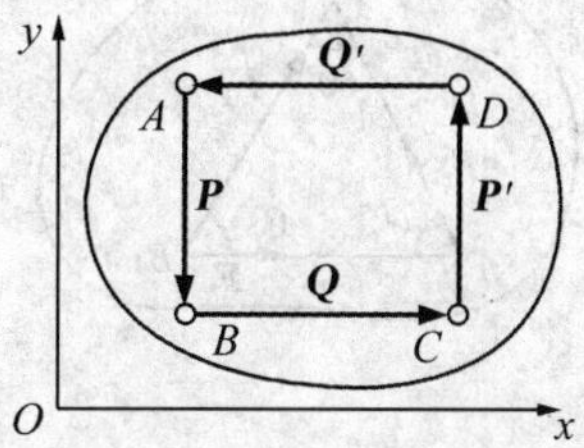

图 2-53

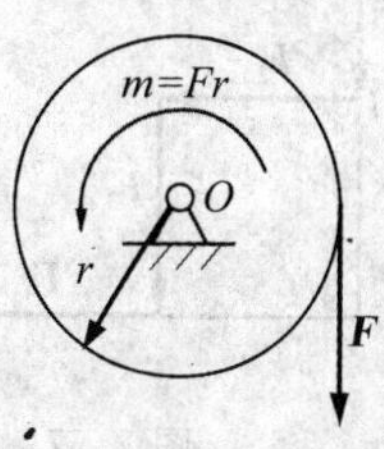

图 2-54

20. 汽车司机有时可以用一只手来代替两只手转动方向盘(图 2-55)，但钳工在用丝锥攻内螺纹时，一定要用两只手转动丝锥手柄，而不允许用一只手操作，是什么道理？

21. 怎样将作用在物体上的力平行移动而不影响它对物体的作用效果？

22. 从水壶中倒水时，如果手提在 A 点处，一定还要附加一力偶 m，才能使水倒出(图 2-56)，如果手提在 B 点处，则可不必附加力偶(图 2-56)，是什么道理？

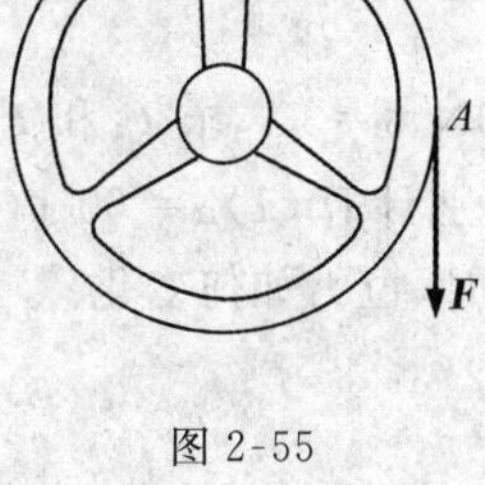

图 2-55

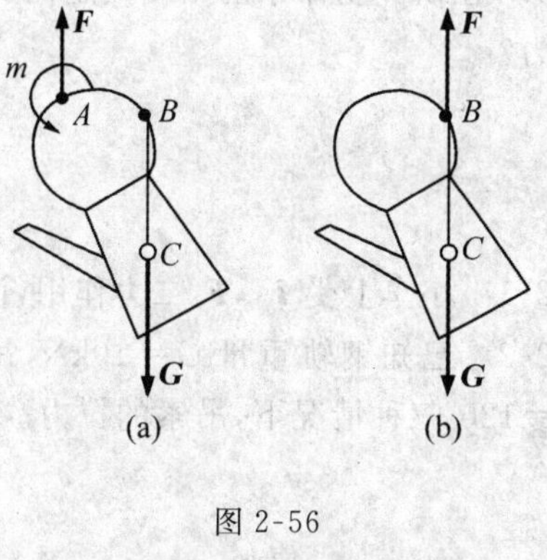

图 2-56

23. 力系如图 2-57 所示，且 $F_1=F_2=F_3=F_4$，正方形边长为 $2a$，问力系向点 A 或点 B 简化的结果各是什么？二者是否等效？

24. 平面任意力系向已知点简化时，如果选取不同的简化中心，为什么力 $\boldsymbol{R}$ 的大小和方向并不改变，而力偶矩 M 一般都不相同？

25. 在刚体上 A,B,C 三点分别作用三个力 $\boldsymbol{F}_1,\boldsymbol{F}_2,\boldsymbol{F}_3$，各力的方向，如图 2-58 所示。三力大小相等，现将该力系分别向点 A、点 B 和点 C 简化，其结果是否相同？为什么？

26. 下面的说法是否正确？(1)若平面力系向某点简化后，所得平面汇交力系的合力为零，则力系必平衡。(2)若平面力系平衡，则此力系的合力必为零。

27. 为什么说平面汇交力系、平面力偶系和平面平行力系的平衡方程都是平面任意力系平衡方程的特殊情形？

28. 平面汇交力系的平衡方程中，可否取两个力矩方程，或一个力矩方程和一个投影方程？

29. 设有图 2-59 所示的平面平行力系，现若取 x 和 y 轴都不与各力平行或垂直，则其独立的平衡方程有几个？其平衡方程的形式是否会改变？

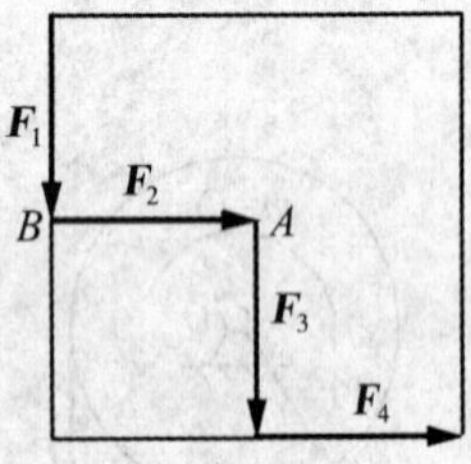

图 2-57

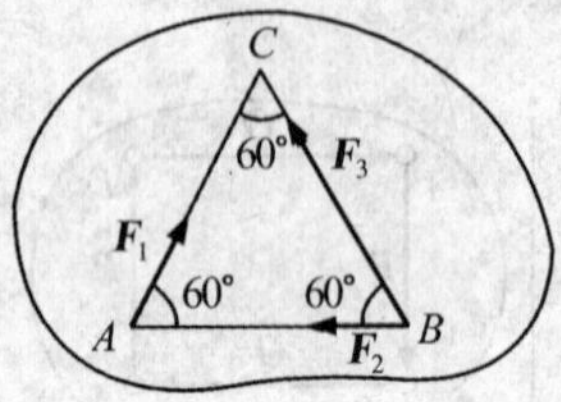

图 2-58

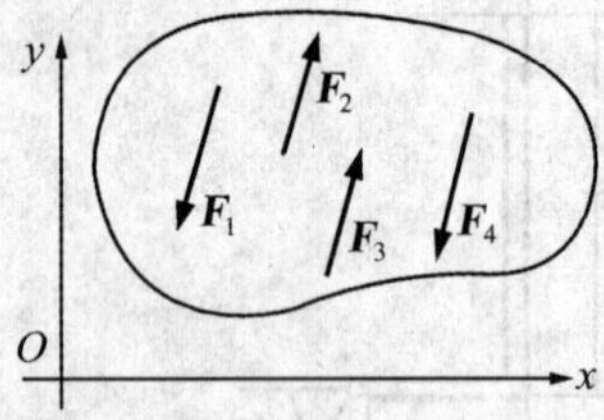

图 2-59

30. 用平衡方程解平面力系问题时，怎样选取直角坐标轴和矩心，才能使计算比较简便？

31. 在哪些情况下，固定铰链的约束反力的方位可直接确定，而不必分解为相互垂直的二分力来求解？

32. 用平衡方程计算出某未知力为负值时，说明什么？

33. 试叙述平面力系平衡问题解题的步骤和要点。

34. 在研究物体系的平衡问题时，什么情况下不考虑内力？什么情况下内力可转化为外力？

习　题

2-1　小车上受 $\boldsymbol{F}_1,\boldsymbol{F}_2$ 二力作用，设 $F_1=30\text{N},F_2=40\text{N},\alpha=30°$，求 $\boldsymbol{F}_1$ 和 $\boldsymbol{F}_2$ 的合力。

2-2　已知钢轨重量 $G=10\text{kN}$，吊索夹角为 α，试分别计算(1)$\alpha=60°$；(2)$\alpha=90°$；(3)$\alpha=120°$三种情况下，吊索的拉力。又问当 α 逐渐增加时，拉力如何变化。

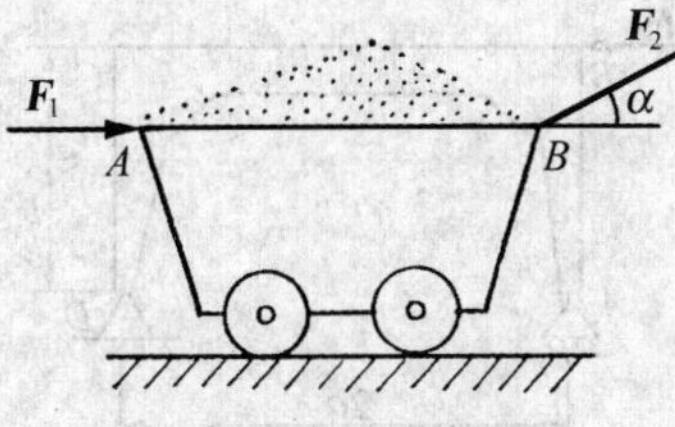

题 2-1 图

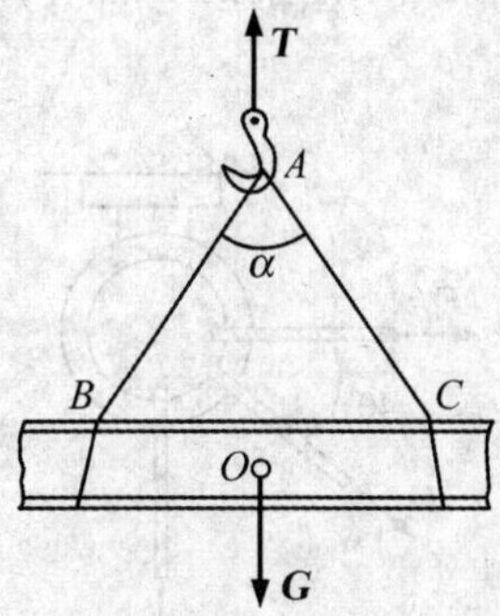

题 2-2 图

2-3　试分别求出图示两种形式导轨对滑块的反作用力。已知滑块受载荷 $P=100\text{N}$（包括自重），滑块与导轨接触面上的力可用通过接触面中点并垂直于接触面的一个力代表。

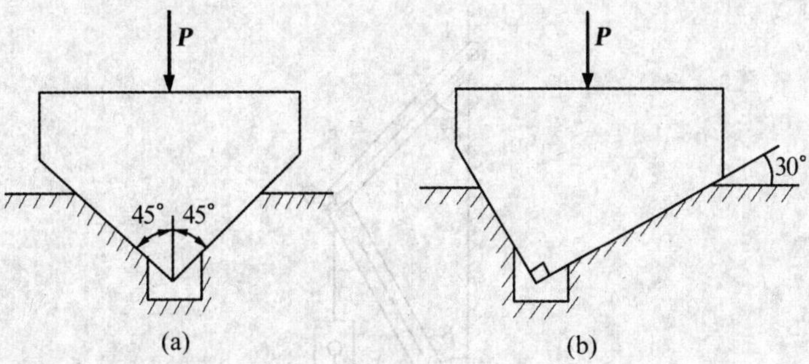

题 2-3 图

2-4　已知：$F_1=200\text{N}$，$F_2=150\text{N}$，$F_3=200\text{N}$，$F_4=250\text{N}$。各力与 x 轴或 y 轴的夹角标注在图上，其中 F_2 平行于 y 轴。求每一力在 x，y 轴上的投影。

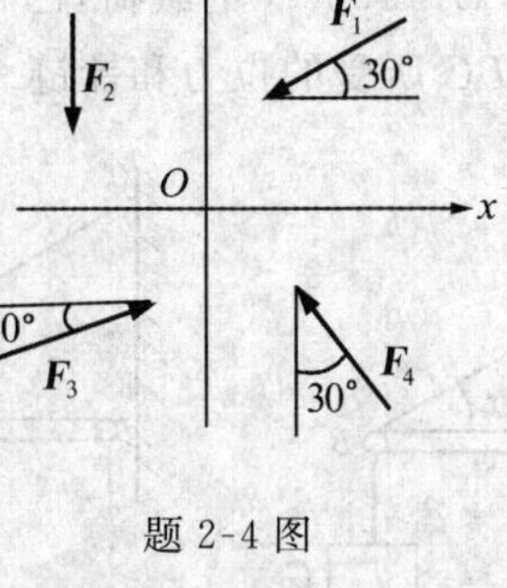

题 2-4 图

2-5　一固定圆环受三条绳索的拉力作用，力 $\boldsymbol{F}_1$ 沿水平方向，力 $\boldsymbol{F}_2$ 与水平成 40°角，力 $\boldsymbol{F}_3$ 沿铅直方向。三力的大小分别为 $\boldsymbol{F}_1=2\text{kN}$，$\boldsymbol{F}_2=2.5\text{kN}$，$\boldsymbol{F}_3=1.5\text{kN}$。求三力的合力。

2-6　在图示刚架的 B 点作用一水平力 $\boldsymbol{F}$ 刚架自重略去不计，求支座 A,D 反作用力 $\boldsymbol{R}_A$ 和 $\boldsymbol{R}_D$。

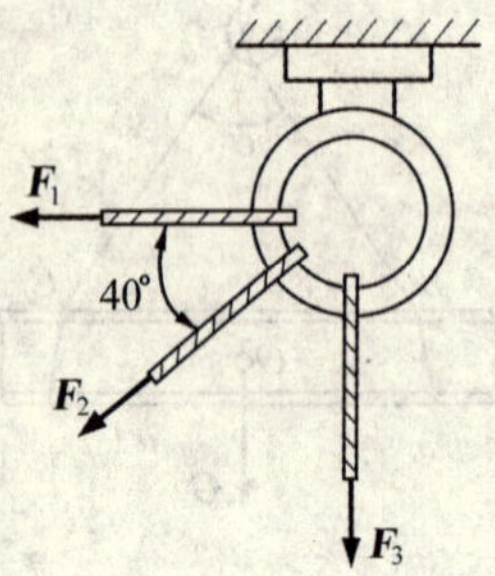

题 2-5 图

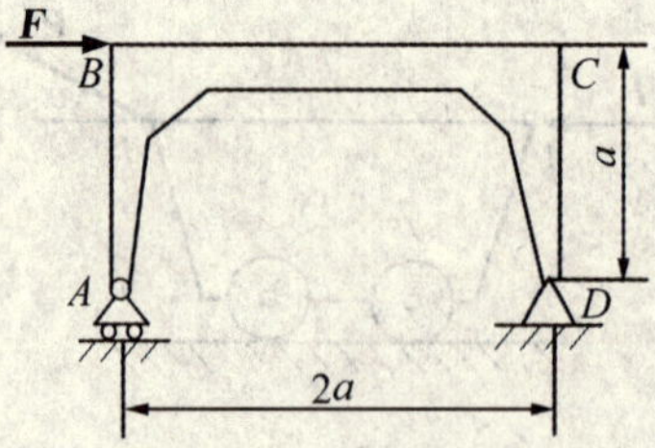

题 2-6 图

2-7　在三角架 ABC 的销子 B 上，挂一重 $G=200\text{N}$ 的物体，已知 $\alpha=45°$,$\beta=30°$，如不计杆的自重，试求杆 AB 和 BC 所受的力。

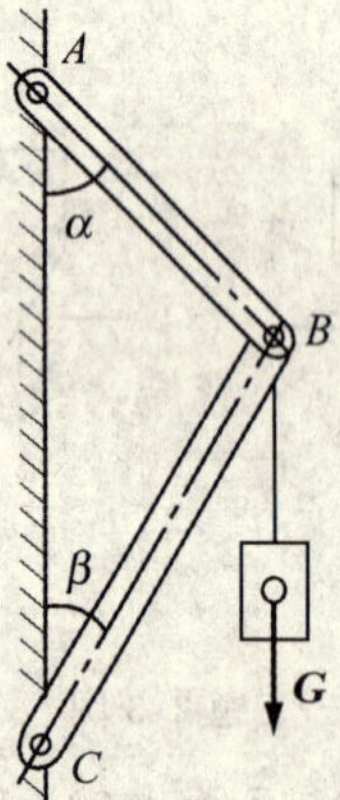

题 2-7 图

2-8　起重装置吊起一重量 $G=1000\text{N}$ 的载荷，已知 $\alpha=30°$，梁 AB 的自重不计，试求图示(a),(b)两种情况下，钢索 BC 所受的拉力和铰链 A 的约束反力。

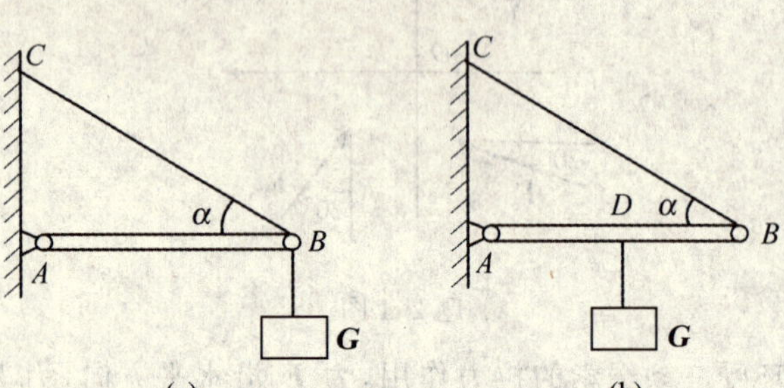

题 2-8 图

2-9　试计算下列各图中力 $\boldsymbol{F}$ 对点 B 的矩。设 $F=50\text{N}$,$a=0.6\text{m}$,$\alpha=30°$。

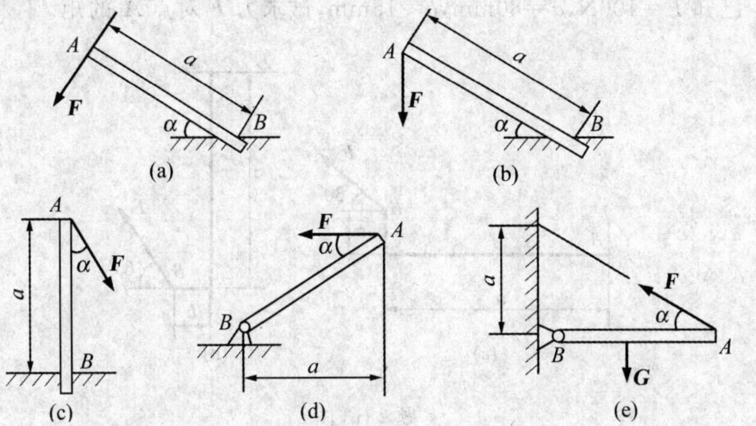

题 2-9 图

2-10　置于水平地面的正六面体 $ABCD$，重为 $G=100\text{N}$，边长 $AB=60\text{cm}$，$AD=80\text{cm}$，今将其斜放，使它的底面与水平面成 $\varphi=30°$角，试求其重力对棱 A 的力矩。又问当 φ 等于多大时，该力矩等于零。

2-11　矩形板 $ABCD$，$AB=100\text{mm}$，$BC=80\text{mm}$，若力 $F=10\text{N}$，$\alpha=30°$，试分别计算力 $\boldsymbol{F}$ 对 A，B，C，D 各点的矩。

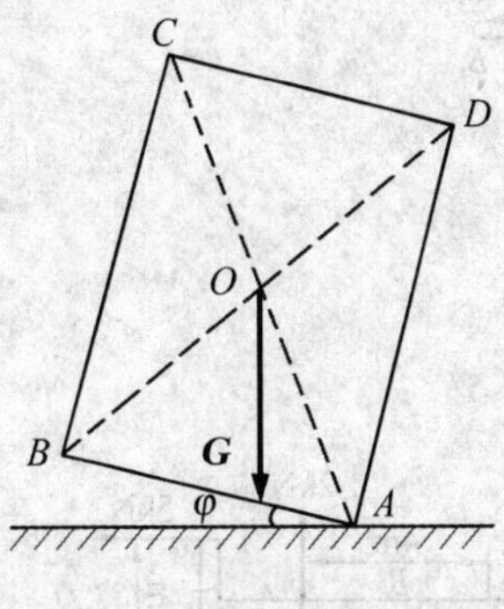

题 2-10 图

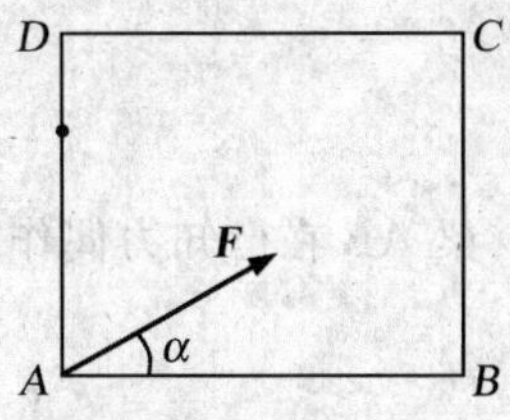

题 2-11 图

2-12　图示一平面力系，$F_1=20\text{N}$，$F_2=10\text{N}$，$F_3=15\text{N}$，$F_4=12\text{N}$。试求此力系的各力对 O 点的矩。（图中坐标单位为厘米）

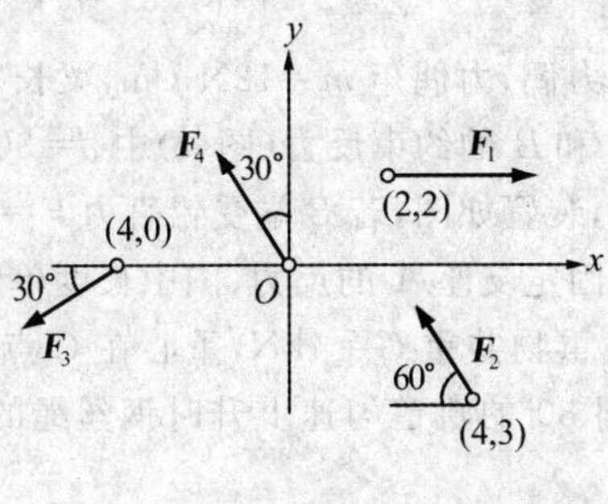

题 2-12 图

2-13 已知 $F=100N$, $a=80mm$, $b=15mm$,试求力 $\boldsymbol{F}$ 对点 A 的矩。

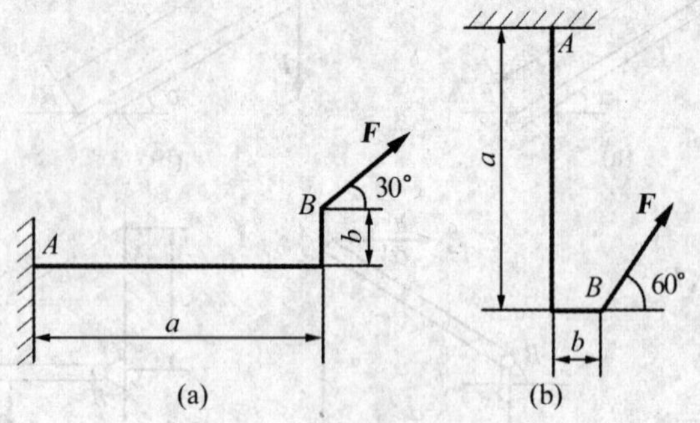

题 2-13 图

2-14 水平梁 AB 长 l,A 端为固定铰链,B 端用绳索系于墙上,绳与水平梁间的夹角 $\alpha=30°$,梁的中点 D 悬挂一重量 $G=1000N$ 的物体,求绳的拉力(本题要求用力矩平衡条件求解)。

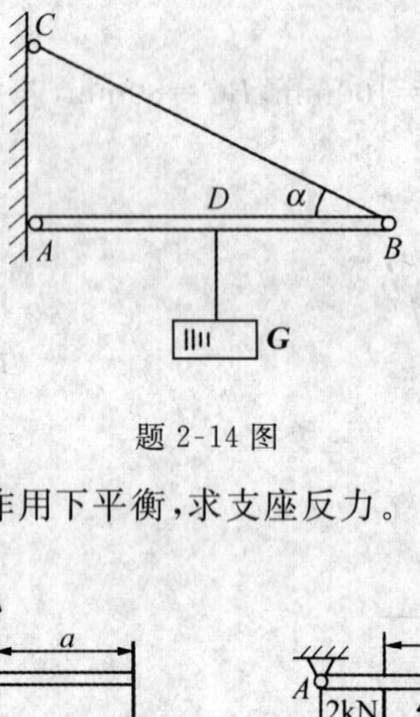

题 2-14 图

2-15 梁 AB 在已知力偶作用下平衡,求支座反力。

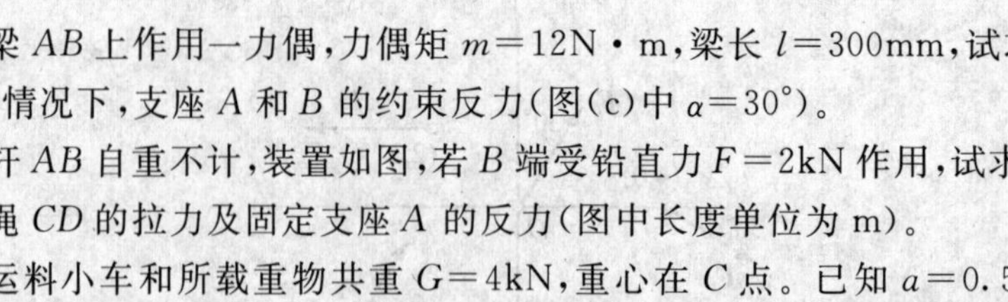

题 2-15 图

2-16 梁 AB 上作用一力偶,力偶矩 $m=12N \cdot m$,梁长 $l=300mm$,试求在图示(a),(b),(c)三种情况下,支座 A 和 B 的约束反力(图(c)中 $\alpha=30°$)。

2-17 杆 AB 自重不计,装置如图,若 B 端受铅直力 $F=2kN$ 作用,试求图示(a),(b)两种情况下绳 CD 的拉力及固定支座 A 的反力(图中长度单位为 m)。

2-18 运料小车和所载重物共重 $G=4kN$,重心在 C 点。已知 $a=0.5m$, $b=0.6m$, $h=0.8m$,试求当小车沿倾斜 30°的轨道匀速上升时钢丝绳的牵引力及 A,B 轮对轨道的压力。

2-19 求下列各题中固定端 A 或铰链支座 A,B 的约束反力。已知:

(a)$m=2\text{kN}\cdot\text{m}, P=1\text{kN}, a=1\text{m}$。(b)均布力 $q=1\text{kN/m}, l=3\text{m}$。(c)$q=20\text{kN/m}$, $m=8\text{kN}\cdot\text{m}, Q=20\text{kN}, a=0.8\text{m}$。

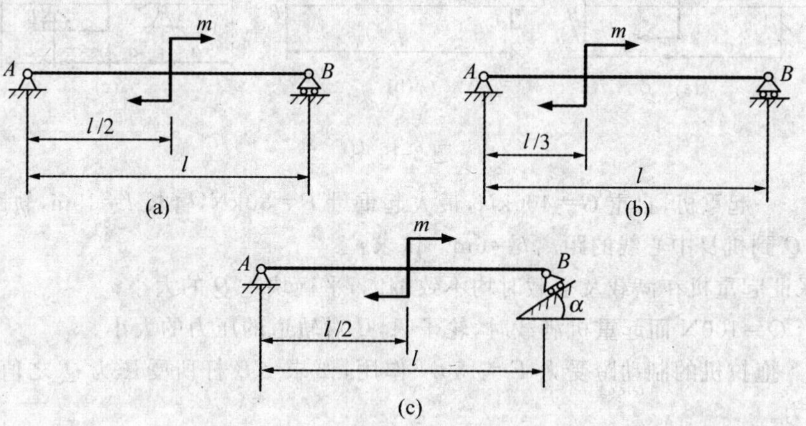

题 2-16 图

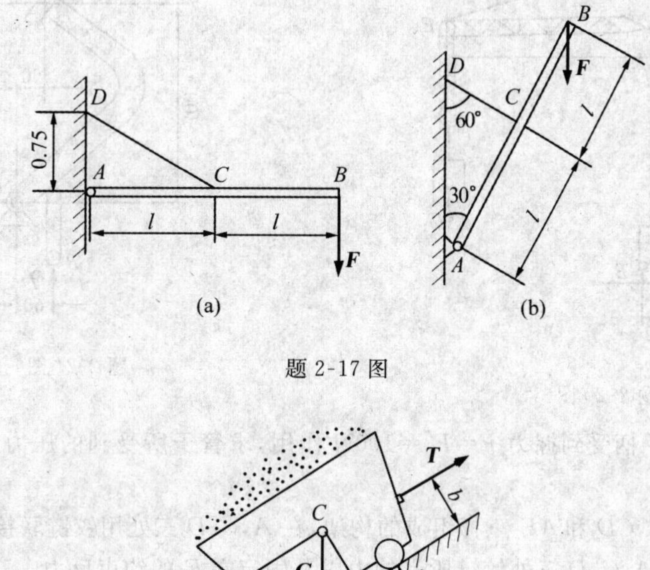

题 2-17 图

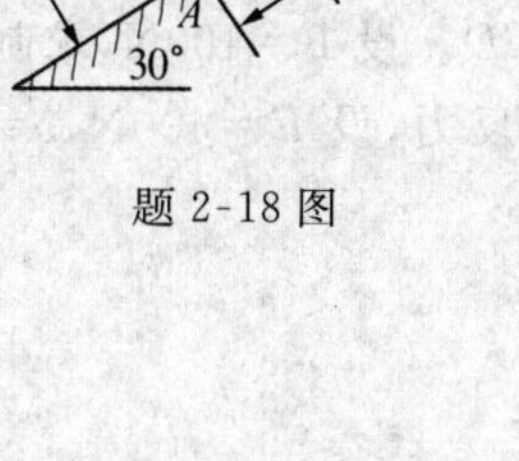

题 2-18 图

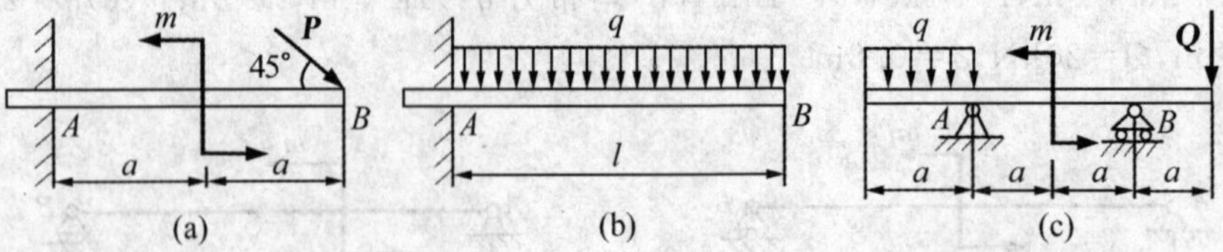

题 2-19 图

2-20　一起重机，自重 $G=400\text{kN}$，最大起重量 $P=80\text{kN}$，臂长 $l=15\text{m}$，轨距 $a=4\text{m}$，平衡块重 $\boldsymbol{Q}$ 到机身中心线的距离 $b=6\text{m}$。试求：

(1)保证起重机在满载及空载时均不致翻倒，平衡块重 $\boldsymbol{Q}$ 的大小；

(2)当 $Q=100\text{N}$ 而起重机满载时，轮子 A,B 对轨道的压力的大小。

2-21　拖拉机的制动蹬受力 $F=150\text{N}$ 作用，试求 AB 杆所受压力 $\boldsymbol{Q}$ 之值及支座 O 的约束反力。

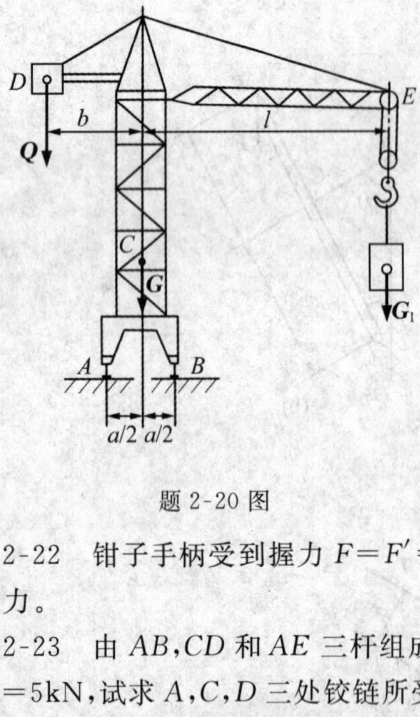

题 2-20 图

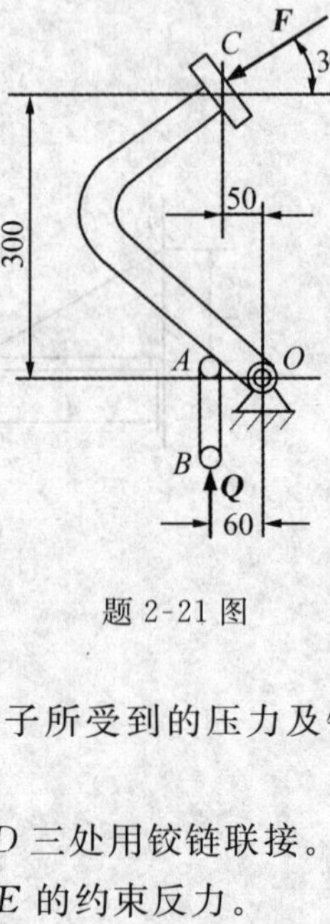

题 2-21 图

2-22　钳子手柄受到握力 $F=F'=100\text{N}$ 作用，求管子所受到的压力及铰链 A 的反作用力。

2-23　由 AB,CD 和 AE 三杆组成的构架，在 A,C,D 三处用铰链联接。B 端悬挂重物 $\boldsymbol{G}=5\text{kN}$，试求 A,C,D 三处铰链所受的力以及固定端 E 的约束反力。

2-24　东方红-40 轮式拖拉机制动器的操纵机构如图示，作用在踏板上的力 $\boldsymbol{F}$ 通过弯杆 AOB 和拉杆 BC 传给摇臂 CD。设 $F=100\text{N}$，求制动力 $\boldsymbol{Q}$(各杆自重不计)。

2-25　求图示多跨梁的支座反力，设 $F=400\text{N}$，$q=200\text{N/m}$，D 点为铰链，图中长度单位为米。

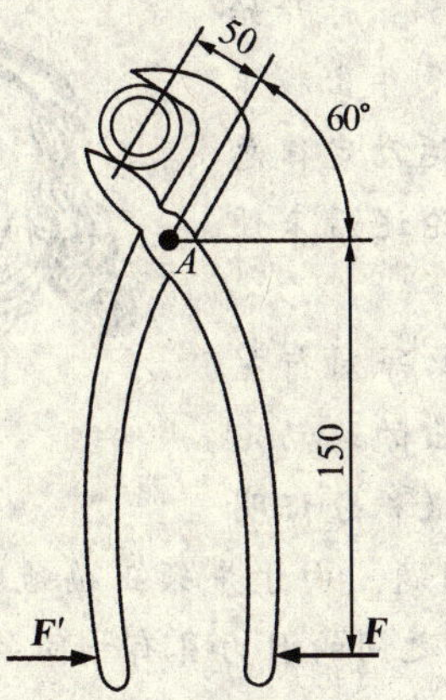

题 2-22 图

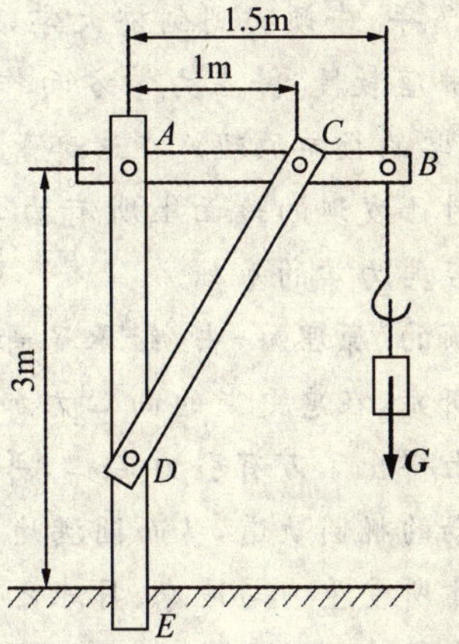

题 2-23 图

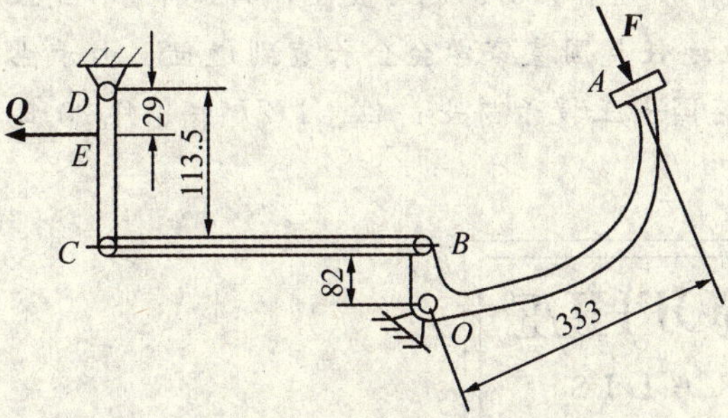

题 2-24 图

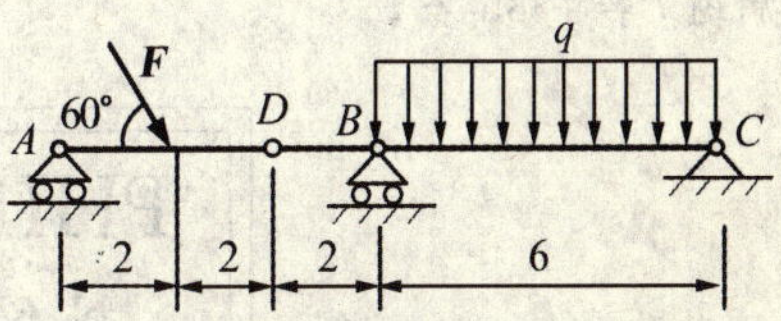

题 2-25 图

阅读材料

牛　顿

牛顿(Isaac Newton,1642～1727)1642 年出生于英格兰的一个农民家里。小时上学成绩一般,但他爱制作机械模型,而且对问题喜欢追根究底。他 18 岁时考入剑桥大学"三一"学院,1665 年毕业留校做研究工作,几个月后,剑桥因瘟疫的威胁而停课,他不得不回家乡一连住了 20 个月,然而这 20 个月的清静生活,使他对在校所研究的问题有了充分的思考时间,也成了他一生中创造力最旺盛的时期。

牛顿

1667 年，牛顿回到剑桥大学，翌年获硕士学位。26 岁时开始当数学讲座教授，并在力学方面作了深入的研究。1687 年出版了《自然哲学的数学原理》，在这部著作中，他提出的三大运动定律总结了当时已发现的地面上所有力学现象的规律，这些论述后来便成为了经典力学的基础。

牛顿的《原理》一书，继承了哥白尼、开普勒、伽利略等对行星运动的研究，在惠更斯的向心力加速度概念和在他提出的运动定律基础上得出了万有引力定律，并且还用自己发明的微积分证明了开普勒的椭圆轨道，从而圆满地解决了行星的运动问题。由于牛顿正确地提出了地球表面物体所受重力与地球、月球之间的引力或太阳行星之间的引力具有相同的本质，因而彻底否定了从亚里士多德以来人们所持有的天上和地下不同的思想。可以说这是人类对自然界认识的第一次大综合，也是人类认识史上的一次大飞跃。

1672 年，牛顿成为英国皇家学会会员。1689 年和 1701 年他曾两次以剑桥大学代表的身份被选入议会。1696 年被任命为皇家造币厂监督，1699 年又被任命为造币厂厂长，同年被选为巴黎科学院院士。从 1703 年起他连任英国皇家学会会长直到逝世。由于他在科学研究和币制改革上的功绩，1705 年被英国女王授予爵士爵位。1727 年 3 月 20 日牛顿病逝，享年 85 岁。

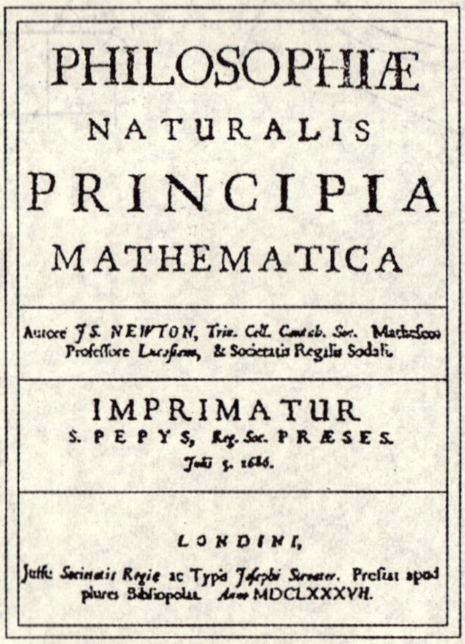

PHILOSOPHIÆ
NATURALIS
PRINCIPIA
MATHEMATICA

Autore *JS. NEWTON*, *Trin. Coll. Cantab. Soc.* Matheseos Professore *Lucasiano*, & Societatis Regalis Sodali.

IMPRIMATUR
S. PEPYS, *Reg. Soc.* PRÆSES.
Julii 5. 1686.

LONDINI,
Jussu *Societatis Regiae* ac Typis *Josephi Streater*. Prostat apud plures Bibliopolas. *Anno* MDCLXXXVII.

《自然哲学的数学原理》
一书的扉页

伽利略

伽利略(Galileo Galilei,1564～1642)1564 年生于意大利比萨。1584 年入比萨大学学医。历任比萨大学、帕多瓦大学数学教授。他主张研究自然界必须进行系统的观察和实验,是近代实验科学与机械唯物主义的奠基者之一。

伽利略

伽利略有强烈追求真理的精神。他通过实验,推翻了向来奉为权威的亚里士多德关于“物体落下的速度与重量成比例”的学说。他第一次引入了加速度的概念,得出了匀变速运动的公式,建立了落体运动定律,并将抛物体运动分解为水平匀速运动和自由落体运动。他还发现了惯性定律、摆振动的等时性,确立了伽利略相对性原理,因此他被认为是经典力学和实验物理学的先驱。

伽利略是利用望远镜观察天体取得大量成果的第一个人。他在天文学上的重要发现就是有力地证明了哥白尼的日心说,1632 年发表的《关于两个世界体系的对话》,其主旨就在于反对地心说,支持日心说和地动说。由于对哥白尼学说的宣扬,因此在次年他遭到罗马教廷的异端裁判而成了宗教裁判所的囚犯。此后于 1638 年他又完成了《两种新科学的对话》,主张自然之书以数学写成,并强调只有可归结为数量特征的物质属性,如大小、形状、重量、速度等的客观存在,但却否认色、香、味等物体属性的存在。

伽利略 1642 年 1 月逝世,直到 1984 年他的冤案才获得教廷的昭雪。

DISCORSI
E
DIMOSTRAZIONI
MATEMATICHE,
intorno à due nuoue scienze
Attenenti alla
MECANICA & i MOVIMENTI LOCALI;
del Signor
GALILEO GALILEI LINCEO,
Filosofo e Matematico primario del Serenissimo
Grand Duca di Toscana.
Con una Appendice del centro di grauità d'alcuni Solidi.

IN LEIDA,
Appresso gli Elsevirii. M. D. C. XXXVIII.

《两种新科学的对话》一书的扉页

第三章　摩　擦

前面两章研究物体的平衡都忽略了摩擦,即把物体与约束物体间的接触面看成是完全光滑的。但在工程实际的一些问题中,摩擦对物体的平衡有着重要的影响。本章将介绍滑动摩擦的概念及考虑摩擦的平衡问题,摩擦角和自锁现象。

第一节　滑动摩擦

两个相互接触的物体,当接触面发生相对滑动或有相对滑动趋势时,在接触面上会出现彼此阻碍物体相对滑动的力,**即滑动摩擦力**。滑动摩擦力也属于约束力的范畴,是一限制物体相对滑动的切向约束力,它作用于物体相互接触处,其方向总是沿着接触处的公切线,并与物体相对滑动或相对滑动趋势的方向相反。滑动摩擦力依据物体接触处是否已滑动,分为静滑动摩擦力和动滑动摩擦力两种。

一、静滑动摩擦力

在粗糙的水平面上放一重量为 G 的物体,如图 3-1(a)所示,物体所受的作用力有水平拉力 $\boldsymbol{F}_T$、重力 $\boldsymbol{G}$ 和垂直于水平面的法向约束力即正压力 $\boldsymbol{N}$。现假设水平拉力 $\boldsymbol{F}_T$ 自零开始逐渐增大,但当拉力不是很大时,物体仍然保持静止。可见,在粗糙的水平面上还存在一个阻碍物体向右滑动的切向力,这个力即称为**静滑动摩擦力**,简称**静摩擦力**,用符号 $\boldsymbol{F}_f$ 表示,如图 3-1(b)所示。可以看出它就是前面所说的阻碍物体滑动的切向约束力,方向与物体的相对滑动趋势相反,大小由平衡方程确定,即

$$\sum F_x = 0,\quad F_T - F_f = 0,\quad F_f = F_T$$

由此可知,静摩擦力的大小随水平拉力的增大而增大,这和一般约束力的性质是一样的。

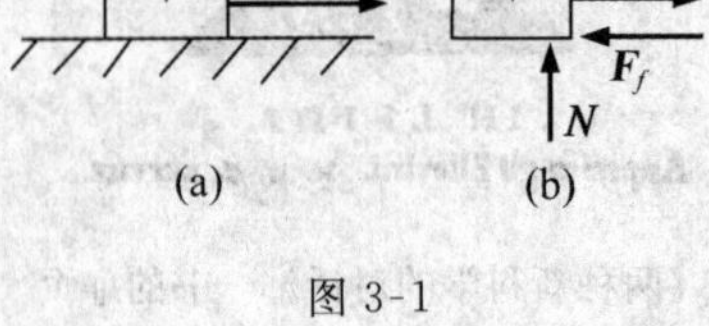

图 3-1

当水平拉力 $\boldsymbol{F}_T$ 增大到一定数值时，物体处于将要滑动而又未滑动的临界平衡状态。这时拉力只要稍有增加，物体即开始滑动。在物体处于临界平衡状态下，静摩擦力达到的最大值为**最大静摩擦力，记为** $\boldsymbol{F}_{\max}$。如果水平拉力 $\boldsymbol{F}_T$ 再增大，静摩擦力并不能再随之增大，物体将失去平衡而开始滑动。可见，静摩擦力的大小总是介于零与最大静摩擦力之间的，即

$$0 \leqslant F_f \leqslant F_{\max} \tag{3-1}$$

大量的试验证明，最大静摩擦力 $\boldsymbol{F}_{\max}$ 的大小与两物体间的正压力 $\boldsymbol{N}$ 成正比，也就是

$$F_{\max} = \mu_s \cdot N \tag{3-2}$$

上式称为**静滑动摩擦定律**，又称**库仑摩擦定律**。式中的比例常数 μ_s 称为**静滑动摩擦因数**，简称**静摩擦因数**，是量纲为一的正数。静摩擦因数与接触物体的材料及接触面的粗糙度、温度、干湿度等因素有关，其数值可从相关的工程手册中查到。

二、动滑动摩擦力

当静滑动摩擦力已达到最大值时，若水平拉力 $\boldsymbol{F}_T$ 再增大，则物体与接触面之间将出现相对滑动。这时接触物体之间仍作用有阻碍相对滑动的力，这种阻力即称为**动滑动摩擦力**，简称**动摩擦力**，用符号 $\boldsymbol{F}_f'$ 表示。动摩擦力的方向与物体相对滑动的方向相反。试验证明：动摩擦力 $\boldsymbol{F}_f'$ 的大小与物体接触面间的正压力 $\boldsymbol{N}$ 成正比，即

$$F_f' = \mu N \tag{3-3}$$

此式称为**动滑动摩擦定律**。式中的比例常数 μ 称为**动滑动摩擦因数**，简称**动摩擦因数**，也是量纲为一的正数。经典摩擦理论认为，动摩擦因数 μ 也与两接触物体的材料及接触面的粗糙度、温度、干湿度等因素有关，其数值可从有关手册中查到。动摩擦因数 μ 一般小于静摩擦因数 μ_s，而且还与接触物体相对滑动的速度的大小有关。在多数情况下，动摩擦因数随相对滑动的速度增大而稍有减小。但在速度不大时，可以忽略速度对动摩擦因数的影响，而近似地认为动摩擦因数是个常数。在精度要求不高时，可近似为 $\mu = \mu_s$

练习：重 $G=100\text{N}$ 的物块，放在水平面上（图 3-2）。设摩擦因数 $\mu=0.3$，试分析当作用在物块上的水平推力 $\boldsymbol{F}$ 的大小分别为 10N，20N 和 40N 时，物块是否平衡？并计算摩擦力的大小。

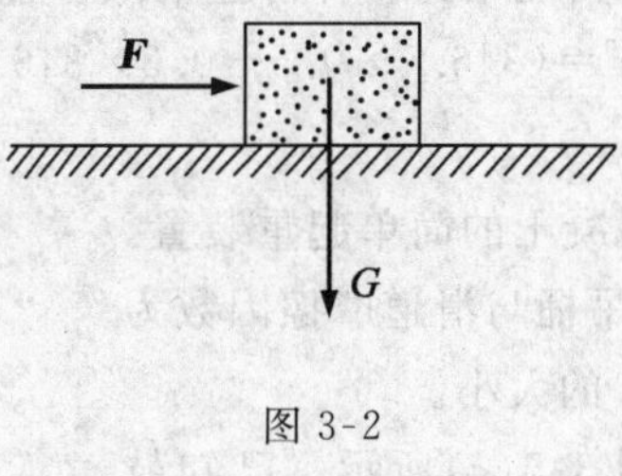

图 3-2

第二节　考虑摩擦时物体的平衡问题

考虑摩擦时，物体的平衡问题的求解步骤与第二章所述的大致相同，而不同的是：在对物体进行受力分析时，要考虑静摩擦力的特点，它的方向总是沿接触处的切线与相对滑动或相对滑动趋势的方向相反，其大小有一个范围，即当静摩擦力 $\boldsymbol{F}_f$ 小于最大静摩擦力 $\boldsymbol{F}_{\max}$ 时，静摩擦力 $\boldsymbol{F}_f$ 不是一个确定的值，而在物体处于临界平衡状态时，静摩擦力达到最大静摩擦力，即有 $F_{\max}=\mu_s N$ 作为补充方程，补充方程的数目与静摩擦力的数目相同，最后通过补充方程和平衡方程就能求解考虑摩擦时物体的平衡问题，工程上有不少平衡问题都是在物体的临界平衡状态下进行分析、计算。

【例 3-1】一物体的重量 $G=346.4\text{N}$，受平行于斜面的推力 $\boldsymbol{F}_t$ 的作用，如图 3-3(a)所示，已知物体与斜面间的静摩擦因数为 0.3，试求维持物体静止的最小推力的大小。

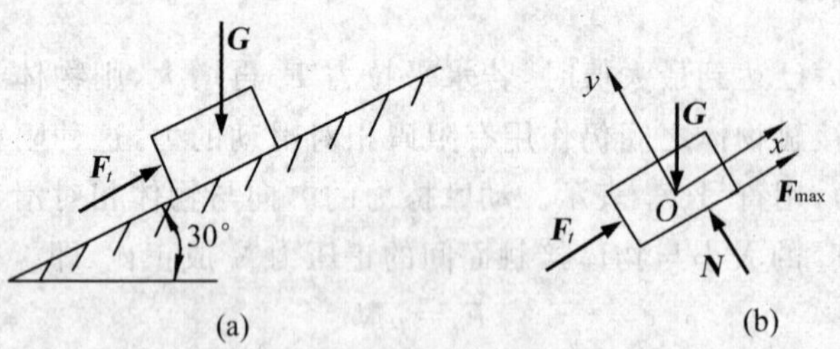

图 3-3

解：由题意可知，当推力 $\boldsymbol{F}_t$ 的大小达到维持物体静止的最小值时，物体处于将要下滑而又未下滑的临界平衡状态。在物体有向下滑的趋势时，静摩擦力的方向沿斜面向上，其大小为

$$F_{\max}=\mu_s N \qquad ①$$

画出物体的受力图，如图 3-3(b)所示，建立图示坐标系 oxy，列平衡方程

$$\sum F_y=0,\quad N-G\cos30^\circ=0 \qquad ②$$

$$\sum F_x=0,\quad F_t+F_{\max}-G\sin30^\circ=0 \qquad ③$$

将以上三方程联立求解，即得能维持物体静止的最小推力的大小为

$$F_t=G\sin30^\circ-\mu_s G\cos30^\circ=(346.4\times0.5-0.3\times346.4\times0.866)\text{N}=83.2\text{N}$$

练习：图 3-4 所示为吊运混凝土的简单起重装置。已知吊桶和混凝土共重 10kN，吊桶与滑道摩擦因数为 0.3。试求提升吊桶所需拉力 $\boldsymbol{T}$ 的大小。

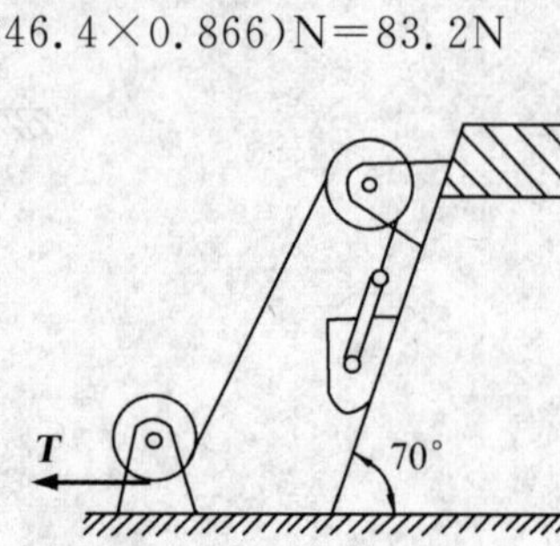

图 3-4

【例 3-2】铰车制动器，如图 3-5(a)所示。已知鼓轮半径 $r=0.15\text{m}$，制动轮半径 $R=0.25\text{m}$，主动力 $F_1=100\text{N}$，制动轮与制动块之间的静摩擦因数 $\mu_s=0.6$，图中尺寸 $a=1.6\text{m}$，$b=0.4\text{m}$，试求维持系统静止所需

最小制动力 $\boldsymbol{F}_2$ 的大小(不计制动轮顶点到杆 AB 的铅垂距离)

解:这是考虑摩擦时物体系统的平衡问题,在最小制动力 $\boldsymbol{F}_2$ 作用的情况下,物体系统处于临界平衡状态。取制动轮为研究对象,画出受力图,如图 3-5(b)所示,制动轮在主动力 $\boldsymbol{F}_1$ 的作用下,具有逆时针转动趋势。因此,制动块除给制动轮 O 正压力 $\boldsymbol{N}$ 外,还有一个向右的最大静摩擦力 $\boldsymbol{F}_{\max}$,这些力应满足平衡方程

$$\sum M_O(\boldsymbol{F}) - 0, \quad F_1 r - F_{\max} R = 0 \qquad ①$$

列出补充方程,即

$$F_{\max} = \mu_s N \qquad ②$$

求解以上方程,得

$$N = \frac{F_1 r}{\mu_s R} = \frac{100 \times 0.15}{0.6 \times 0.25} = 100\text{N}$$

再取杠杆 ABC 为研究对象,画出受力图如图 3-5(c)所示,列出平衡方程

$$\sum M_A(\boldsymbol{F}) = 0, \quad N'b - F_2(a+b) = 0$$

求解以上方程,即得维持系统静止所需最小制动力的大小为

$$F_2 = \frac{N'b}{a+b} = \frac{100 \times 0.15}{0.6 \times 0.25} = 20\text{N}$$

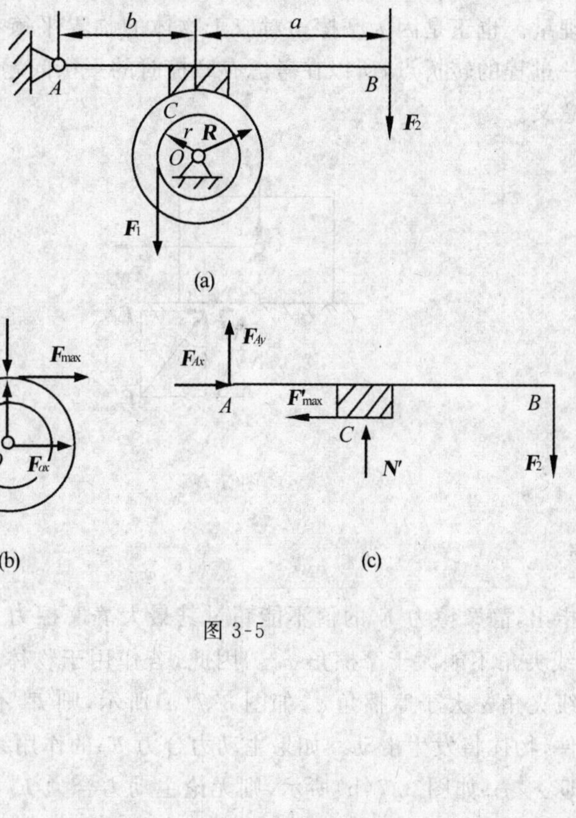

图 3-5

第三节 摩擦角和自锁现象

一、摩擦角

当有摩擦时，物体所受支承面的约束力包括法向正压力 $\boldsymbol{N}$ 和切向静摩擦力 $\boldsymbol{F}_f$，这两个力的合力 $\boldsymbol{F}_R=\boldsymbol{N}+\boldsymbol{F}_f$ 称为支承面的全反力，全反力的作用线与接触面法线之间的夹角为 φ，如图 3-6 所示。由于法向正压力 $\boldsymbol{N}$ 的大小等于物体的重量 G，G 为常数，所以全反力 $\boldsymbol{F}_R$ 和夹角 φ 的大小随静摩擦力 $\boldsymbol{F}_f$ 的增大而增大。当物体处于平衡的临界状态时，静摩擦力 $F_f=F_{\max}$，全反力 $\boldsymbol{F}_R$ 的作用点 A 移至点 A_m，与法线的夹角 φ 达到最大值 φ_m，这时的全反力与接触面法线夹角的最大值 φ_m 称为**摩擦角**。在一般情况下，全反力与接触面法线所成夹角的大小在零与摩擦角之间变化，即

$$0\leqslant\varphi\leqslant\varphi_m$$

在 $F_f=F_{\max}$ 的情况下，由图可得

$$\tan\varphi_m=\frac{F_{\max}}{N}=\mu_s \tag{3-4}$$

即：摩擦角的正切等于静摩擦因数。可见，摩擦角与静摩擦因数都是表示物体间滑动摩擦性质的物理量。也正是因为摩擦角对应于物体的临界平衡状态，并代表了物体由静止变成运动这一过程的转折点，所以在考虑有摩擦时的平衡问题时，它与最大静摩擦力有着同样重要的意义。

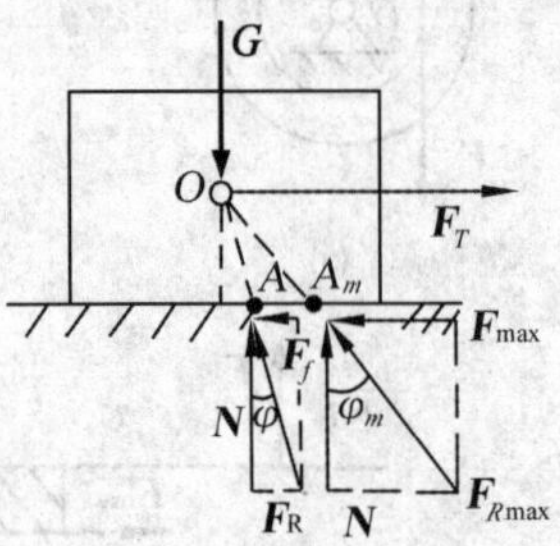

图 3-6

二、自 锁

前面已经指出，静摩擦力 $\boldsymbol{F}_f$ 的值不能超过其最大静摩擦力 $\boldsymbol{F}_{\max}$ 的值，也就是全反力 $\boldsymbol{F}_R$ 与接触面法线夹角不能大于摩擦角 φ_m。因此，若作用于物体上主动力合力 $\boldsymbol{F}_P$ 的作用线与接触面法线夹角 α 大于摩擦角 φ_m 如图 3-7(a)所示，则 $\boldsymbol{F}_R$ 不能与 $\boldsymbol{F}_P$ 共线，即无法满足二力平衡条件，物体将发生滑动。如果主动力合力 $\boldsymbol{F}_P$ 的作用线与接触面法线夹角 α 小于摩擦角 φ_m，即 $\alpha<\varphi_m$ 如图 3-7(b)所示，则无论主动力合力 $\boldsymbol{F}_P$ 有多大，只要接触面不被破坏，它总是可以和全反力 $\boldsymbol{F}_R$ 平衡而使物体保持静止。这种只需主动力合力作用线在摩擦角范围内，物体依靠摩擦总能静止而又与主动力大小无关的力学现象称为**自锁现象**。

显然，对于 $\alpha=\varphi_m$ 的情形，物体处于静止与滑动的临界平衡状态(图 3-7(c))。由以上分析可知，物体在力作用下，只有当主动力与法线的夹角 $\alpha\leqslant\varphi_m$ 时，物体不滑动，此即物体自锁的**自锁条件**。而当 $\alpha>\varphi_m$ 时，物体将滑动。

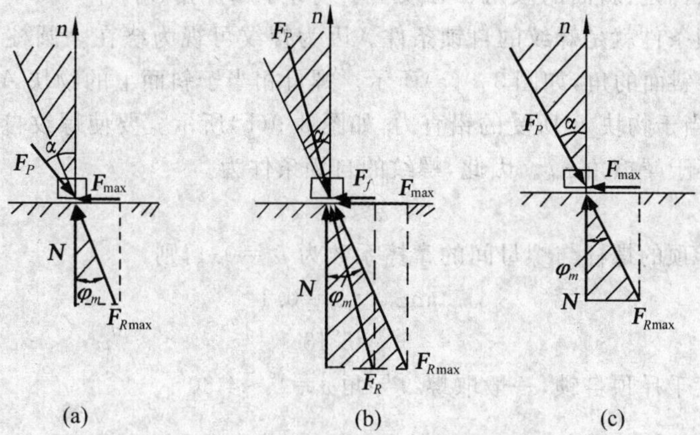

图 3-7

自锁现象在工程实际中有很重要的应用，如攀登电线杆所用的套钩，就是根据自锁概念确定了电工作业者在攀登电线杆时安全工作的范围；又如螺旋千斤顶顶起重物，也是借用自锁以使重物不致因重力作用而下落；还有，工厂生产线上用传送带输送物料，就是通过自锁来阻止物料作相对于传送带的滑动等等。相反，在工程实际中有时又要设法避免自锁现象的发生，如机器正常运行时的运动零部件就不能因自锁而造成零部件相对卡住等等。

【**例 3-3**】一物块放在倾角为 α 的斜面上如图 3-8 所示，物块与斜面间的静摩擦因数为 μ_s，试分析物块在铅直力 G 作用下，不会沿斜面下滑的条件，即斜面的自锁条件。

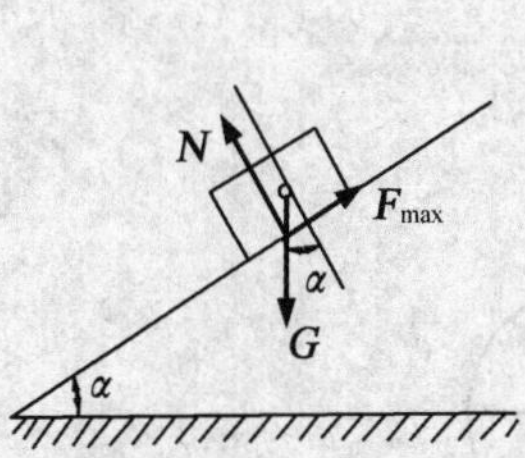

图 3-8

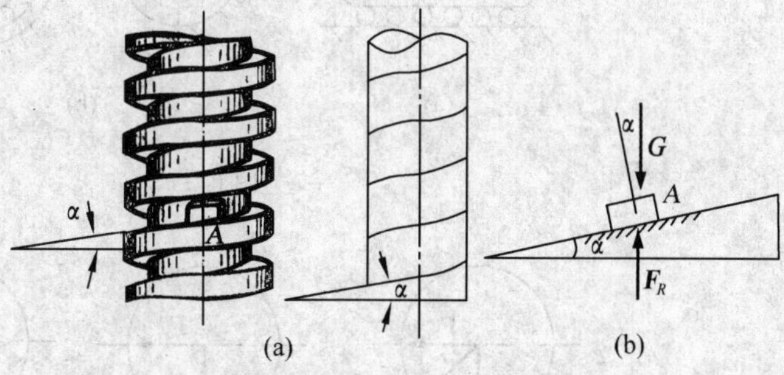

图 3-9

解：因使物块下滑的力为 $G\sin\alpha$，而阻止其下滑的最大静摩擦力为 $F_{max}=\mu N=\mu_s G\cos\alpha$，故当

$$G\sin\alpha\leqslant\mu_s G\cos\alpha$$

时，物块便不会沿斜面下滑，即能自锁。解上面的不等式，得

$$\tan\alpha \leqslant \mu_s$$

因 $\mu_s = \tan\varphi_m$，故得

$$\alpha \leqslant \varphi_m$$

即斜面的自锁条件是：斜面的倾角 α 必须小于或等于摩擦角 φ_m。

斜面的自锁条件就是螺纹的自锁条件。因为螺纹可视为绕在一圆柱体上的斜面，螺纹导角 α 相当于斜面的角，如图 3-9(a)所示。螺母相当于斜面上的物块 A，加在螺母上的轴向载荷 G，相当于物块 A 所受的铅直力，如图 3-9(b)所示。要使螺纹自锁，必须使螺纹导角 α 小于或等于摩擦角 φ_m。因此，螺纹的自锁条件为

$$\alpha \leqslant \varphi_m$$

若螺旋千斤顶的螺杆与螺母间的摩擦系数为 $\mu_s = 0.1$，则

$$\tan\varphi_m = \mu_s = 0.1$$

得

$$\varphi_m = 5°43'$$

为保证螺旋千斤顶自锁，一般取螺纹导角 $\alpha = 4° \sim 4°30'$。

第四节　滚动摩擦简介

搬运重物时，若在重物下垫辊轴，则要比将重物直接放在地面上推动省力。在工程实际中，车辆采用车轮，机器采用滚动轴承，也是为了减轻劳动强度，提高工作效率(图 3-11)所示。在此值得思考的是，用滚动来代替滑动为什么会省力呢？当物体滚动时，这一机械作用存在的是什么样的阻力？能够限制滚动效应的又是什么？为解决这些问题，可借下面的简单实例来进行分析。

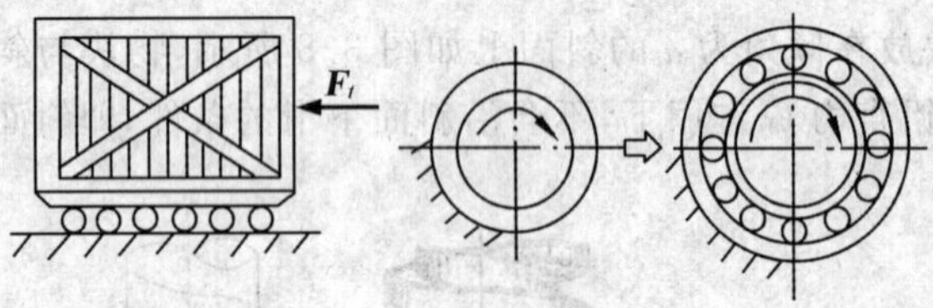

图 3-11

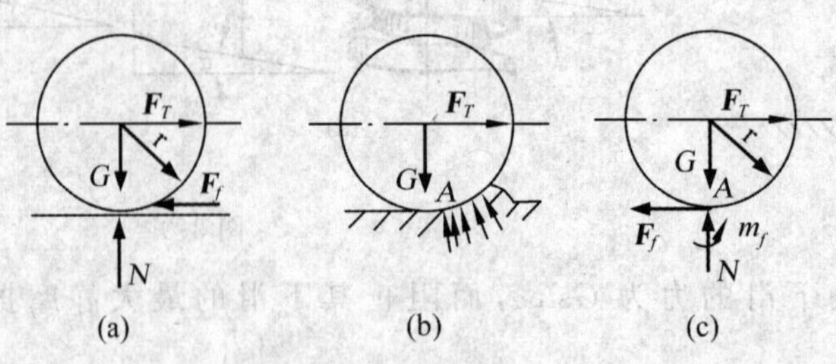

图 3-12

如图 3-12(a)所示，水平面上有一重量为 G，半径为 r 碾子，今在其中心 C 加一很小的

水平拉力 $\boldsymbol{F}_T$，这时碾子与地面接触的点 A 就会产生一个阻碍碾子滑动的静摩擦力 $\boldsymbol{F}_f$，它与拉力 $\boldsymbol{F}_T$ 等值、反向。但是，如果水平面的约束力只有正压力 $\boldsymbol{N}$ 和静摩擦力 $\boldsymbol{F}_f$，那么它们就不可能和重力 $\boldsymbol{G}$、拉力 $\boldsymbol{F}_T$ 在共同的作用下而使碾子保持平衡。因为其中的拉力 $\boldsymbol{F}_T$ 与静摩擦力 $\boldsymbol{F}_f$ 组成一个力偶，将会使碾子发生滚动。实际上当水平拉力 $\boldsymbol{F}_T$ 不大时，碾子是可以不发生滚动而处于平衡的。因为碾子在其重力的作用下，碾子与地面都会产生变形。由于它们的变形，其上的约束力分布在接触的曲面上(图 3-12(b))，形成一平面任意力系。将这些任意分布的力向点 A 简化，即可得到一个力和一个力偶。其中这个力可分解为正压力 $\boldsymbol{N}$ 和静摩擦力 $\boldsymbol{F}_f$；而这个力偶矩为 m_f 的力偶称为**滚动摩擦阻力偶**，简称**滚阻力偶**，与力偶($\boldsymbol{F}_T$，$\boldsymbol{F}_f$)相平衡，其方向与滚动趋势相反，如图 3-12(c)所示。与静摩擦力的特点相似，滚阻力偶的力偶矩 m_f 随主动力偶($\boldsymbol{F}_T$，$\boldsymbol{F}_f$)力偶矩的增大而增大，它的大小介于零与最大值之间。若拉力 $\boldsymbol{F}_T$ 再增大，则滚阻力偶矩 m_f 达到最大值，碾子也就会滚动。试验表明，碾子开始发生滚动时的滚阻力偶矩的最大值 $m_{\max}$ 与碾子的半径无关，而与支承面的法向正压力 $\boldsymbol{N}$ 的大小成正比，即

$$m_{\max}=\delta N \tag{3-7}$$

这就是**库仑滚动摩擦定律**。其中，比例常数 δ 称为**滚动摩擦因数**，简称**滚阻因数**。滚阻因数单位为 mm。

滚阻因数由实验测定，它与相互接触物体的材料性质及接触面的硬度、湿度等有关，其数值可从工程手册中查到。在通常情况下，因滚阻因数较小，故可忽略不计。

思考题

1. 自行车在踏行时，如图 3-13 所示，前、后轮的受力并不相同。试分析前、后轮的滑动摩擦力的方向。

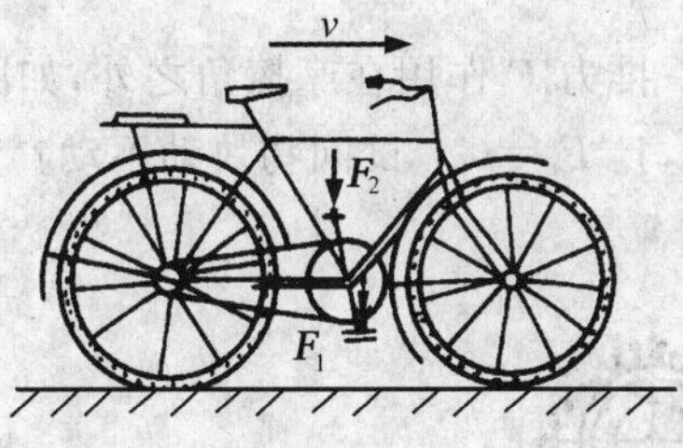

图 3-13

2. 静滑动摩擦定律中的正压力是否就是物体的重力？在什么情况下静滑动摩擦力的大小等于静滑动摩擦因数与正压力的乘积？

3. 图 3-14 所示物块的重量 $G=100\text{N}$，施加压力 $F_C=400\text{N}$，当物块与墙面间的摩擦因数分别为 0.3 和 0.2 时，接触面处的摩擦力各应是多少？

4. 已知一物块重量 $G=100\text{N}$，斜面的倾角 $\alpha=30°$，物块与斜面间的静摩擦因数 $\mu_s=0.38$ 如图 3-15(a)所示。试求物块与斜面间静滑动摩擦力的大小。并问，此时物块在斜面上是静止还是下滑？如果要使物块沿斜面向上运动，如图 3-15(b)所示，试求施加于物

块的且与斜面平行的力 $\boldsymbol{F}$ 至少应为多大？

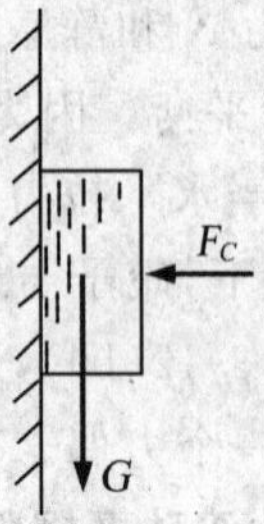

图 3-14

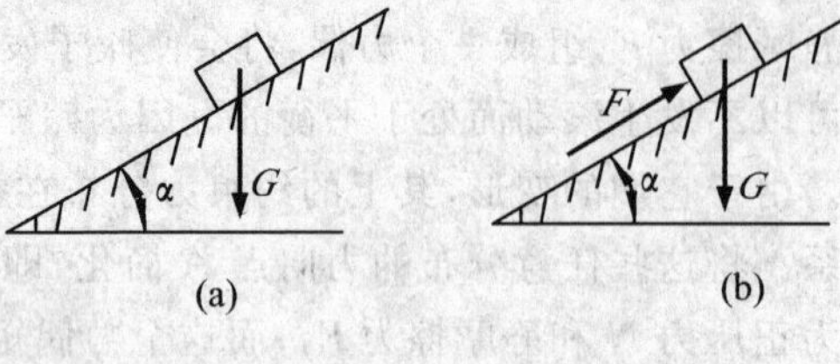

图 3-15

5. 如图 3-16 所示的人字架置于地面，左、右各杆自重均为 G，其支撑点 A，C 处的静摩擦因数分别为 μ_{S1} 与 μ_{S2}，试问人字架在处于临界平衡状态时 A，C 处的静摩擦力是否存在 $\boldsymbol{F}_{Amax}=\mu_{S1}G$，$\boldsymbol{F}_{Cmax}=\mu_{S2}G$ 的关系？

6. 物体重量为 $\boldsymbol{G}$，与水平面间的静摩擦因数为 μ_s，欲使物体向右滑动，试比较图 3-17 中的两种施力方式哪一种最省力？若要省力，α 角应为多大？

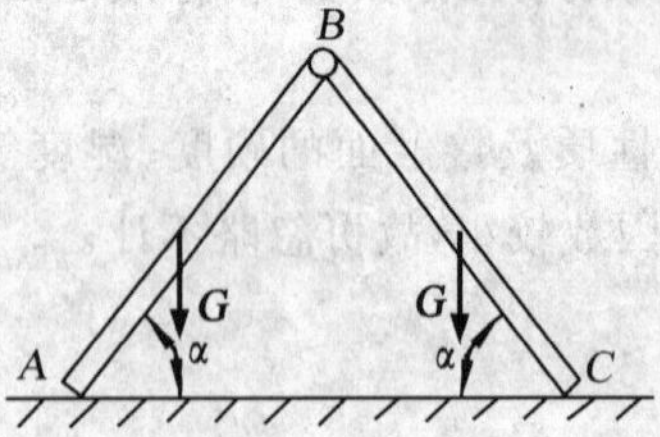

图 3-16

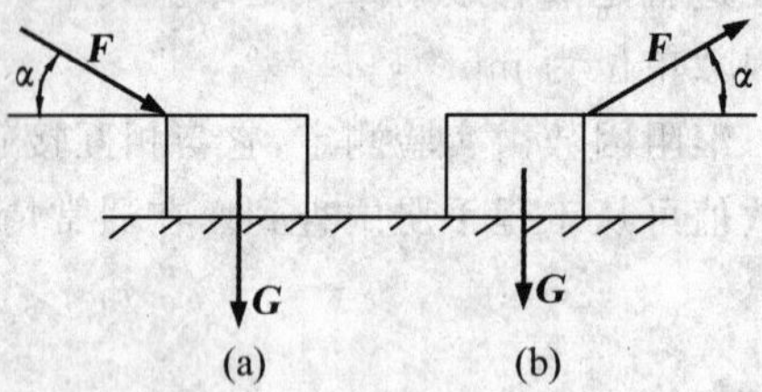

图 3-17

7. 如图 3-18 所示，沙石与皮带间的静摩擦因数 $\mu_s=0.5$，试问输送带倾角 α 应为多少？

8. 物块自身重量为 $\boldsymbol{G}$，一推力 $\boldsymbol{F}_t$ 作用在摩擦角之外，如图 3-19 所示。已知推力 $\boldsymbol{F}_t$ 方向角 $\theta=25°$，摩擦角 $\varphi_m=20°$，且 $F_t=G$。试问物块动不动？为什么？

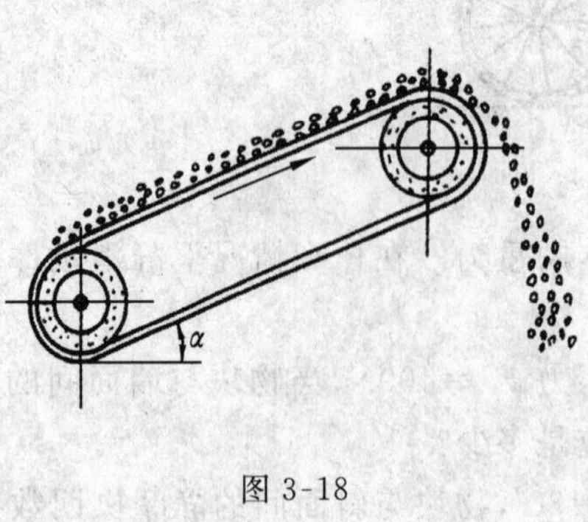

图 3-18

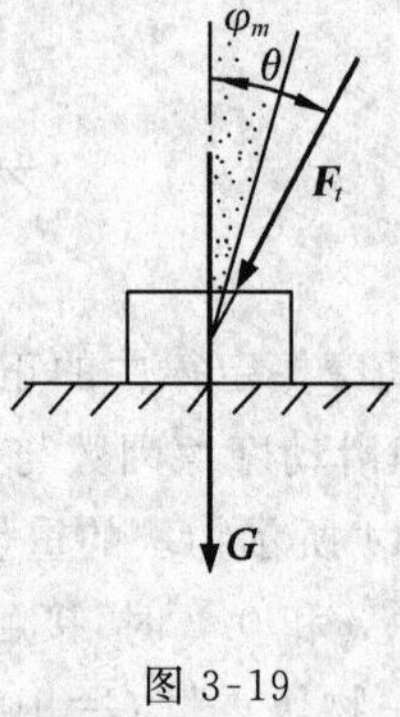

图 3-19

9. 人拉车在路面较硬而且车轮轮胎气足的情况下运行时，就觉得很省力，试分析这一力学现象原因。

习　题

3-1　如图所示的铁板 B 重量为 2000N，其上压一重量为 500N 的物体 A，物体 A 上用一水平绳系住，已知铁板 B 与水平地面之间的静摩擦因数为 0.2，物体 A 与铁板 B 之间的静摩擦因数为 0.25，试求抽出铁板所需最小拉力 $\boldsymbol{F}_{min}$ 的大小。

3-2　如图所示铰车的鼓轮半径 $r=0.15$m，制动轮半径 $R=0.25$m，鼓轮上悬重 $G=1000$N，制动轮与制动块之间的静摩擦因数为 0.6。已知 $a=1$m，$b=0.4$m，$c=0.5$m，试求制动轮制动时所需最小作用力的大小 $\boldsymbol{F}_{min}$。

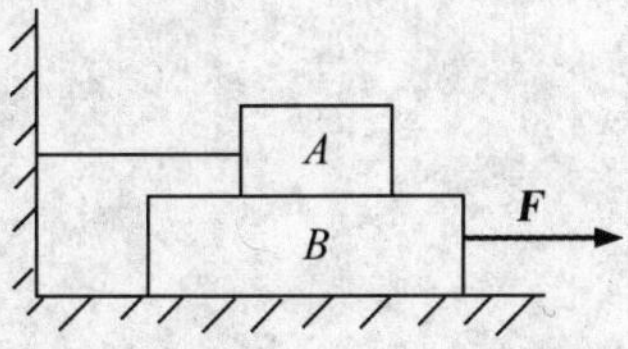

题 3-1 图

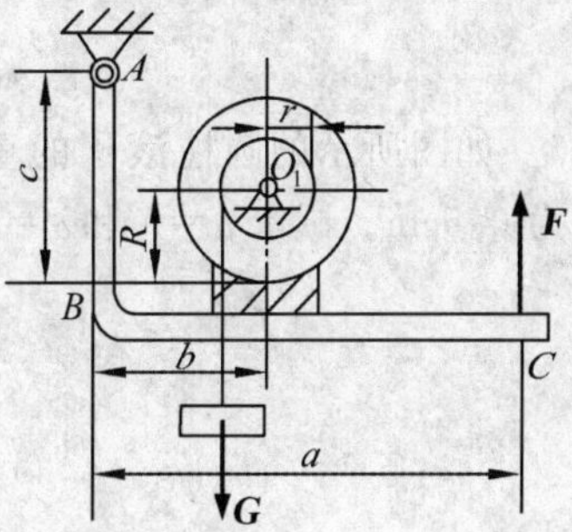

题 3-2 图

3-3　均质棱柱体重量 $G=4$kN，置于水平面上，它与接触面的静摩擦因数为 0.3。试问当拉力 $\boldsymbol{F}_t$ 如图逐渐增大时，该物体是先倾倒还是先滑动？并计算物体刚运动时拉力 $\boldsymbol{F}_t$ 的值。

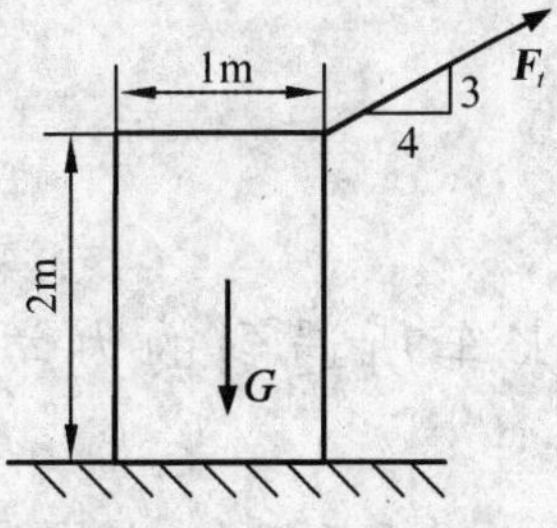

题 3-3 图

3-4　在一闸块制动器的两杠杆上，分别作用有大小相等的二力 $\boldsymbol{F}_1$ 和 $\boldsymbol{F}_2$，设作用于轴上的力偶的力偶矩 $M=160\text{N}\cdot\text{m}$，闸块制动器的静摩擦因数为 0.2，其相关尺寸如图所示。试问作用力 $\boldsymbol{F}_1$，$\boldsymbol{F}_2$ 应为多大时，方能使受到此力偶作用的轴处于平衡状态。

3-5　尖劈起重装置如图所示。尖劈 A 的顶角为 α，物体 B 上受压力 $\boldsymbol{F}_C$ 的作用。尖劈 A 与物体 B 之间的静摩擦因数为 μ_s（有滚珠处摩擦力忽略不计）。如不计尖劈 A 和物

体 B 的自重，试求能保持起重装置平衡所施加的推力 $\boldsymbol{F}_t$ 的范围。

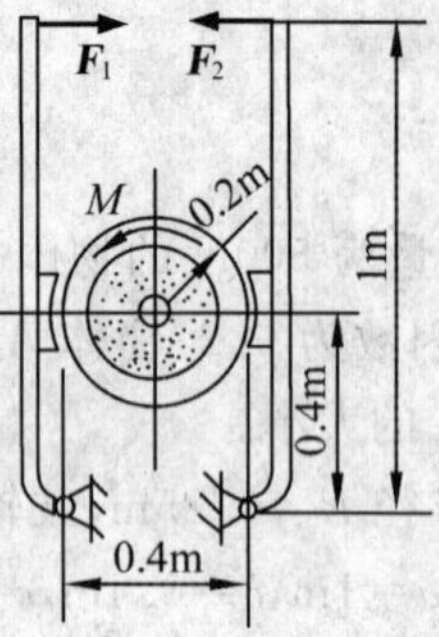

题 3-4 图

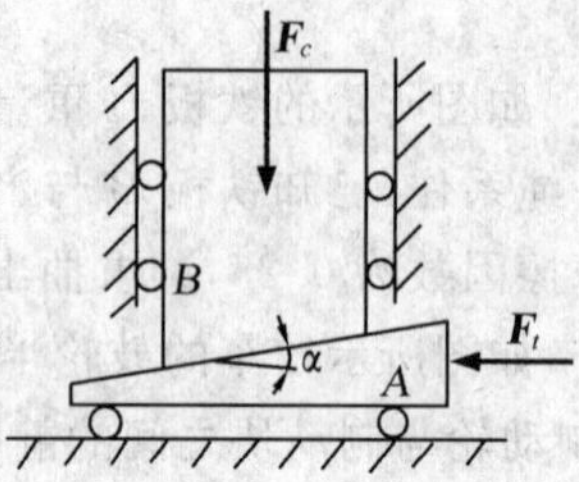

题 3-5 图

3-6　如图所示的圆柱滚子的重量为 3kN，半径为 300mm 放在水平面上，设滚动摩擦因数为 0.5cm。试求 $\alpha=0°$ 和 $\alpha=30°$ 的两种情况下拉动滚子所需的最小拉力 $\boldsymbol{F}_T$ 之值。

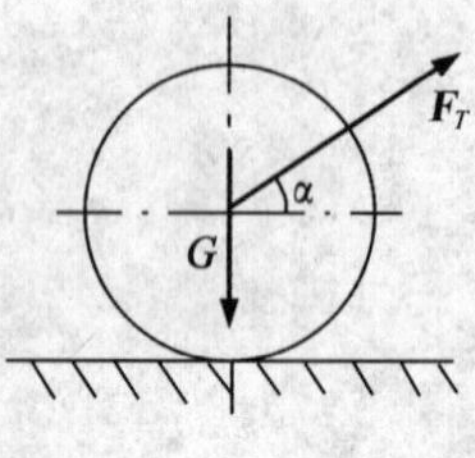

题 3-6 图

阅读材料

乘坐火车所遇到的力学问题

火车司机开动很重的列车时，总是先开倒车，使车后退一下，然后再往前开车。为什么这样做容易使列车开出？

众所周知，在通常情况下，列车各节车厢之间的挂钩部拉得很紧，当开动很重的列车时，牵引力必须克服整列火车与铁轨的最大静摩擦力才能启动。若司机先开一下倒车可使车厢之间的挂钩松弛，再往前开动时，车厢是逐节被起动的。当第一节车厢被启动时只需克服第一节车厢的静摩擦力，所需的牵引力小；当第二节车厢启动时，只需克服第二节车厢的静摩擦力和第一节车厢的滚动摩擦阻力偶，由于滚动摩擦因数小于静摩擦因数，因此所需的牵引力要比同时克服起动两节车厢的静摩擦力小些。依此类推，当最后一节车厢被启动时，只需克服最后一节车厢的静摩擦力和前面车厢的滚动摩擦阻力偶，而所需的牵引力小于启动整列火车所需的静摩擦力，因此容易使列车开出。

走路的力学

从静力学角度分析，双足步行与四足爬行的最大区别在于：由于四足爬行可以保证重心不越出支承足与地面接触点联线所围成的区域，因此每个时刻都处于支承力和重力的平衡状态。而双足步行只有一个支承足，人的重心经常越出支承足与地面的接触范围，处于支承力和重力的不平衡状态。

人在走路时重心总是位于支承足的上方，相当于一个倒置的复摆。可以证明，倒置的复摆的垂直平衡状态总是不稳定的。如果在支承足处施加以适当的控制力，那么就有可能使倒摆的不稳定平衡转为稳定平衡。

人在步行时的控制力是由足底与地面之间的摩擦力实现的。当人体重心在支承足后方时，足底的摩擦力朝后，且随重心的前移而减小；当重心移到支承足的前方时，摩擦力变向而改变朝前。在实际步行运动中，经过训练的人有意识地要控制摆动足的踏地动作以产生向后的摩擦力，控制支承足离地时的蹬地动作以产生向前的摩擦力，始终使左右两足着地时的摩擦力方向指向人体倾斜的一侧。

如果双足穿上底部有花纹的防滑鞋则可使鞋的摩擦因数增大，相应地稳定区域也随之扩大。如田径运动员要穿带防滑钉的运动鞋，就是为了保证其身体在前倾、步长增大的情况下仍能实现步行的稳定性。

骑自行车的力学

作为最普通的交通工具——自行车，众所周知，它是受人控制的运动机械。若不考虑人的主观因素，会得出自行车稳定性只与车速有关，即车速太慢太快都会引起不稳定的错误结论。实际上，驾车人的技术决定了它的稳定性。当驾车人感觉到车架向一侧倾斜时，会立刻控制车把使前叉朝倾斜一侧转动。若将这种控制规律作为自行车运动方程的补充条件进行计算，则结果表明，驾车技术完全取决于人对控制规律的掌握，即选择适当控制参数就能使自行车稳定。除了把手以外，人的腰部动作也是一个控制因素，所以技术高明的驾车人双手脱把也能骑好车。

第四章　空间任意力系和重心

本章将介绍力在空间直角坐标轴上的投影、力对轴的矩、空间任意力系的简化与平衡，以及物体重心的概念和求物体重心的方法。

第一节　力在空间直角坐标轴上的投影

在空间直角坐标系 $Oxyz$ 中，若作用于 O 点的力 $\boldsymbol{F}$ 与三轴 x,y,z 正向间的夹角分别为 α,β,γ，如图 4-1 所示，则力 $\boldsymbol{F}$ 在三轴上的投影等于力 F 的大小乘以力与各轴夹角的余弦，即

$$\left.\begin{aligned}F_x&=F\cos\alpha\\F_y&=F\cos\beta\\F_z&=F\cos\gamma\end{aligned}\right\}\tag{4-1}$$

力的这种投影方法称为**直接投影法**。当力 $\boldsymbol{F}$ 与坐标轴 Ox,Oy 间的夹角不易确定时，可采用**间接投影法**来计算，即由力 $\boldsymbol{F}$ 的起点和终点分别向坐标平面 Oxy 作垂线，其垂足间所夹的有向线段 $\boldsymbol{F}_{xy}$ 就是力 $\boldsymbol{F}$ 在平面 Oxy 上的投影，如图 4-2 所示。若已知角 γ 和 φ，就可以把 $\boldsymbol{F}_{xy}$ 再投影到轴 x,y 上。于是，力 $\boldsymbol{F}$ 在三个坐标轴上的投影即表示为

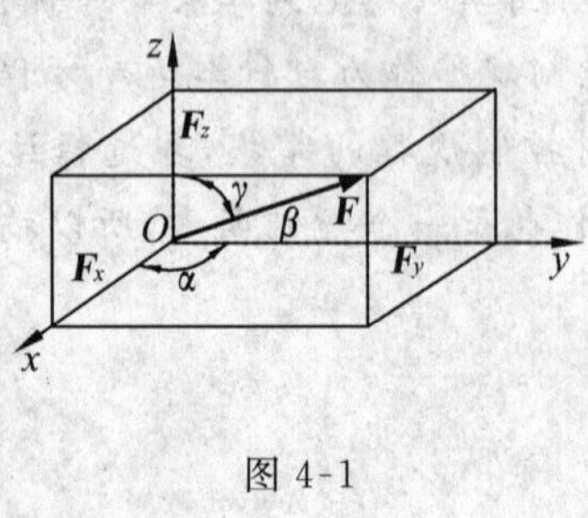

图 4-1

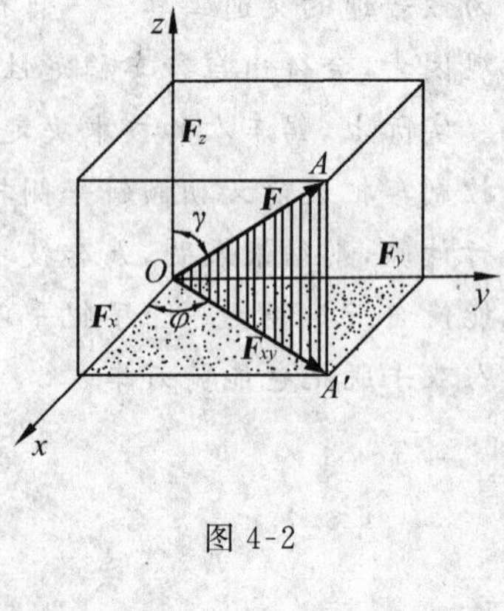

图 4-2

$$\left.\begin{aligned}F_x&=F\sin\gamma\cos\varphi\\F_y&=F\sin\gamma\sin\varphi\\F_z&=F\cos\gamma\end{aligned}\right\}\tag{4-2}$$

在实际问题中，究竟采用哪种投影法视已知条件而定。

这里，我们可以将力 $\boldsymbol{F}$ 沿空间直角坐标轴 x,y,z 分解为三个分力 $\boldsymbol{F}_x,\boldsymbol{F}_y,\boldsymbol{F}_z$，分力与合力的矢量关系可表示为

$$\boldsymbol{F}=\boldsymbol{F}_x+\boldsymbol{F}_y+\boldsymbol{F}_z$$

须注意，力 $\boldsymbol{F}$ 沿三个坐标轴正交分解后的分力 $\boldsymbol{F}_x,\boldsymbol{F}_y,\boldsymbol{F}_z$ 为矢量，而力 $\boldsymbol{F}$ 在三个坐标轴上的投影 F_x,F_y,F_z 是代数量，虽然二者的大小相等，但不要将二者混淆。如果已知力 $\boldsymbol{F}$ 在三个坐标轴上的投影 F_x,F_y,F_z，那么力 $\boldsymbol{F}$ 的大小和方向余弦即为

$$\left.\begin{aligned}F&=\sqrt{F_x^2+F_y^2+F_z^2}\\\cos\alpha&=\frac{F_x}{F}\\\cos\beta&=\frac{F_y}{F}\\\cos\gamma&=\frac{F_z}{F}\end{aligned}\right\}\tag{4-3}$$

【例 4-1】已知一长方体上作用三个力的大小 $F_1=500\text{N}$，$F_2=1000\text{N}$，$F_3=1500\text{N}$，三个力的方向及长方体的尺寸，如图 4-3 所示。试求各力在三个坐标轴上的投影。

解：由于力 $\boldsymbol{F}_1,\boldsymbol{F}_2$ 与三个坐标轴正向间的夹角已知，因此用直接投影法，得

$F_{1x}=500\cos90^\circ=0$，　$F_{1y}=500\cos90^\circ=0$，　$F_{1z}=500\cos180^\circ=-500\text{N}$

$F_{2x}=-1000\sin60^\circ=-866\text{N}$，　$F_{2y}=1000\cos60^\circ=50\text{N}$，　$F_{2z}=-1000\cos90^\circ=0$

而力 $\boldsymbol{F}_3$ 在三个坐标轴上的投影用间接投影法，即有

$F_{3x}=1500\cos\theta\cos\varphi=805\text{N}$，$F_{3y}=-1500\cos\theta\sin\varphi=-1073\text{N}$，$F_{3z}=1500\sin\theta=671\text{N}$

【例 4-2】图 4-4(a)所示为一圆柱斜齿轮，其上受啮合力 $\boldsymbol{F}_n$ 作用。已知斜齿轮的齿倾角(螺旋角)β 和压力角 α，试求 $\boldsymbol{F}_n$ 在坐标轴 x,y,z 上的投影。

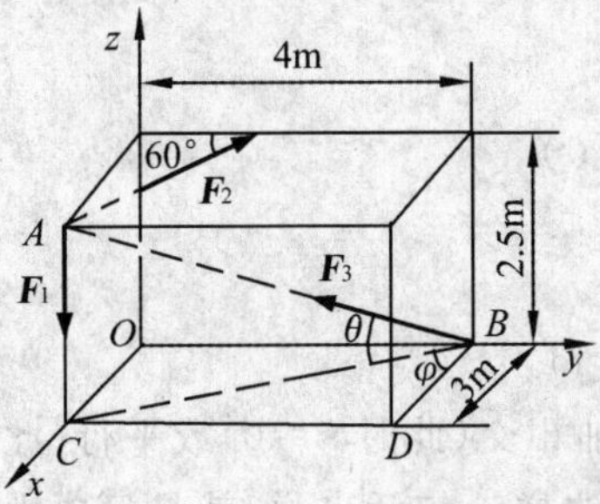

图 4-3

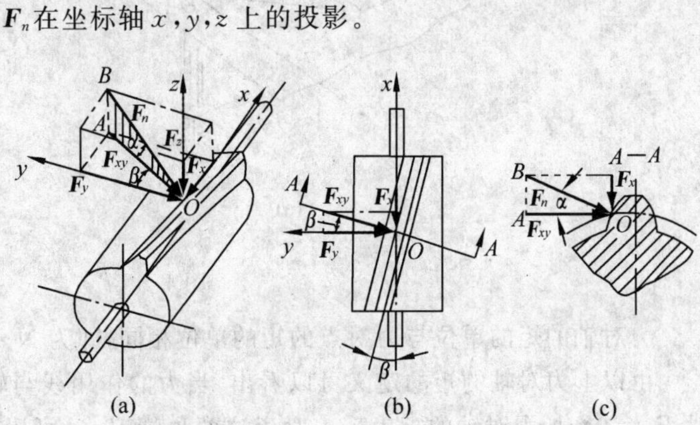

图 4-4

解:先将力 $\boldsymbol{F}_n$ 向坐标轴 z 和坐标平面 oxy 投影(图 4-4(c))后,得

$$F_z=-F_n\sin\alpha,\quad F_{xy}=F_n\cos\alpha$$

再将力 $\boldsymbol{F}_n$ 在坐标平面 Oxy 上的投影 $\boldsymbol{F}_{xy}$ 向坐标轴 x,y 投影,(图 4-4(b)),得

$$F_x=-F_{xy}\sin\beta=-F_n\cos\alpha\sin\beta,\quad F_y=-F_{xy}\cos\beta=-F_n\cos\alpha\cos\beta$$

图中啮合力 $\boldsymbol{F}_n$ 沿各轴的分力 $\boldsymbol{F}_x$ 称为轴向力,$\boldsymbol{F}_y$ 称为切向力,$\boldsymbol{F}_z$ 称为径向力。

第二节　力对轴的矩

在生活中,经常遇到一些物体如手摇柄、门、窗等在力的作用下绕定轴转动的情形,而工程上为了度量力使刚体绕轴转动的效应,给出力对轴的矩的概念。如在图 4-5(a)中,在门上点 A 处作用有一力 $\boldsymbol{F}$,使门绕轴 z 转动。为了确定力 $\boldsymbol{F}$ 使门绕轴 z 转动的效应,将力 $\boldsymbol{F}$ 分解为平行于轴 z 的分力 $\boldsymbol{F}_z$ 和垂直于轴 z 的分力 $\boldsymbol{F}_{xy}$。由经验可知,平行于轴 z 的分力 $\boldsymbol{F}_z$ 对轴 z 无转动效应,而只有分力 $\boldsymbol{F}_{xy}$ 对 z 才有动效应而使门转动,这个转动效应可用分力 $\boldsymbol{F}_{xy}$ 对该轴与此平面交点的矩并赋予正负号,即定义为**力对轴的矩**,写成

$$M_z(\boldsymbol{F})=M_O(\boldsymbol{F}_{xy})=\pm F_{xy}h \tag{4-4}$$

力对轴的矩是代数量,正负号用右手螺旋法则确定,如图 4-5(b)所示:用右手四指握轴并使握向与力 $\boldsymbol{F}$ 绕轴 z 的转向一致,若大拇指指向与轴 z 的正向相同则为正,反之为负。力对轴的矩的正负号也可以按以下规则来确定:从轴 z 的正端看下去,若力使刚体绕该轴按逆时针方向转动则取正号,反之取负号。

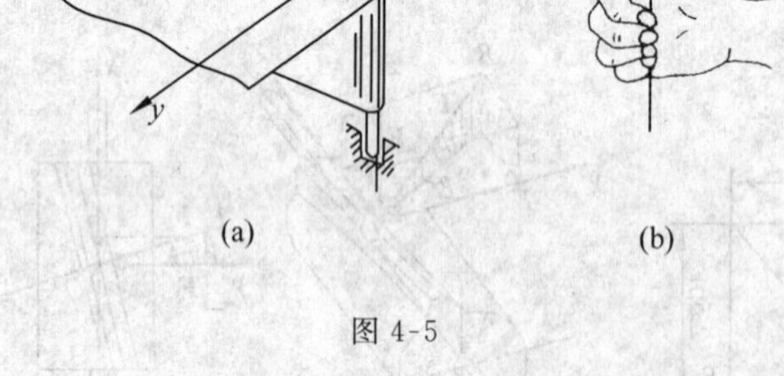

图 4-5

力对轴的矩的单位与力对点的矩的单位相同,即为 N·m。

由以上力对轴的矩的定义可以看出,当力的作用线与轴相交(此时 $h=0$)或平行(此时 $F_{xy}=0$)时,力对轴的矩为零。对于这两种情况,也可用这样一句话来说,就是只要力与轴在同一平面内,那么力对轴的矩为零。

在一般情况下,空间一个力对三个坐标轴都可计算力对轴的矩,这时采用力对轴的矩的解析表达式较为简便。设力 $\boldsymbol{F}$ 的作用点 A 在直角坐标系 $Oxyz$ 中的坐标为 x,y,z 如

图 4-6(a)所示，力 $\boldsymbol{F}$ 沿三个坐标轴分解的分力为 $\boldsymbol{F}_x,\boldsymbol{F}_y,\boldsymbol{F}_z$。如计算力 $\boldsymbol{F}$ 对轴 x 的矩，按二次投影法，先将力 $\boldsymbol{F}$ 投影到轴 y,z 上，如图 4-6(b)所示，再利用合力矩定理，得

$$M_x(\boldsymbol{F})=M_O(\boldsymbol{F}_{yz})=M_O(\boldsymbol{F}_y)+M_O(\boldsymbol{F}_z)=yF_z-zF_y$$

同理，也可得力 $\boldsymbol{F}$ 对轴 y,z 的矩，如图 4-6(c)(d)所示。最后将力 $\boldsymbol{F}$ 对三个坐标轴 x,y,z 的矩的计算式合并写出，即为

$$\left.\begin{aligned} M_x(\boldsymbol{F})&= yF_z-zF_y\\ M_y(\boldsymbol{F})&= zF_x-xF_z\\ M_z(\boldsymbol{F})&= xF_y-yF_x \end{aligned}\right\} \tag{4-5}$$

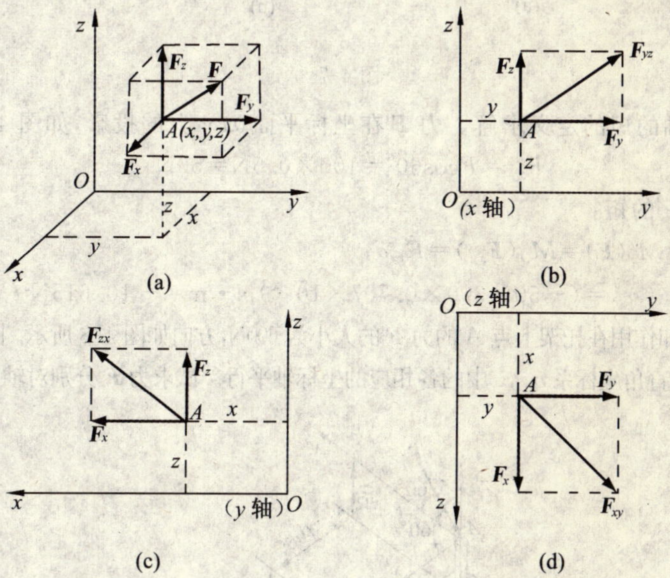

图 4-6

以上三式就是计算力对轴的矩的解析表达式。在推导以上公式时，为了方便起见，把力 $\boldsymbol{F}$ 的作用点的坐标和投影都取为了正值。若力 $\boldsymbol{F}$ 的作用点的坐标或投影为负值，则应以负值代入以上公式，公式仍然成立，就是说，式(4-5)右端各量均为代数量。

【例 4-3】水平伸臂的一端套在铅直轴上(固定)，而另一端受到一个力 F 的作用，如图 4-7(a)所示。已知 $F=100\text{N}$，试求力 $\boldsymbol{F}$ 对轴 z 的矩。

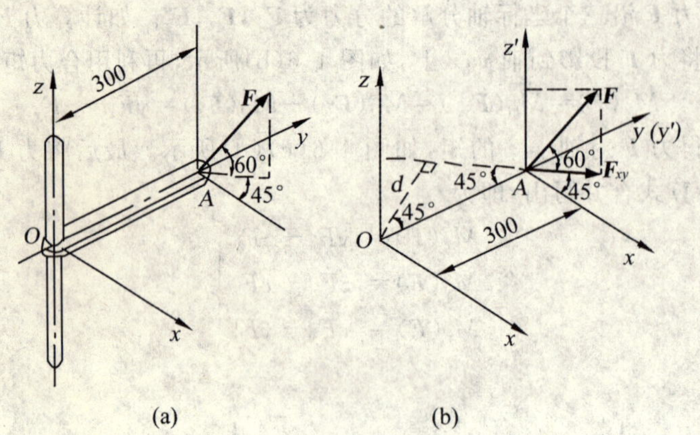

图 4-7

解：由力对轴的矩的定义求解。力 $\boldsymbol{F}$ 在坐标平面 oxy 上的投影，如图 4-7(b)为

$$F_{xy}=F\cos 60°=100\times 0.5\text{N}=50\text{N}$$

于是，力 $\boldsymbol{F}$ 对轴 z 的矩：

$$\begin{aligned}M_z(\boldsymbol{F})&=M_O(\boldsymbol{F}_{xy})=F_{xy}d\\&=(-50\times 300\times 0.707\times 10^{-3})\text{N}\cdot\text{m}=-10.615\text{N}\cdot\text{m}\end{aligned}$$

【例 4-4】已知作用在托架上点 A 的力 $\boldsymbol{F}$ 的大小为 600N，方向如图 4-8 所示。图中坐标系 Ax'，y'，z'中各轴分别与直角坐标系 $oxyz$ 中的各相应的坐标轴平行。试求力 $\boldsymbol{F}$ 分别对轴 x,y,z 的矩。

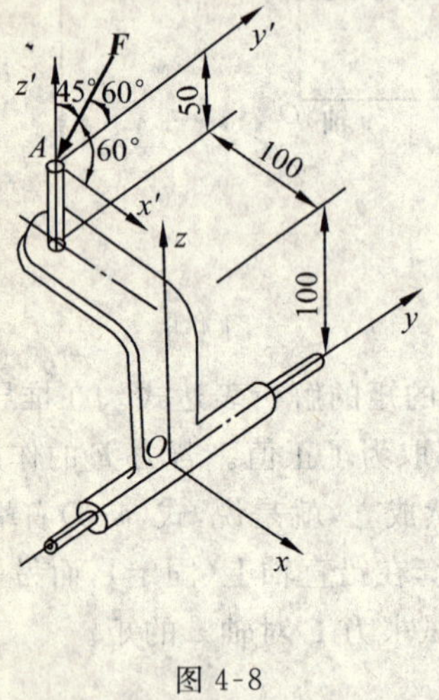

图 4-8

解：应用计算力对轴的矩的解析表达式求解。根据题意，力 $\boldsymbol{F}$ 在坐标轴 x'，y'，z'上的投影，也就是力 $\boldsymbol{F}$ 在坐标轴 x，y，z 上的投影，分别为

$$F_x=-F\cos 60°=-600\times 0.5\text{N}=-300\text{N}$$

$$F_y=-F\cos 60°=-600\times 0.5\text{N}=-300\text{N}$$

$$F_z=-F\cos 45°=-600\times 0.707\text{N}=-424.2\text{N}$$

力 $\boldsymbol{F}$ 的作用点 A 的坐标为

$$x=-100\text{mm},y=0,z=(100+50)\text{mm}=150\text{mm}$$

由式(4-7)即可求出力 $\boldsymbol{F}$ 对轴 x,y,z 的矩分别是

$$M_x(\boldsymbol{F})= yF_z-zF_y$$
$$=[0\times(-424.2)-150\times(-300)]\times10^{-3}\text{N}\cdot\text{m}=45\ \text{N}\cdot\text{m}$$
$$M_y(\boldsymbol{F})= zF_x-xF_z$$
$$=[150\times(-300)-(-100)\times(-424.2)]\times10^{-3}\text{N}\cdot\text{m}=-87.42\ \text{N}\cdot\text{m}$$
$$M_z(\boldsymbol{F})= xF_y-yF_x$$
$$=[(-100)\times(-300)-0\times(-300)]\times10^{-3}\text{N}\cdot\text{m}=30\text{N}\cdot\text{m}$$

第三节　空间任意力系的简化与平衡

一、空间任意力系的简化

空间任意力系在平面投影可得到一平面任意力系。设在直角坐标系 $Oxyz$ 中有一空间任意力系 $\boldsymbol{F}_1,\boldsymbol{F}_2,\cdots,\boldsymbol{F}_n$(图 4-9(a)),为了将此力系向一点 O 简化,可先将该力系分别投影到坐标平面 Oxy,Ozy 和 Oxz 上(图 4-9(b),(c),(d)),然后按力的平移定理再将各平面内的任意力系向点 O 简化,即得到原力系各力分别在轴 x,y,z 上的投影代数和,以及原力系各力分别对轴 x,y,z 的矩的代数和,也就是

$$\left.\begin{aligned}F'_{Rx}=\sum F_x,\quad F'_{Ry}=\sum F_y,\quad F'_{Rz}=\sum F_z\\ m_x=\sum M_x(\boldsymbol{F}),\quad m_y=\sum M_y(\boldsymbol{F}),\quad m_z=\sum M_z(\boldsymbol{F})\end{aligned}\right\}\tag{4-6}$$

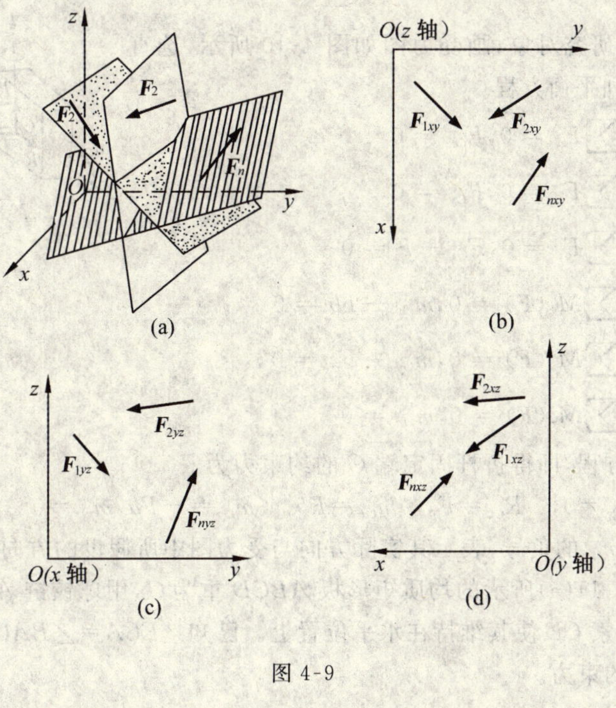

图 4-9

对于空间任意力系，还可以根据不同的情况向空间任意一点作进一步简化，其最后结果也简化为一个力和一个力偶，直至简化为一个力。

二、空间任意力系的平衡方程

空间任意力系平衡的必要和充分条件是：该力系简化的最后结果，即简化所得到的一个力和一个力偶的力偶矩的大小分别都等于零，此条件根据式(4-6)，写成

$$\left.\begin{aligned}\sum F_x &= 0\\ \sum F_y &= 0\\ \sum F_z &= 0\\ \sum M_x(\boldsymbol{F}) &= 0\\ \sum M_y(\boldsymbol{F}) &= 0\\ \sum M_z(\boldsymbol{F}) &= 0\end{aligned}\right\} \tag{4-7}$$

可见，**空间任意力系平衡的必要和充分条件是：力系中各力在三个坐标轴中每一个坐标轴上的投影代数和等于零，以及各力对每一个坐标轴的矩的代数和也等于零。**式(4-7)又称为空间任意力系的平衡方程，该式作为平衡条件，其必要性也是显然的。因为若原空间任意力系是平衡力系，那么投影在三个坐标平面的平面力系也必然是平衡的，所以式(4-7)必然成立。

【例 4-5】图 4-10 所示的折杆，已知在其自由端 A 处受到力 F 的作用。试求折杆固定端 O 的约束力。

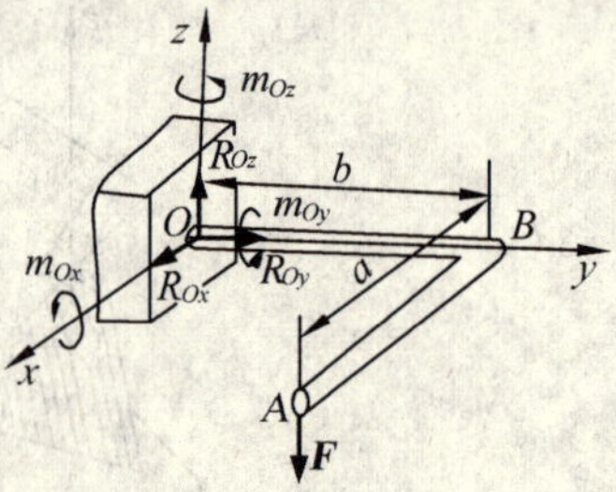

图 4-10

解：取折杆为研究对象，画受力图如图 4-10 所示，选直角坐标系 $Oxyz$，列平衡方程

$$\sum F_x = 0, F_{Ox} = 0$$

$$\sum F_y = 0, F_{Oy} = 0$$

$$\sum F_z = 0, F_{Oz} - F = 0$$

$$\sum M_x(\boldsymbol{F}) = 0, m_{Ox} - Fb = 0$$

$$\sum M_y(\boldsymbol{F}) = 0, m_{Oy} + Fa = 0$$

$$\sum M_z(\boldsymbol{F}) = 0, m_{Oz} = 0$$

解上述六个方程，即得折杆固定端 O 的约束力为

$R_{Ox}=0$，　$R_{Oy}=0$，　$R_{Oz}=F$，　$m_{Ox}=Fb$，　$m_{Oy}=-Fa$，$m_{Oz}=0$

以上约束力 m_{Oy} 的负号，表示其实际方向与受力图中所假设的方向相反。

【例 4-6】图 4-11(a)所示的均质矩形板 $ABCD$ 重为 G，用球铰链 A 和蝶形铰链 B 固定在墙上，另用绳索 CE 使其维持在水平位置上。已知 $\angle ECA=\angle BAC=\alpha$。试求绳索的拉力及二铰链的约束力。

解：取均质矩形板为研究对象，画受力图如图 4-11(a)所示，选直角坐标系 $Oxyz$。由于蝶形铰链 B 的间隙较大，因此不限制板沿轴 y 方向的移动，其约束力为 R_{Bx}，R_{Bz}；而球铰链 A 的约束力为 R_{Ax}，R_{Ay}，R_{Az}；绳索 CE 的约束力为 $\boldsymbol{F}_T$。可见矩形板所受的约束力有六个。为了尽量做到由一个平衡方程求解一个未知的约束力，应灵活选列平衡方程，为此先列力矩方程，即

$$\sum M_z(\boldsymbol{F}) = 0,\quad R_{Bx} = 0$$

$$\sum M_y(\boldsymbol{F}) = 0,\quad G\times\frac{l_2}{2} - F_T\sin\alpha\cdot l_2 = 0$$

$$\sum M_x(\boldsymbol{F}) = 0,\quad -G\times\frac{l_1}{2} + F_T\sin\alpha\cdot l_1 + R_{BZ}l_1 = 0$$

解上述方程，得

$$R_{Bx}=0,\quad R_{Bz}=0,\quad F_T=\frac{G}{2\sin\alpha}$$

然后再列投影方程，即

$$\sum F_x = 0,\quad R_{Ax} - F_T\cos\alpha\sin\alpha = 0$$

$$\sum F_y = 0,\quad R_{Ay} - F_T\cos\alpha\cos\alpha = 0$$

$$\sum F_z = 0,\quad R_{Az} - G + F_T\sin\alpha = 0$$

解上述方程，得

$$R_{Ax}=\frac{G}{2}\cos\alpha,\quad R_{Ay}=\frac{G\cos\alpha}{2\tan\alpha},\quad R_{AZ}=\frac{G}{2}$$

由于该例的计算结果中有 $R_{Bx}=R_{Bz}=0$，因此均质矩形板就可看成在 ACE 平面内只受三个力 $\boldsymbol{G}$，$\boldsymbol{F}_T$，R_{RA} 的作用。于是，空间力系在这种情况下就可转化为平面力系，对于这种位于同一平面的三个力，必然应交于一点 O'，如图 4-11(b)所示。

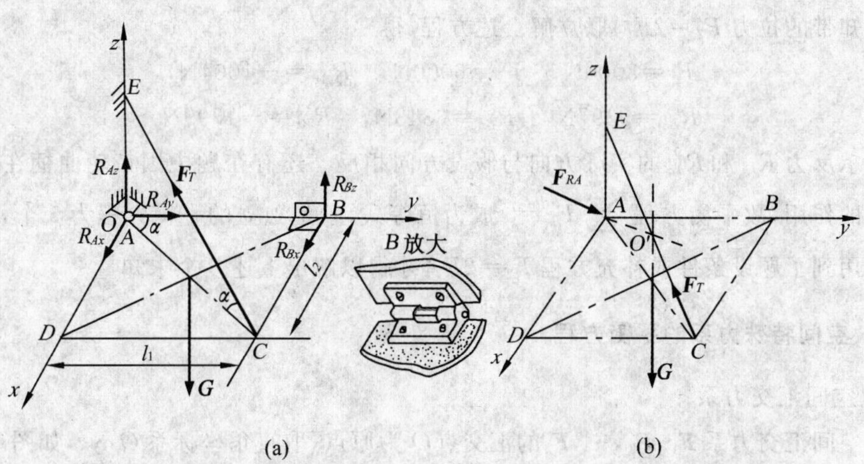

图 4-11

【例 4-7】在图 4-12(a)所示的带轮曲柄机构中，带的拉力 $F_2=2F_1$，曲柄上作用的铅

垂力 $F=2000\text{N}$。已知带轮的直径 $D=400\text{mm}$，曲柄长度 $R=300\text{mm}$，带 1 和带 2 与铅垂线间的夹角分别为 $\alpha=30°$，$\beta=60°$，如图 4-12(b)所示。试求带的拉力和曲轴的轴承反力。

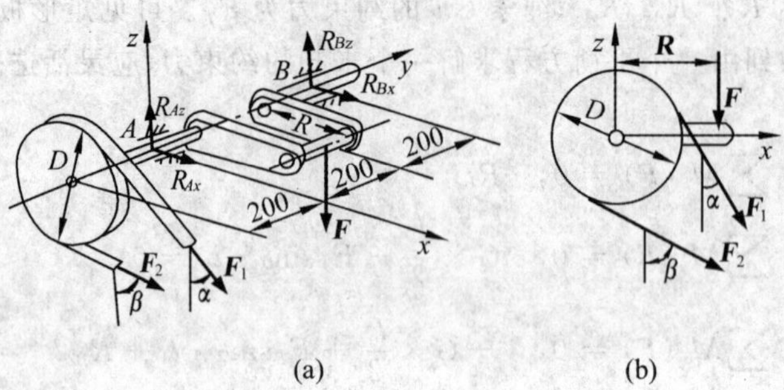

图 4-12

解：取整个带轮曲柄轴为研究对象，画受力图，如图 4-12(a)所示。选直角坐标系 $Axyz$。在轴上作用的力有带的拉力 $\boldsymbol{F}_1$，$\boldsymbol{F}_2$，在曲柄上作用的有铅垂力 $\boldsymbol{F}$，在曲轴上作用的有轴承反力 R_{Ax}，R_{Az}，R_{Bx} 和 R_{Bz}，列平衡方程

$$\sum F_x = 0,\quad F_1\sin 30° + F_2\sin 60° + R_{Ax} + R_{Bx} = 0$$

$$\sum F_y = 0,\quad 0 = 0$$

$$\sum F_z = 0,\quad -F_1\cos 30° - F_2\cos 60° - F + R_{Az} + R_{Bz} = 0$$

$$\sum M_x(\boldsymbol{F}) = 0,\quad F_1\cos 30° \times 200 + F_2\cos 60° \times 200 - F \times 200 + R_{Bz} \times 400 = 0$$

$$\sum M_y(\boldsymbol{F}) = 0,\quad FR + \frac{D}{2}(F_1 - F_2) = 0$$

$$\sum M_z(\boldsymbol{F}) = 0,\quad F_1\sin 30° \times 200 + F_2\sin 60° \times 200 - R_{Bx} \times 400 = 0$$

已知带的拉力 $F_2=2F_1$，联立解上述方程，得

$$F_1=3000\text{N},\quad F_2=6000\text{N},\quad R_{Ax}=-1004\text{N},$$

$$R_{Az}=9397\text{N},\quad R_{Bx}=3348\text{N},\quad R_{Bz}=-1799\text{N}$$

轴承反力 R_{Ax} 和 R_{Bz} 的实际方向与假设方向相反。还有在题中因带轮曲柄在轴 y 方向无力的作用，故平衡方程 $\sum F_y=0$ 成为恒等式，于是独立的平衡方程为 5 个，这里只是由于用到了题设条件或补充方程 $F_2=2F_1$，才得以解出上述 6 个未知量。

三、空间特殊力系的平衡方程

1. 空间汇交力系

以空间汇交力系 $\boldsymbol{F}_1,\boldsymbol{F}_2,\cdots,\boldsymbol{F}_n$ 的汇交点 O 为原点，取直角坐标系 $Oxyz$，如图 4-13 所示，由于各力与三个坐标轴都相交，因此不论该力系是否平衡，式(4-7)中的三个力矩方程 $\sum m_x(\boldsymbol{F})=0$，$\sum m_y(\boldsymbol{F})=0$，$\sum m_z(\boldsymbol{F})=0$ 自然得到满足，于是空间汇交力系只有三个平衡方程，即

$$\left.\begin{aligned}\sum F_x = 0\\ \sum F_y = 0\\ \sum F_z = 0\end{aligned}\right\} \qquad (4\text{-}8)$$

三个彼此独立的方程可以求解三个未知量。

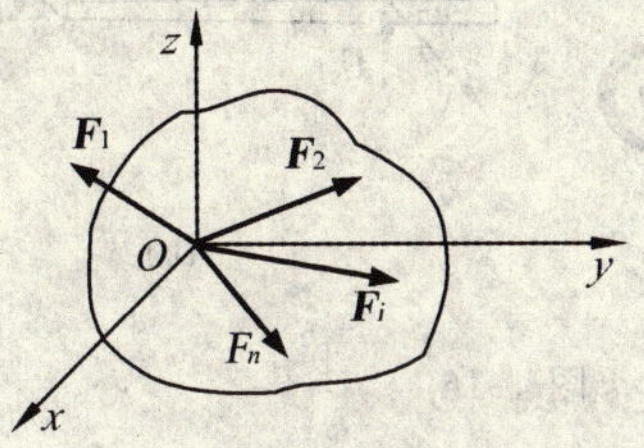

图 4-13

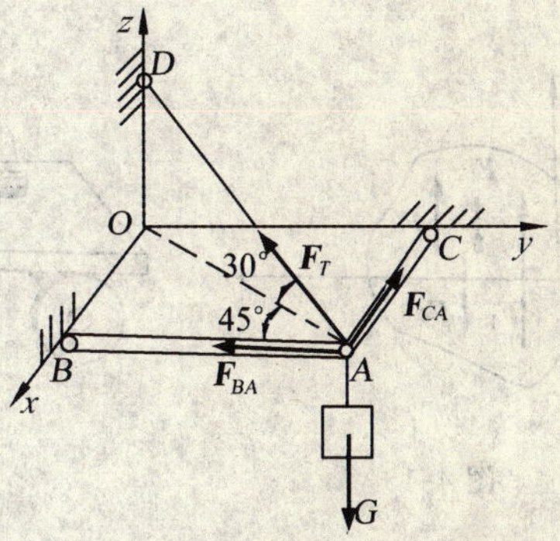

图 4-14

【例 4-8】直杆 AB,AC,AD 铰接于 A 点,悬挂一重物的重量 $G=1000\text{N}$,如图 4-14 所示,直杆 AB 与 AC 等长且互相垂直,已知$\angle OAD=30°$,$\angle OAB=45°$,且 B,C,D 均为铰链。不计杆重,试求各直杆所受的力。

解:取铰接点 A 为研究对象,画受力图如图 4-14 所示,选直角坐标系 $Oxyz$,两直杆均为二力杆,其受力沿杆轴线,列平衡方程

$$\sum F_x = 0,\quad -F_{CA} - F_T\cos 30°\sin 45° = 0$$

$$\sum F_y = 0,\quad -F_{BA} - F_T\cos 30°\cos 45° = 0$$

$$\sum F_z = 0,\quad F_T\sin 30° - G = 0$$

解上述方程,得

$$F_T = 2000\text{N},\quad F_{CA} = F_{BA} = -1225\text{N}$$

直杆所受力 F_{CA},F_{BA} 的负号,表示其实际方向与受力图中所假设的方向相反。

2. 空间平行力系

若空间平行力系 $\boldsymbol{F}_1,\boldsymbol{F}_2,\cdots,\boldsymbol{F}_n$ 与轴 z 平行,取直角坐标系 $Oxyz$,如图 4-15 所示,则无论该力系是否平衡,式(4-7)中的二个投影方程 $\sum F_x = 0$,$\sum F_y = 0$ 和一个力矩方程 $\sum M_z(\boldsymbol{F}) = 0$ 自然得到满足。于是空间平行力系的平衡方程,即为

$$\left.\begin{aligned}\sum F_z = 0\\ \sum M_x(\boldsymbol{F}) = 0\\ \sum M_y(\boldsymbol{F}) = 0\end{aligned}\right\} \qquad (4\text{-}9)$$

三个彼此独立的方程可以求解三个未知量。

【例 4-9】三轮推车如图 4-16(a)所示，已知各受力点的尺寸 $AH=BH=0.5\text{m}$，$CH=1.5\text{m}$，$EH=0.3\text{m}$，$ED=0.5\text{m}$，推车上放置一电动机的重量 $G=1.5\text{kN}$。试求推车轮 A，B，C 所受的压力。

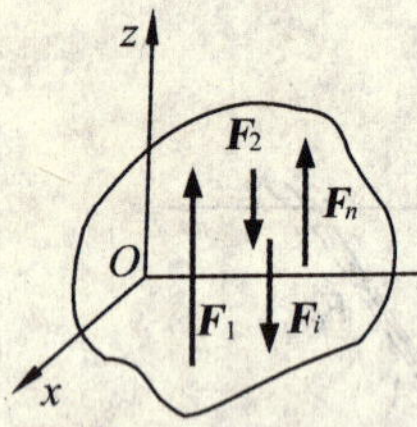

图 4-15

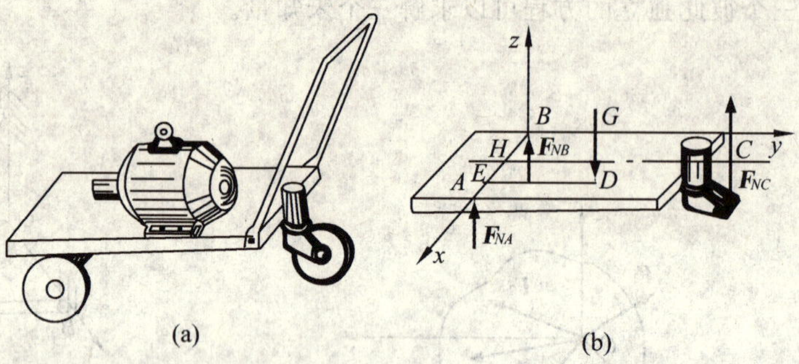

图 4-16

解：取三轮推车为研究对象，画受力图如图 4-16(b)所示，选直角坐标系 $Bxyz$，列平衡方程

$$\sum M_x(\boldsymbol{F})=0,\quad F_{NC}\times HC-G\times DE=0$$

解方程，得车轮 C 所受的压力为

$$F_{NC}=\frac{G\times ED}{HC}=\frac{1.5\times10^3\times0.5}{1.5}\text{N}=0.5\times10^3\text{N}=0.5\text{kN}$$

又列平衡方程

$$\sum M_y(\boldsymbol{F})=0,\quad G\times ED-F_{NC}\times HB-F_{NA}\times AB=0$$

将 $F_{NC}=0.5\times10^3N$ 代入上式，得车轮 A 所受的压力为

$$F_{NA}=\frac{G\times EB-F_{NC}\times HB}{AB}=\frac{1.5\times10^3\times0.8-0.5\times10^3\times0.5}{1}\text{N}=0.95\times10^3\text{N}=0.95\text{kN}$$

再列平衡方程

$$\sum F_z=0,\quad F_{NA}+F_{NB}+F_{NC}-G=0$$

将求出的 $\boldsymbol{F}_{NC}$ 和 $\boldsymbol{F}_{NA}$ 的值代入上式，即得车轮 B 所受的压力为

$$F_{NB}=G-F_{NA}-F_{NC}=(1.5-0.95-0.5)\times10^3\text{N}=0.05\times10^3\text{N}=0.05\text{kN}$$

第四节　空间力系平衡问题转化为平面力系平衡问题的解法

若作用在物体上的空间力系是平衡的，则此力系在任意一平面上的投影也必然是相互平衡的。基于这一点，我们就可以把空间力系的平衡问题转化为三个平面力系的平衡问题来求解，而这种解法对求解轮轴类零件的平衡问题，有明显的优越性。现举例说明之。

【例 4-10】在图 4-17(a)所示的齿轮轴中，已知在右端端面上传递的力偶矩 $m=20$ N·m，齿轮的压力角 $\alpha=20°$，齿轮与齿轮轴的各部分尺寸 $r=80\text{mm}$，$a=300\text{mm}$，$b=$

250mm，$c=60$mm，试求齿轮轴在平衡时齿轮的法向力和轴承 A，B 的约束力。

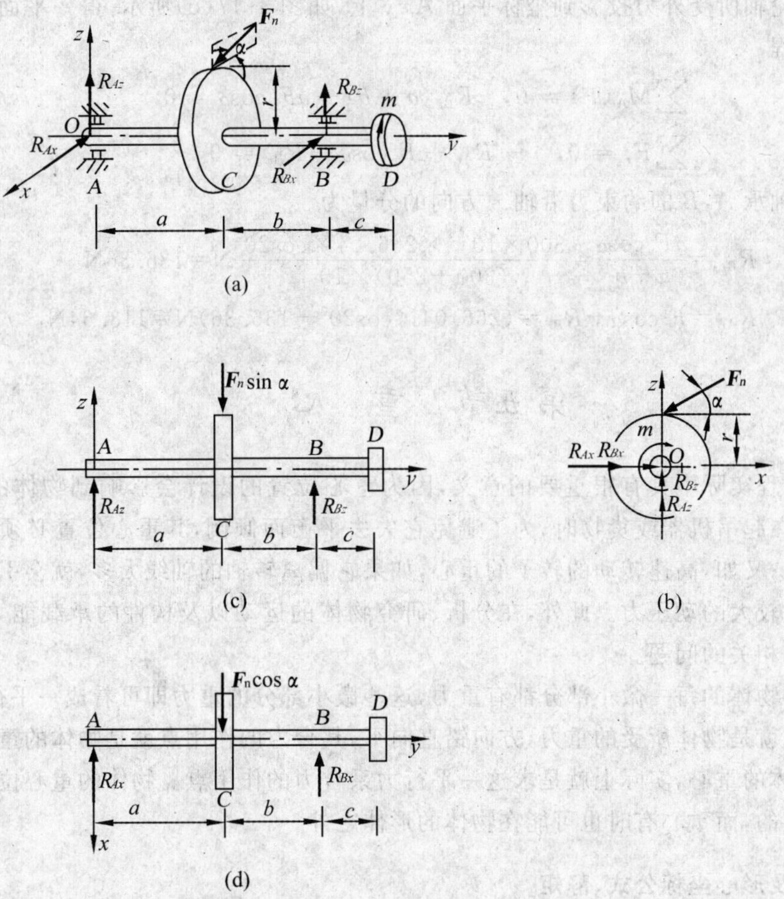

图 4-17

解：(1)取齿轮为研究对象，画受力图如图 4-17(a)所示，选直角坐标系 $Axyz$，将齿轮轴所受外力投影到坐标平面 Oxz 上，如图 4-17(b)所示，得一平面任意力系，列平衡方程

$$\sum M_A(\boldsymbol{F})=0,\quad F_n r\cos\alpha-m=0$$

解上述方程，得齿轮的法向力

$$F_n=\frac{m}{r\cos\alpha}=\frac{20}{8\times10^{-3}\times\cos20^\circ}\text{N}=266.04\text{N}$$

(2)将齿轮轴所受外力投影到坐标平面 Ayz 上，如图 4-17(c)所示，得一平面平行力系，列平衡方程

$$\sum M_A(\boldsymbol{F})=0,\quad R_{Bz}(a+b)-aF_n\sin\alpha=0$$

$$\sum \boldsymbol{F}_z=0,\quad R_{Az}-F_n\sin\alpha+R_{Bz}=0$$

解上述方程，得轴承 A，B 的约束力沿轴 z 方向的分量为

$$R_{BZ}=\frac{aF_n\sin\alpha}{a+b}=\frac{300\times10^{-3}\times266.04\times\sin20^\circ}{(300+250)\times10^{-3}}\text{N}=49.63\text{N}$$

$$R_{Az}=R_n\sin\alpha-R_{Bz}=(266.04\times\sin20^\circ-49.63)\text{N}=41.36\text{N}$$

(3)将齿轮轴所受外力投影到坐标平面 Axy 上，如图 4-17(d)所示，得一平面平行力系，列平衡方程

$$\sum M_A(\boldsymbol{F})=0,\quad R_{Bx}(a+b)-aF_n\cos\alpha=0$$

$$\sum F_x=0,\quad -R_{Ax}+F_n\cos\alpha-R_{Bx}=0$$

解之，得轴承 A,B 的约束力沿轴 x 方向的分量为

$$R_{Bx}=\frac{aF_n\cos\alpha}{a+b}=\frac{300\times10^{-3}\times266.04\times\cos20^\circ}{(300+250)\times10^{-3}}\text{N}=136.36\text{N}$$

$$R_{Ax}=F_n\cos\alpha-R_{Bx}=(266.04\times\cos20^\circ-136.36)\text{N}=113.64\text{N}$$

第五节 重 心

重心在工程实际中具有很重要的意义，因为重心位置的设计会影响到物体的平衡。例如，起重机在起吊机器或货物时，为了避免它失去平衡而倾倒，其重心位置必须设计在一定的范围内；又如，高速转动的转子的重心，如果它偏离转轴的轴线太多，就会引起强烈的振动而产生较大的动压力。此外，在分析、研究物体的运动以及构件的承载能力时，也涉及到与重心相关的问题。

地球上的物体的每一微小部分都有重力，这些微小部分的重力即可看成一平行力系，而力系的合力就是物体所受的重力，方向铅直向下，其合力的作用点就是**物体的重心。**由此看来，求物体的重心，实际上就是求这一平行力系合力的作用点。物体的重心位置对物体来说是确定的，而重心有时也可能在物体的形体之外。

一、重心及形心坐标公式、静矩

将物体分割成许多微小部分，设每一微小体的重力为 $\boldsymbol{G}_i$，这些微小部分重力的合力即为整个物体所具有的重力 $\boldsymbol{G}$，也就是

$$\boldsymbol{G}=\sum\boldsymbol{G}_i$$

如图 4-18 所示，在直角坐标系 $Oxyz$ 中，设物体任意一微小部分的重心坐标为 x_i，y_i，z_i，物体的重心坐标为 x_C，y_C，z_C。由合力矩定理，分别对轴 x，y 取矩，得

$$-Gy_C=-(G_1y_1+G_2y_2+\cdots+G_ny_n)=-\sum G_iy_i$$

$$Gx_C=(G_1x_1+G_2x_2+\cdots+G_nx_n)=\sum G_ix_i$$

将物体连同坐标系 $Oxyz$ 一起绕轴 x 顺时针转 90°而使轴 y 向下，于是重力 $\boldsymbol{G}$ 和 $\boldsymbol{G}_i$ 都与轴 y 平行，如图中虚线箭头所示的方向，这时由合力矩定理，对轴 x 取矩，得

$$-Gz_C=-(G_1z_1+G_2z_2+\cdots+G_nz_n)=-\sum G_iz_i$$

最后，由以上三式得出物体的重心坐标公式为

$$x_C=\frac{\sum G_ix_i}{G},\ y_C=\frac{\sum G_iy_i}{G},\ z_C=\frac{\sum G_iz_i}{G}\qquad(4\text{-}10)$$

若将物体分割得越细，则按式(4-10)计算得到的重心位置就越准确，在极限情况下也可通过积分进行计算。

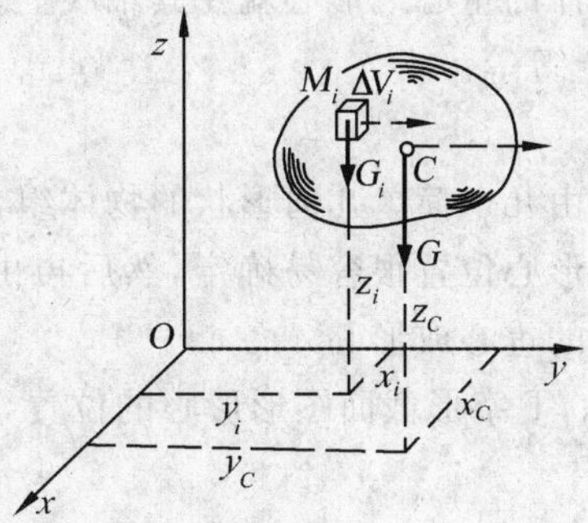

图 4-18

对于均质物体，设其单位体积的重量 γ 为常量，并以 ΔV_i 表示微小部分体积，V 表示物体体积，若将 $G_i=\gamma\Delta V_i$、$G=\gamma V$ 代入式(4-10)，则得**均质物体的重心坐标公式**为

$$x_C=\frac{\sum\Delta V_i x_i}{V},\ y_C=\frac{\sum\Delta V_i y_i}{V},\ z_C=\frac{\sum\Delta V_i z_i}{V} \tag{4-11}$$

由式(4-11)可知，均质物体的重心与物体单位体积的重量无关，只决定于物体的几何形状和尺寸。这个由物体几何形状和尺寸所决定的点就是物体的几何中心，均质物体的重心也就是几何形体的中心，简称为**形心**。因此，式(4-11)也可称为物体的**形心坐标公式**。但均质物体的重心和形心是两个意义完全不同的概念，前者是物理概念，后者是几何概念。而对于非均质物体，它的重心和形心就不在同一点上。

对于等厚度的均质物体，如工程上常用的平板、薄板等，其厚度远小于确定表面积的其他尺寸，这时欲求它的重心或形心，就可转化为求平面图形的重心或形心来处理。通过类似以上的推导，除去式(4-11)中的 $z_C=0$(图 4-19)，即得平面图形的形心坐标公式为

$$x_C=\frac{\sum\Delta A_i x_i}{A},\ y_C=\frac{\sum\Delta A_i y_i}{A} \tag{4-12}$$

变换式(4-12)，并引入符号 S_x，S_y，即得

$$S_x=\sum\Delta A_i y_i=Ay_C,\ S_y=\sum\Delta A_i x_i=Ax_C \tag{4-13}$$

式中的 S_x 和 S_y 分别称为平面图形对轴 x 和 y 的**静矩或面积的一次矩**。当所选坐标轴通过平面图形的形心 C 时，则有 $x_C=0$，$y_C=0$，显然 $S_x=0$，$S_y=0$，也就是说平面图形对形心轴的静矩为零。同一平面图形对不同坐标轴有不同的静矩，其值可为正，也可为负。

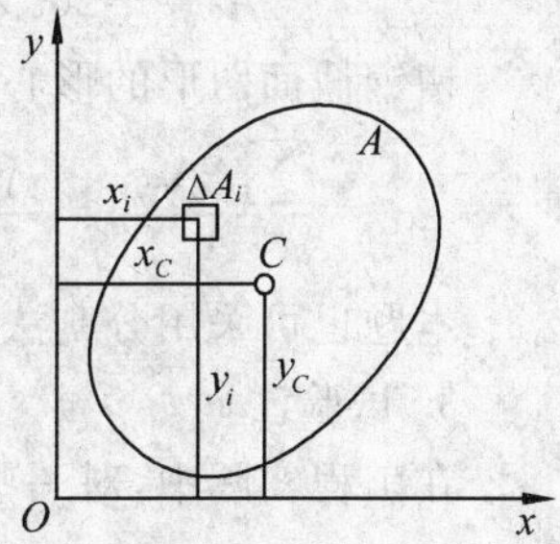

图 4-19

二、物体重心或形心的确定方法

1. 简单几何形状物体的重心和形心

简单几何形状物体的重心或形心位置一般可从工程手册

查到，附录 A 给出了一些简单几何形状物体的重心或形心位置。如果均质物体是具有对称面、对称轴或对称中心的，那么这类物体的重心或形心一定在其相应的对称面、对称轴或对称中心上。例如：正棱柱体的重心或形心就在其轴线上，长方形或平行四边形的重心或形心就在其对角线的交点上等等。

2. 组合法

(1)分割法　若一个物体由几个简单几何形状的物体组合而成，则可以将其分割成几个部分，而这些部分的重心或形心位置很容易确定，然后再由重心和形心的坐标公式(4-10)和式(4-11)求出组合物体的重心或形心。

【例 4-11】求图 4-20 所示，T 字形截面图形形心的位置，图中尺寸单位为 mm。

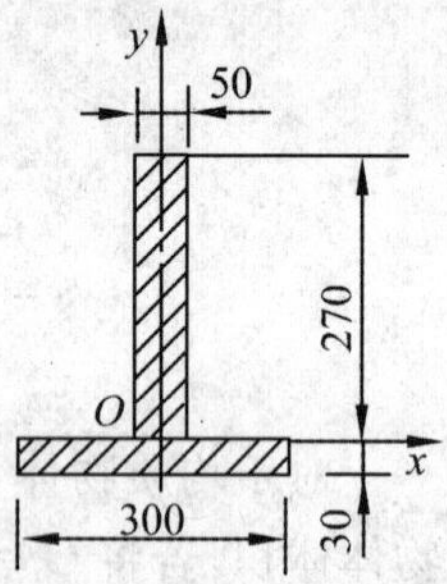

图 4-20

解：选直角坐标系 Oxy，其中所选轴 y 为 T 字形截面图形的对称轴，自然有 $x_C=0$。将平面图分割为两个矩形，它们的面积和形心坐标分别为

$$A_1=270\times 50\text{mm}^2=13500\text{mm}^2,\ y_{C1}=135\text{mm},$$
$$A_2=300\times 30\text{mm}^2=9000\text{mm}^2,\ y_{C2}=-15\text{mm},$$

由形心坐标公式(4-12)，即求得 T 形截面图形的形心坐标 y_C 为

$$y_C=\frac{\sum \Delta A_i y_i}{A}=\frac{A_1y_1+A_2y_2}{A_1+A_2}=\frac{13500\times 135+9000\times(-15)}{13500+900}\text{mm}=75\text{mm}$$

(2)负面积法(负体积法)　若薄板物体切去一部分，例如薄板物体有空穴或孔时，则这类物体的形心仍可用分割法来求得，只是将切去部分的面积或体积取为负值。

【例 4-12】求图 4-21 所示槽钢截面图形的形心坐标。

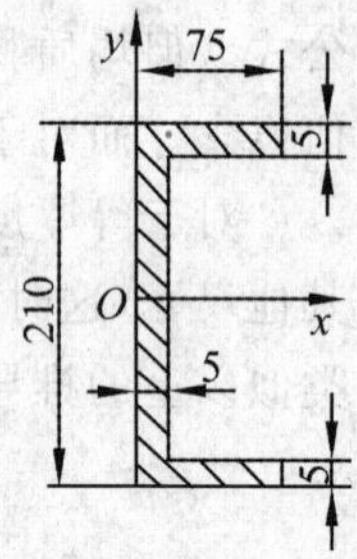

图 4-21

解：选直角坐标系 Oxy，其中所选轴 x 为槽钢截面图形的对称轴，必然有 $y_C=0$。今将此截面图形看成由两个矩形组成，分别是边长为 75mm×210mm 的大矩形和边长为 200mm×70mm 的小矩形。因小矩形是大矩形切去的部分，故面积取负值。大、小矩形面积和形心坐标分别为

$$A_1=210\times 75\text{mm}^2=15750\text{mm}^2,\ x_{C1}=37.5\text{mm},$$
$$A_2=-200\times 70\text{mm}^2=-14000\text{mm}^2,\ x_{C2}=40\text{mm}$$

槽钢截面图形的形心坐标 x_C 由形心坐标公式(4-12)求得，为

$$x_C=\frac{\sum \Delta A_i x_i}{A}=\frac{A_1x_1+A_2x_2}{A_1+A_2}=\frac{157500\times 37.5+40\times(-14000)}{15750-14000}\text{mm}=75\text{mm}$$

本题也可采用分割法将槽钢截面图形分成三个矩形进行计算，但计算过程要复杂些。

3. 试验法

在工程实际中，对一些形状复杂或质量分布不均匀的物体，常用试验法来确定其重心位置。

(1)悬挂法　对于形状复杂的薄板或具有对称面的板形零件，可用悬挂法来确定和重

心位置。例如，为了求一薄板的重心，可先将薄板悬挂于任意一点 A，如图 4-22(a)所示，由二力平衡条件可知，重心一定在过悬挂点的铅直线 AB 上，待薄板平衡后画出铅直线 AB。然后再将薄板悬挂于另一点 D，如图 4-22(b)所示，用同样的方法可画出另一铅直线 DE，两铅直线 AB 和 DE 的交点 C，即为该薄板的重心。

(2)称重法　工程上对体积较大的物体，常用称重法来确定其重心位置。例如，一发动机连杆，由于具有对称轴，所以只需确定重心在此轴线上的位置。首先用磅秤称出连杆的重量 G，然后将其在一端 A 点悬挂不动，而将另一端 B 点置于磅秤上，如图 4-23 所示，测出两端点 A，B 间的水平距离 l，最后列出连杆对端点 A 的力矩的方程

$$\sum M_A(\boldsymbol{F}) = 0, \quad F_B l - G x_C = 0$$

求解此方程，即得到发动机连杆的重心位置为：$x_C=\dfrac{F_B l}{G}$。

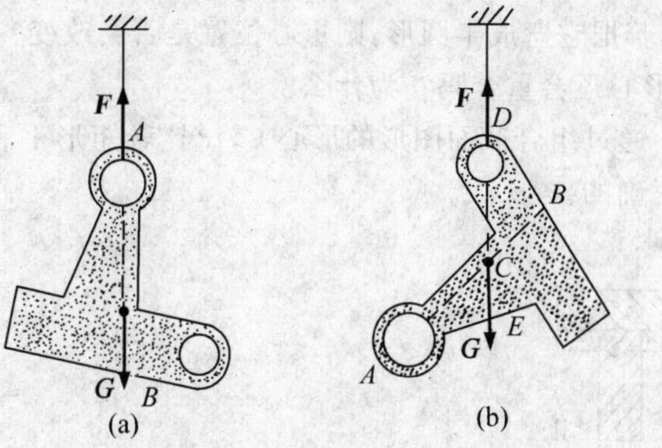

图 4-22

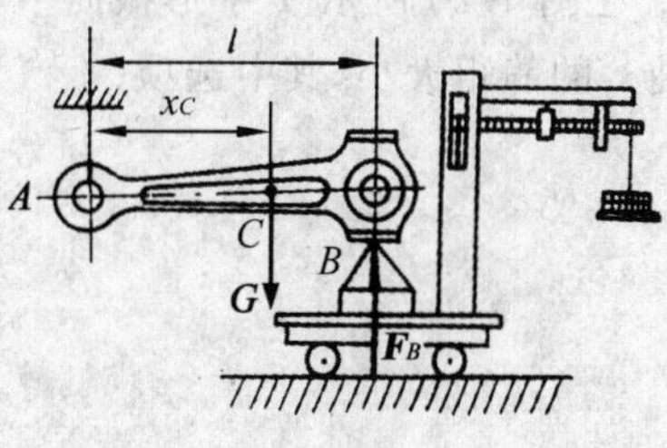

图 4-23

思考题

1. 设有一力 $\boldsymbol{F}$，并选取轴 x，试问力 F 与轴 x 在何种情况下有 $F_x=0, M_x(\boldsymbol{F})=0$？而在何种情况下有 $F_x=0, M_x(\boldsymbol{F})\neq0$？又问，在何种情况下有 $F_x\neq0, M_x(\boldsymbol{F})\neq0$？

2. 在边长为 a 的正方体的顶角 A 和 B 处，分别作用有力 $\boldsymbol{F}_1$ 和 $\boldsymbol{F}_2$，如图 4-24 所示。求此两力在坐标轴 x,y,z 上的投影和对轴 x,y,z 的矩。

3. 图 4-25 所示的传动轴，已知带的拉力 $\boldsymbol{F}_{T1}$ 和 $\boldsymbol{F}_{T2}$ 铅直向下，啮合力 $\boldsymbol{F}_n$ 在齿轮平面内，试画出传动轴的受力图，并作出将此力系转化为用三个平面力系的平衡问题来求解的三视图。

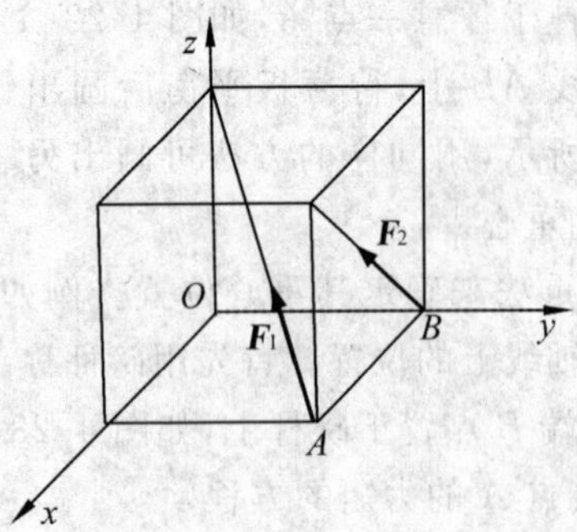

图 4-24

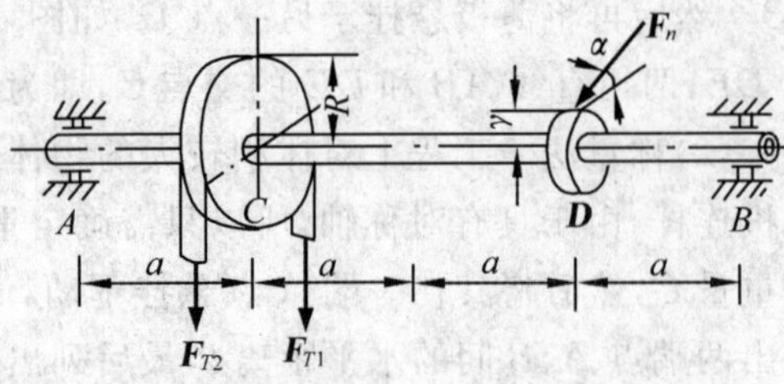

图 4-25

4. 物体的重心是否一定在物体的内部?

5. 一均质等截面直杆的重心在哪里? 若把它弯成半圆形,则重心位置是否会改变?

6. 当物体质量分布不均匀时,重心和形心还会重合吗? 为什么?

7. 在图 4-26 所示 T 字形截面中,轴 z 通过组合截面图形的形心 C,试比较矩形Ⅰ和Ⅱ对轴 z 的静矩大小,其中选项(　　)是正确的。

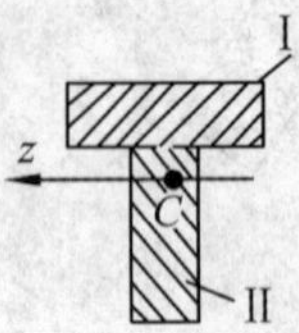

图 4-26

A. S_zⅠ$>S_z$Ⅱ　　B. S_zⅠ$=S_z$Ⅱ　　C. S_zⅠ$=-S_z$Ⅱ　　D. S_zⅠ$<S_z$Ⅱ

8. 计算某物体的重心位置时,如果选取的坐标系不同,重心的坐标是否会改变? 重心在物体内的相对位置是否会改变?

9. 如图 4-27 所示,汽车的左右是对称的,试简述测定该汽车重心 C 距地面的距离 z_C 和距后轮的距离 x_C 的试验方法。如果汽车的左右不对称,请说明应如何测得该汽车重心 C 的横向方位值。

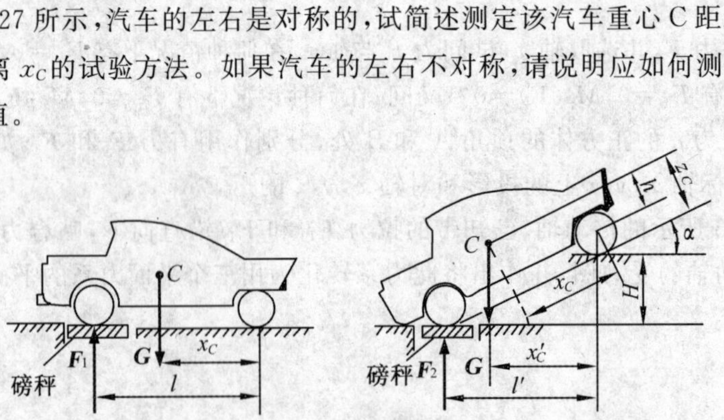

图 4-27

习　题

4-1　圆锥直齿轮受力如图所示，已知法向压力 $F_n=1000\text{N}$，$\delta=18°26'$，$\alpha=20°$，试求齿轮所受的切向力 $\boldsymbol{F}_t$、径向力 $\boldsymbol{F}_r$ 和轴向力 $\boldsymbol{F}_a$ 的大小。

4-2　如图所示长方体的顶角 A 和 B 处分别作用有力 $\boldsymbol{F}_1$ 和 $\boldsymbol{F}_2$，已知 $F_1=500\text{N}$，$F_2=700\text{N}$。试分别计算两力在坐标轴 x,y,z 上的投影和对轴 x,y,z 的矩。

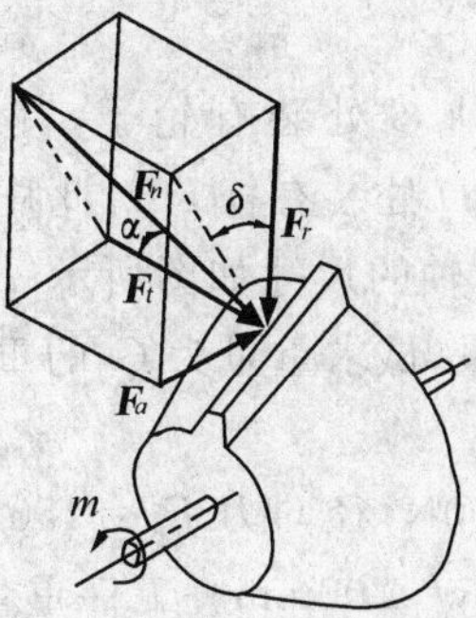

题 4-1 图

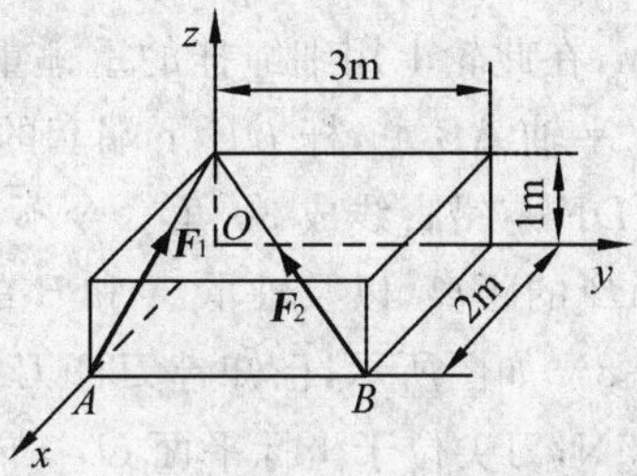

题 4-2 图

4-3　计算如图所示，手柄上的力 $\boldsymbol{F}$ 对坐标轴 x,y,z 的矩。已知 $F=10\text{N}$，$AB=20\text{cm}$，$BC=40\text{cm}$，$CD=15\text{cm}$，$ABCD$ 构成一水平面，$\alpha=\beta=60°$。

4-4　如图所示杆 AB 铰接于墙上 B 点，并在点 A 处用绳 AC 及 AD 系住，且 A,C,D 在一个水平面内。已知力 $G=10\text{kN}$，试求绳 AC、AD 及杆 AB 所受力的大小。

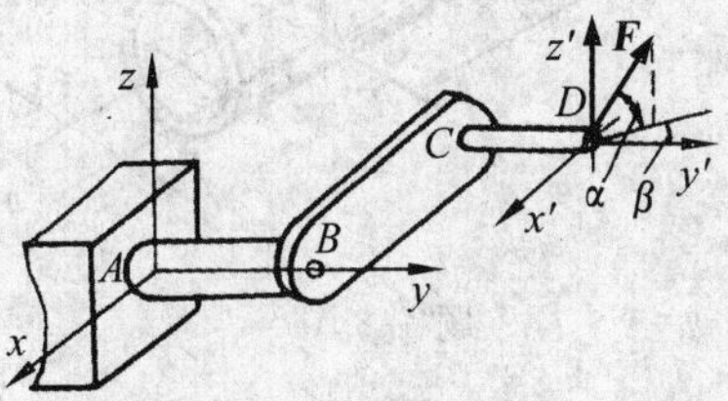

题 4-3 图

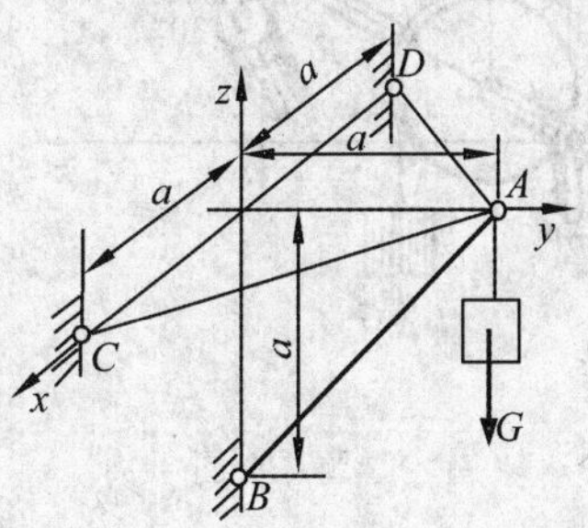

题 4-4 图

4-5　如图所示三脚圆桌，已知桌面半径 $r=50\text{cm}$，重量 $G=600\text{N}$，圆桌的三脚 A,B,C 形成一等边三角形，若在中线 CO 上距圆心为 a 的点 M 处作用一铅直力 $F_P=1500\text{N}$，试求使圆桌不致翻倒的最大距离 a。

4-6　如图所示齿轮轴，在齿轮 C 的最高点受到切向力 $\boldsymbol{F}_t$ 和径向力 $\boldsymbol{F}_r$ 的作用，力偶矩为 M 的力偶作用于齿轮轴端面 D 内，已知径向力 $F_r=2\text{kN}$，压力角 $\alpha=20°$，齿轮与轴承相关尺寸 $a=200\text{mm}$，$b=300\text{mm}$，$r=50\text{mm}$，试求轴承 A,B 处的约束力和力偶矩 M 的值。

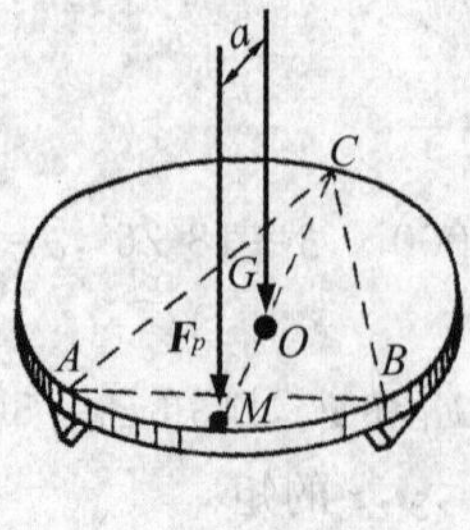

题 4-5 图

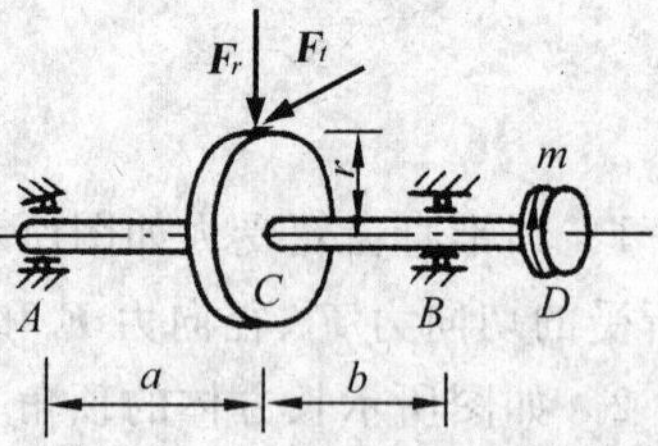

题 4-6 图

4-7 如图所示水平轴放在轴承 A 和 B 上，水平轴 C 处装有轮子，其半径等于 200mm，在此轮上用细绳挂的重锤重 $G_2=250\text{N}$。在轴上 D 处装有杆 DE，此杆垂直地固结在水平轴 AB 上，杆 DE 下端套的重锤重 $G_1=1000\text{N}$。轴的尺寸如图所示。当轴平衡时，杆 DE 与铅直线成 30°角。今不计水平轴及轮子的重量，试求重量为 G_1 的重锤重心 E 到轴 AB 的距离，以及轴承 A 和 B 的约束力。

4-8 如图所示，已知镗刀杆刀头上受切削力 $F_z=500\text{N}$，径向力 $F_x=150\text{N}$，轴向力 $F_y=75\text{N}$，刀尖位于坐标平面 Oxy 内，其坐标 $x=75\text{mm}$，$y=200\text{mm}$。工件重量不计，试求工件左端 O 处的约束力。

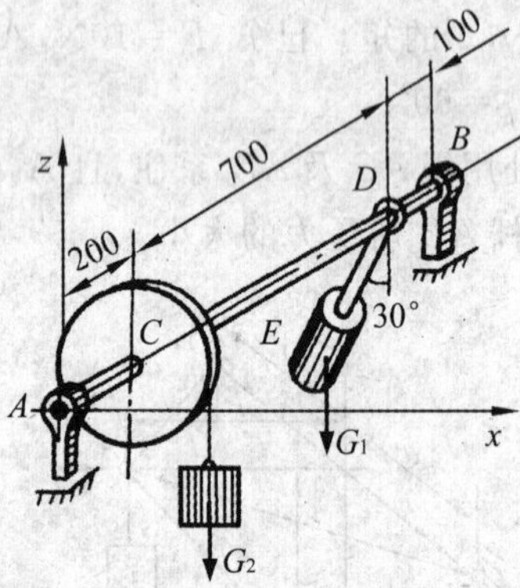

题 4-7 图

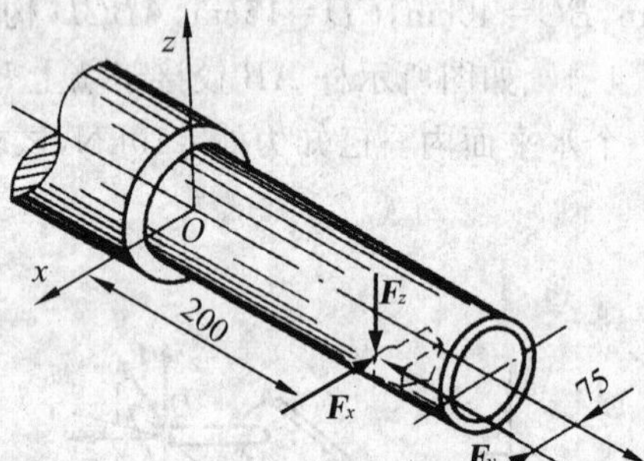

题 4-8 图

4-9 如图所示传动轴上的带的拉力 $\boldsymbol{F}_{T1}$，$\boldsymbol{F}_{T2}$ 及齿轮径向力 $\boldsymbol{F}_r$ 铅直向下，已知 $F_{T1}=2F_{T2}$，$F_r=1\text{kN}$，压力角 $\alpha=20°$，齿轮和其位置尺寸 $R=500\text{mm}$，$r=300\text{mm}$，$a=500\text{mm}$，试求切向力 $\boldsymbol{F}_t$ 及轴承 A，B 的约束力。

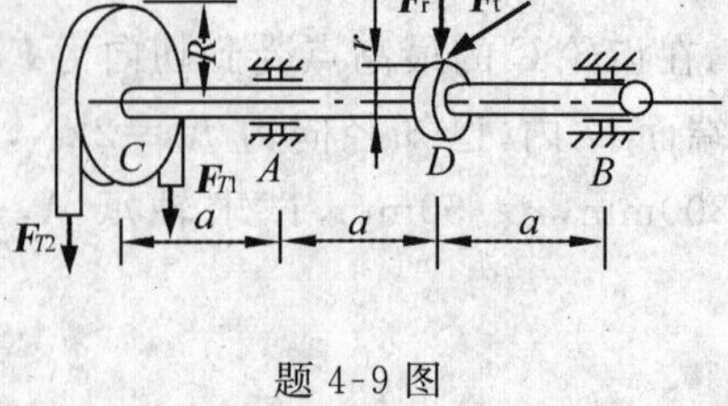

题 4-9 图

4-10　试求如图所示截面图形的形心坐标(尺寸单位为 mm)。

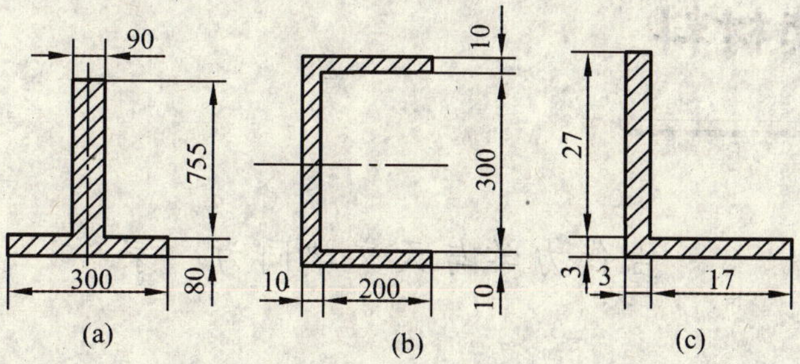

题 4-10 图

4-11　试求如图所示截面图形阴影部分的形心坐标。

4-12　已知如图所示半圆形截面的半径为 R,试计算该截面图形对轴 z 的静矩及形心 C 的坐标 y_C。

4-13　用称重法确定如图所示,机床床身的重心位置。已知机床身总重 $G=25\text{kN}$,水平放置时,倾斜角 $\theta=0°$,秤上读数为 17.5kN,当使床身倾斜时,倾斜角 $\theta=20°$,秤上读数为 15kN,机床身长 AB 为 2.4m。

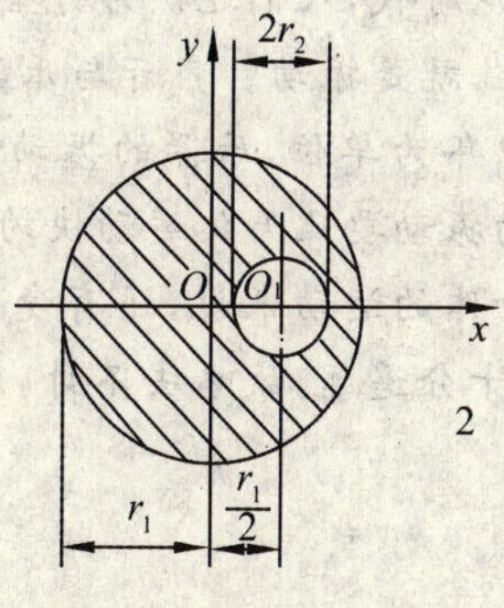

题 4-11 图

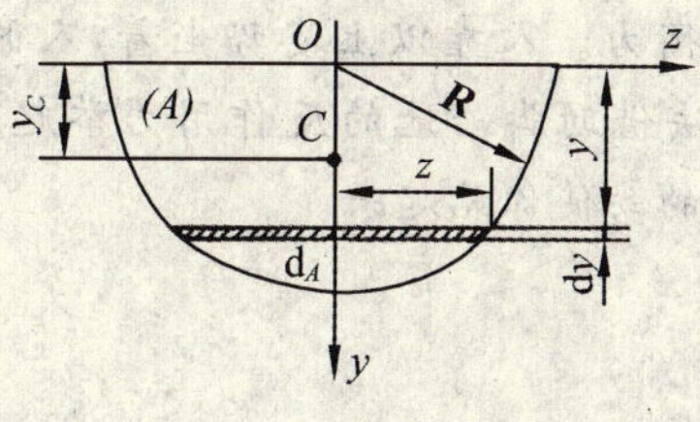

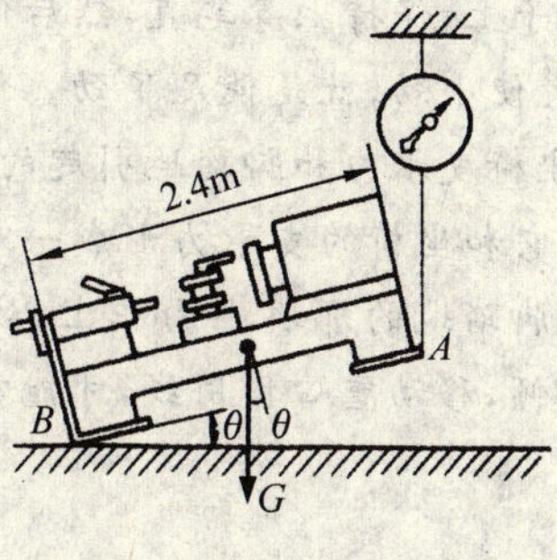

题 4-12 图　　　　题 4-13 图

阅读材料

古代力学与天文学同为一家

早期的力学中，关于静力学的知识大半是从杠杆的平衡开始的，而有关运动学与动力学的知识却大半是从天体的运动开始。因而可以说，在 18 世纪以前，力学与天文学同为一家。

早期对运动的认识，来源于对太阳、月亮、行星位置周期位置变化的观测。人类在经历了几千年对自然的认识之后，才令人信服地确立了经典力学的地位。牛顿的《自然哲学的数学原理》是力学的奠基性著作，它的第三篇就是用对宇宙体系的说明来作实例，讲述引力以及在引力作用下行星、彗星、月球与海洋的运动，因为自然界的周期运动是最容易观察到的。古希腊大哲学家亚里士多德约在公元前三百多年就说过“圆周运动先于直线运动”。到了波兰天文学家哥白尼时代，人们还认为行星运动是圆周运动。

在自然界还有一类周期现象，就是振动。声音与乐器是人类很早就感兴趣下大功夫研究的领域。天体的运动周期以年为单位，乐器的振动周期是数百分之一秒，如 A 调的频率为 440Hz，这样看来，乐器的振动要比天体运动快约 10^{10} 倍。

天体运动比起地球上其他物体的运动来说，还有受力简单的优点。天体的受力只有其他天体作用的引力，而且距离十分遥远，故略去不计，所以天体确实是早期力学研究最理想的对象。

趣味力学

人坐在椅子上，保持上身笔直，然后使劲，看能否站起来？

对此，不说使小劲，就是使足了劲。你也站不起来，为什么呢？因为人坐在椅子上，受到身体重力、坐椅支承力和脚踏地引起的反作用力的。因为人的重力作用线在人脐部后 20cm 左右处，它和坐椅的支承力形成一对平衡力。人靠以上姿势坐着，人的重力作用线不可能移到两脚踏地的那块小面积上，故无法借助脚踏地的反作用力举起自己的身体。除非身体向前倾，移动重心作用线，才能靠腿的劲使你站起来。

第二篇　材料力学

概　述

机械是由许多构件组合而成的，任一构件都是由某种材料制成。当机械工作时，构件受到外力的作用。在第一篇静力学中，已经研究了计算构件所受外力的基本方法，不过，在研究时把构件看成是不变形的刚体，实际上刚体在自然界中是不存在的。任何构件在外力作用下，它的尺寸和形状都会发生变化，并在外力增加到一定程度时发生破坏。构件的过大变形和破坏，都会影响机器或结构的正常工作，因此，材料力学就是进一步研究构件的变形、破坏与作用在构件上的外力之间的关系。这是我们在认识、使用或者维护、改造机器设备和工程结构时所必不可少的基础知识。

一、材料力学的任务

图Ⅱ-1 所示为一车床主轴，作用于主轴上的载荷有齿轮啮合力 $\boldsymbol{P}$，切削力 $\boldsymbol{F}$ 等，因而主轴会发生变形。作用力愈大，构件的变形也愈大。若外力过大甚至会断裂，使整个机床停止运转。显然，构件工作时发生意外的破坏是不允许的。因此，要求构件受力时具有足够的抵抗破坏的能力。构件在外力作用下抵抗破坏的能力称为**强度**。

另一方面，构件受力变形超过一定限度时，即使没有破坏，也会妨碍整个机器正常工作。例如，图Ⅱ-1 所示的车床主轴，即使有足够的强度，若变形过大，仍会影响工件的加工精度。又如图Ⅱ-2 所示的齿轮轴，如果变形过大时，将使轴上的齿轮啮合不良，并引起轴承的不均匀磨损。因此，工程上还要求构件在外力作用下的变形应在允许的范围内。构件在外力作用下抵抗变形的能力称为**刚度**。

此外，有些受压的细长直杆，例如内燃机中的挺杆，图Ⅱ-3 所示的千斤顶中的螺杆，当压力增加到一定程度时，杆件就会从原来的直线形式的平衡状态，突然被压弯。如压力过大，杆件甚至会因弯曲过大而折断。形状不够稳定的构件工作时是非常不可靠的。构件在外力作用下保持原有平衡形状的能力称为**稳定性**。

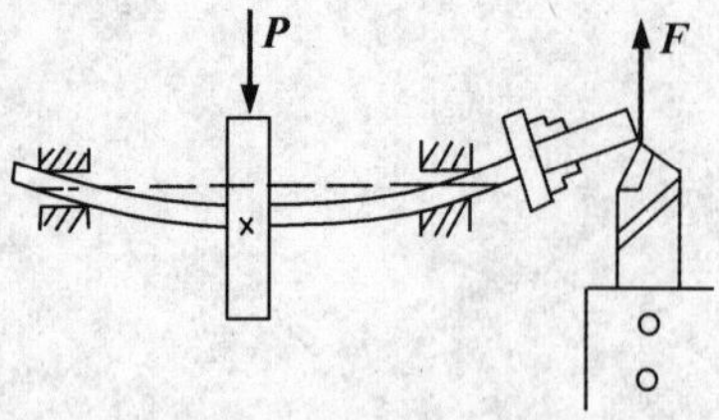

图Ⅱ-1

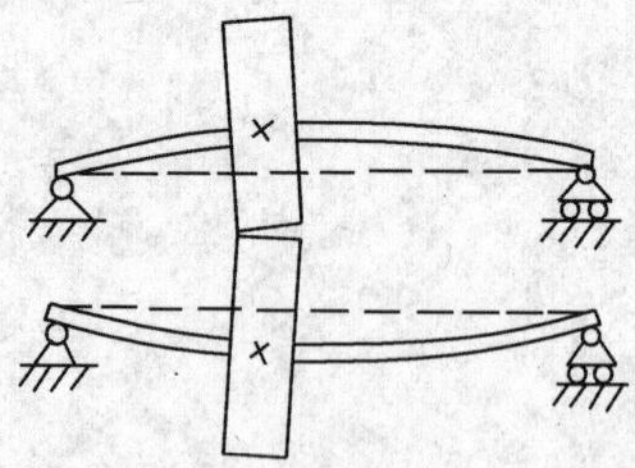

图Ⅱ-2

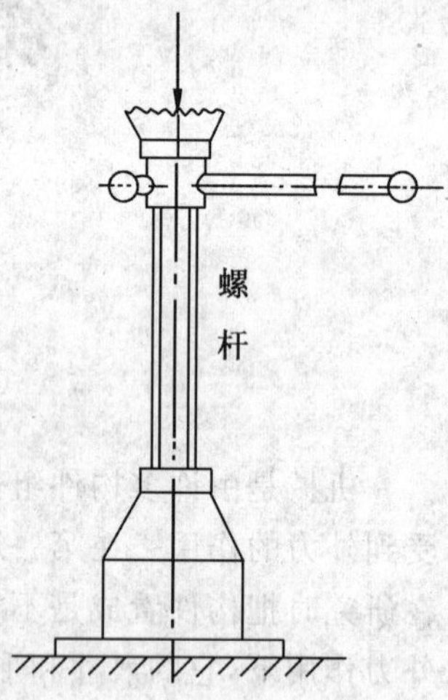

图Ⅱ-3

强度、刚度和稳定性是保证工程构件正常工作的基本要求。要满足这些要求，构件就必须由合适的材料制成，而且有适当的形状和尺寸，以保证构件在载荷作用下安全可靠的工作。然而，如果仅仅从安全使用方面考虑，选用较好的材料和较大的截面尺寸，这样可能造成材料浪费和结构笨重。从经济节约的原则考虑，则要求选用廉价的材料和尽量节约使用材料，以降低成本，或减轻构件自重。显然，安全和经济二者的要求通常是有矛盾的。**材料力学的任务**是：研究构件在外力作用下的受力、变形和破坏的规律，提供有关强度、刚度和稳定性的分析及计算的基本方法，既保证构件安全可靠，又最大限度地节约材料。

构件的强度、刚度和稳定性与其所使用材料的力学性质有关，这些性质必须通过试验加以测定；而材料力学基本理论的建立要以实验现象作为基础，其基本计算方法和公式又需经过实验加以验证，才能确定其准确程度和适用性。因此，材料力学是一门理论和实践并重的科学。

二、弹性变形和塑性变形

制作零件的材料一般均为固体，例如钢、铸铁、有色金属等。在外力的作用下，固体材料都会发生变形，统称为**可变形固体**。

固体受力后产生的变形分为两类：一类是在去掉外力以后能完全消失的变形，称为**弹性变形**；一类是在去掉外力以后不能消失的变形，称为**塑性变形**，又称永久变形或残余变形。试验指出，当外力不超过一定限度时，绝大多数材料在外力解除后都可恢复原状，即在弹性变形范围以内。但是如果外力过大，超过一定限度，则外力解除后，只能部分复原，而遗留下一部分不能消失的变形，即塑性变形。一般情况下，要求构件正常工作时只发生弹性变形，而不允许发生塑性变形。

此外，材料力学中所研究的问题只限于小变形。小变形是指构件的变形与构件本身的尺寸相比是很小的。例如，图Ⅱ-4 所示的梁 AB，在力 $\boldsymbol{F}$ 作用下，由于弯曲而产生的位移 δ_1 和 δ_2 与梁长 L 相比小得多，可以忽略不计。所以在计算支座反力和梁 AB 内部受力、变形等问题时，仍可按梁的原来尺寸进行计算，而忽略由于变形所引起的微小误差。

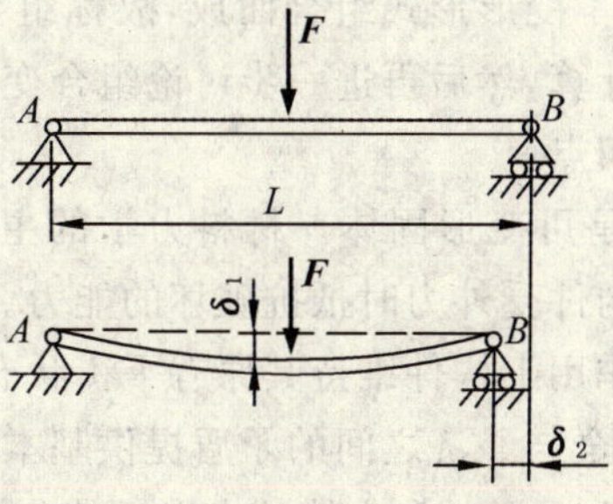

图Ⅱ-4

三、杆件变形的基本形式

当外力以不同的方式作用在杆件上时，杆件将产生不同的变形形式，但是杆件变形的基本形式主要有以下四种：

1. 拉伸或压缩

杆件两端受大小相等、方向相反、作用线与杆件轴线重合的一对外力作用，使杆件的纵向长度发生伸长或缩短，如图Ⅱ-5(a)所示。杆件的这种变形，就是拉伸或压缩变形。

2. 剪切

杆件受大小相等、方向相反、作用线相距很近的一对横向力作用，使杆件上两力之间的部分沿外力方向发生相对错动，如图Ⅱ-5(b)所示。杆件的这种变形，就是剪切变形。

3. 扭转

杆件两端受大小相等、方向相反、作用面垂直于杆轴线的一对力偶作用，使杆件的任意两个横截面相互发生绕轴线的相对转动，如图Ⅱ-5(c)所示。杆件的这种变形，就是扭转变形。

4. 弯曲

杆件两端受大小相等、方向相反、作用面处于杆件的纵向对称平面上的一对力偶作用，使杆的轴线由直线变成曲线，如图Ⅱ-5(d)所示。杆件的这种变形，就是弯曲变形。

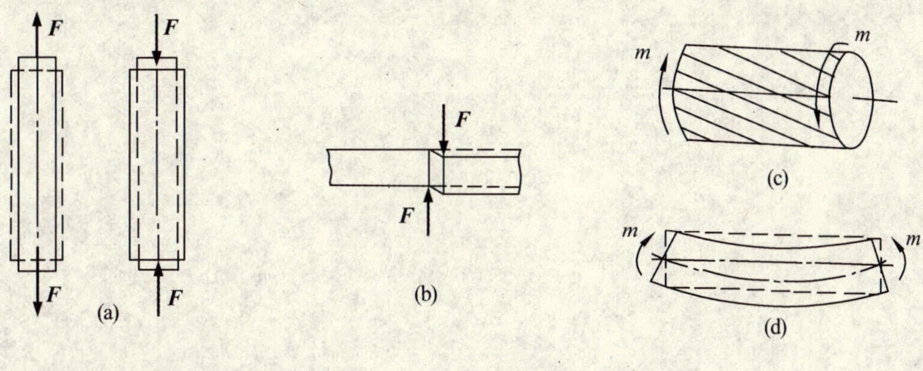

图Ⅱ-5

有些机构构件，由于承受载荷情况与上述不同，其变形也比较复杂，但是任何复杂的变形，实际上都是由某几种基本变形形式组合而成，故称组合变形。在本书中，首先讨论四种基本变形的强度及刚度计算，然后再进一步讨论组合变形。

上面论述可总结为以下四点：

1. 材料力学的研究对象是可变形固体。材料力学的主要任务，是研究构件的强度、刚度和稳定性问题。强度是构件受外力时抵抗破坏的能力。刚度是构件受外力时抵抗变形的能力。稳定性是在压力作用下构件维持其原有平衡状态的能力。材料力学为合理选择构件的尺寸和材料，解决安全与经济之间的矛盾提供基本理论和计算方法。

2. 物体受外力作用会发生变形。在去掉外力以后能完全消失的变形称为弹性变形；不能消失而残留下来的变形称为塑性变形或残余变形。多数构件在正常使用过程中，均要求材料只能产生弹性变形。因此，材料力学研究的问题主要在弹性变形范围内。

3. 材料力学对可变形固体的性质提出了两个基本假设，即均匀连续性假设和各向同性假设，作为理论分析的基础。

4. 工程中受力构件变形的基本形式有四种，即拉伸(或压缩)、剪切、扭转、弯曲。任何复杂的变形，都是由某几种基本变形形式组合而成。

思考题

1. 材料力学与理论力学研究的对象有什么不同?

2. 材料力学的主要任务是什么?

3. 什么叫构件的强度、刚度和稳定性？如果构件不满足强度、刚度和稳定性的要求，将产生怎样的后果？试举例说明。

4. 设计机械或工程结构的构件怎样解决安全与经济这一对矛盾?

5. 弹性变形与塑性变形有什么区别？试各举一例。

6. 静力学中的“力的可传性原理”(即作用于物体上某点的力，可以沿其作用线移到物体上任意一点，而不会改变该力对物体的作用。)在材料力学中还能不能应用？为什么?

7. 杆件变形的基本形式有哪几种？试各举一例，并指出它们承受的载荷各有什么特点?

第五章　拉伸与压缩

工程中有很多承受拉伸或压缩作用的构件。例如，图 5-1(a)所示的吊车，在载荷 $\boldsymbol{P}$ 作用下，AB 杆和钢丝绳 BD 受到拉伸，而 BC 杆受到压缩。图 5-2 所示的螺栓联接，当拧紧螺母时，螺栓受到拉伸。图 5-3 所示的压榨机在水平力 $\boldsymbol{F}$ 作用下，杆 1 和杆 2 都受到压缩。

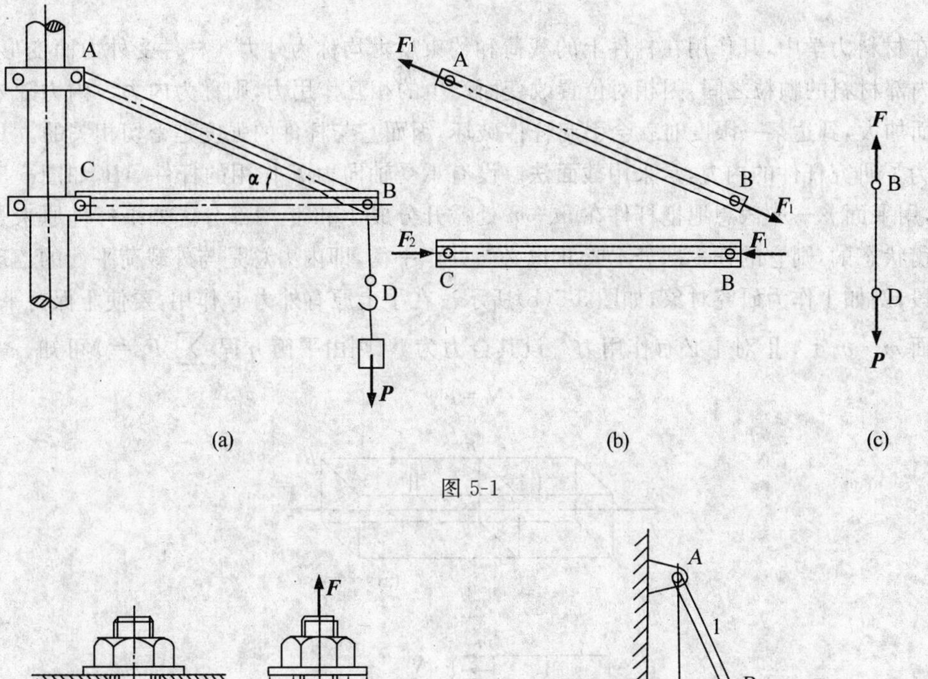

图 5-1

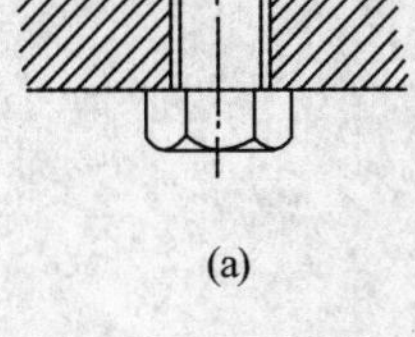

图 5-2

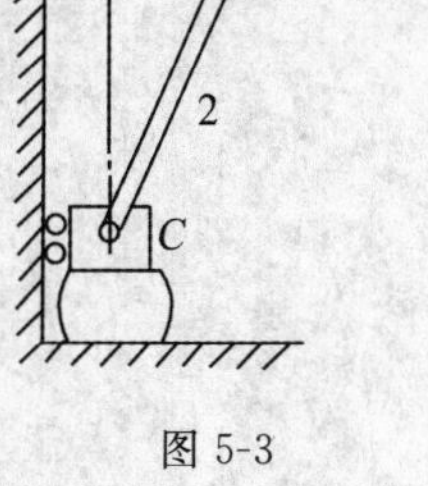

图 5-3

受拉伸或压缩的构件有很多是等截面直杆(统称为杆件),它们受力的共同特点是作用于杆上的外力(或外力的合力)作用线和杆的轴线重合。杆件的变形是沿轴线方向的伸长或缩短。图 5-4(a)所示两个外力方向相背离者为拉杆;图 5-4(b)所示两个外力方向相对者为压杆。虚线表示受力以前的外形,实线表示变形以后的外形。

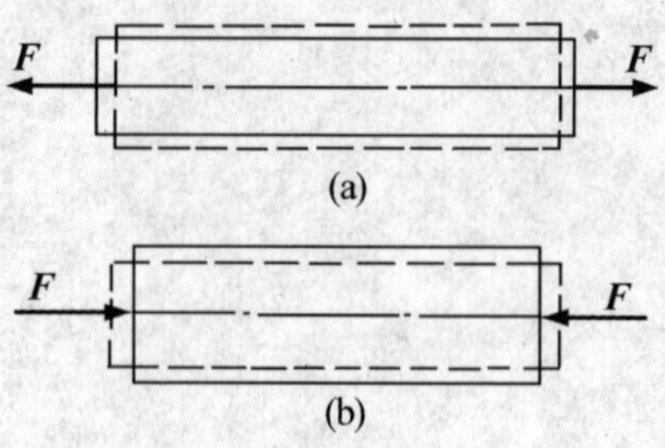

图 5-4

本章研究拉、压杆件的强度和刚度计算,并结合拉、压杆件的受力和变形分析,介绍材料力学的基本概念和分析方法,讨论材料的力学性质。

第一节 拉伸与压缩时横截面上的内力与应力

一、内力和截面法

在材料力学中,凡作用在杆件上的载荷和约束反力均称为外力。杆件受外力而变形时,杆件内部材料的颗粒之间,因相对位置改变而产生的相互作用力,则称为**内力**。内力随外力增大而加大,到达某一限度时就会引起杆件破坏,因而它与杆件的强度是密切相关的。

为了研究杆件的内力,常采用**截面法**。设有承受轴向力 $\boldsymbol{F}$ 作用的杆件 AB,如图 5-5(a)所示,用平面 m—m 假想地把杆件在 m—m 处截开分成Ⅰ和Ⅱ两部分。如果杆件原来是处于平衡状态的,则它的任一部分Ⅰ或Ⅱ也必然处于平衡,即内力总是与外载荷平衡的。现任选一段,例如Ⅰ作为研究对象,如图 5-5(b)所示。在Ⅰ上原有外力 $\boldsymbol{F}$ 作用,要使Ⅰ保持平衡,在截面 m—m 上,Ⅱ对Ⅰ必有作用力。设其合力为 $\boldsymbol{N}$,则由平衡方程 $\sum F_x=0$ 可知,

$$\boldsymbol{N}=\boldsymbol{F}$$

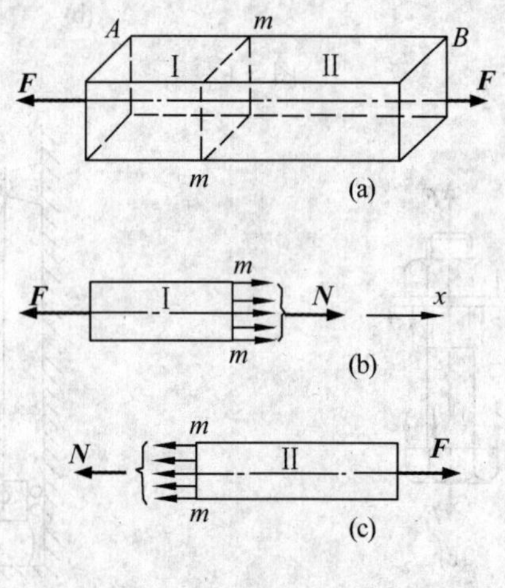

图 5-5

根据作用与反作用定律,在Ⅱ部分的截面 m—m 上,如图 5-5(c)所示,Ⅰ对Ⅱ也必

作用有大小相等、方向相反的力，其合力仍等于 N。

这种取杆件的一部分为研究对象，利用静力平衡方程求内力的方法，称为**截面法**。用截面法求内力可按以下三个步骤进行：

(1)沿欲求内力与杆轴线垂直的截面，假想把杆分成两部分。

(2)取其中一部分为研究对象，画出其受力图。在截面上用内力代替移去部分对留下部分的作用。

(3)列出研究对象的静力平衡方程，确定未知的内力。

截面法是材料力学中求内力的普遍方法，以后将经常用到。

对于受轴向拉、压的杆件，因为外力的作用线与杆件的轴线重合，所以内力的合力 $\boldsymbol{N}$ 的作用线也必然与杆的轴线重合，这种内力称为**轴力**。轴力或为拉力；或为压力。当轴力的指向离开截面(即与截面的外法线方向一致)时，则杆受拉，规定轴力为正；反之，当轴力的指向朝向截面时，则杆受压，规定轴力为负。当杆件的受力和变形形式不同，则内力的形式也不同，这将在以后各章分别讨论。

对于在不同位置受多个力作用的杆件，从杆的不同部位截开，其轴力是不相同的。所以必须分段用截面法求出各段轴力，从而确定其最大轴力。

【例 5-1】图 5-6(a)所示为一液压系统中油缸的活塞杆。作用于活塞杆上的外力可简化为 $F_1=9.2\text{kN}$，$F_2=3.8\text{kN}$，$F_3=5.4\text{kN}$。试求活塞杆横截面 1-1 和 2-2 上的轴力。

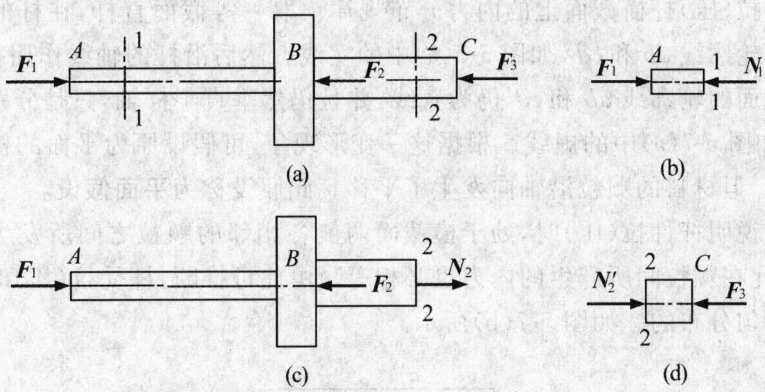

图 5-6

解：(1)计算截面 1-1 的轴力。沿截面 1-1 假想地将杆分成两段。取左段作为研究对象，画受力图，如图 5-6(b)所示。用 $\boldsymbol{N}_1$ 表示右段对左段的作用，$\boldsymbol{N}_1$ 与 $\boldsymbol{F}_1$ 必等值、反向、共线。列左段平衡方程 $\sum F_x=0$，于是得

$$F_1-N_1=0$$

$$N_1=F_1=9.2\text{kN}(\text{指向朝着截面，故为压力})$$

(2)同理，可计算截面 2-2 上的轴力。沿截面 2-2 将杆分成两段，以左段为研究对象作受力图，如图 5-6(c)所示，暂设轴力 $\boldsymbol{N}_2$ 为拉力。由平衡方程 $\sum F_x=0$，得

$$F_1+N_2-F_2=0$$

$$N_2=F_2-F_1=3.8-9.2=-5.4\text{kN}$$

式中，N_2为负值，说明N_2的实际方向与所设方向相反，即应为压力。

(3)如果选取截面2-2右边的一段为研究对象，画受力图，如图5-6(d)所示，由平衡条件可得$N'_2=F_3=5.4\text{kN}$(压力)。所得结果与前面计算的相同，事实上，N_2与N'_2是作用与反作用的关系，其数值大小应相等，而方向相反，但是，本例中取右边一段计算起来比较简便。所以应选取受外力比较简单的一段作为研究对象，进行受力分析和计算内力。

二、横截面上的应力

用截面法求出拉、压杆横截面上的内力，仅仅是求出了杆件受力的大小，并不能判断杆件在某一点受力的强弱程度。例如有一直径不同的钢杆，两端受外力F作用而拉伸，当力F增大到一定值时，由经验可知，断裂必发生在直径较小的一段上，但钢杆上任一截面的内力大小都是一样的，只是由于直径小处截面积小，内力在截面上分布的密集程度(即每一单位面积上的内力)就大；反之，杆的横截面面积大，每一单位面积上的内力就小。也就是说，杆件受力的强弱程度，不仅与内力大小有关，还与杆的横截面面积大小有关。因此，工程上常用单位面积上内力的大小来衡量构件受力的强弱程度。构件在外力作用下，单位面积上的内力，称为应力。应力描述了内力在截面上的分布情况和密集程度，它才是判断构件强度是否足够的量。材料力学对构件进行强度和变形分析时，经常要用到应力概念，并计算应力的大小。

现在研究拉(压)杆横截面上的内力分布规律。取一等截面直杆，在杆的表面上画出两条横截面的轮廓线ab和cd，如图5-7(a)中的实线。然后沿杆的轴线作用拉力F。拉伸后观察到横截面的轮廓线ab和cd仍为直线，并且仍然垂直于杆轴，只是分别平行地移到a_1b_1和c_1d_1，如图5-7(a)中的虚线。根据这一变形现象，可假设原为平面的横截面在杆变形后仍为平面，但材料的颗粒沿轴向发生了平移。此假设称为**平面假设**。

平面假设说明杆件拉(压)时，处于横截面两侧各相邻的颗粒之间所发生的相对位移均都相等，因此在颗粒间所产生的内力也必相等。由此可推断，杆受拉(压)时的内力在横截面上都是均匀分布的。如图5-7(b)所示。

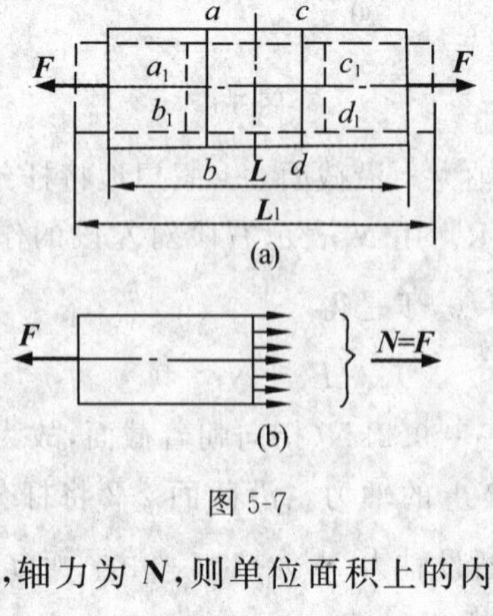

图 5-7

设杆的横截面面积为A，轴力为N，则单位面积上的内力即应力为$\frac{N}{A}$。由于内力N垂直于横截面，故应力也垂直于横截面，这样的应力称为**正应力**，以符号σ表示。于是有

$$\sigma=\frac{N}{A} \tag{5-1}$$

这就是拉(压)杆件横截面上正应力 σ 的计算公式。σ 的正负规定与轴力相同,正应力 σ 为拉应力时,符号为正;正应力 σ 为压应力时,符号为负。

在工程计算中,应力常用的国际制单位为 牛顿/米^2(N/m^2),称为帕(Pa);或兆牛/米^2(MN/m^2),称为兆帕(MPa)。1(MPa)=10^6(Pa)。

【例 5-2】195-2C 型柴油机连杆螺栓,最小直径 $d=8.5$mm,装配时拧紧产生拉力 $F=8.7$kN 如图 5-8 所示。试求螺栓最小横截面上的正应力。

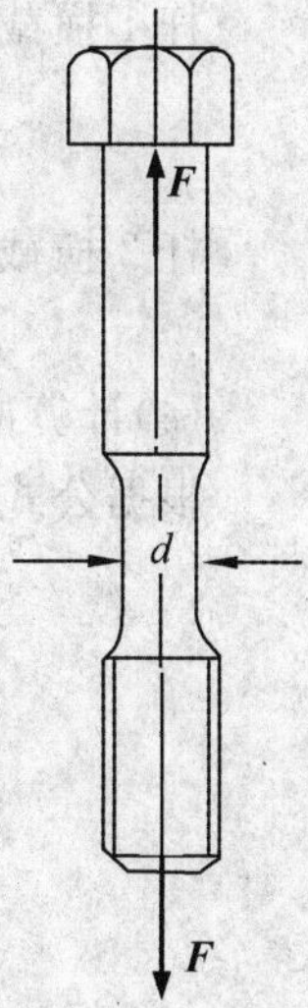

图 5-8

解:连杆螺栓受拉力 $F=8.7$kN,在最小直径 d 处取横截面,可用截面法和平衡条件算出轴力 $\boldsymbol{N}$ 也是 8.7kN。

该螺栓最小横截面面积为

$$A=\frac{\pi d^2}{4}=\frac{3.14\times 8.5^2}{4}56.7\text{mm}^2$$

螺栓最小横截面上的正应力为

$$\sigma=\frac{N}{A}=\frac{8700}{56.7}=153\text{N/mm}^2=153\text{MPa}$$

【例 5-3】图 5-9(a)所示支架,杆 AB 为圆钢,直径 $d=20$mm,杆 BC 为正方形横截面的型钢,边长 $a=15$mm。在铰接点承受铅垂载荷 $\boldsymbol{P}$ 的作用,已知 $P=20$kN,若不计自重,试求杆 AB 和杆 BC 横截面上的正应力。

解:(1)外力分析

支架的两杆(设为杆 1 和杆 2)均为二力杆,受力图,如图 5-9(b)所示。铰接点 B 的受力图,如图 5-9(c)所示,平衡方程为

$$\sum F_x=0,-T_2-T_1\cos45°=0$$

$$\sum F_y=0,T_1\sin45°-P=0$$

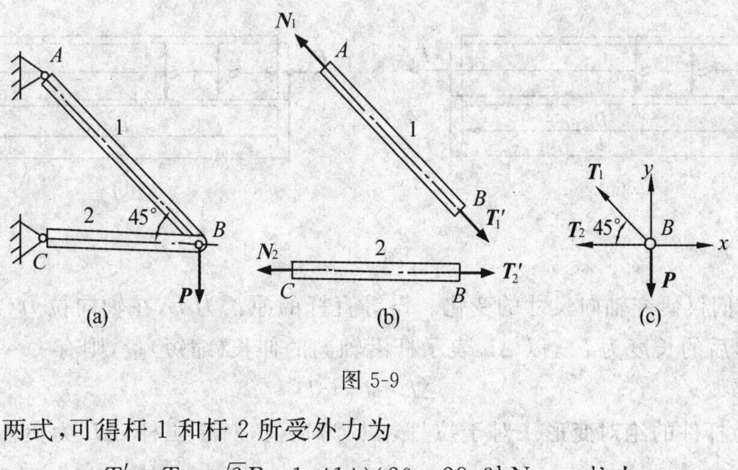

图 5-9

解以上两式,可得杆 1 和杆 2 所受外力为

$$T_1'=T_1=\sqrt{2}P=1.414\times20=28.3\text{kN}——\text{拉力}$$

$$T_2'=T_2=-P=-20\text{kN}——\text{压力}$$

(2)内力分析

因内力与外力总是平衡的,由图 5-9(b)可知,杆 1 和杆 2 的内力都是轴力,分别为

$$N_1 = T_1' = 28.3\text{kN}$$
$$N_2 = T_2' = -20\text{kN}$$

$\boldsymbol{N}_2$所得负号说明,$\boldsymbol{N}_2$的实际指向应朝向截面,即杆 2 的内力为压力。

(3)计算二杆的横截面积

杆 1 横截面积为

$$A = \frac{\pi d^2}{4} = \frac{3.14 \times 20^2}{4} 314\text{mm}^2$$

杆 2 横截面积为

$$A_2 = a \times a = 15^2 = 225\text{mm}^2$$

(4)计算应力

根据公式(5-1),可得杆 1 和杆 2 的应力为

$$\sigma_1 = \frac{N_1}{A_1} = \frac{28.3 \times 10^3}{314} = 90\text{N/mm}^2 = 90\text{MPa} \text{——拉应力}$$

$$\sigma_2 = \frac{N_2}{A_2} = \frac{-20 \times 10^3}{225} = -89\text{N/mm}^2 = -89\text{MPa} \text{——压应力}$$

第二节 拉压变形和虎克定律

一、绝对变形和相对变形

杆件受拉或受压时,其纵向尺寸和横向尺寸都要发生变化。如图 5-10(a)所示的等直杆,在轴向拉力作用下,将引起轴向尺寸的伸长,同时其横向尺寸略有缩小(图中虚线表示受力变形以前的形状,实线表示受力变形以后的形状)。图 5-10(b)所示的等直杆,在轴向压力作用下,则将引起轴向尺寸的缩短,而横向尺寸稍有增大。

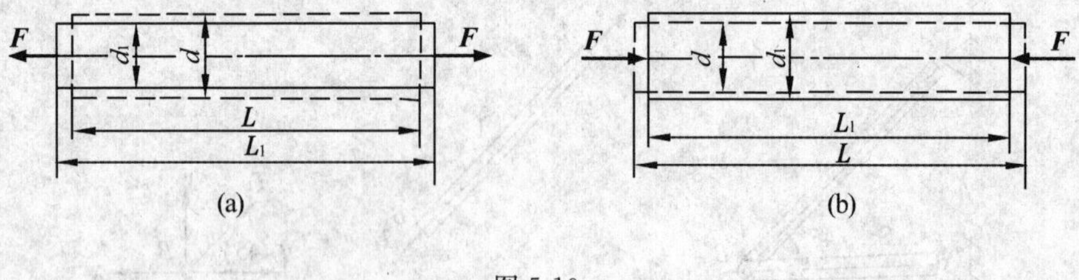

图 5-10

现在我们仅研究轴向尺寸的变化。设等直杆的原长为 L,在轴向拉力(或压力)$\boldsymbol{F}$ 的作用下,变形后的长度为 L_1,以 ΔL 表示杆沿轴向的伸长(缩短)量,则有

$$\Delta L = L_1 - L \tag{5-2}$$

ΔL 称为杆件的**绝对变形**。对于拉杆,ΔL 为正值;对于压杆,ΔL 为负值。其单位常用毫米表示。

绝对变形只表示了杆件变形的大小,但不能表示杆件变形的程度。为了消除杆原来

的尺寸对杆变形的影响，通常以单位原长的变形来度量杆的变形程度，因此可将 ΔL 除以 L，得

$$\varepsilon=\frac{\Delta L}{L} \tag{5-3}$$

ε 称为杆件的**相对变形**（或称**线应变**）。对于拉杆，ε 为正值；对于压杆，ε 为负值。ε 无单位，通常用百分比表示。

ΔL 和 ε 两个量从不同的角度反映了杆件变形的大小。那么，ΔL 和 ε 究竟和哪些因素有关呢？虎克通过试验全面地揭示了这个问题。

二、虎克定律

杆件拉伸或压缩时，变形和应力之间存在着一定的关系，并可通过试验测定。

试验表明：当杆内的轴力 N 不超过某一限度时，杆的绝对变形 ΔL 与轴力 N 及杆长 L 成正比，与杆的横截面积 A 成反比，即

$$\Delta L \propto \frac{NL}{A}$$

此外，还与杆的材料性能有关，引进比例系数 E，于是有

$$\Delta \mathrm{L}=\frac{NL}{EA} \tag{5-4}$$

这个关系式称为**虎克定律**。式中 E 为表示材料抵抗拉压变形能力的一个系数，称为材料的拉压**弹性模量**。材料的 E 值愈大，变形就愈不容易。而乘积 EA 则表示了杆件抵抗拉压变形能力的大小，称为杆的**抗拉(压)刚度**。对于长度相同、受力相同的杆，EA 值愈大，杆的变形就越小。

各种材料的 E 值都是用实验测定的。表 5-1 摘录了几种常用材料的 E 值。E 的常用单位是吉牛/米^2（GN/m^2），称为吉帕（GPa）。1（GN）$=10^3$（MN）。1（GPa）$=10^3$（MPa）$=10^9$（Pa）。

表 5-1　　**几种常用材料的 E，G 值**

材料名称	E(GPa)	G(GPa)	材料名称	E(GPa)	G(GPa)
碳　钢	196～216	78.5～79.5	铜及其合金	73～128	39.2～45.1
合金钢	186～216	79.5	铝合金	70	26～27
灰铸铁	113～157	44.1	橡　胶	0.00785	—

G 值的意义将在本书第六章中说明。

公式(5-4)还可改写为

$$\frac{\Delta L}{L}=\frac{1}{E}\cdot\frac{N}{A}$$

用 $\varepsilon=\dfrac{\Delta L}{L}$ 和 $\sigma=\dfrac{N}{A}$ 代入上式，则有

$$\varepsilon=\frac{\sigma}{E}$$

或 $$\sigma=E\varepsilon \tag{5-5}$$

公式(5-5)是虎克定律的另一种表达式，即应力未超过一定限度时，应力与应变成正比。式(5-5)是材料力学中一个很重要的关系式。应用此关系式可以从已知的应力求变形，反之，也可通过对变形的测量来求未知的应力。

【例 5-4】图 5-11 所示的联接螺栓由钢制成，螺栓杆部直径 $d=16\text{mm}$，在拧紧螺母时，其杆部长度在 $L=125\text{mm}$ 内伸长 $\Delta L=0.1\text{mm}$。已知材料弹性模量 $E=200\text{GPa}$。试计算螺栓横截面的应力和螺栓对钢板的压紧力 $\boldsymbol{P}$。

解法 1：拧紧螺母后，螺栓的应变为

$$\varepsilon=\frac{\Delta L}{L}=\frac{0.1}{125}=0.8\times10^{-3}$$

由式(5-5)得螺栓横截面上的应力为

$$\sigma=E\cdot\varepsilon=200\times10^3\times0.8\times10^{-3}=160\text{MPa}$$

螺栓所受拉力为

$$F=A\sigma=\frac{\pi}{4}\times16^2\times160=32100\text{N}\approx32\text{kN}$$

由力的作用与反作用公理，螺栓对钢板的压紧力 $P=32\text{kN}$。

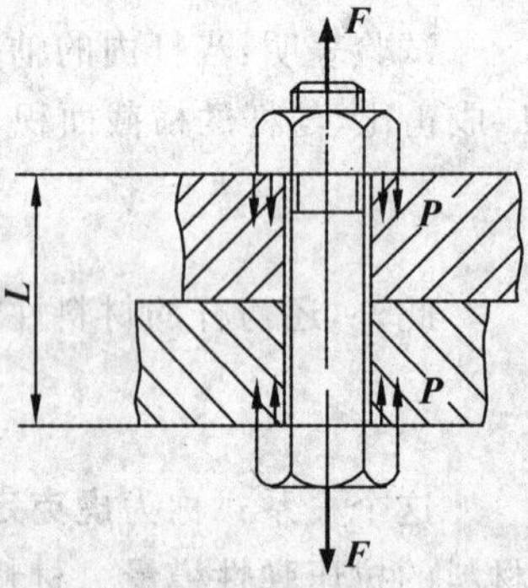

图 5-11

解法 2：先用公式(5-4)求螺栓拉力(即钢板压紧力)。

因 $\Delta L=\dfrac{FL}{EA}$，所以

$$P=F=\frac{\Delta LEA}{L}=\frac{0.1\times200\times10^3\times\frac{\pi}{4}\times16^2}{125}=32\text{kN}$$

再根据式(5-5)可得

$$\sigma=\frac{F}{A}=\frac{32\times10^3}{\frac{\pi}{4}\times16^2}=160\text{MPa}$$

【例 5-5】图 5-12(a)所示阶梯形铝杆，承受轴向载荷 $F_1=60\text{kN}$，$F_2=24\text{kN}$。已知杆长 $L_1=0.2\text{m}$，$L_2=0.5\text{m}$，各段横截面积 $A_1=800\text{mm}^2$，$A_2=600\text{mm}^2$，$E=70\text{GPa}$。试求杆件各段应力和整个杆件的绝对变形。

解：(1)计算支反力

设 A 端支反力为 R 图 5-12(b)，由平衡方程

$$\sum F_y=0,F_1-F_2-R=0$$

得 $$R=F_1-F_2=60-24=36\text{kN}\text{——压力}$$

(2)分段计算轴力

由于在 B，C 处分别有载荷作用，故截面 1—1 和 2—2 处轴力不相同。设各段轴力均为拉力，分别用 N_1 和 N_2 表示，则由图 5-12(c)，(d)可知：

截面 1—1 处 $N_1=-R=-36\text{kN}$

截面 2—2 处 $N_2=F_1-R=60-36=24\text{kN}$

N_1为负值，说明N_1的实际方向与所设方向相反，即应为压力。

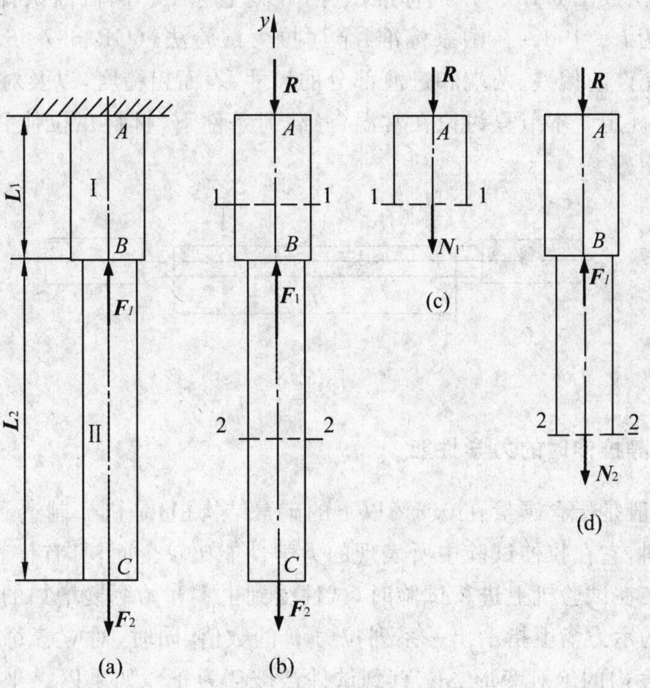

图 5-12

(3)计算各段横截面上的应力

$$\sigma_1=\frac{N_1}{A_1}=\frac{-36\times10^3}{800}=-37.5\text{MPa}\text{——压应力}$$

$$\sigma_2=\frac{N_2}{A_2}=\frac{24\times10^3}{600}=40\text{MPa}\text{——拉应力}$$

(4)计算杆的绝对变形

AB段：$\Delta L_1=\frac{N_1L_1}{EA_1}=\frac{-30\times10^3\times0.2\times10^3}{70\times10^3\times800}=-0.107\text{mm}$——缩短

BC段：$\Delta L_2=\frac{N_2L_2}{EA_2}=\frac{24\times10^3\times0.5\times10^3}{70\times10^3\times600}=0.286\text{mm}$——伸长

总的变形：$\Delta L=\Delta L_1+\Delta L_2=-0.107+0.286=0.179\text{mm}$

第三节 拉伸和压缩时材料的力学性能

构件内的应力随外力增大而增大，但在一定应力作用下，构件是否破坏则与材料的性能有关。材料在外力作用下，所表现出来的各种性能，称为**材料的力学性能**(或称机械性能)。材料的力学性能是通过试验来测定的。它是我们解决强度问题和选择材料的依据。

材料的品种很多，常用材料可分为塑性材料和脆性材料两大类。在试验时通常用低碳钢代表塑性材料，用灰铸铁代表脆性材料。静载拉伸试验是研究材料的力学性能最常用、最基本的试验。为了使试验得到正确的结果，并便于对不同材料的试验结果进行比较，应将材料加工成图 5-13 所示的标准试件，并刻上标距。圆截面试件的标距 L 与横截面直径 d 比例为 $L=10d$。在国家标准《金属拉力试验法》(GB3697-86)中，对试件形状、标距部分尺寸允许的偏差、两端和过渡部分的尺寸、表面粗糙度，以及对试验温度、加载速度等，都有具体规定。本节只讨论在常温、静载荷条件下，材料在拉伸和压缩试验中所表现出的力学性能。

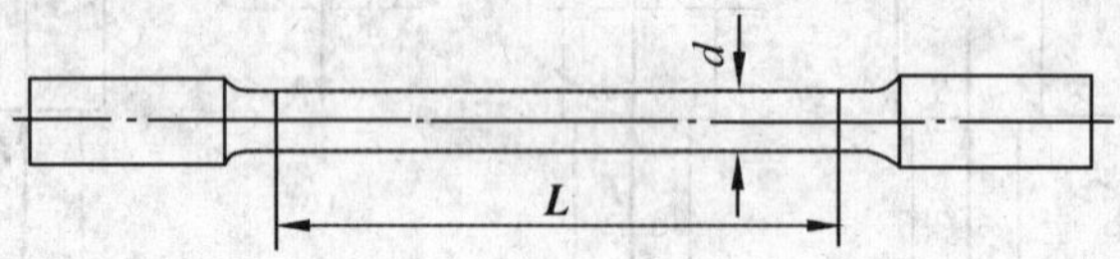

图 5-13

一、低碳钢静拉伸时的力学性能

低碳钢(一般是指含碳量在 0.3%以下的碳素结构钢)是机械制造和一般工程中使用很广的塑性材料，它在拉伸试验中所表现的力学性能比较全面，具有代表性。

当试件装夹在试验机上进行试验时，试件受到由零开始缓慢增加的拉力 $\boldsymbol{F}$，同时发生变形。试验机的示力盘上指示出一系列拉力 $\boldsymbol{F}$ 的数值，同时，对应着每一拉力 $\boldsymbol{F}$，可测出试件标距 L 长度内的绝对变形 ΔL，直到试件被破坏为止。如果以纵坐标表示拉力 $\boldsymbol{F}$，横坐标表示 ΔL，则试验机上的自动绘图装置，便能画出 $\boldsymbol{F}$ 与 ΔL 的关系曲线，如图 5-14 所示，称为拉伸图或 $\boldsymbol{F}$-ΔL 曲线。

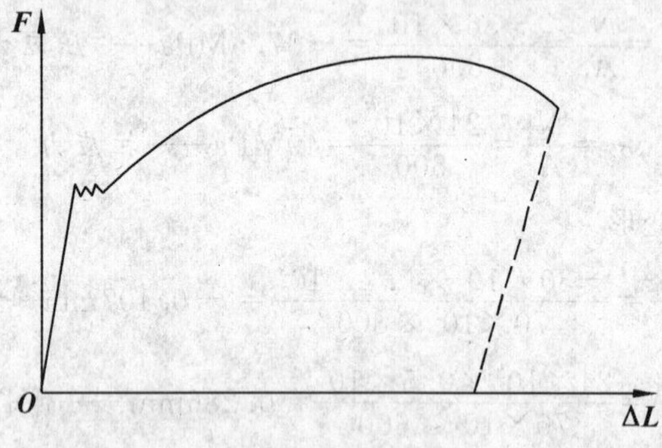

图 5-14

$\boldsymbol{F}$-ΔL 曲线反映了试件所受拉力 $\boldsymbol{F}$ 与变形 ΔL 之间的关系。由于 ΔL 与试件标距长度 L 和横截面积 A 有关，为了消除试件尺寸的影响，以反映材料本身的性能，将拉力 $\boldsymbol{F}$ 除以试件原截面积 A；试件伸长量 ΔL 除以标距原长 L，于是 $\frac{F}{A}=\sigma$，$\frac{\Delta L}{L}=\varepsilon$，故纵坐标为 σ，横坐标为 ε，得到 σ—ε 曲线，或称为应力—应变图(图 5-15)它表明从加载开始到破坏为止，应力 σ 与应变 ε 的对应关系。σ—ε 曲线中有几个特殊点，它们可以说明低碳钢的一些力学性能。

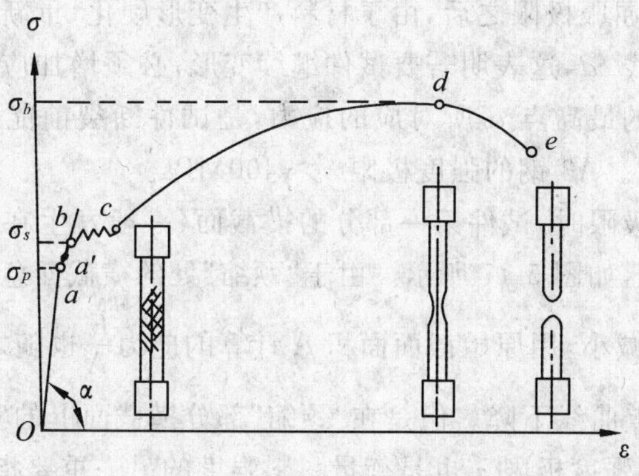

图 5-15

1. 比例极限 σ_p。图中 Oa 段成直线，表明在这一段内应力 σ 与应变 ε 成正比，材料服从虎克定律($\sigma=E\varepsilon$)。A 点是应力与应变成正比的最高点，与 a 点相对应的应力称为**比例极限**，以 σ_p 表示。比例极限是材料的应力与应变成正比的最大应力。A_3 钢的比例极限 $\sigma_P\approx200$MPa。

由图 5-15 可看出，直线 Oa 的斜率为

$$\tan\alpha=\frac{\sigma}{\varepsilon}=E \tag{5-6}$$

由此式可确定材料的弹性模量 E 值。

超过比例极限 σ_p 以后，从 a 点到 a' 点，σ 与 ε 之间的关系不再是直线。但是，当解除拉力以后，变形也随之消失，材料只出现弹性变形。a' 点所对应的应力是材料只出现弹性变形的极限值，称为**弹性极限**。实际上在 $\sigma-\varepsilon$ 图中，a，a' 两点非常接近，所以工程上对弹性极限和比例极限并不作严格区分。

试件的应力，在从零增加到弹性极限的过程中，只产生弹性变形，故称为弹性阶段。在应力大于弹性极限以后，如再解除拉力，则试件变形的一部分随之消失，而还遗留下一部分不能消失的变形。前者是弹性变形，而后者就是塑性变形。

2. 屈服极限 σ_S。曲线过 a' 点后，变形增加很快，而应力增加并不显著，曲线从 a' 到 b 逐渐变弯，图上还出现了接近水平线的锯齿形线段 bc，材料出现了较大的塑性变形。这种应力变化不大而应变显著增加的现象称为材料**屈服**，相应于 b 点的应力，称为材料的**屈服极限**，以 σ_S 表示。A3 钢的屈服极限 $\sigma_S\approx235$MPa。当材料屈服时，在试件的光滑表现上将出现许多与轴线约成 45°倾角的条纹，如图 5-16 所示。这是由于试件内晶格发生滑移而出现的，故通常称为**滑移线**。而晶格之间的相对滑移是产生塑性变形的根本原因。

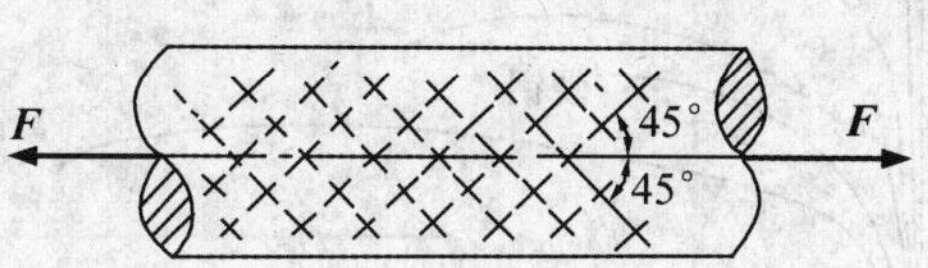

图 5-16

因为机械零件和工程结构都不允许发生塑性变形，所以**屈服极限 σ_S 是衡量塑性材料强度的重要指标**。

3. 强度极限 σ_b。屈服极限之后，由于材料产生变形硬化，重新具有抵抗变形的能力。图形为向上凸起的曲线 cd，这表明若要试件继续变形，必须增加应力，这种现象称为**材料的强化**。强化阶段中的最高点 d 所对应的应力，是试件断裂前能承受的最大应力值，称为**强度极限**，以 σ_b 表示。A3 钢的强度极限 $\sigma_b \approx 400\text{MPa}$。

当应力到达强度极限时，试件某一部分的横截面(一般发生在材料薄弱处)面积显著缩小，出现"颈缩"现象，如图 5-17 所示。由于"颈缩"处的横截面急剧缩小，试件继续变形所需的拉力 $\boldsymbol{F}$ 也相应减小，用原始截面面积 A 计算的应力 $\dfrac{F}{A}$ 也随之下降。图 5-15 中自 d 点到试件断裂时的 e 点曲线下降。但是在"颈缩"部分横截面上的实际应力却是一直增加的，直到试件被拉断。强度极限 σ_b 也是衡量材料强度的另一重要指标。

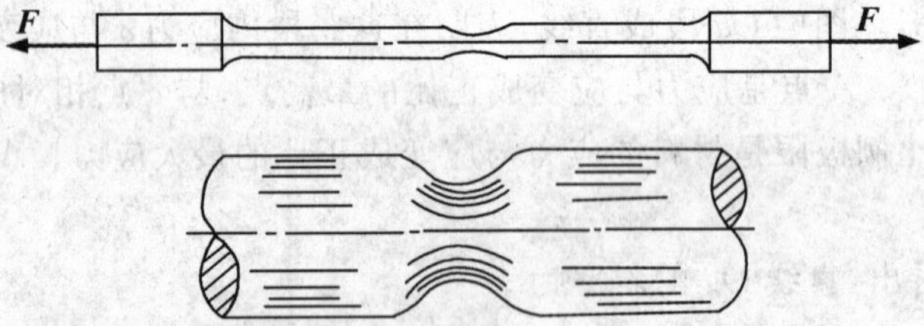

图 5-17

二、其他材料拉伸时的力学性能

1. 其他常用塑性材料。工程中常用的塑性材料，除低碳钢外，还有青铜、硬铝、中碳钢、某些合金钢等。图 5-18 是几种塑性材料拉伸时的 $\sigma - \varepsilon$ 曲线。它们大都没有明显的屈服阶段。工程上规定，对于这类材料以产生 0.2% 的塑性应变时所对应的应力作为屈服极限，以 $\sigma_{0.2}$ 表示。

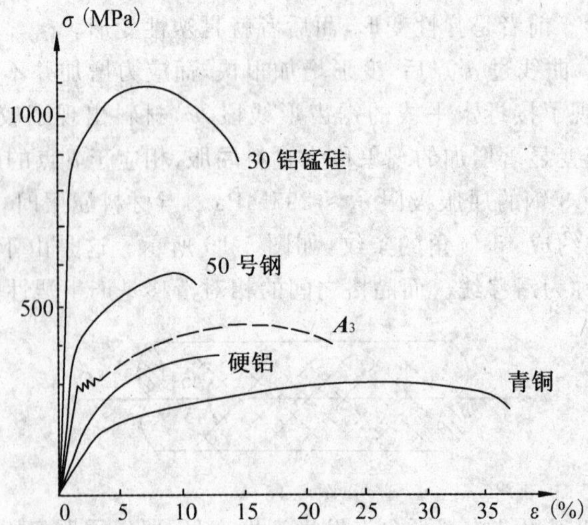

图 5-18

2. 铸铁。灰口铸铁是工程上广泛应用的脆性材料，它在拉伸时的 $\sigma-\varepsilon$ 曲线是一段微弯的曲线，如图 5-19 所示，没有明显的直线部分，这表明应力与应变的关系不符合虎克定律。但在应力较小时，可近似直线(图中的虚线)代替曲线。也就是说，在较小应力时仍近似符合虎克定律，从而可确定弹性模量 E 值。

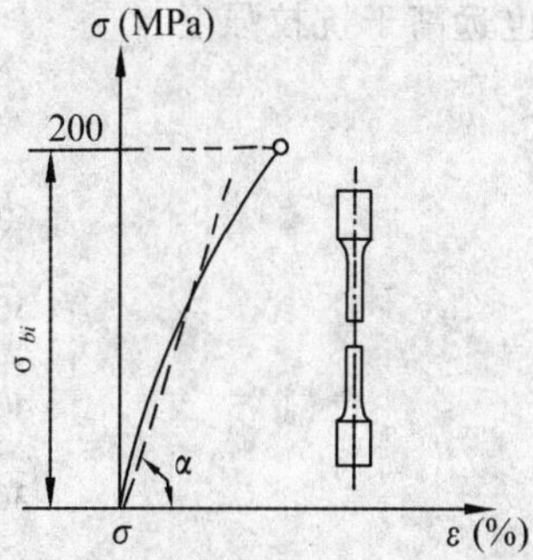

图 5-19

由图还可看出，灰铸铁拉伸时无屈服现象和“颈缩”现象，当变形很小时就突然断裂，所以强度极限 σ_{bl} 是衡量脆性材料强度的唯一指标。由于铸铁等脆性材料抗拉强度很低，因此不宜作为承拉零件的材料。

三、低碳钢压缩时的力学性能

金属材料的压缩试件常作成短圆柱体(图 5-20)，其长度 L 为直径 d 的 1.5～3 倍，以免试件在压缩过程中因丧失稳定而变弯。

图 5-21 是低碳钢($A3$)压缩时的 $\sigma-\varepsilon$ 曲线，其中虚线是拉伸时的 $\sigma-\varepsilon$ 曲线。由图表明，在屈服极限 σ_S 以内，两曲线重合，即低碳钢在压缩时的比例极限 σ_p、屈服极限 σ_S 和弹性模量 E 均与拉伸时大致相同。但在屈服极限以后，试件产生显著塑性变形，愈压愈扁，压力增加，其截面面积也不断增大，试件抗压能力也继续增高，曲线急剧上升，最后一直压到很薄也不发生破坏，不存在强度极限 σ_{by}。因此对于低碳钢可不做压缩试验，其压缩时的力学性能可直接引用拉伸试验的结果。

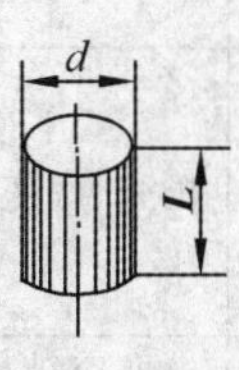

图 5-20

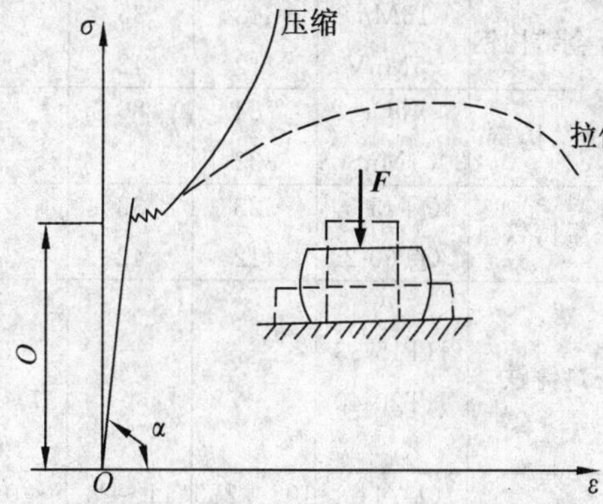

图 5-21

四、铸铁压缩时的力学性能

由图 5-22 是灰铸铁压缩时的 $\sigma-\varepsilon$ 曲线，虚线是拉伸时的 $\sigma-\varepsilon$ 曲线。可以看出，铸铁压缩时，其 $\sigma-\varepsilon$ 曲线无明显的直线部分，因此也只能认为近似地服从虎克定律。此外，也不存在屈服极限。但是铸铁压缩强度极限 σ_{by} 远高于拉伸强度 σ_{bl}，有时可高达 4～5 倍。其破坏断面与轴线大致成 45°倾斜角。其他脆性材料，如混凝土、石料等，抗压强度也远高于抗拉强度。

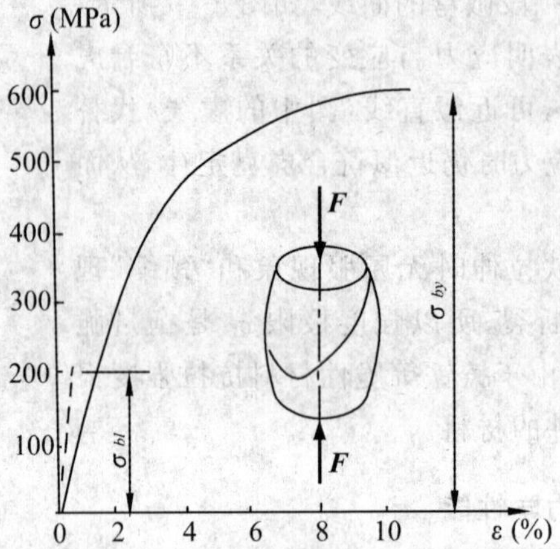

图 5-22

表 5-2　　常用金属材料在拉伸和压缩时的力学性能

材料名称	牌号	屈服极限 σ_S		强度极限 σ_b		应用举例
		MPa	kgf/mm²	MPa	kgf/mm²	
普通碳素钢	A_3	235	24	372～392	38～40	金属结构件，一般紧固件
	A_5	274	28	490～519	50～53	
优质碳素钢	35	314	32	529	54	轴、齿轮等强度要求较高的零件
	45	353	36	598	61	
低合金结构钢	16Mn	343	35	510	52	起重设备、船体结构、容器、车架
	15MnV	412	42	549	56	
合金结构钢	40Cr	784	80	980	100	连杆，重要的齿轮和轴，重载零件
	30CrMnSiA	833	85	1078	110	
球墨铸铁	QT45-5	323	33	441	45	曲轴、齿轮、凸轮、活塞
	QT60-2	412	42	588	60	
灰口铸铁	HT15-33	—	—	8～274(拉) 637(压)	10～28(拉) 65(压)	机壳、底座、夹具体、飞轮
	HT20-40			57～314(拉) 735(压)	16～32(拉) 75(压)	
铝合金	LY11	108～235	11～24	206～412	21～42	一航空结构件、铆钉
	LD_9	274	28	412	42	一内燃机活塞、机匣
铅合金	$QSn_{4\text{-}4\text{-}4}$	295	30	305	31	滑动轴承、轴套、减磨零件、电器设备零件
	$Qal_{9\text{-}4}$	196	20	490～590	50～60	

脆性材料价格低廉，抗压能力强，宜用作承受压力构件的材料。特别是铸铁坚硬耐磨，有良好的吸震能力，易于浇铸成形状复杂的零件，因此铸铁常用于作机器底座、机床床身及导轨，夹具体、轴承座等受压零件。

表 5-2 列出了几种常见材料的主要力学性能，以便于比较和查阅。

综上所述，塑性材料和脆性材料的力学性能的主要区别是：

(1)塑性材料断裂前有显著的塑性变形，还有明显的屈服现象，而脆性材料在变形很小时突然断裂，无屈服现象。

(2)塑性材料拉伸和压缩时的比例极限，屈服极限和弹性模量都相同，因为塑性材料一般不允许达到屈服极限，所以它抵抗拉伸和压缩的能力相同。而脆性材料抵抗拉伸的能力远低于抵抗压缩的能力，因此脆性材料常用来制造承受压缩的构件。

第四节　许用应力和安全系数

一、危险应力和工作应力

由上节讨论可知，当塑性材料达到屈服极限 σ_S 时；或脆性材料达到强度极限 σ_b 时，材料将产生较大塑性变形或断裂。工程上把材料丧失正常工作能力的应力，称为**极限应力**或危险应力，以 σ^0 表示。因此，对于塑性材料，$\sigma^0=\sigma_S$；对于脆性材料，$\sigma^0=\sigma_b$。

构件工作时，由载荷引起的应力称为工作应力。如前所述，杆件受轴向拉伸或压缩时，其横截面上的工作应力为 $\sigma=\dfrac{N}{A}$。显然，要保证构件能够安全工作，必须把构件的最大工作应力限制在构件材料的危险应力 σ^0 以下。

二、许用应力和安全系数

从生产的经济性考虑问题，为了充分利用材料的强度，理想的情况是最好使构件的工作应力接近于材料的危险应力。但是由于载荷的大小往往估计不准确；构件的材料不可能绝对均匀，不能保证它和标准试件的机械性能完全相同。这样，构件的实际工作条件比理想情况要偏于不安全的一面。从确保安全考虑问题，构件材料应有适当的强度储备。特别那些一旦破坏会造成停产、人身或设备事故等严重后果的重要构件，更应该有较大的强度储备。为此，可把危险应力 σ^0 除以大于 1 的系数 n，作为材料的**许用应力**。许用应力以[σ]表示，即

$$[\sigma]=\frac{\sigma^0}{n}\text{时} \tag{5-7}$$

式中，n 称为**安全系数**。对于塑性材料，许用应力 $[\sigma]=\dfrac{\sigma_s}{n_s}$；对于脆性材料，许用应力 $[\sigma]=\dfrac{\sigma_b}{n_b}$。$n_S$，$n_b$ 分别是按屈服极限或强度极限规定的安全系数。

正确地选取安全系数是工程中一件非常重要的事。如果安全系数 n_S(或 n_b)偏大，则许用应力[σ]低，构件偏安全，但用料过多，会增加设备的重量和体积；如果安全系数偏小，则许用应力[σ]高，用料少，但构件偏危险。所以，安全系数的确定，是合理解决安全与经济矛盾的关键。

各种材料在不同工作条件下的安全系数或许用应力，可从有关规范或设计手册中查到。一般机械制造进行强度计算时，对塑性材料取 $n_S=1.5\sim2.0$；对脆性材料，由于均匀

性较差，且突然破坏有更大的危险性，所以取 $n_b=2.5$，有时可能更大些。

第五节 拉伸或压缩的强度计算

为了保证拉(压)杆不至于因强度不够而失去正常工作的能力，必须使其最大正应力(工作应力)不超过材料在拉伸(压缩)时的许用应力$[\sigma]$，即

$$\sigma=\frac{N}{A}\leqslant[\sigma] \tag{5-8}$$

式(5-8)称为**拉伸或压缩的强度条件**。利用强度条件可以解决工程中以下三类强度计算问题。

一、强度校核

强度校核就是验算杆件的强度是否足够。当已知杆件的截面面积 A、材料的许用应力$[\sigma]$，以及所受的载荷，即可用强度条件式(5-8)判断杆件能否安全工作。

二、选择截面尺寸

若已知杆件所受载荷和所用材料(即已知力 $\boldsymbol{N}$ 和许用应力$[\sigma]$)，根据强度条件式(5-8)可以确定该杆所需横截面面积，其值为

$$A\geqslant\frac{N}{[\sigma]} \tag{5-9}$$

三、确定许可载荷

若已知杆件尺寸(即截面面积 A)和材料的许用应力$[\sigma]$，根据强度条件式(5-8)，可以确定该杆所能承受的最大轴力，其值为

$$N\leqslant[\sigma]A \tag{5-10}$$

并由此及静力学平衡关系确定机械或结构所能承受的最大载荷，即许可载荷。

下面举例说明强度条件的应用。

【**例 5-6**】图 5-23 所示为铸造车间吊运铁水包的双套吊钩。吊钩杆部横截面为矩形，$b=25\text{mm}$，$h=50\text{mm}$。杆部材料的许用应力$[\sigma]=50\text{MPa}$。铁水包自重 8kN，最多能容 30kN 重的铁水。试校核吊杆的强度。

解：因为总载荷由两根吊杆承担，因此每根吊杆的轴力应为

$$N=\frac{F}{2}=\frac{1}{2}(30+8)=19\text{kN}$$

吊杆横截面上的应力为

$$\sigma=\frac{N}{A}=\frac{19\times10^3}{25\times25}=15.2\text{MPa}$$

可见

$$\sigma<[\sigma]$$

故吊杆的强度足够。

【**例 5-7**】某车间工人自制一台简易吊车，如图 5-24(a)所示。已知在铰接点 B 吊起重

物的最大重量 $Q=20\text{kN}$。$AB=2\text{m}$，$BC=1\text{m}$。杆 AB 和 BC 均用圆钢制作，材料许用应力$[\sigma]=58\text{MPa}$，试确定两杆所需直径。

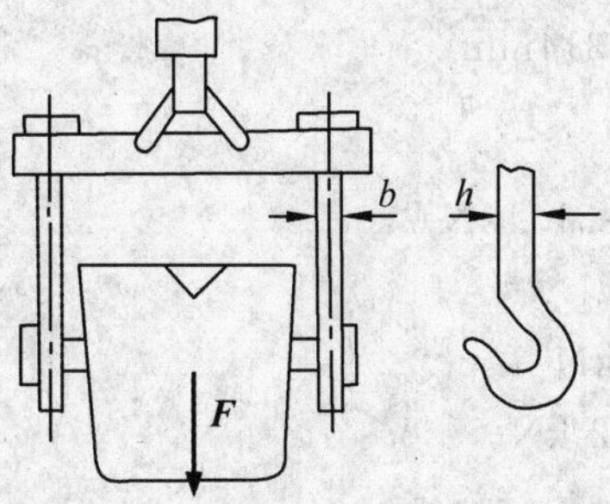

图 5-23

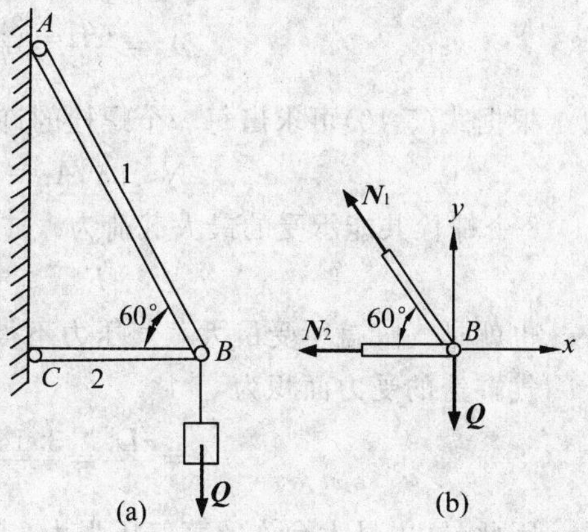

图 5-24

解：(1)先计算两杆内力大小。用截面法将两杆切开，因为两杆都是二力杆件，故内力均为轴力。

设 AB 杆轴力为 $\boldsymbol{N}_1$，BC 杆轴力为 $\boldsymbol{N}_2$，画受力图 5-24(b)所示。由静力学平衡方程得

$$\sum F_y=0, N_1\sin60^\circ-\text{Q}=0$$

所以
$$N_1=\frac{Q}{\sin60^\circ}=\frac{20}{0.866}=23.1\text{kN}$$

$$\sum F_x=0,\ -N_1\cos60^\circ-N_2=0$$

所以
$$N_2=-N_1\cos60^\circ=-23.1\times\frac{1}{2}=-11.6\text{kN}$$

由计算结果可知，杆 1 受拉力，杆 2 受压力。

(2)确定杆的直径，根据式(5-9)，两杆横截面面积应分别满足以下要求：

AB 杆：
$$A_1=\frac{\pi d_1}{4}\geqslant\frac{N_1}{[\sigma]}=\frac{23.1\times10^3}{58}=400\text{mm}^2$$

BC 杆：
$$A_2=\frac{\pi d_2}{4}\geqslant\frac{N_2}{[\sigma]}=\frac{11.6\times10^3}{58}=200\text{mm}^2$$

(式中杆 2 的内力是取的绝对值)

由此求出 AB 杆直径为

$$d_1\geqslant\sqrt{\frac{400\times4}{3.14}}=22.6\text{mm}$$

BC 杆直径为

$$d_2\geqslant\sqrt{\frac{200\times4}{3.14}}=16\text{mm}$$

根据计算结果，可以统一取两杆直径为 23mm。

【例 5-8】气缸盖用内径 $d_1=20\text{mm}$ 的 8 个螺栓与气缸体联接(图 5-25)。设螺栓许用拉应力$[\sigma]==100\text{MPa}$，气缸体内径 $D=600\text{mm}$，试求气缸内最大允许的蒸气压力强度 p

(暂不考虑气密性问题)。

解:每一个螺栓内径处横截面积为

$$A_1=\frac{\pi d_1^2}{4}=\frac{3.14\times10^2}{4}=314\text{mm}^2$$

根据式(5-10)可求出每一个螺栓的许可轴力为

$$N\leqslant[\sigma]A_1=100\times314=31.4\text{kN}$$

8 个螺栓共能承受的最大载荷为

$$F_{max}\leqslant8N=251.2\text{kN}$$

也就是气缸盖所受最大蒸气压力不得超过 251.2 kN。

气缸盖的受力面积为

$$A=\frac{\pi D^2}{4}=\frac{3.14\times600^2}{4}=282600\text{mm}^2$$

因此,缸内最大允许的蒸气压强为

$$p=\frac{F_{max}}{A}=\frac{251.2\times10^3}{282.6\times10^3}\approx0.9\text{N/mm}^2$$

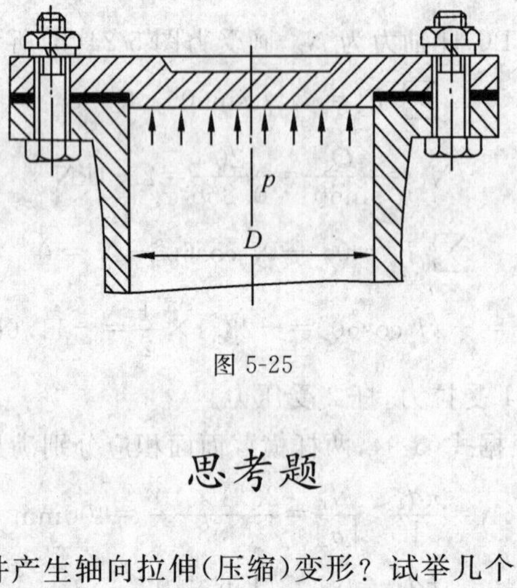

图 5-25

思考题

1. 在什么情形下杆件产生轴向拉伸(压缩)变形?试举几个受轴向拉压杆件的实例。

2. 什么是内力?什么是截面法?如何用截面法求内力?

3. 受轴向拉压的杆件,横截面上的应力是如何分布的?应力的数值如何计算?

4. 什么是绝对变形和相对变形?试写出它们的计算公式和单位。

5. A,B 是二根材料相同、截面积相等的直杆,$L_A>L_B$(图 5-26),承受相等的轴向拉力,问 A,B 二杆的绝对变形是否相等?相对变形是否相等?为什么?

6. C,D 是二根材料相同、长度相等的直杆。C 杆为等截面,D 杆为阶梯形截面(图 5-27),承受相等的轴向拉力,试说明:

(1)二杆的绝对变形和相对变形是否相等?

(2)二杆各段横截面上的应力是否相等?

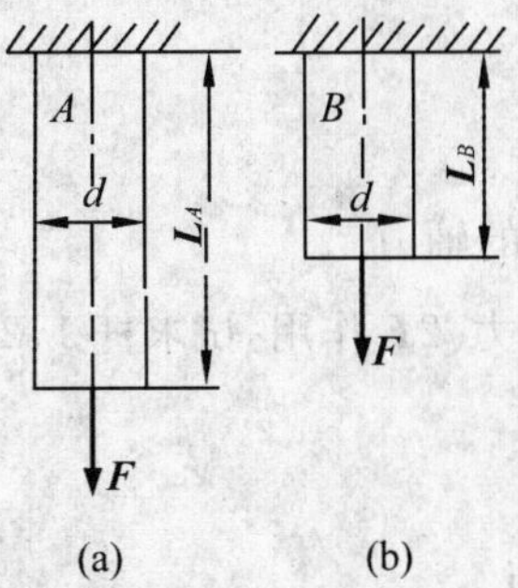

图 5-26

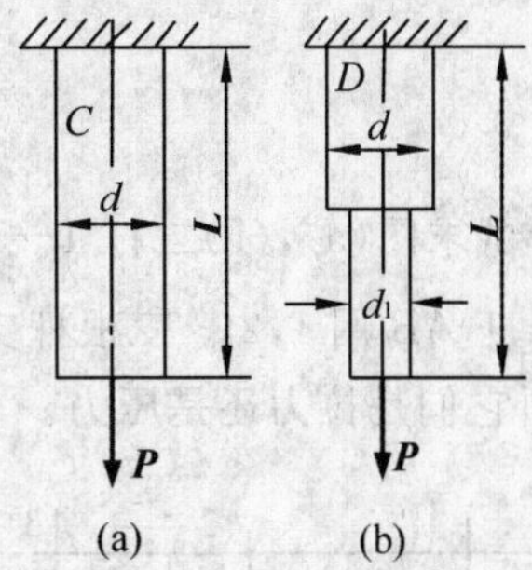

图 5-27

7. 二根不同材料的等截面直杆，它们的截面积与长度都相等，承受相等的轴向拉力。试说明：

(1)二杆的绝对变形和相对变形是否相等？

(2)二杆横截面上的应力是否相等？

(3)二杆的强度是否相等？试说明理由。

8. 写出虎克定律的两种表达式，解释每个符号的含义，并说明其适用范围。

9. 指出下列概念有什么区别，有什么联系。

(1)绝对变形和相对变形。

(2)内力和应力。

(3)弹性变形和塑性变形

(4)E 和 EA。

(5)危险应力和许用应力。

(6)材料拉伸图和应力应变图。

10. 低碳钢试件从开始拉伸到断裂的整个过程中，有哪些变形现象？σ—ε 曲线上有哪些特性点？

11. 什么是比例极限？它在研究应力和应变关系时有什么用处？

12. 什么是屈服极限？怎样从试验中测出材料的屈服极限？脆性材料有没有屈服极限？研究塑性材料的屈服极限有什么实用意义？

13. 什么是强度极限？怎样从试验中测出材料的强度极限？塑性材料压缩时有没有强度极限？塑性材料拉伸时，在达到强度极限前试件上会出现什么现象？

14. 铸铁在拉伸及压缩时，力学性能各有哪些特点？

15. 塑性材料和脆性材料的力学性能有哪些主要区别？试作一比较。

16. 什么是安全系数？安全系数不能小于或等于 1？安全系数取得过大或过小将会引起怎样的后果？

17. 在载荷、材料、截面尺寸和工作条件这四个因素中，工作应力与哪些因素有关？许用应力[σ]与哪些因素有关？

18. 如果拉(压)杆强度不够时，可以采取哪些措施解决？

习　题

5-1　试求图(a),(b)二杆 1—1,2—2,3—3 截面上的轴力。

5-2　杆 AB 用 1,2,3 三根杆支撑如图。在 B 端受力 $\sqrt{2}\boldsymbol{F}$ 作用,试求杆 1,2 和 3 的内力,并判断它们是拉力还是压力。

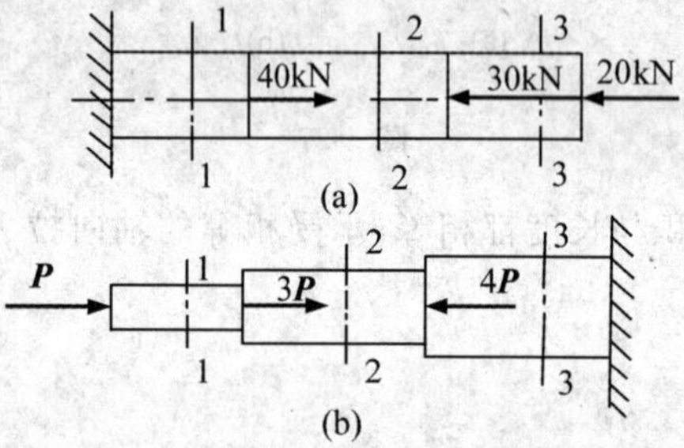

题 5-1 图

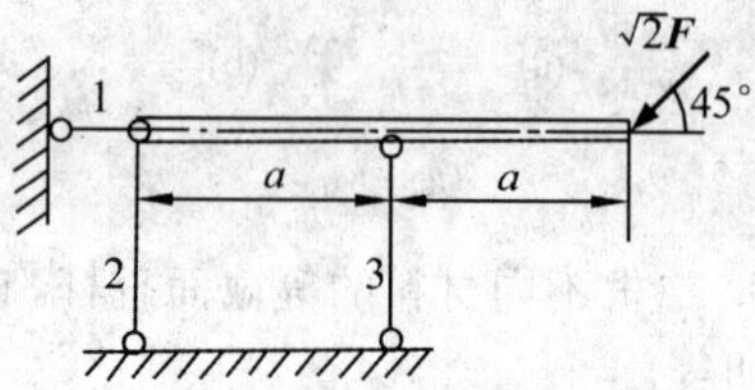

题 5-2 图

5-3　直杆的受力情况如图所示。它们的横截面面积为 A 和 A_1,$A=2A_1$,长度为 l,弹性模量为 E,试求:(1)杆的绝对变形;(2)各段横截面上的应力。

5-4　柴油机上的气缸盖螺栓尺寸如图所示。已知螺栓承受预紧力 $F=390\text{kN}$,材料的弹性模量 $E=210\text{GPa}$,试求螺栓的伸长量(两端螺纹部分不考虑)。

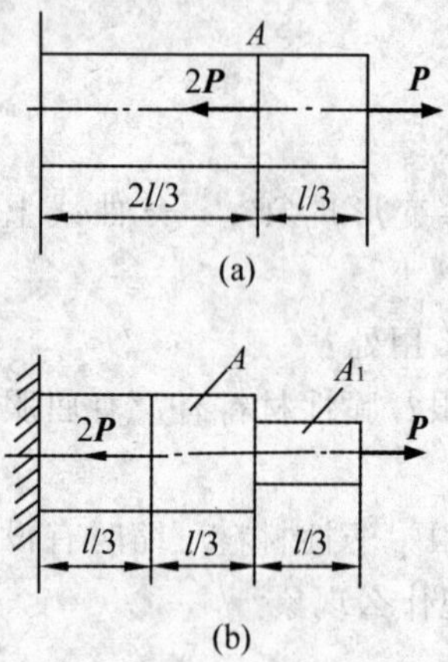

题 5-3 图

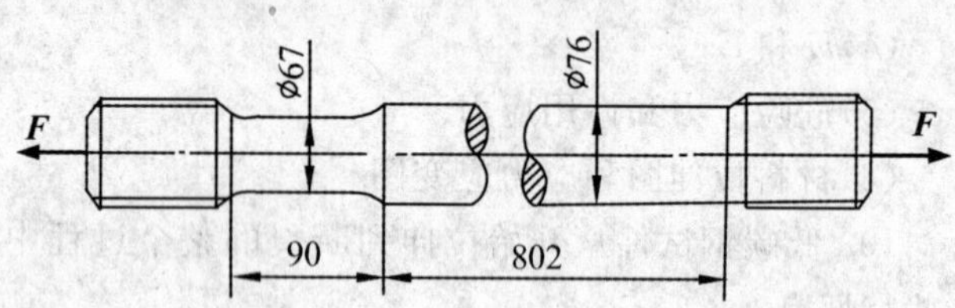

题 5-4 图

5-5　在圆杆上铣去一槽如图示。已知钢杆受拉力 $F=15\text{kN}$ 作用,杆直径 $d=20\text{mm}$,试求横截面 1—1 和 2—2 上的应力。(暂不考虑应力集中。铣去槽的横截面积可近似按矩形计算。)

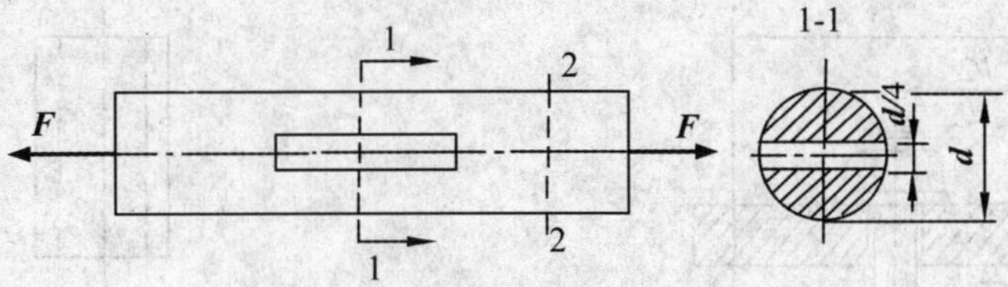

题 5-5 图

5-6　当火车通过桥梁 AB 时，利用变形仪测得某钢梁上标距为 $l=1\text{m}$ 的一段梁的绝对变形为 0.75mm，已知这根钢梁横截面积 $A=800\text{mm}^2$，钢材的弹性模量 $E=200\text{GPa}$，钢梁的应力未超过比例极限。试求钢梁承受的拉力和横截面上的应力。

5-7　图示零件受拉力 $F=38\text{kN}$，试问最大正应力 σ_{max} 发生在哪个截面上？并求其值。

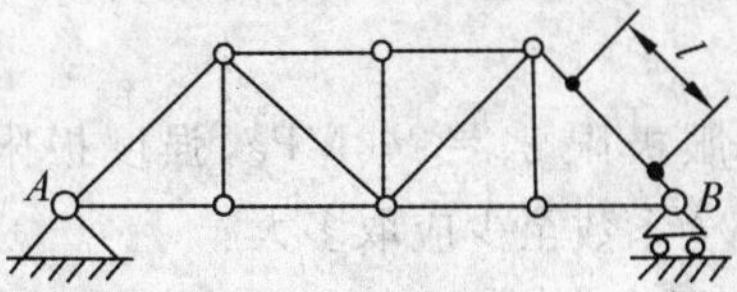

题 5-6 图

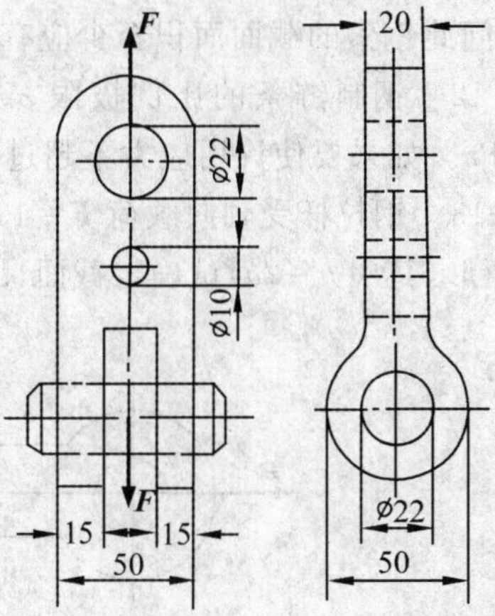

题 5-7 图

5-8　联接两钢板的 M16 钢螺栓，螺距 $t=2\text{mm}$，两钢板共厚 $L=700\text{mm}$，假设钢板受压变形忽略不计，在拧紧螺栓时，如果螺母与钢板贴紧后再旋转 1/8 圈，问螺栓伸长了多少？螺栓杆横截面上产生的应力有多大？

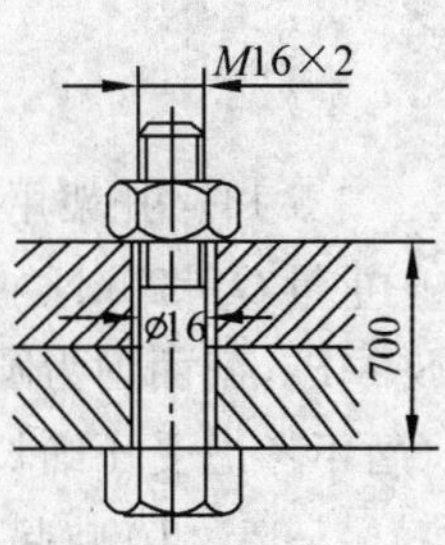

题 5-8 图

5-9　螺旋压板夹具如图所示。已知螺栓为 M18，材料许用应力$[\sigma]=50\text{MPa}$，若工件在加工过程中需夹紧力 $Q=2.5\text{kN}$，试校核该螺栓的强度(螺栓内径 $d=15.3\text{mm}$)。

5-10　空心混凝土柱受轴向压力 $P=300\text{kN}$。已知 $a=125\text{mm}$，$d=75\text{mm}$，材料的许用应力$[\sigma]=30\text{MPa}$，试校核此柱子的强度。

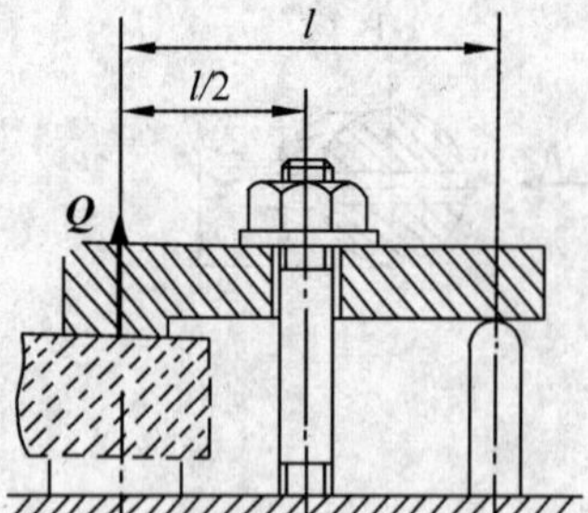

题 5-9 图

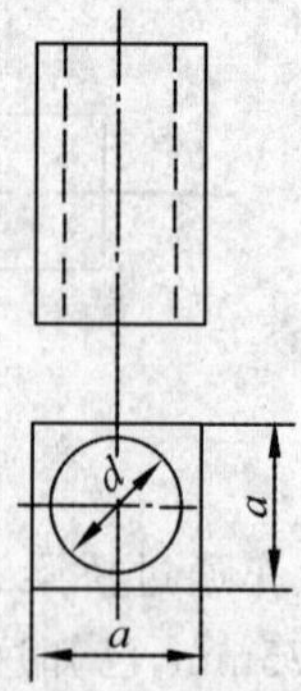

题 5-10 图

5-11 飞机操纵系统有一钢拉索，长度 $L=3\text{m}$，承受拉力 $F=24\text{kN}$，材料弹性模量 $E=200\text{GPa}$ 若钢索必须同时满足以下两条件：(1)应力不超过 140MPa；(2)伸长不超过 2mm，问此钢索的截面面积至少应有多大？

5-12 钢制链条的比例极限 $\sigma_P=180\text{MPa}$，屈服极限 $\sigma_S=240\text{MPa}$，强度极限 $\sigma_b=400\text{MPa}$。如果要使许用应力不超过比例极限，问安全系数至少应取多大？

5-13 钢拉杆受轴向载荷 $\boldsymbol{F}=40\text{kN}$。材料的许用应力 $[\sigma]=100\text{MPa}$，横截面为如图所示矩形，其中 $b=2a$，试确定截面尺寸 a 和 b。

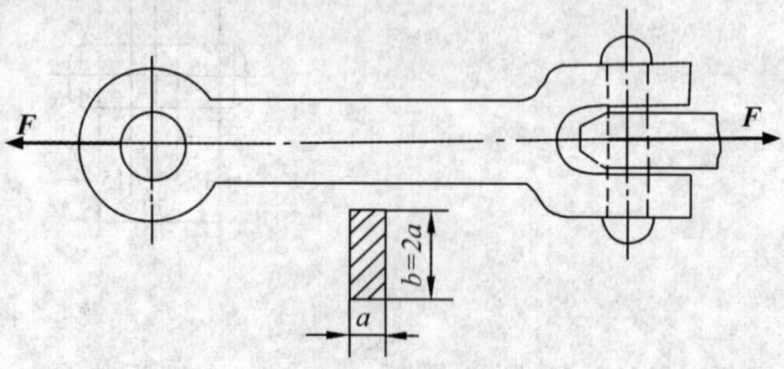

题 5-13 图

5-14 托架用 AB 和 BC 两杆铰接如图所示，已知 $a=30\text{cm}$，$b=40\text{cm}$，在 B 处放置一重量 $Q=20\text{kN}$ 的重物。现有两种材料：(1)铸铁杆：$[\sigma]_{by}=100\text{MPa}$；(2)钢杆：$[\sigma]=80\text{MPa}$，截面均为圆形。试选取托架中 AB 和 BC 两杆的材料，并计算两杆所需的直径(暂不考虑受压细长杆的压杆稳定性问题)。

5-15 10 吨起重机的吊钩，螺纹部分的外径 $d=56\text{mm}$，内径 $d_1\approx50\text{mm}$，材料许用应力 $[\sigma]=80\text{MPa}$。试核算在满载时螺纹部分的强度，并计算其能承受的许可载荷($10\text{tf}\approx100\text{kN}$)。

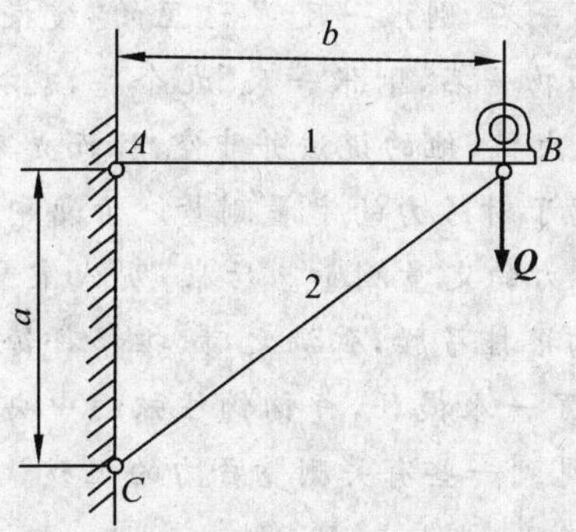

题 5-14 图

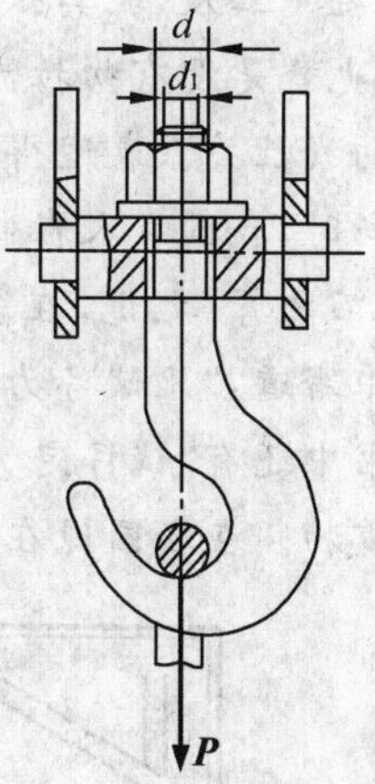

题 5-15 图

阅读材料

我国古代最早对力与变形成正比关系的记载

1678 年，胡克以猜字谜的形式公布了力与变形成正比的规律，其实，在此之前的 1500 多年时，我国史书就已经有了这方面的记载(下图)。

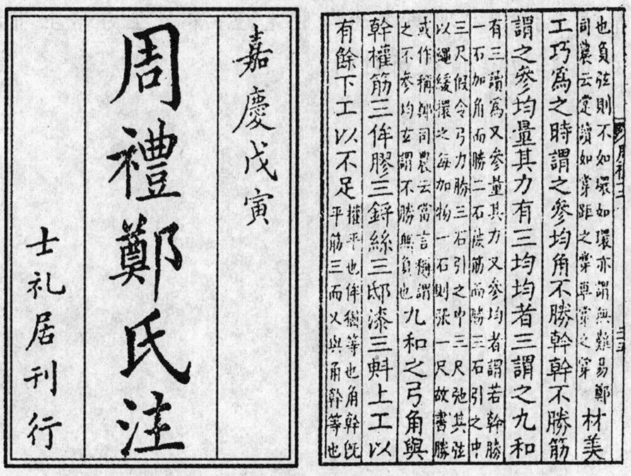

嘉慶戊寅

周禮鄭氏注

士礼居刊行

也負弦則不如環環如環亦謂無難易鄭司農云定讀如穿距之穿車穿之穿材美

工巧爲之時謂之參均角不勝幹幹不勝筋

謂之參均量其力有三均均者三謂之九和

有三讀爲又參又參量其力又參均者謂若幹勝一石加角而勝二石被筋而勝三石引之中

三尺假令弓力勝三石引之中三尺弛其弦以繩緩擐之每加物一石則張一尺故書勝

或作稱鄭司農云當言稱謂之不參均玄謂不勝無負也九和之弓角與

幹權筋三侔膠三鋝絲三邸漆三斞上工以

有餘下工以不足權平也侔猶等也角幹既平筋三而又與角幹等也

弹性定律的最早记载

东汉经学家郑玄(127～200)对《考工记 · 弓人》中“量其力，有三均”作注云：“假令弓力胜三石，引之中三尺，驰其弦，以绳缓擐之，每加物一石，则张一尺。”这里的“缓擐”即松松套住之意，也就是没有初拉力。接着郑玄以“每加物一石，则张一尺”九个字，就把力与变形成正比的线性关系表述得清清楚楚。郑玄虽是大儒，他的说法并非空想，而是来源于实际的。在当时，我国弓人在制成弓以后，就已经有了对弓力的定量测量。古籍中如“千钧之弩”、“百石之弩”之说，在一定程度上反映了弓力的定量测量。后来，明代宋应星在《天工开物》中写道：“凡试弓力，以足踏弦就地，秤钩搭挂弓腰，弦满之时，推移秤锤所压，则知多少。”书中还有“试弓定力”的插图（下图），画了一人提秤，秤钩钩住弦的中央，并在弓腰处搭挂重物。在我国现在的出土文物中，也能见到一些有关测量弓力的记载。

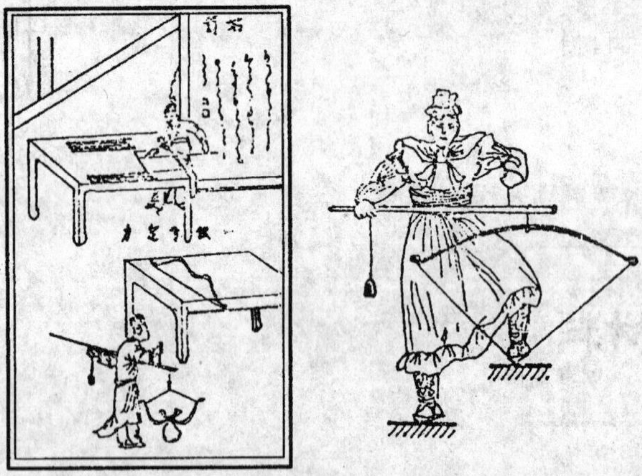

试弓定力（摘自《天工开物》）

到了近代，英国人胡克才在1676年的一篇文章末声，以谜面为 ceiiinosssttuv 的字谜暗示了力与变形成正比的线性关系。之后，胡克于1678年在另一篇文章中说出此字谜的谜底“Ut tensio sic vis”，此为拉丁文，译成中文就是“有多大的伸长，就有多大的力”，其意表明了任何弹簧的力与其伸长都成正比。

数学上曾有将毕达哥拉斯定理易名为勾股定理，那么在力学上将胡克定律易名为郑玄定律或胡克—郑玄定律，也是值得商讨的。

第六章　剪切与挤压

用剪床剪钢板时，剪床的上下两个刀刃以大小相等、方向相反、作用线相距很近的两力 $\boldsymbol{F}$ 作用于钢板上，如图 6-1 所示。迫使钢板在两力间的截面 $m-n$ 处发生相对错动，这种变形称为**剪切变形**。产生相对错动的截面（如 $m-n$），称为**剪切面**。剪切面总是平行于外力作用线

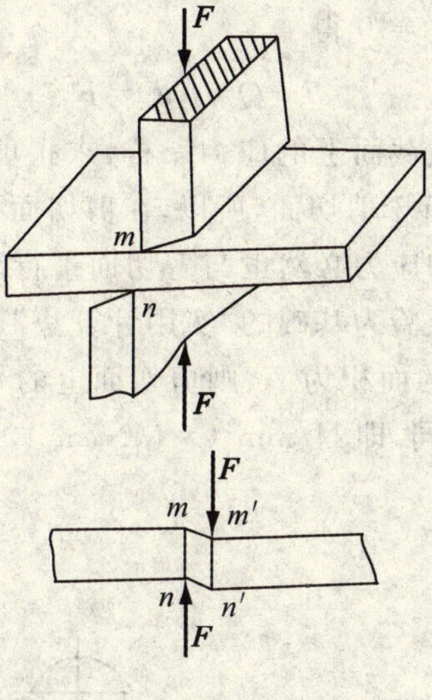

图 6-1

机器中的联接件，如联接轴与齿轮的键（图 6-2），联接两块钢板的精螺栓（图 6-3）或铆钉（图 6-4）等，都是承受剪切零件的实例。如果外力过大，这些受剪切的构件就有可能沿剪切面剪断。为了保证它们安全工作，必须计算剪切内力和应力，并进行强度计算。

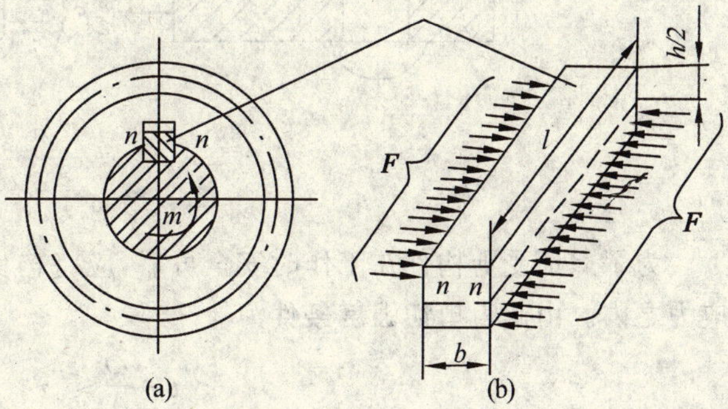

图 6-2

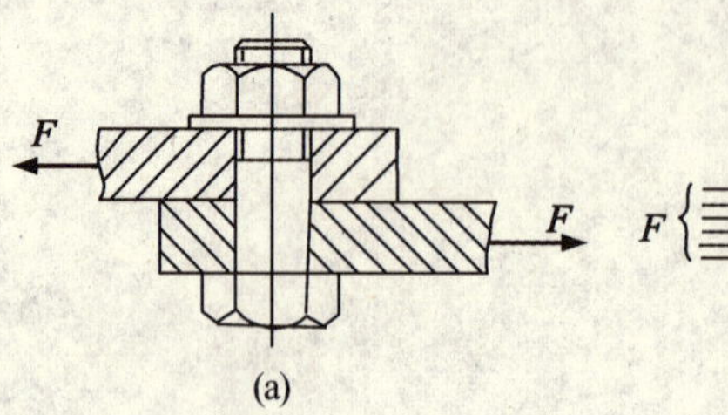

图 6-3

第一节 剪切变形时的内力与应力

图 6-4(a)是用铆钉联接的两块钢板,钢板受外力 $\boldsymbol{F}$ 如图所示,这时铆钉杆部受剪切作用,如图 6-4(b)。如沿截面 $m-n$ 假想地将铆钉分成两部分,并取下面部分作为研究对象图 6-4(c)由这一部分的平衡可知,在截面 $m-n$ 上必有一个与该截面平行的内力 Q,称为**剪力**。根据平衡条件 $\sum F_x=0$ 得

$$F-Q=0, Q=F$$

像求直杆拉伸(压缩)时横截面上的应力一样,求得剪力 Q 以后,应进一步计算剪切面上的应力。由于剪力 Q 平行于剪切面,所以,在剪切面上,材料的颗粒之间会发生相对错动。由此可推断剪切面上的应力必然也与剪切面平行。但是应力分布比较复杂,工程上为了简便,常采用以实验、经验为基础的“实用计算法”,即近似认为应力在剪切面内均匀分布(图 6-4(d))设剪切面的面积为 A,则剪切面上的平均应力 τ 与剪切面相切,称为**剪应力**,其单位与正应力 σ 相同,即 N/mm^2 ($=MN/m^2$),简写为:MPa。

$$\tau=\frac{Q}{A} \tag{6-1}$$

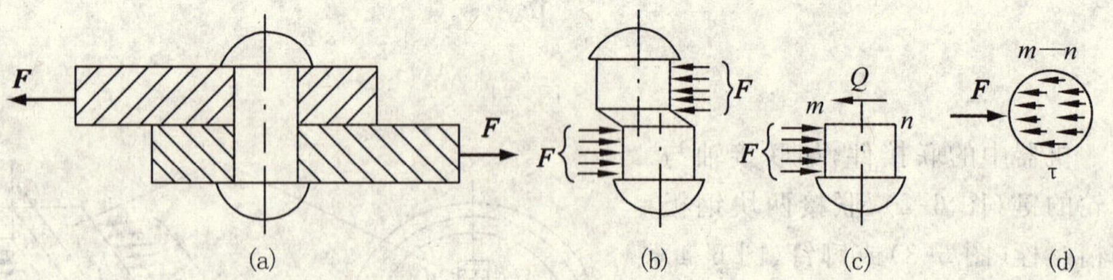

图 6-4

为了保证受剪构件在工作时安全可靠,应将构件的工作剪应力限制在材料的许用剪应力之内。由此得**剪切强度条件**为

$$\tau=\frac{Q}{A}\leqslant[\tau] \tag{6-2}$$

式中$[\tau]$为材料许用剪应力,其大小等于材料的剪切极限应力除以安全系数。常用材料剪

切许用应力$[\tau]$可从有关设计手册中查得，对于金属也可按如下的经验公式确定：

$$塑性材料\quad [\tau]=(0.6\sim0.8)[\sigma_l]$$

$$脆性材料\quad [\tau]=(0.8\sim1.0)[\sigma_l]$$

式中$[\sigma_L]$为材料的许用拉应力。

以上分析的受剪构件都只有一个剪切面，这种情况称为单剪切。实际问题中有些零件往往有两个面承受剪切，称为双剪切，例如，图 6-5(a)所示，拖车挂钩的螺栓联接，就是双剪切的实例。螺栓杆部有 1—1 和 2—2 两个剪切面，如图 6-5(b)所示。用截面法截出中间部分，如图 6-5(c)所示，由平衡条件可知

$$Q=\frac{F}{2}$$

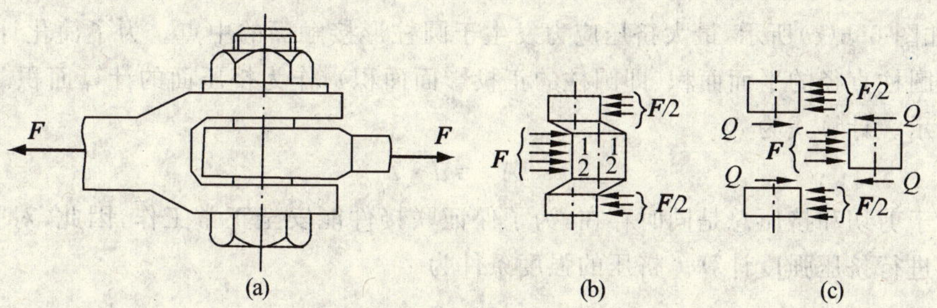

图 6-5

若螺栓杆部的横截面积为 A，则剪应力为

$$\tau=\frac{Q}{A}=\frac{F}{2A}$$

和拉伸(压缩)强度条件一样，运用公式(6-2)也可解决工程上属于剪切的三类强度问题。

【例 6-1】两块钢板用精螺栓联接(图 6-3)。已知螺栓杆部直径 $d=16\text{mm}$，许用剪应力$[\tau]=60\text{MPa}$，求螺栓所能承受的许可载荷。

解：根据公式(6-2)，可得

$$Q\leqslant[\tau]A$$

$$A=\frac{\pi d^2}{4}=\frac{1}{4}\times3.14\times16^2=200\text{mm}^2$$

由于 $F=Q$，故螺栓所能承受的许可载荷为

$$F\leqslant[\tau]A=60\times200=12\times10^3\text{N}=12\text{kN}$$

第二节　挤压的概念和实例

机械中受剪切作用的联接件，在传力的接触面上，由于局部承受较大的压力，而出现塑性变形，这种现象称为**挤压**。例如，在图 6-2 所示的键联接中，键左侧的上半部分与轮毂相互挤压，键右侧的下半部分与轴槽相互挤压。构件上产生挤压变形的表面称为**挤压面**。挤压面就是两构件的接触面，一般垂直于外力作用线。

挤压作用引起的应力称为**挤压应力**(它就是挤压面上的压强),用符号 σ_{jy} 表示。挤压应力与压缩应力不同,挤压应力只分布于两构件相互接触的局部区域,而压缩应力则遍及整个构件的内部。挤压应力在挤压面上的分布也很复杂,工程中,近似认为挤压应力在挤压面上均匀分布。如 $\boldsymbol{P}_{jy}$ 为挤压面上的作用力,称为**挤压力**,A_{jy} 为挤压面面积,则

$$\sigma_{jy}=\frac{P_{jy}}{A_{jy}} \tag{6-3}$$

关于挤压面面积 A_{jy} 的计算,要根据接触面的具体情况确定。在图 6-2 所示键联接中,挤压面为平面,挤压面面积就是传力的接触面面积,如图 6-2(b)所示,即 $A_{jy}=\frac{h}{2}\times l$。螺栓、铆钉、销钉等一类圆柱形联接件,如图 6-6(a)所示,其杆部与板的接触面近似为半圆柱面,板上的螺栓孔被挤压成长圆形,如图 6-6(b),螺栓杆部半圆柱面上挤压应力分布大致,如图 6-6(c)所示,最大挤压应力发生于圆柱形接触面的中点。为了简化计算,一般取通过圆柱直径的平面面积(即圆柱的正投影面面积),作为挤压面的计算面积。如图 6-6(d)所示。计算式为

$$A_{jy}=d\cdot t$$

由于剪切和挤压总是同时存在,为了保证联接件能安全正常工作,因此,对受剪构件还必须进行挤压强度计算。挤压的强度条件为

$$\sigma_{jy}=\frac{P_{jy}}{A_{jy}}\leqslant[\sigma_{jy}] \tag{6-4}$$

式中$[\sigma_{jy}]$为材料的许用挤压应力,其数值由试验确定,可从有关手册查得,对于钢材一般可取

$$[\sigma_{jy}]=(1.7\sim2.0)[\sigma_l]$$

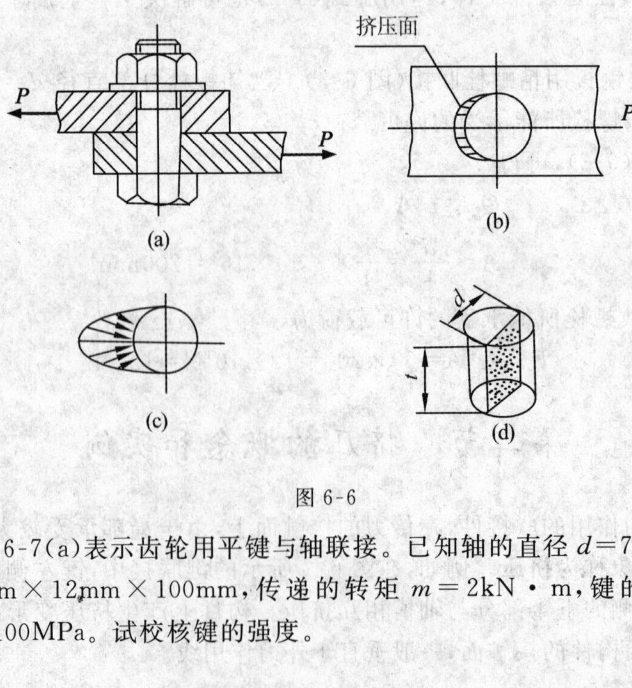

图 6-6

【例 6-2】图 6-7(a)表示齿轮用平键与轴联接。已知轴的直径 $d=70\text{mm}$,键的尺寸为 $b\times h\times l=20\text{mm}\times12\text{mm}\times100\text{mm}$,传递的转矩 $m=2\text{kN}\cdot\text{m}$,键的许用应力$[\tau]=60\text{MPa}$,$[\sigma_{jy}]=100\text{MPa}$。试校核键的强度。

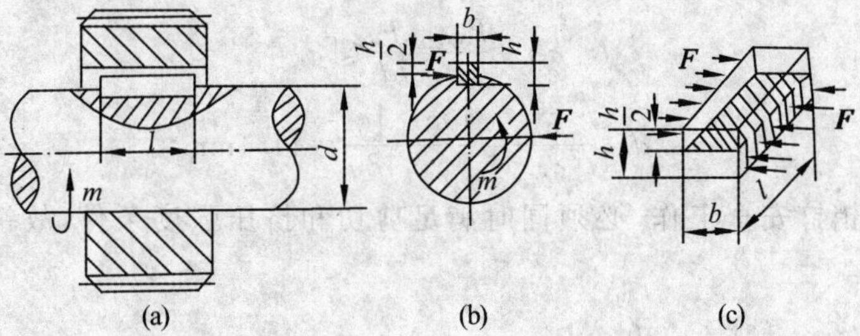

图 6-7

解：(1)计算键上的作用力 $\boldsymbol{F}$：键受力如图 6-7(b)

$$F\cdot\frac{d}{2}=m, F=\frac{2m}{d}=\frac{2\times2\times10^6}{70}=57.2\times10^3\text{N}$$

(2)校核剪切强度：

剪力 $Q=F=57.2\times10^3\text{N}$，剪切面积 $A=bl=20\times100=2\times10^3\text{mm}^2$

$$\tau=\frac{Q}{A}=\frac{57.2\times10^3}{2\times10^3}=28.6\text{MPa}<[\tau]=60\text{MPa}$$

(3)校核挤压强度

挤压力 $\boldsymbol{P}=\boldsymbol{F}$，挤压面积 $A_{jy}=\frac{h}{2}l=\frac{12}{2}\times100=600\text{mm}^2$

$$\sigma_{jy}=\frac{P_{jy}}{A_{jy}}=\frac{57.2\times10^3}{600}=95.3\text{MPa}<[\sigma_{jy}]=100\text{MPa}$$

因平键同时满足剪切和挤压强度条件，所以键联接能安全工作。

【例 6-3】图 6-8(a)所示的起重机吊钩，上端用销钉联接。已知最大起重量 $F=120\text{kN}$，联接处钢板厚度 $t=15\text{mm}$，销钉的许用剪应力 $[\tau]=60\text{MPa}$，许用挤压应力 $[\sigma_{jy}]=180\text{MPa}$，试计算销钉的直径 d。

解：(1)取销钉为研究对象，画受力图，如图 6-8(b)所示。销钉受双剪切，有两个剪切面，用截面法可求出每个剪切面上的剪力为

$$Q=\frac{F}{2}=\frac{120}{2}=60\text{kN}$$

(2)按剪切强度条件计算销钉直径

$$\text{剪切面面积为 } A=\frac{\pi d^2}{4}$$

由剪切强度条件公式(6-2)可知

$$\tau=\frac{Q}{A}=\frac{\frac{F}{2}}{\frac{\pi d^2}{4}}=\frac{2F}{\pi d^2}\leqslant[\tau]$$

故

$$d\geqslant\sqrt[2]{\frac{F}{\pi[\tau]}}=\sqrt{\frac{2\times120\times10^3}{3.14\times60}}=35.7\text{mm}$$

(3)按挤压强度条件计算销钉直径

挤压面面积为 $A_{jy}=td$，挤压力 $\boldsymbol{P}_{jy}=\boldsymbol{F}$ 由挤压强度条件公式(6-4)可知

$$\sigma_{jy}=\frac{P_{jy}}{A_{jy}}=\frac{F}{td}\leqslant[\sigma_{jy}]$$

故
$$d\geqslant\frac{F}{t[\sigma_{jy}]}=\frac{120\times10^3}{15\times180}=44.4\text{mm}$$

为了保证销钉安全工作，必须同时满足剪切和挤压强度条件，故销钉最小直径应取 45mm。

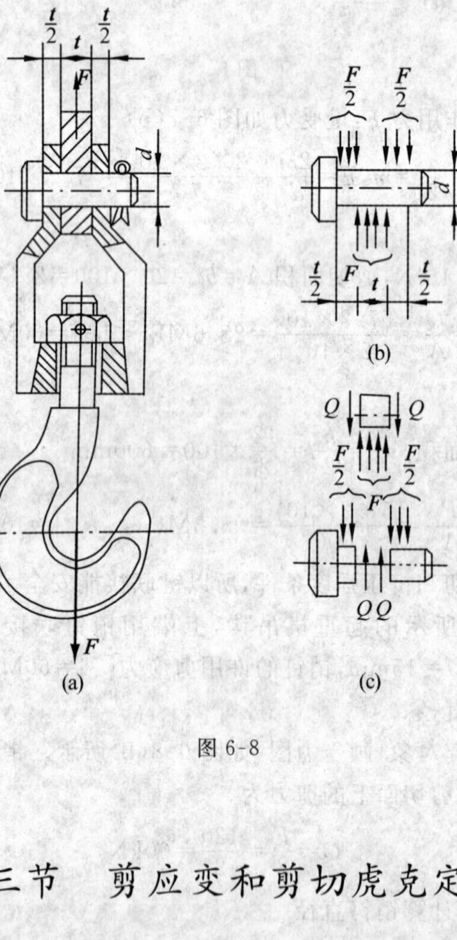

图 6-8

第三节　剪应变和剪切虎克定律

构件的剪切变形是在外力作用下沿剪切面发生相对错动(图 6-9)。构件在大小相等、方向相反、相距很近的二力 $\boldsymbol{F}$ 作用下，在被剪区，ab 截面相对于 cd 截面滑移了 aa' 的距离，原来的矩形 $abcd$ 变为歪斜的平行四边形 $a'b'cd$。歪斜的角度 γ 称为**剪应变**或**角应变**，用弧度(rad)来度量。图 6-9(b)可看出，$\gamma=\tan\gamma=\frac{aa'}{ac}$，所以 γ 角的大小就是剪切变形程度的度量。角应变 γ 和线应变 ε 是度量构件变形程度的两个基本量。

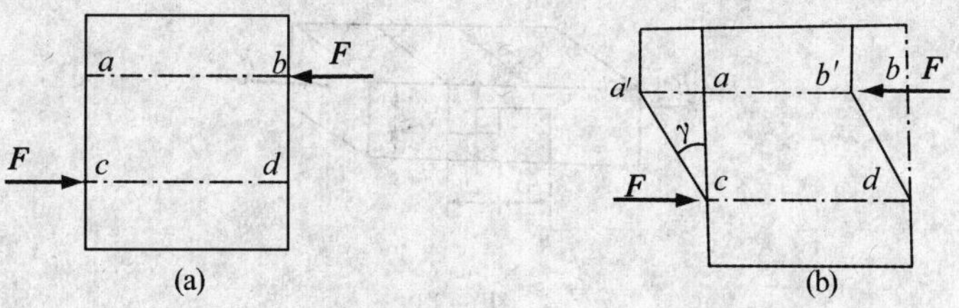

图 6-9

实验表明，当剪应力不超过材料的剪切比例极限时，剪应力 τ 与剪应变 γ 成正比，称为**剪切虎克定律**。用下式表明：

$$\tau=G\gamma \tag{6-5}$$

式中比例系数 G 称为**剪切弹性模量**。当剪应力 τ 一定时，G 值愈大，剪应变 γ 就愈小，因此，G 是表示材料抵抗剪切变形能力的量，单位与应力单位相同，其值由实验测定，可从有关手册中查得。常用碳钢的 $G=80\text{GPa}$，铸铁的 $G=44\text{GPa}$。其他常用材料的 G 值可参阅表 5-1)。

思考题

1. 在什么情况下构件将产生剪切变形？剪切变形与拉伸(压缩)变形有什么区别？

2. 写出剪应力计算公式，并说明公式中各个符号所代表的意义。

3. 什么是单剪？什么是双剪？试画简图说明。

4. 挤压与压缩有什么区别？挤压应力如何计算？当圆柱体与孔互相挤压时，挤压面积如何计算？

5. 图 6-10 所示的联接，两物体的接触面是一个环形平面，试计算拉杆的剪切面面积和挤压面面积。

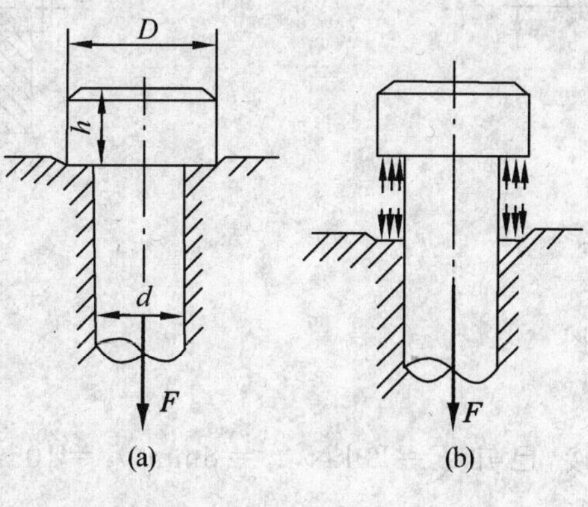

图 6-10

6. 图 6-11 所示为榫头联接，试计算其剪切面面积和挤压面面积。

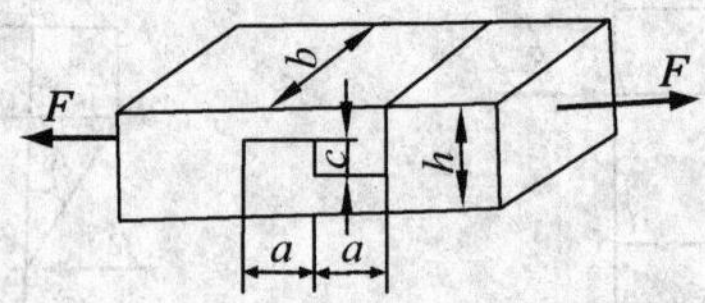

图 6-11

7. 写出剪切和挤压的强度条件。

8. 受剪切的螺栓联接和键联接，如果剪切强度不够，可采取哪些措施解决？如果满足剪切强度，而挤压强度不够，可采取哪些措施解决？

9. 什么是剪切虎克定律？试与拉压虎克定律作一比较。

习　题

6-1　用直径为 $d=22$mm 的销钉把钢板固定于墙上，如图所示。当载荷 $F=40$kN 时，试计算销钉内的剪应力。

6-2　图 6-10 所示联接中 $D=32$mm，$d=20$mm，$h=12$mm，拉杆材料的许用应力 $[\sigma_l]=120$MPa，$[\tau]=70$MPa，$[\sigma_{jy}]=170$MPa，试计算构件的许可载荷。

6-3　试校核图示联接销钉的剪切强度。已知 $F=100$kN，销钉直径 $d=30$mm，材料许用应力 $[\tau]=60$MPa。若强度不够，应改用多大直径的销钉？

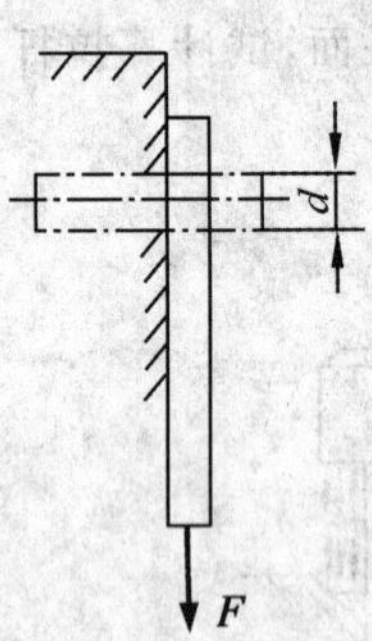

题 6-1 图

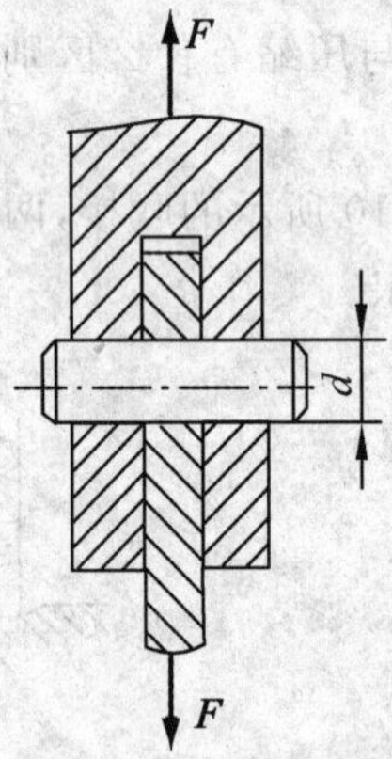

题 6-3 图

6-4　图示铆钉联接，已知 $F=20$kN，$t_1=8$mm，$t_2=10$mm，$[\tau]=60$MPa，$[\sigma_{jy}]=125$MPa，试选定铆钉直径。

6-5　连杆 1 通过平键 2 与轴 3 联接。已知轴的直径 $d=30$mm，键的尺寸 $b\times h\times l=8\text{mm}\times7\text{mm}\times25\text{mm}$，$H=250$mm，键的许用应力 $[\tau]=50$MPa，$[\sigma_{jy}]=90$MPa，试求在连

杆上端手柄上所加水平力 $\boldsymbol{F}$ 的最大许可值。

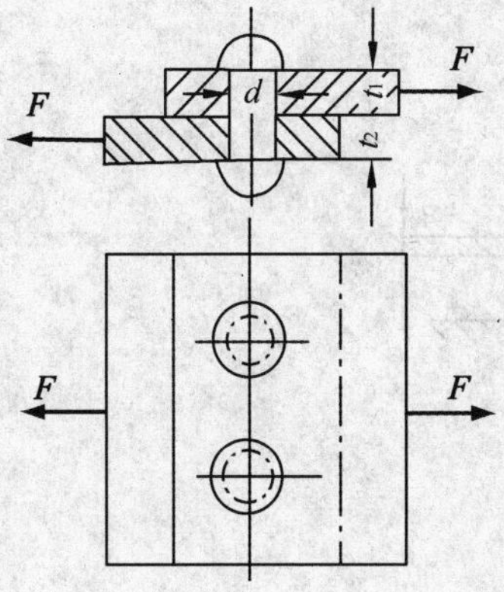

题 6-4 图

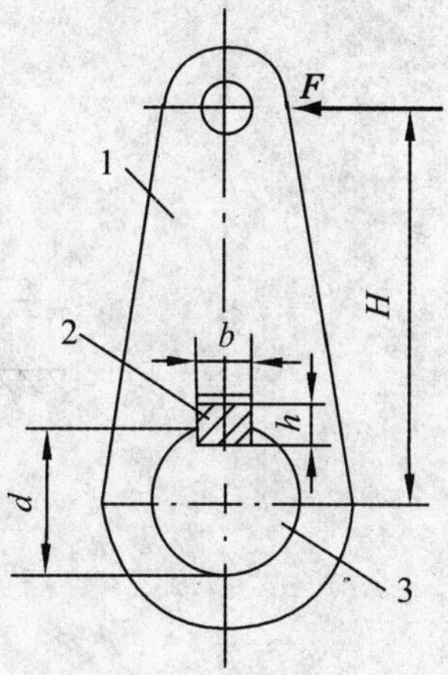

题 6-5 图

6-6　木屋架的端接头如图所示。当斜杆受力 $P=20\text{kN}$ 时，水平杆左端上部沿 $m-n$ 面受剪切。设木材顺纹许用剪应力$[\tau]=1\text{MPa}$，问长度 l 至少应为多少才能保证屋架安全？

6-7　图示齿轮和轴用平键联接，已知传递转矩 $m=3\text{kN}\cdot\text{m}$，键的尺寸 $b=24\text{mm}$，$h=14\text{mm}$，轴的直径 $d=85\text{mm}$，键和齿轮材料的许用应力$[\tau]=40\text{MPa}$，$[\sigma_{jy}]=90\text{MPa}$，试计算键所需长度 l。

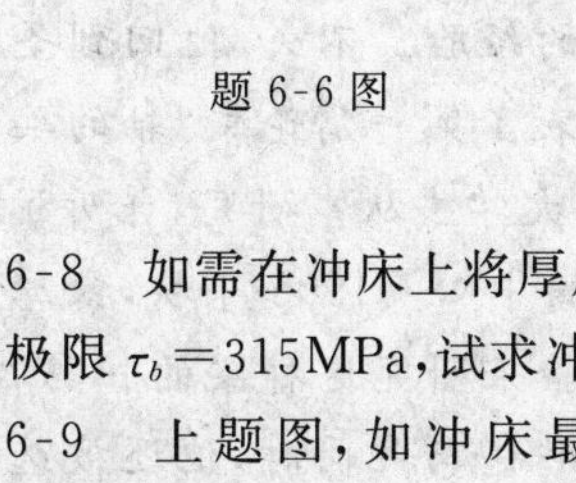

题 6-6 图

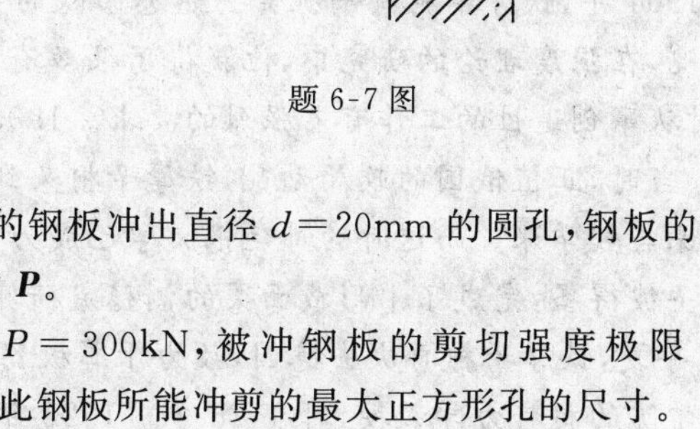

题 6-7 图

6-8　如需在冲床上将厚度 $\delta=5\text{mm}$ 的钢板冲出直径 $d=20\text{mm}$ 的圆孔，钢板的剪切强度极限 $\tau_b=315\text{MPa}$，试求冲头所需冲力 $\boldsymbol{P}$。

6-9　上题图，如冲床最大冲力为 $P=300\text{kN}$，被冲钢板的剪切强度极限 $\tau_b=300\text{MPa}$，钢板厚度 $\delta=10\text{mm}$，试求冲床对此钢板所能冲剪的最大正方形孔的尺寸。

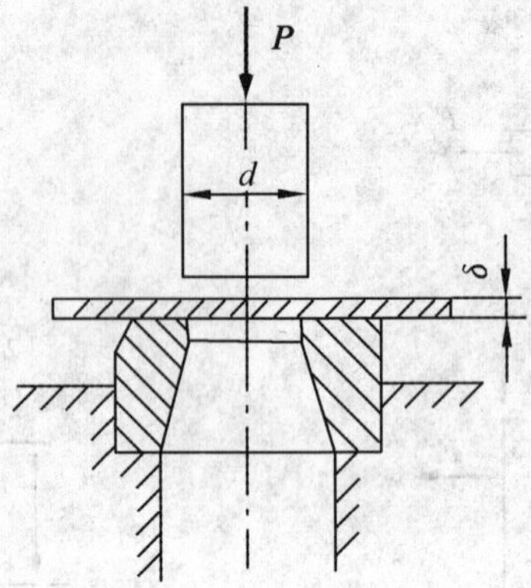

题 6-8 图

阅读材料

杰出的科学家和教育家——铁摩辛柯

铁摩辛柯(S. T. moshenko,1878～1972)1878 年生于乌克兰的希托英卡村。少年时，他就有志于当一个铁路工程师。1896 年,怀着宏远抱负的他考入了当时享有盛名的交通学院。

1900 年,他到巴黎去参加一个博览会时,发现德国、比利时、法国等国家在文化教育与工业发展方面都远远超过俄国。从强度理论的研究中,他认为值得向人家作进一步学习。1904 年,铁摩辛柯有一机会去熟悉西欧的力学教学,并较长时间地留在德国慕尼黑工学院,在强度理论的研究中,他获得了很多有关材料实验的经验。不久,他回到圣彼得堡,对从事创造性的工作有着强烈的要求。1905 年春,他发表了第一篇论文"轴的共振现象"。当时,正值俄国的政局动乱,铁摩辛柯又到德国哥廷根大学去从事研究,并听了几门力学课与数学课。而这时的哥廷根大学已成为了力学发展的中心。1905 年秋,铁摩辛柯回到圣彼得堡,完成了Ⅰ形截面梁的侧稳定研究,并还用实验来研究这种梁的扭转性能。1906 年夏,铁摩辛柯再次去德国,致力于薄板稳定的理论工作。与此同时,他还被选为基辅工学院的材料力学教授,时年 28 岁。1922 年,铁摩辛柯抵达美国费城,不久就转入西屋电气公司。1924 年春,他在公司的机械工程学校正式授课。他的第一本教材,也就是与 J. M. Lessells 合作的《应用弹性力学》在美国出版。1927 年,密歇根大学的工学院院长聘请他去担任研究生的力学教授。这件事标志了他的一个学术时代的开始,他以数十年的岁月去深远地影响美国的工程教学。此后他的《工程中的振动问题》、《材料力学》上下两册、《弹性理论》与《弹性稳定理论》也相继出版。1936 年，铁摩辛柯受斯坦福大学机械工程学院之聘，从事工程师学位学生的力学教学，为了加强本科生教学，他竟教起静力学与材料力学来了。与此同时，他继续著书立说，先后完成了《板与壳理论》、《结构理论》、《高等动力学》、《悬索桥》、《扭转屈曲》等著作与论文。1944 年退休后，仍继续讲课。教课之余，或修订旧著，或编写新著，辛勤工作，笔耕不止。1953 年集他一生壮志的《弹性理论与材料力学史》问世。

铁摩辛柯以一生致力于科学研究与教学工作，获得世界上的很多褒奖与荣誉。他曾被选为美国科学院、英国皇家学会等七个科学院的院士，并荣获美国、英国、法国等国的八个学术团体的勋章。

我国 17 世纪的力学家王征

王征(1572～1644)，字良甫，陕西泾阳县人。他少年好学，明万历二十二年(1594)中举人，但是他没去做官，而是住在乡间，一面耕作，一面利用力学原理设计和制造了许多具有实用价值的简单机械。王征就这样在乡间度过了 18 个年头，到了明天启二年(1622)，52 岁的他考中了进士。此后他向朝廷建议采用他自己设计的兵器，以对付满兵。正值他居官之时，李自成的农民起义军于 1644 年推翻了明王朝的统治。当起义军攻取北京后，他绝食七日，为明朝廷而殉身。但在他的一生中关于机械学、力学方面的成就却有不少。

在他编著的《新制诸器图说》中，介绍了虹吸、鹤饮、自行磨、自行车、轮壶、代耕架等数种机械的构造原理。他的目的，就是要寻找一种动力，全部或部分地代替人力畜力，以减轻人、畜的劳动强度。当西方传教士不断进入我国时，他很注意吸收外国的科学知识。他曾于天启元年冬在北京会见了西方传教士邓玉函等三人。这些人从西方带来约七千余部图书，其中有一部介绍"奇器"，即力学和简单机械，后由邓玉函口授，王征撰绘。他们把此书起名为《远西奇器图说录最》。全书分为重解、器解、力解三卷，主要内容是讲一些机械的力学原理及其应用。

王征是我国 17 世纪卓越的力学家和机械学家，他运用力学原理设计和制造了不少有实用价值的简单机械，而且大胆冲破当时封建统治思想的束缚，关心科学技术的传播。他说："学，原不问精粗，总期有济于世人；亦不问中西，总期不违于天，"也就是把"有益于民生日用、国家兴作"的"技艺"予以研究与发展。

第七章　圆轴扭转

机械中的轴类零件往往承受扭转。例如，汽车传动轴（图 7-1），左端受发动机的主动力偶作用，右端受后牙包的阻抗力偶作用。轴的两端在这样一对大小相等、转向相反、作用面与轴线垂直的力偶作用下，轴的各横截面都绕其轴线发生相对转动，这种变形称为扭转变形。

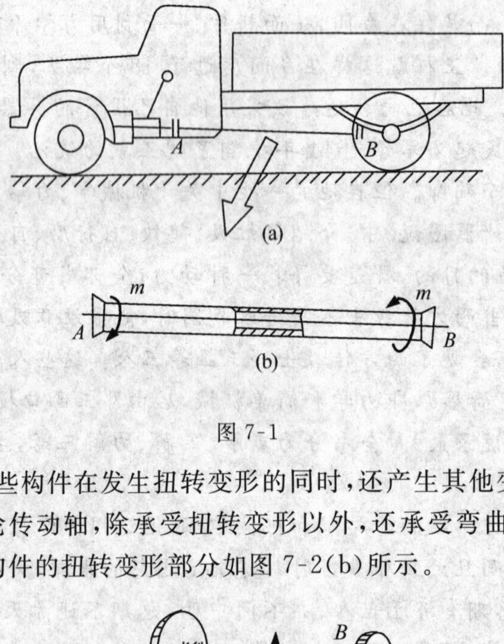

图 7-1

在机械工程中，有些构件在发生扭转变形的同时，还产生其他变形。例如，图 7-2(a) 所示的带传动轴和齿轮传动轴，除承受扭转变形以外，还承受弯曲变形，属于组合变形。本章讨论的只是这些构件的扭转变形部分如图 7-2(b) 所示。

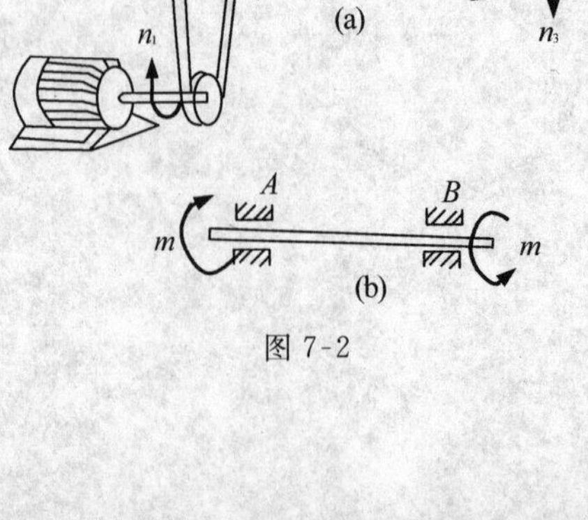

图 7-2

除此以外，象开锁的钥匙，以及钻头、丝维(图 7-3)等，工作时都主要产生扭转变形。但是，工程上发生扭转变形的构件，大多是具有圆形或圆环形截面的直轴。本章只研究等截面圆轴扭转时的外力、内力、应力和变形，并讨论轴的强度计算和刚度计算。

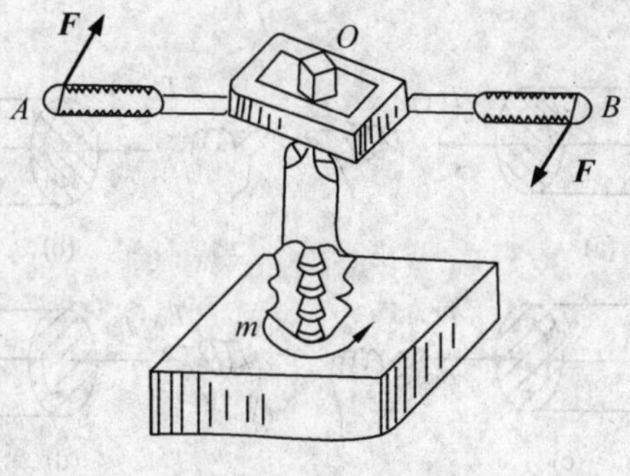

图 7-3

第一节　扭矩和扭矩图

一、外力偶矩的计算

作用于轴上的外力偶矩，通常不是直接给出其数值，而是给出轴的转速 n(转/分)和所传递的功率 P(千瓦)，这时由功率、转速、力矩来计算外力偶矩的公式为

$$m=9550\frac{P}{n}(\mathrm{N\cdot m})$$

应当注意：在确定某个力偶矩 m 的方向时，凡输入功率的齿轮、带轮作用的转矩为主动力矩，m 的方向与轴的转向一致；凡输出功率的齿轮、带轮作用的转矩为阻力矩 m 的方向与轴的转向相反。

二、扭转时的内力——扭矩

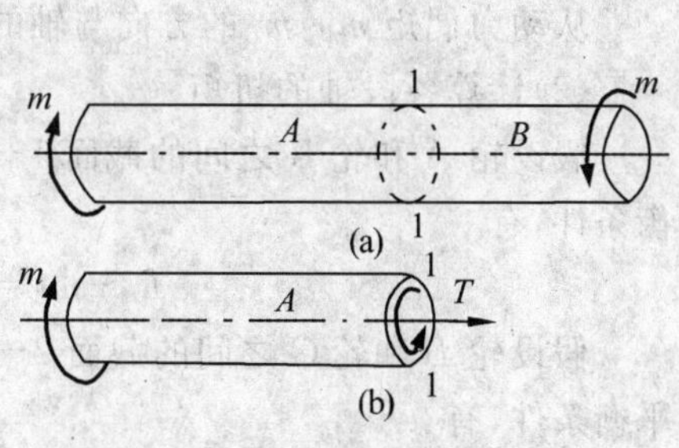

图 7-4

圆轴在外力偶作用下发生扭转变形时，其横截面上将产生内力。求内力的方法仍用截面法。现以图 7-4(a)所示受扭转圆轴为例，如假想地将圆轴沿任一横截面 1－1 切开，并取部分 A 作为研究对象(图 7-4(b)。由于整个轴是平衡的，所以部分 A 也处于平衡状态。轴上已知的外力偶矩为 m，因为力偶只能用力偶来平衡，显然截面 1－1 上的内力合成的结果应是一个内力偶矩，以符号 T 表示，方向如所示，其大小由部分 A 的平衡条件 $\sum m=0$ 求得：

$$T-m=0, T=m$$

T 称为截面 1－1 上的扭矩，它的单位与外力偶矩相同，常用单位为牛[顿]米(N·m)。

扭矩的正负号规定如下：用右手螺旋法则将扭矩表示为矢量，即右手的四指弯曲方向表示扭矩的转向，大拇指表示扭矩矢量的指向。若扭矩矢量的方向与横截面外法线方向一致，则扭矩为正，如图 7-5(a)，(b)所示；反之为负，如图 7-5(c)，(d)所示。因此，同一截面左右两侧的扭矩，不但数值相等，而且符号相同。

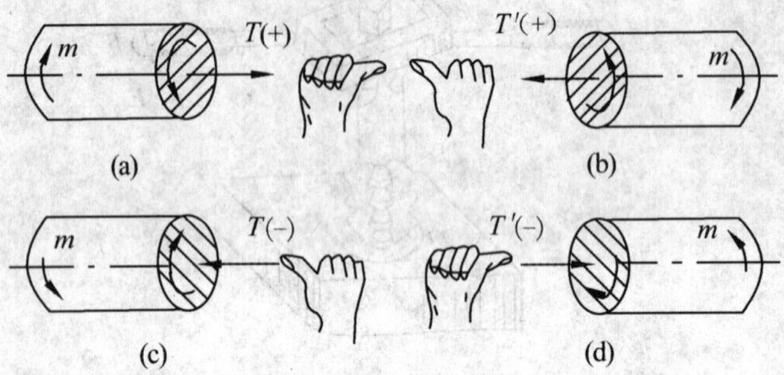

图 7-5

【例 7-1】图 7-6(a)所示为一齿轮轴。已知轴的转速 $n=300\text{r/min}$，主动齿轮 A 输入功率 $P_A=50\text{kW}$，从动齿轮 B 和 C 输出功率分别为 $P_B=30\text{kW}$，$P_C=20\text{kW}$，试求轴上截面 1—1 和 2—2 处的内力。

解：(1)计算外力偶矩：

$$m_A=9550\,\frac{P_A}{n}=9550\,\frac{50}{300}=1592\text{N}\cdot\text{m}$$

主动力偶矩 m_A 的方向与轴的转向一致。

$$m_B=9550\,\frac{P_B}{n}=9550\,\frac{30}{300}=955\text{N}\cdot\text{m}$$

$$m_C=9550\,\frac{P_C}{n}=9550\,\frac{20}{300}=637\text{N}\cdot\text{m}$$

从动力偶矩 m_B，m_C 的方向与轴的转向相反。

(2)计算各段轴的扭矩

假设轮 A 和轮 B 之间的截面 1—1 上的扭矩 T_1 为正号，如图 7-6(b)所示，则根据平衡条件，有

$$T_1-m_A=0,\ T_1=m_A=1592\text{N}\cdot\text{m}$$

假设轮 B 和轮 C 之间的截面 2—2 上的扭矩 T_2 也为正号，如图 7-6(c)所示，则根据平衡条件，有

$$T_2+m_B-m_A=0,\ T_2=m_A-m_B=1592-955=637\text{N}\cdot\text{m}$$

如果我们取截面 2-2 的右边部分为研究对象，如图 7-6(d)所示，设截面上的扭矩 T_2' 为正号，也可求得 $T_2'=m_C=637\text{N}\cdot\text{m}$，大小与 T_2' 相等，而方向相反。

三、扭矩图

为了显示整个轴上各截面扭矩的变化规律，以便分析最大扭矩($M_{\max}$)所在截面位置，常用横坐标表示轴各截面位置，纵坐标表示相应横截面上的扭矩。扭矩为正值时，图线画

在横坐标的上方；扭矩为负值时，图线画在横坐标的下方，这种图线称为**扭矩图**(图 7-6(e))为图 7-6(a)所示轴的扭矩图。可见，轴上 AB 段各截面的扭矩最大，$T_{max}=1592\ N\cdot m$。

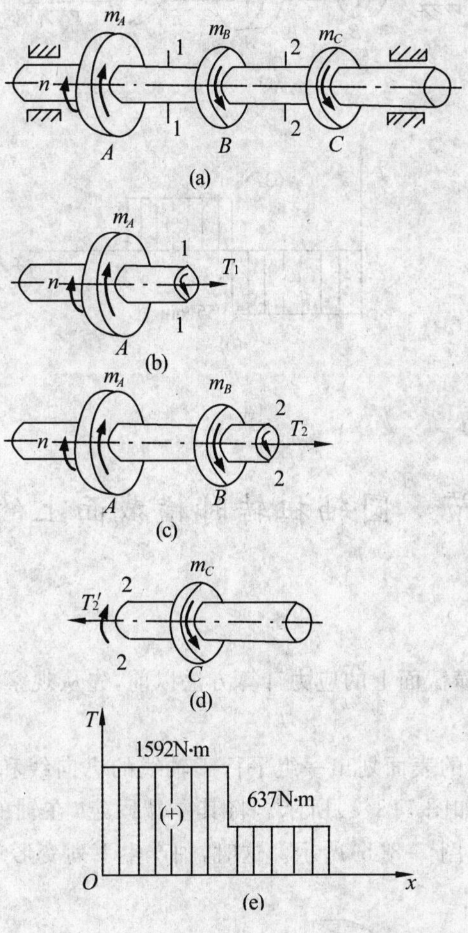

图 7-6

上例中，如果在设计时把齿轮 A 安排在轴的中间(即从动轮 B 和轮 C 安排在主动轮 A 的两侧)，如图 7-7(a)所示，用截面法可求得

$$T_1=-m_B=-955\text{N}\cdot\text{m}$$

$$T_2=m_C=637\text{N}\cdot\text{m}$$

扭矩图，如图 7-7(b)所示，最大扭矩 $|T_{max}|=955\text{N}\cdot\text{m}$。由此可见，传动轴上输入与输出功率的齿轮位置不同，轴的最大扭矩数值就不同，显然，从强度观点看后者比较合理。

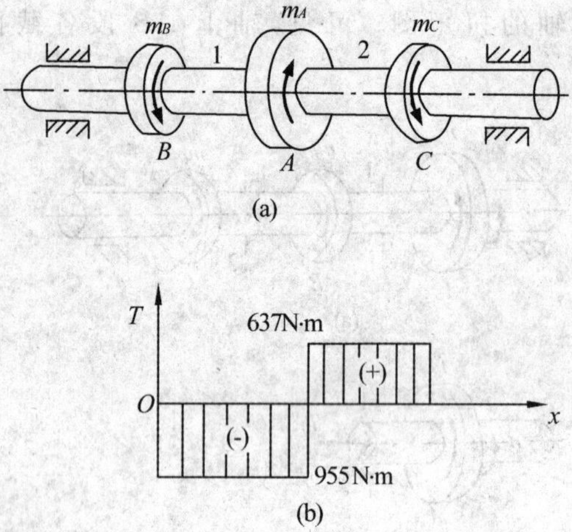

图 7-7

第二节　圆轴扭转时横截面上的应力

一、圆轴扭转变形

在研究圆轴扭转时横截面上的应力计算方法以前，先从观察变形现象着手，了解应力分布规律。

取一等直圆轴，在它的表面划出一组平行于轴线的纵向线和一组代表横截面的圆周线，形成许多矩形格子，如图 7-8(a)所示。将其左端固定，在轴的右端加一外力偶矩 m，其作用面与轴线垂直，如图 7-8(b)所示。这时，轴产生下列变形现象：

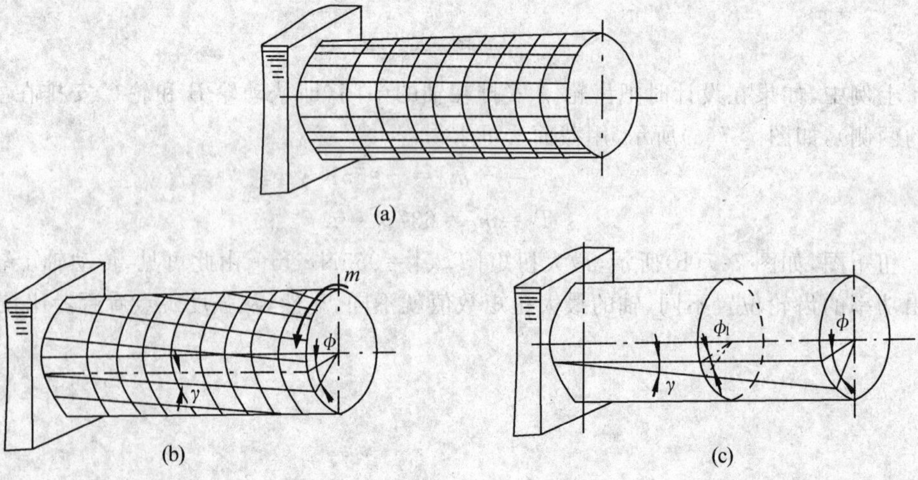

图 7-8

(1)所有圆周线的形状、大小及相互距离均无变化,只是它们绕轴线旋转了不同的角度。

(2)所有纵向线都倾斜了同一角度 γ,使原来的矩形格子变成平行四边形。

根据以上现象,可作出以下**平面假设**:圆轴在扭转变形时,各横截面仍为垂直于轴线的平面,只是绕轴线作相对转动。

由此假设可知,扭转变形后,圆轴横截面上的半径仍为直线,且其长度不变。

二、圆轴扭转时的应力

根据平面假设,可得出如下两点推论:

(1)扭转变形时,相邻横截面之间发生了绕轴线的相对转动,说明各横截面材料的颗粒之间发生了相对错动,这实质上是剪切变形,γ 就是剪应变。所以横截面上必有剪应力存在,且剪应力的合力必为力偶。又因截面半径长度不变,故剪应力方向必垂直于半径。离截面中心愈远的颗粒,错动的位置愈大,说明材料的应变愈大,因而剪应力也愈大。

(2)扭转变形时,因相邻横截面的颗粒之间沿轴线方向的距离不变,线应变 $\varepsilon=0$,所以横截面上没有正应力。

由此便得到圆轴扭转时,横截面上剪应力的分布规律(图 7-9):横截面上某点的剪应力与该点至圆心的距离成正比,圆心处剪应力为零,圆周上剪应力最大(最大剪应力用符号 $\tau_{\max}$ 表示),剪应力沿截面半径成直线规律分布。

由图 7-9 不难看出,横截面上任意一点 A 的剪应力 τ 与扭矩 T_n 及距离 $OA(=\rho)$ 成正比。应用静力学平衡条件、变形的几何条件及虎克定律,可以推导出计算截面上最大剪应力的公式(推导过程本书从略),其结果如下:

$$\tau_{\max}=\frac{TR}{I_p} \tag{7-1}$$

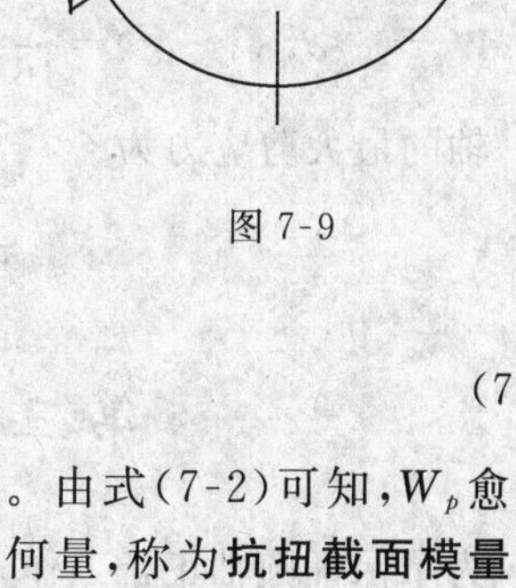

图 7-9

式中:$\tau_{\max}$ 一横截面上最大剪应力;

T一横截面上的扭矩;

R一圆轴的半径;

I_p一横截面的极惯性矩,它表示截面的几何性质,它的大小与截面形状和尺寸有关。单位是 mm^4 或 cm^4。

为了应用方便,将 R 与 I_p 这两个几何量合并成一个量,因 $\tau_{\max}=\dfrac{T}{I_p/R}$,令 $I_p/R=W_p$,于是

$$\tau_{\max}=\frac{T}{W_p} \tag{7-2}$$

这就是圆轴扭转时横截面上的最大剪应力的计算公式。由式(7-2)可知,W_p 愈大,$\tau_{\max}$ 就愈小。因此,W_p 是表示横截面抵抗扭转能力的一个几何量,称为**抗扭截面模量**,其单位是 mm^3 或 cm^3。

三、圆轴抗扭截面模量计算公式

机器中,轴的横截面通常采用实心圆和空心圆两种形状。它们的极惯性矩 I_p 和抗扭

截面模量 W_p 计算公式如下(它们的推导过程省略)：

(1)实心圆轴(设直径为 D)

极惯性矩　$$I_p=\frac{\pi D^4}{32}\approx 0.1D^4 \tag{7-3}$$

抗扭截面模量　$$W_p=\frac{I_p}{R}=\frac{\frac{\pi D^4}{32}}{\frac{D}{2}}=\frac{\pi D^3}{16}\approx 0.2D^3 \tag{7-4}$$

(2)空心圆轴(设轴的外径为 D、内径为 d)

极惯性矩　$$I_p=\frac{\pi D^4}{32}-\frac{\pi d^4}{32}=\frac{\pi D^4}{32}\left[1-\left(\frac{d}{D}\right)^4\right]$$

或

$$I_p=\frac{\pi D^4}{32}(1-\alpha^4)\approx 0.1D^4(1-\alpha^4) \tag{7-5}$$

抗扭截面模量

$$W_p=\frac{I_p}{R}=\frac{\pi D^3}{16}(1-\alpha^4)\approx 0.2D^3(1-\alpha^4) \tag{7-6}$$

式中，$\alpha=\frac{d}{D}$ 为空心圆轴内、外径的比值。

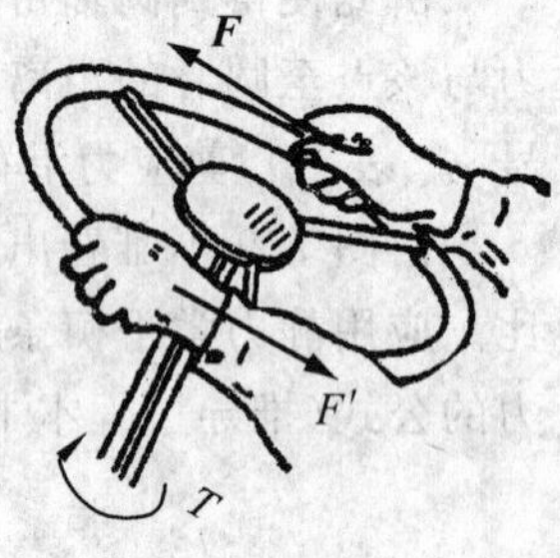

图 7-10

【例 7-2】图 7-10 为一汽车方向盘，直径 $D=520\text{mm}$，驾驶员每只手加在盘上的最大切向力 $F=F'=300\text{N}$，方向盘下的转向轴为空心圆管，外径 $d_{外}=32\text{mm}$，内径 $d_{内}=24\text{mm}$，试计算轴内的最大剪应力 τ。

解：驾驶员作用在方向盘上的外力偶矩为

$$m=FD=300\times 0.52=156\text{N}\cdot\text{m}$$

利用截面法可知转向轴任意横截面上的扭矩为

$$T=m=156\text{N}\cdot\text{m}$$

转向轴的抗扭截面模量为

$$W_p=\frac{\pi}{16}d_{外}^3(1-\alpha^4)=\frac{\pi}{16}\times 32^3\left[1-\left(\frac{24}{32}\right)^4\right]=4400\text{mm}^3$$

轴的最大剪应力为

$$\tau_{\max}=\frac{T}{W_p}=\frac{156\times 10^3}{4400}=35.5\text{MPa}$$

第三节　圆轴扭转的强度计算

为了保证圆轴正常工作，应使其横截面上最大工作剪应力 $\tau_{\max}$ 不超过材料的许用剪应力$[\tau]$。由此得圆轴扭转的强度条件为

$$\tau_{\max}=\frac{T_{\max}}{W_p}\leqslant[\tau] \tag{7-7}$$

许用剪应力$[\tau]$由扭转试验测定，可从有关手册查得。在静载荷作用下，它与许用拉

应力$[\sigma]$之间有如下关系：

对于塑性材料　　$[\tau]=(0.5\sim0.6)[\sigma]$

扭转强度条件也可用来解决强度校核、选择截面尺寸及确定许可载荷等三类强度计算问题。

【例 7-3】图 7-1(a)所示，解放牌汽车的传动轴 AB，由 45 号无缝钢管制成，外径 $D=90\text{mm}$，壁厚 $t=2.5\text{mm}$，传递的最大转矩为 $m=1.5\text{kN}\cdot\text{m}$，材料的$[\tau]=60\text{MPa}$。

(1)试计算其抗扭截面模量，并校核强度。

(2)若改用相同材料的实心轴，并要求它和原来的传动轴的强度相同，试计算其直径 D_1。

(3)比较空心轴和实心轴的重量。

解：(1)取传动轴 AB 为研究对象，如图 7-1(b)所示，各截面扭矩都相同，其大小为

$$T=m=1.5\text{kN}\cdot\text{m}$$

空心轴内径 $d=D-2t=90-5=85\text{mm}$，则 $a=\dfrac{d}{D}=\dfrac{85}{90}=0.9444$，故抗扭截面模量为

$$W_p\approx0.2D^3(1-a^4)=0.2\times90^3(1-0.9444^4)=29800\text{mm}^3$$

由强度条件公式(7-7)

$$\tau_{\max}=\frac{T}{W_p}=\frac{1.5\times10^3\times10^3}{29800}=50.3\text{MPa}<[\tau]$$

所以传动轴 AB 的强度足够。

(2)如改用实心轴，当材料和扭矩相同时，要求它们的强度相同，即抗扭截面模量 W_p 相等

$$W_p\approx0.2D_1^3=29800\text{mm}^3,$$

故实心轴的直径为

$$D_1=\sqrt[3]{\frac{298000}{0.2}}=53\text{mm}$$

(3)空心轴和实心轴重量之比，当二者的材料及长度都相同时，其重量之比就是它们横截面面积之比

空心轴横截面积　$A=\dfrac{\pi}{D}(D^2-d^2)=\dfrac{\pi}{4}(8100-7225)=687\text{mm}^2$

实心轴横截面积　$A_1=\dfrac{\pi}{4}D_1^2=\dfrac{\pi}{4}\times2809=2206\text{mm}^2$

二者的比值　$\dfrac{A}{A_1}=\dfrac{687}{2206}=0.31=31\%$，即空心轴的重量仅为实心轴重量的 31%。

由此可见，在条件相同的情况下，采用空心轴可以节省大量材料，减轻自重，提高承载能力。因此汽车、船舶和飞机中的轴类零件大多数采用空心的。

空心轴所以比实心轴有利，可以从扭转剪应力的分布图中得到说明。如图 7-11(a)所示实心轴，当横截面边缘上的最大剪应力达到许用值$[\tau]$时，圆心附近各点处的剪应力仍很小，而且，由于它们离圆心近，力臂小，圆心附近材料所承担的扭矩也小，材料没有得到充分利用。为了发挥材料的潜力，宜将材料配置在远离圆心的部位，使其成为空心轴如

图 7-11(b)所示，便可大大提高材料的利用率。但是也应注意到空心轴的壁厚不能太薄，否则管子在受扭时容易产生皱折现象而降低抗扭能力。同时尽量采用无缝钢管，如果空心管是用钢板弯卷后沿轴向焊接而成，必须保证焊缝质量，若焊缝开裂，则将大大降低承载能力。工程中的受扭杆件应尽量避免做成如图 7-11(c)所示的开口轴。

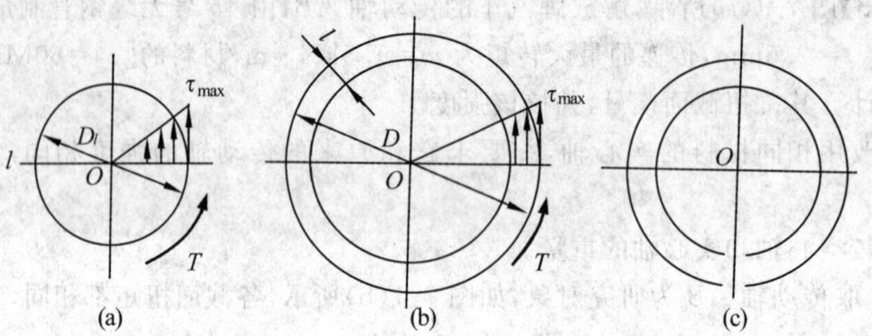

图 7-11

第四节　圆轴扭转刚度概述

在生产中，若机器的轴在工作中产生过大的扭转变形，常常会引起机器振动，以至不能正常工作。机床主轴的扭转变形过大，会降低零件的加工精度和表面质量。车床丝杆的扭转变形过大会影响螺纹的加工精度。因此，圆轴受扭转时除了应满足强度要求外，还须满足刚度要求。

扭转变形的大小，是用两个横截面间绕轴线的相对转角 φ 来度量的，见图 7-8(c)，φ 称为**扭转角**，单位是弧度(rad)。试验结果指出：扭转角 φ 与扭矩 T 及杆长 L 成正比，而与材料的剪切弹性模量 G 及杆横截面的极惯性矩 I_p 成反比，即

$$\varphi=\frac{TL}{GI_p} \tag{7-8}$$

式中 GI_p 称为截面的抗扭刚度。它反映了材料和横截面的几何因素两方面对扭转变形的抵抗能力。当 T 和 L 一定时，GI_p 愈大，则扭转角 φ 愈小，说明圆轴的刚度愈大[读者试将式(7-8)与式(5-4) $\Delta L=\frac{NL}{EA}$ 作一对照]。

在工程计算中，通常是限制轴单位长度的扭转角 θ，$\theta=\frac{\Phi}{L}=\frac{T}{GI_p}$。因此，**圆轴扭转的刚度条件是：最大的单位长度扭转角 θ_{max} 不得超过许用扭转角[θ]**，即

$$\theta_{max}=\frac{T}{GI_p}\leqslant[\theta] \tag{7-9a}$$

单位长度内的许用扭转角[θ]的数值，根据对机器的要求、工作条件等因素来确定，具体数值可从有关手册中查得。其一般范围是：

精密机械、仪表、航空受扭的轴　[θ]＝0.15～0.50(°/m)

一般传动轴　[θ]＝0.5～1.0(°/m)

精度较低的轴　[θ]＝1～4(°/m)

应当注意：如果轴的各段扭矩不同，或圆轴直径不同时，应分段计算扭转角，全轴的总扭转角是各段扭转角的代数和。

【例 7-4】某万吨轮主机至螺旋桨的传动轴的直径 $D=43\text{cm}$，如轴的许用应力$[\tau]=50\text{MPa}$。

(1)当轴的转速 $n=120\text{r/min}$ 时，问轴允许传递的功率可达多少千瓦？

(2)如果 $G=80\text{GPa}$，轴的许用扭转角$[\theta]=0.5(°/\text{m})$，试校核此轴的刚度。

解(1)求轴允许传递的功率：由式(7-7)可求得轴允许传递的最大转矩为

$m=T_{\max}\leqslant[\tau]W_p=50\times0.2\times430^3=795\times10^6\text{N}\cdot\text{mm}=795\times10^3\text{N}\cdot\text{m}$

可求得轴允许传递的功率为

$$P=\frac{n\cdot m}{9550}=\frac{795\times10^3\times120}{9550}=9989.53\text{kW} \tag{7-9b}$$

(2)校核轴的刚度：由式(7-9b)，得

$$\theta_{\max}=\frac{T}{GI_p}\times\frac{180}{\pi}=\frac{T}{G\cdot\frac{\pi}{32}d^4}\times\frac{180}{\pi}=\frac{795\times10^3\times32\times180}{80\times10^9\times\pi^2\times0.43^4}=\frac{458}{2700}=0.17(°/\text{m})$$

$\theta_{\max}<[\theta]$，故轴的刚度足够。

思考题

1. 在什么情况下圆轴将发生扭转变形？扭转变形的特点是什么？

2. 试指出图 7-12 所示各轴哪些产生扭转变形？

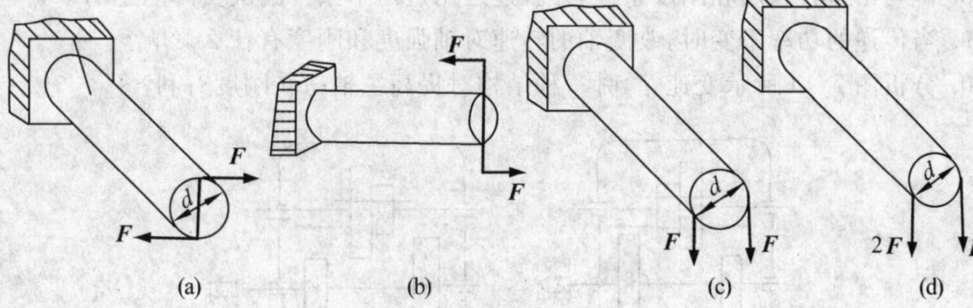

图 7-12

3. 什么是扭矩？怎样计算截面上的扭矩？

4. 什么是扭矩图？扭矩图能说明什么问题？

5. 观察圆轴的扭转变形时，我们将看到哪些表面现象？由表及里推断圆轴变形时，其横截面的相对位置将发生何种变化？

6. 为什么说扭转变形实质上是剪切变形？

7. 圆轴扭转时，横截面上产生什么应力？它们在横截面上如何分布？试画应力分布图。

8. 写出圆轴扭转时，横截面上最大应力的计算公式。

9. 圆轴扭转时，横截面上是否有正应力？为什么？

10. 分析图 7-13 所示各种情况下剪应力分布是否正确？为什么？

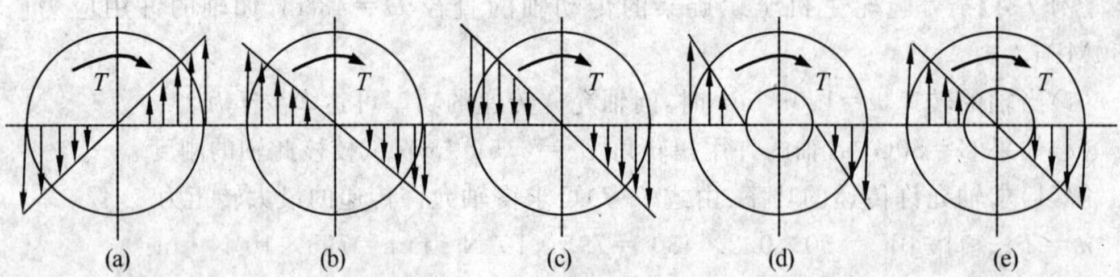

图 7-13

11. 什么是圆轴的极惯性矩？什么是抗扭截面模量？写出它们的计算公式和单位。

12. 空心轴外径为 D，内径为 d，它的抗扭截面模量可否按下式计算？为什么？

$$W_p=\frac{\pi D^3}{16}-\frac{\pi d^3}{16}$$

13. 空心轴有哪些好处？在什么情况下宜采用空心轴？

14. 空心轴和实心轴外径相同时，它们的抗扭截面模量哪个大些？

15. 为什么在机床齿轮箱中，往往是高速轴的直径较小，而低速轴的直径较大。

16. 直径和长度相同，而材料不同的两根轴，在相同扭矩作用下，它们的抗扭截面模量是否相同？最大剪应力是否相同？扭转角是否相同？为什么？

17. 如果圆轴的直径增大一倍(其他情况不变)，那么最大剪应力、轴的扭转角将变化多少？如轴的长度增大一倍，最大剪应力、轴的扭转角将变化多少？

18. 试写出扭转强度和刚度条件，并叙述运用这两个条件解决实际问题的步骤。

19. 当传递的功率不变时，改变轴的转速对轴强度和刚度有什么影响？

20. 分析图 7-14 所示变速箱，哪一种结构对提高主轴扭转刚度有利？

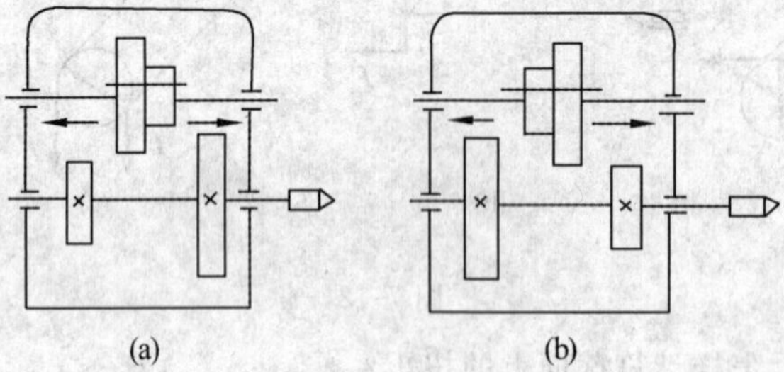

图 7-14

习　题

7-1　试绘下列各轴的扭矩图。

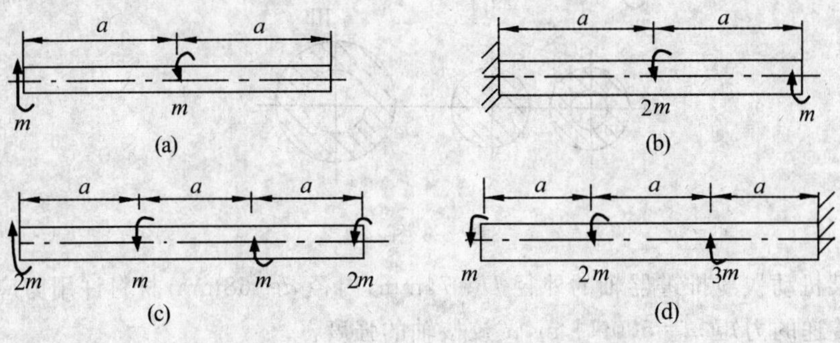

题 7-1 图

7-2　某传动轴，转速 $n=250\text{r/min}$，轮 1 为主动轮，输入功率 $P_1=7\text{kW}$，轮 2,3,4 为从动轮，输出功率分别为 $P_2=3\text{kW}$，$P_3=2.5\text{kW}$，$P_4=1.5\text{kW}$。试绘该轴的扭矩图。

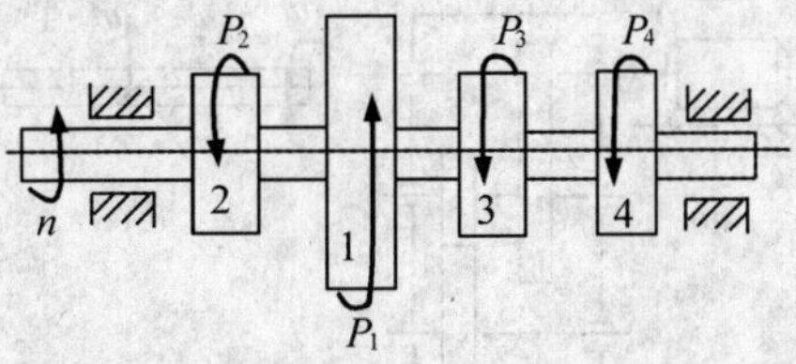

题 7-2 图

7-3　转速 $n=1500\text{r/min}$ 的传动轴，从主动轮输入功率 $P_1=36\text{kW}$，由从动轮输出的功率 $P_2=15\text{kW}$，$P_3=15\text{kW}$。

(1)试求轴上各段的扭矩，并绘扭矩图。

(2)从强度观点看，三个轮子如何布置比较合理？试求这种方案的 T_{max}。

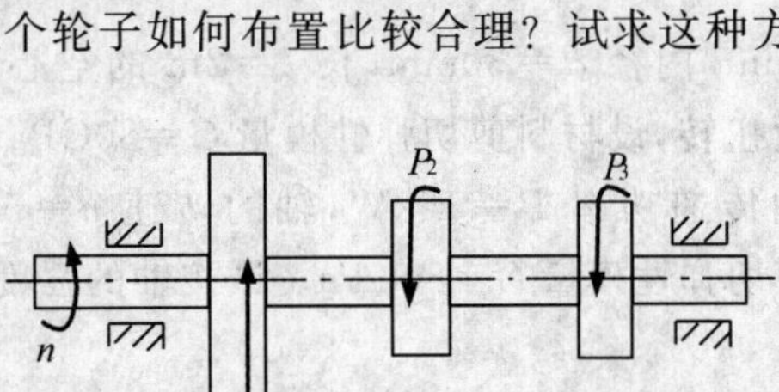

题 7-3 图

7-4　设有图示的传动轴，两端受外力偶矩 m 作用，若截面Ⅲ－Ⅲ的面积和截面Ⅱ－Ⅱ的面积相同，截面Ⅰ－Ⅰ和Ⅱ－Ⅱ的外径相同。试画出各截面的应力分布图，并判断哪个截面上的剪应力最大，哪个截面上的剪应力最小。

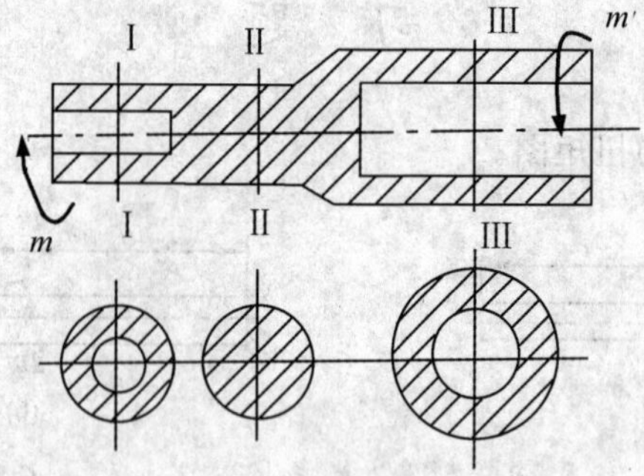

题 7-4 图

7-5 某机动快艇推进器轴的外径 $D=74\text{mm}$，内径 $d=68\text{mm}$，材料许用剪应力 $[\tau]=40\text{MPa}$，若传递的力矩 $m=500\text{N}\cdot\text{m}$，试校核轴的强度。

7-6 某起重机减速箱用 $P=6.6\text{kW}$ 的电动机拖动，电动机转速 $n=945\text{r/min}$，减速箱中第一根轴（图 b）用联轴器与电动机轴联接。设第一根轴的直径 $d=22\text{mm}$，材料 $[\tau]=40\text{MPa}$，试校核此轴的强度。

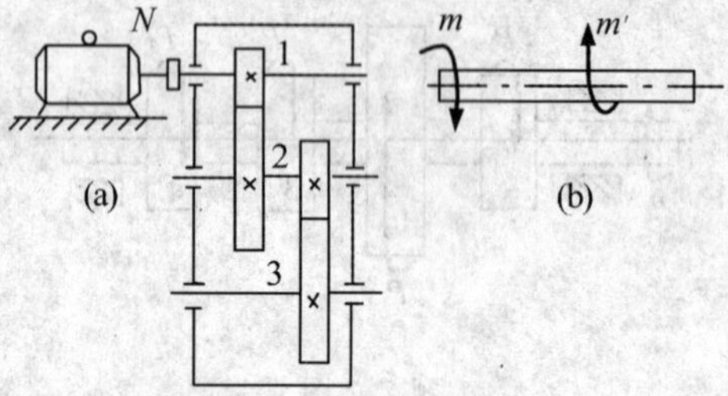

题 7-6 图

7-7 机器传动轴的直径 $D=80\text{mm}$，转速 $n=200\text{r/min}$，材料 $[\tau]=50\text{MPa}$，试计算此轴能传递的最大功率。

7-8 外径 $D=60\text{mm}$，内径 $d=30\text{mm}$，长 $l=2\text{m}$ 的空心轴，两端面承受 $m=2000\text{N}\cdot\text{m}$ 的外力偶矩作用而扭转，设材料剪切弹性模量 $G=80\text{GPa}$，试求扭转角 φ 的大小。

7-9 某机器传动轴传递功率 $P=15\text{kW}$，轴的转速 $n=500\text{r/min}$，轴的材料 $[\tau]=40\text{MPa}$，$[\theta]=1(°/\text{m})$，剪切弹性模量 $G=80\text{GPa}$。试按轴的强度和刚度设计轴的直径。

阅读材料

罗伯特·胡克

胡克定律是固体力学的基本规律之一，它由罗伯特·胡克(R. Hooke，1635～1702)于1678年提出而得名。

胡克1635年7月18日出生于英国南部怀特岛的一个牧师家庭。幼年时喜欢拨弄机械物品如钟表、玩具等。在他13岁时父亲去世，仅给他留下100英镑的遗产。但家境贫寒的胡克走了好运，他所就读的中学的校长承认了他，让他留在了他家。小胡克由此受到良好的教育。他刻苦学习，竟在一个星期内贪婪地读了6本欧几里得的书，而且很快将书中的几何知识学以致用，做了多种结构和多种飞行方法的设计。

由于胡克的勤奋好学以及独特的手工技艺，他得到了威斯敏斯特市的全力资助，因而被转到牛津大学。在牛津，他受到了英国皇家学会的一些才华横溢的科学精英的赏识，不久他成为了物理学家(又是近代化学的奠基人)罗伯特·波义耳(R. Boyle，1627～1691)的助手。在波义耳导出波义耳气体定律和发明空气泵时，胡克起了很大的作用。与此同时，胡克倾力于航海急需的用于测量经度的航海计时仪的研究，他还确立了将弹簧装在摆轮上的钟表原理。1669年，他被聘任为格雷萨姆学院的几何学教授，同时出版了他的《显微照相》一书，并还研制了显微镜，通过观察木栓又发现了细胞。1670年，他的《论刀具切削》一书出版，在此书中，他准确地陈述了应力与应变成正比的弹性定律。胡克一生从事科学研究的范围极宽，但最突出的成就还是在机械、仪器领域，如发明了万向接头、螺旋调节器、气压计，将结冰温度作为温度计零度，以及测量湿度、风速和雨量的气候仪等仪表的问世，这些都是他的成就。

胡克处于一个有很多科学争论的时代，他一生采取了艰苦的生活方式。1702年3月3日，他在他居住了近40年的房间里与世长辞。

第八章　直梁弯曲

第一节　平面弯曲的概述和实例

一、弯曲概念

在工程结构和机械零件中，存在大量的弯曲问题。例如，图 8-1 所示，桥式起重机横梁 AB，在载荷 $\boldsymbol{F}$ 和自重 q 的作用下将变弯。又如图 8-2 所示车刀，在切削力 $\boldsymbol{P}$ 作用下也会变弯。可见，当直杆受到垂直于轴线的外力作用，其轴线将由直线变为曲线，凡是以弯曲变形为主的杆件通常称为梁。梁是机器设备和工程结构中最常见的构件。

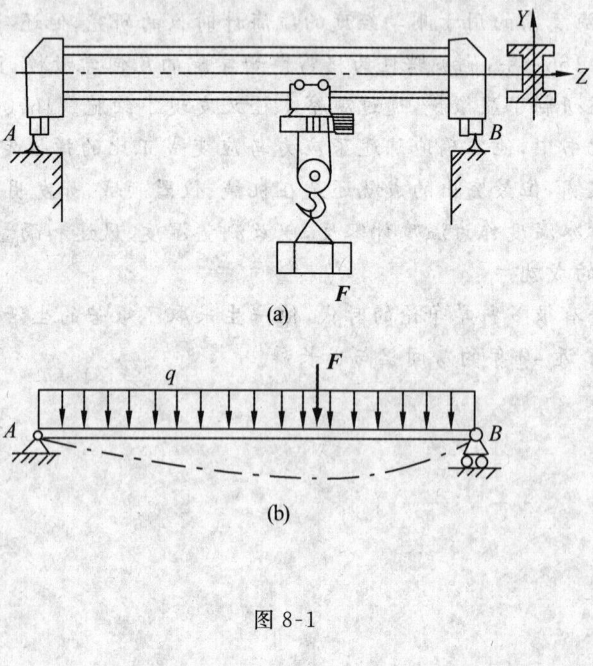

图 8-1

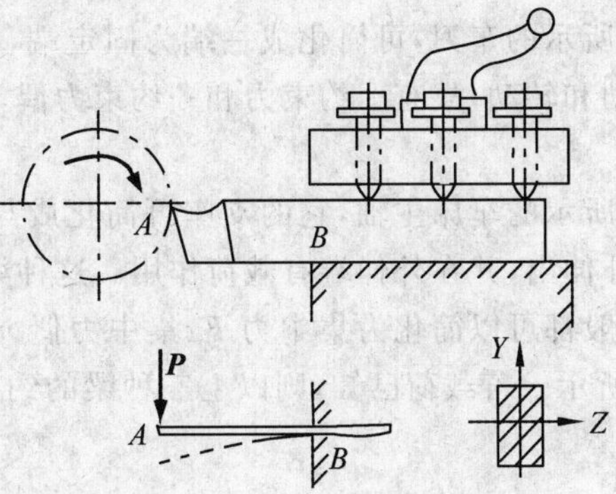

图 8-2

二、平面弯曲

工程中使用的梁，其横截面的形状若具有一个对称轴 y（见以上二图中的 $y-y$ 轴），则对称轴与梁的轴线所构成的平面称为**纵向对称面**（图 8-3）。当作用在梁上的所有外力（或力偶）都位于这个对称面内，梁变形以后的轴线将是在此对称面内的一条平面曲线，这种情况称为**平面弯曲**，若这些外力只是一对等值反向的力偶时，则称为纯弯曲。它是弯曲问题中最简单的情形，是杆件的一种基本变形形式。

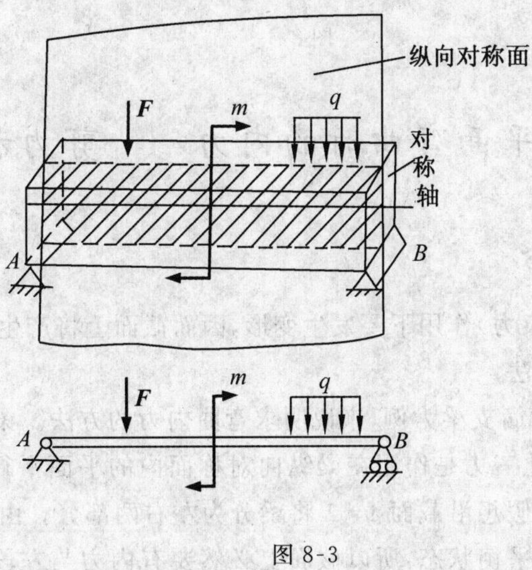

图 8-3

三、梁的类型

在工程实际中，梁的支座情况和载荷作用形式是复杂多样的，为了便于研究，对它们常作一些简化。通过对支座的简化，我们将梁分为下列三种基本形式。

(1)简支梁　如图 8-1 所示桥式起重机的横梁 AB，可以简化成一端为固定铰链支座，另一端为活动铰链支座的梁，这样简化的支座，其约束力与实际结构是等效的。这种梁称为简支梁。

(2)悬臂梁　如图 8-2 所示的车刀,可简化成一端为固定端,一端为自由端的约束情况。因固定端可阻止梁移动和转动,故有一约束力和一约束力偶,也与实际结构等效。这种梁称为悬臂梁。

(3)外伸梁　如图 8-4 所示的车床主轴,它的支座可简化成与简支梁一样的形式,但梁的一端(或两端)向支座外伸出,并在外伸端有载荷作用。这种梁称为外伸梁。

作用在梁上的载荷,一般都可以简化为集中力 $\boldsymbol{F}$、集中力偶 m 和均布载荷 q(单位是 N/m 或 kN/m),如图 8-3 所示。若载荷已知,则以上三种梁的约束力都可用静力学平衡方程求出。

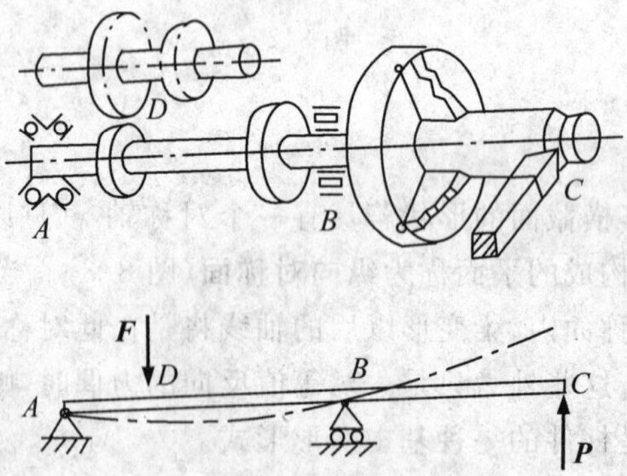

图 8-4

第二节　平面弯曲时的内力——剪力和弯矩

一、剪力和弯矩的概念

梁在外力(载荷及约束力)作用下要发生变形,因而截面上将产生相互作用的内力,计算内力的方法仍然是截面法。

现以图 8-5(a)所示的简支梁为例,来说明求弯曲内力的方法。梁在载荷 $\boldsymbol{F}$ 与支座反力 $\boldsymbol{R}_A$,$\boldsymbol{R}_B$ 作用下而平衡,此三力是作用在梁纵向对称面内的平面平行力系。为了显示出任一截面 1－1 上的内力,假想沿截面 1－1 将梁分为左右两部分。由于整个梁是平衡的。它的每一个部分也应处于平衡状态,所以截面上必然要有内力与左段(或右段)上的外力构成平衡力系。现取左段为研究对象如图 8-5(b)所示。作用于左段上的力,除外力 $\boldsymbol{R}_A$ 以外,在截面 1－1 上还有右段对它作用的内力。把内力和外力投影于 y 轴,其代数和应等于零。这就要求截面 1－1 上有一个与横截面相切的内力 $\boldsymbol{Q}$。

再把左段上的所有外力和内力对截面 1－1 的形心(即截面的几何中心)O 取矩,其力矩代数和应等于零。这就要求在截面 1－1 上有一内力偶矩 M。内力偶矩 M 作用在梁的纵向对称面内,如图 8-5(b)所示。

如果取梁的右段为研究对象，在右段的截面 1—1 处，必然也有一个内力 $\boldsymbol{Q}'$ 与一个内力偶矩 $\boldsymbol{M}'$ 图 8-5(c) 与右段所受外力构成平衡力系，根据作用与反作用公理 $\boldsymbol{Q}'$，$\boldsymbol{M}'$ 与截面 1—1 左侧的 $\boldsymbol{Q}$、$\boldsymbol{M}$ 应分别等值、反向。

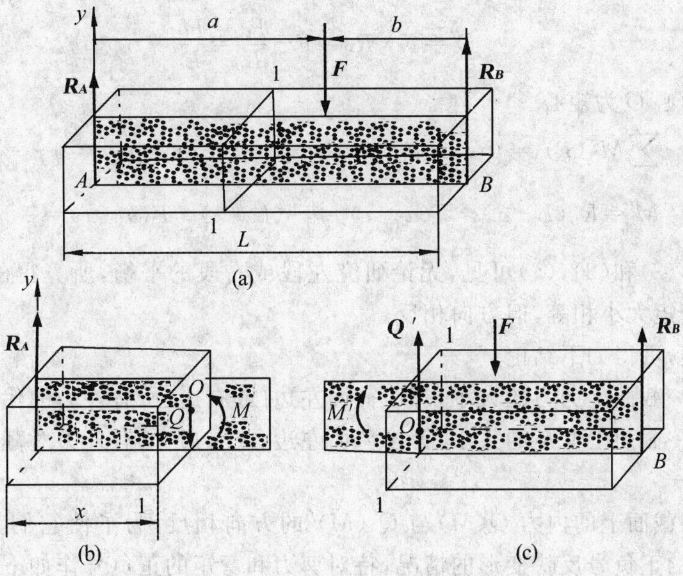

图 8-5

由以上分析可知，梁的横截面上的内力一般包含两种分量：

(1) 切于横截面的力 $\boldsymbol{Q}(\boldsymbol{Q}')$，称为**剪力**。剪力是横截面上的分布内力系的合力，其作用线通过截面形心，与外力平行。

(2) 力偶矩 $M(M')$，称为**弯矩**。弯矩是与横截面垂直的分布内力系的合力偶矩，它作用在梁的纵向对称面内。

二、剪力和弯矩的计算

在计算梁横截面上的剪力和弯矩以前，一般先根据静力学平衡方程求出梁的支座反力。在图 8-5a 所示的简支梁中，由 $\sum M_B(\boldsymbol{F})=0$ 和 $\sum M_A(\boldsymbol{F})=0$，分别求得梁的支座反力 $R_A=\frac{Fb}{L}$ 和 $R_B=\frac{Fa}{L}$。

再取左段为研究对象图 8-5(b)，由平行力系平衡方程，可计算截面 1—1 上的剪力和弯矩：

$$\sum F_y=0, R_A-Q=0$$

得

$$Q=R_A=\frac{Fb}{L} \tag{1}$$

取截面形心 O 为矩心

$$\sum M_O(\boldsymbol{F})=0,\quad M-R_A\cdot x=0$$

得 $$M=R_A x=\frac{Fb}{L}x \tag{2}$$

若取右段为研究对象图 8-5(c)，则由右段的平衡

$$\sum F_y=0,\quad R_B-F+Q'=0$$

得 $$Q'=F-R_B=F-\frac{Fa}{L}=\frac{Fb}{L} \tag{3}$$

取截面形心 O 为矩心

$$\sum M_O(\boldsymbol{F})=0,\quad R_B(L-x)-F(a-x)-M'=0$$

得 $$M'=R_B(L-x)-F(a-x)=\frac{Fa}{L}(L-x)-F(a-x)=\frac{Fb}{L}x \tag{4}$$

由式(1)，(2)和(3)，(4)可见，无论研究左段或右段的平衡，所算得的同一截面 1－1 上的剪力和弯矩大小相等，但方向相反。。

综上所述，可得如下结论：

(1)梁某一截面上剪力的大小，等于截面左边(或右边)所有外力的代数和；

(2)梁某一截面上弯矩的大小，等于截面左边(或右边)所有外力对截面形心力矩的代数和。

由于同一截面上的内力 $Q(M)$ 与 $Q'(M)'$ 的方向相反，为了使它们具有相同的正负号，并由它们的正负号反映变形的情况，特对剪力和弯矩的正负号作如下规定：

(1)剪力 $\boldsymbol{Q}$　在所切横截面的内侧切取微段，凡企图使该微段顺时针方向旋转的剪力为正号，如图 8-6(a)所示；使微段反时针方向旋转的剪力为负号，如图 8-6(b)所示。

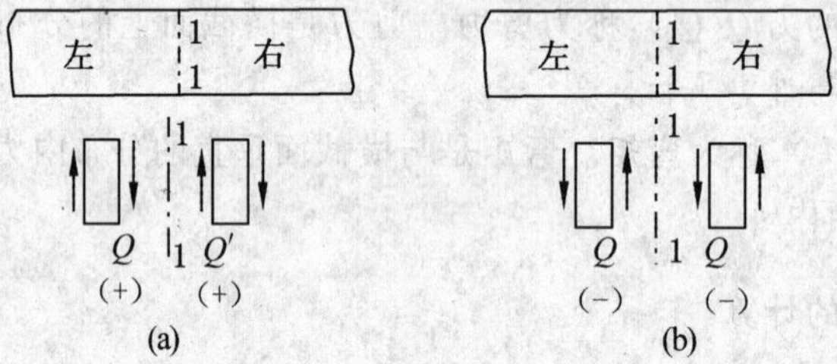

图 8-6

(2)弯矩 $\boldsymbol{M}$　在横截面的内侧切取微段，凡使微段梁弯曲变形向下凹入的弯矩为正号，如图 8-7(a)所示；凡使微段梁弯曲变形向上凸起的弯矩为负号，如图 8-7(b)所示。

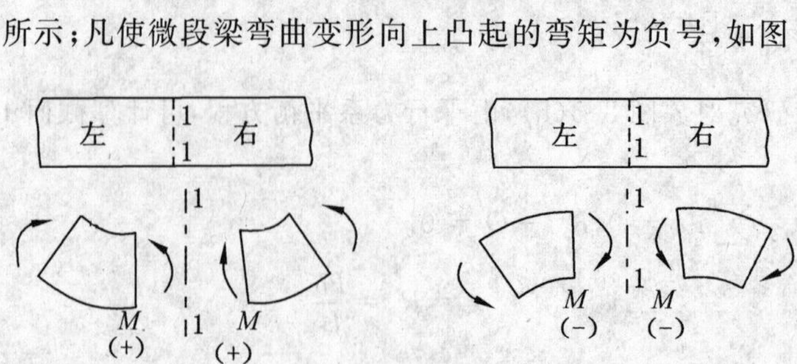

图 8-7

按以上规定，梁的任一个截面上的剪力和弯矩，无论用这个截面左边的外力或右边的外力来计算，其大小和正负号都是一样的。例如，图 8-5(a)(b)中，梁上截面 1—1 两侧的剪力 Q 都为正号，弯矩 M 也为正号。

【例 8-1】机床的手柄 AB 用螺纹固定在转盘上，如图 8-8(a)所示，其长度为 L，自由端受力 $\boldsymbol{F}$ 作用，试求手柄中点 D 的剪力和弯矩。并求最大弯矩值。

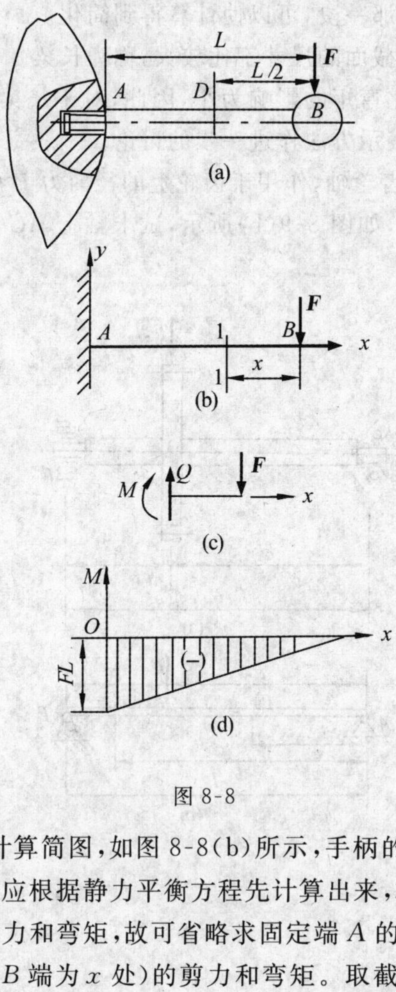

图 8-8

解：(1)画手柄 AB 的计算简图，如图 8-8(b)所示，手柄的 A 端简化为固定端。固定端有约束力 m_A 和 R_A，一般应根据静力平衡方程先计算出来，本题可取截面的右边部分为研究对象，计算截面上的剪力和弯矩，故可省略求固定端 A 的约束力这一步骤。

(2)计算截面 1—1(距 B 端为 x 处)的剪力和弯矩。取截面右边部分为研究对象，图 8-8(c)，暂设截面上的剪力 Q 和弯矩 M 均为正值，由平衡条件

$$\sum F_y = 0,\quad Q - F = 0$$

得 $$Q=F \tag{①}$$

$$\sum M_C(\boldsymbol{F}) = 0,\quad M + Fx = 0$$

得 $$M=-Fx \tag{②}$$

(式中负号说明弯矩 M 的实际方向与图示相反。反向后，按符号规定，M 为负弯矩)

(3)计算手柄中点 D(即 $x=\dfrac{L}{2}$)处的剪力和弯矩。由式①可知，$Q=F$，即剪力是常

量，不随截面位置变化；由式②可知，弯矩是随截面位置不同而变化的。当 $x=\frac{L}{2}$时，$M=-\frac{FL}{2}$。

(4)当 $x=L$ 时，即在固定端 A 处，手柄上的弯矩达到最大值，$|M_{\max}|=FL$。

如果取截面的左段为研究对象，计算结果与取右段将完全一样，读者试自行验证。计算时一般选外力比较简单的那一段，可以使计算得到简化。

通常梁的长度相对于横截面的尺寸都比较大，称为长梁。长梁受力后，截面上所产生的剪力对梁强度的影响，远比弯矩的影响为小，因此，对于长梁大多不作剪力计算。第三节，我们只对弯矩的计算和表示方法作进一步的讨论。

练习：在图 8-9(a)为一齿轮轴，作用于齿轮上的径向力 $\boldsymbol{F}$ 可传给轴，可简化为简支梁 AB 在 C 点受集中力 $\boldsymbol{F}$ 作用，如图 8-9(b)所示，试求轴上 AC 段、BC 段任一截面的剪力和弯矩。

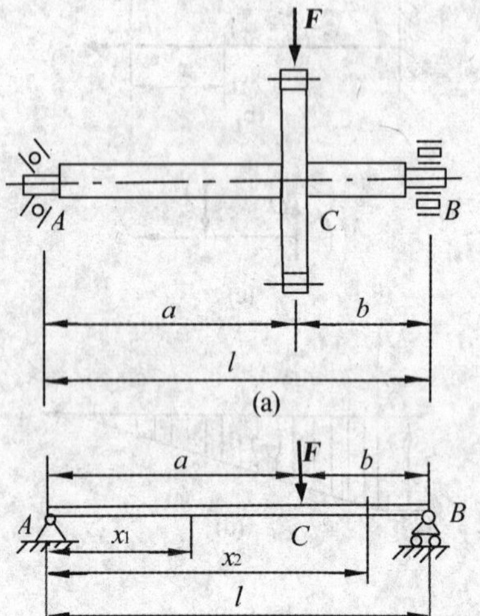

图 8-9

第三节 平面弯曲时梁的内力图——剪力图和弯矩图

在一般情形下，梁横截面上的剪力和弯矩随横截面位置的变化而变化。今以坐标 x 表示横截面在梁轴线上的位置，于是梁横截面上的剪力和弯矩都可表示为坐标 x 的函数，即

$$Q=Q(x),\quad M=M(x)$$

以上函数表达式分别称为**剪力方程和弯矩方程。**根据梁的剪力方程和弯矩方程，以横坐标 x 表示横截面的位置，纵坐标 Q 和 M 表示相应横截面上的剪力和弯矩，由此画出

的表示剪力和弯矩随横截面位置变化的图线分别称为**剪力图和弯矩图**。现举例说明剪力图和弯矩图的画法。

【例 8-2】某工厂厂房中采用了如图 8-10(a)所示的起重设备。已知电葫芦起重的重量为 $\boldsymbol{G}$,横梁的跨度为 l。若不计横梁的自重,试画出电葫芦起重后在移至横梁 C 处时横梁的剪力图和弯矩图。

解:(1)求支座反力。画出电葫芦移至 C 处时的计算简图如图 8-10(b)所示,由静力平衡方程

$$\sum M_B(F)=0,\quad Gb-R_{Ay}l=0$$
$$\sum M_A(F)=0,\quad R_{By}l-Ga=0$$

求得支座反力

$$R_{Ay}=\frac{Gb}{l},\quad R_{By}=\frac{Ga}{l}$$

若列平衡方程 $\sum F_y=0$,则可对以上计算进行校核。读者不妨试之。

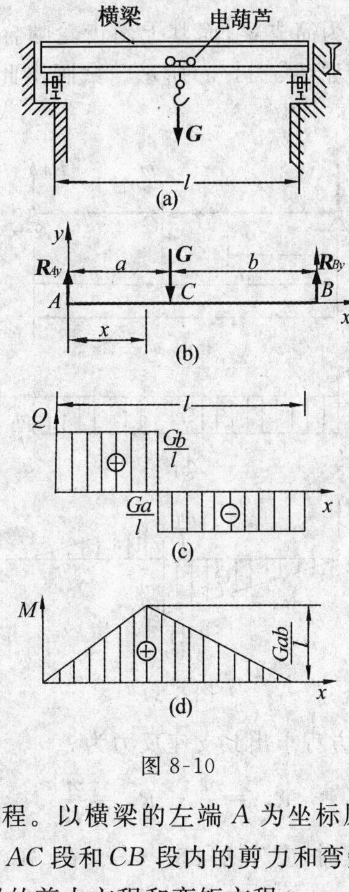

图 8-10

(2)列剪力方程和弯矩方程。以横梁的左端 A 为坐标原点,选定坐标系 Axy。因 C 处作用有集中力 $\boldsymbol{G}$,故横梁在 AC 段和 CB 段内的剪力和弯矩不能用同一方程式来表达,应分段列出 AC 和 CB 两段梁的剪力方程和弯矩方程。

AC 段:在 AC 段内取距 A 端为 x 的任意一横截面,列出剪力方程和弯矩方程分别为

$$Q_1(x)=R_{Ay}=\frac{Gb}{l} \qquad (0<x<a)$$

$$M_1(x)=R_{Ay}\cdot x=\frac{Gb}{l}x \qquad (0\leqslant x\leqslant a)$$

CB 段：在 CB 段内取距 A 端为 x 的任意一横截面，列出剪力方程和弯矩方程分别为

$$Q_2(x)=R_{Ay}-G=-\frac{Ga}{l} \qquad (a<x<l)$$

$$M_2(x)=R_{Ay}x-P(x-a)=\frac{Ga}{l}(l-x) \qquad (a\leqslant x\leqslant l)$$

(3)画剪力图和弯矩图。由 AC 段和 CB 段的剪力方程可知，这两段的剪力图皆为水平线，确定水平线一端点的坐标，即可作出全梁的剪力图，如图 8-10(c)所示。从剪力图可以看出，在集中力 $\boldsymbol{G}$ 作用处 C，剪力发生了突变，突变值即等于集中力的大小 G。而由弯矩方程可知，弯矩图为两条斜直线，确定直线两端的坐标，即可作出全梁的弯矩图(图 8-10(d))。在集中力 $\boldsymbol{G}$ 作用的 C 处横截面上弯矩最大，其值为

$$M_{\max}=\frac{Gab}{l}$$

【例 8-3】将一齿轮轴简化为简支梁，而其上斜齿轮啮合力中的轴向推力向轴线简化后得一力偶矩为 m 的合力偶，如图 8-11(a)所示。试画出此简支梁在此力偶作用时的剪力图和弯矩图。

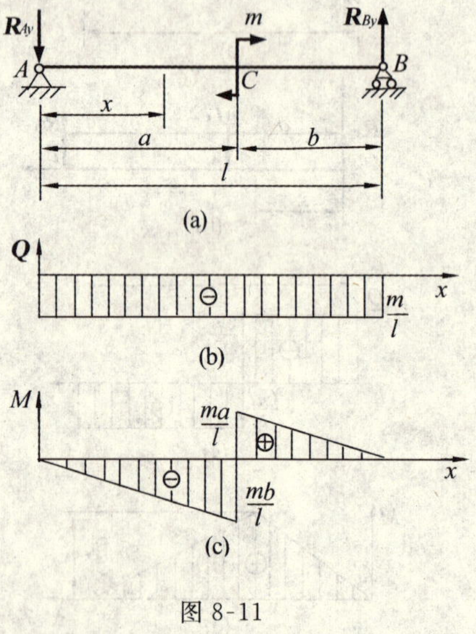

图 8-11

解：由简支梁的静力平衡方程求出其支座反力为

$$R_{Ay}=\frac{m}{l}, \quad R_{By}=\frac{m}{l}$$

在列剪力方程和弯矩方程时，应分两段来考虑。在 AC 和 CB 两段内，剪力方程可统一写成

$$Q(x)=-R_{Ay}=-\frac{m}{l} \qquad (0<x<l)$$

而弯矩方程，应分 AC 和 CB 两段分别写出，即 AC 段内弯矩方程为

$$M_{AC}(x)=-R_{Ay}\cdot x=-\frac{m}{l}x \qquad (0\leqslant x\leqslant a)$$

CB 段内弯矩方程为

$$M_{CB}(x)=R_{By}(l-x)=\frac{m}{l}(l-x) \qquad (a\leqslant x\leqslant l)$$

按各段内剪力方程和弯矩方程分别作出剪力图和弯矩图如图 8-11(b)，(c)所示。由图中可知，在集中力偶 M 作用的 C 处，剪力无变化，但弯矩发生了突变，突变值等于 M。

【例 8-4】已知图 8-12(a)所示的悬臂梁上作用有均布载荷 q，试画出该梁的剪力图和弯矩图。

解：选定如图 8-12(a)所示坐标系 Axy。在距 A 为 x 的任意横截面以左的梁段上的载荷为均布载荷，列出这一段的剪力方程与弯矩方程即为

$$Q(x)=-qx$$

$$M(x)=-\frac{1}{2}qx^2$$

以上剪力方程表明，剪力图为一斜直线，只要确定直线上的两点，即可确定这条直线。如：$x=0,Q=0;x=l,Q=-ql$。连接这两点，即得悬臂梁的剪力图，如图 8-12(b)。而以上弯矩方程表明，弯矩图为一抛物线。只要确定曲线上三个以上的点，即可确定这条曲线，如

$$x=0,\quad M_1=0;\quad x=\frac{l}{4},\quad M_2=-\frac{ql^2}{32}$$

$$x=\frac{l}{2},\quad M_3=-\frac{ql^2}{8};\quad x=l,\quad M_4=-\frac{ql^2}{2}$$

最后画出的弯矩图如图 8-12(c)所示。对于悬臂梁，一般不必先求出支座反力就能直接列出剪力方程与弯矩方程。

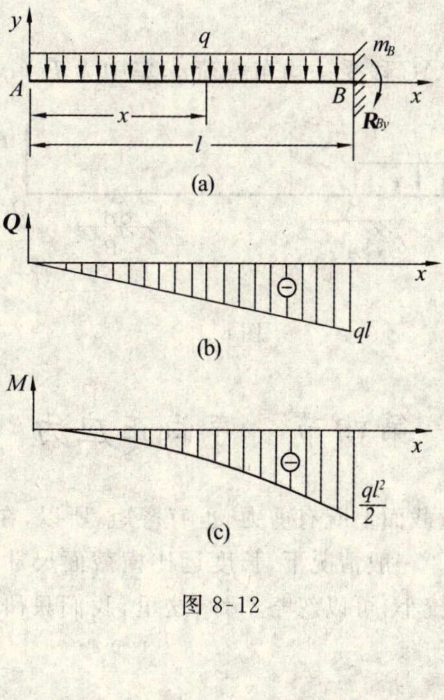

图 8-12

从以上例题中可以总结出画剪力图、弯矩图的某些规律：

1. 当梁只受集中力载荷时，各段的剪力都为常数，各段的弯矩方程都为一次函数。这时各段的剪力图都为平行于 x 轴的直线段，剪力在集中力作用处发生突变，突变值等于集中力的大小；各段的弯矩图都为斜直线，只须把梁上分界点处(集中力作用处、支座位置)的弯矩求出，即可分段画出弯矩图。

2. 在集中力偶作用处，弯矩图突变，其突变值等于集中力偶的大小，而剪力图在该处无变化。

3. 在有均布载荷作用的梁段，剪力方程为一次函数，弯矩方程为二次函数，剪力图为斜直线，弯矩图为抛物线。若均布载荷 q 向下，则弯矩图为向上凸的抛物线；若均布载荷 q 向上，则弯矩图为向下凹的抛物线。

练习：试画出下列各题梁的内力图。

(1)如图 8-13(a) $F_1=2\text{kN}$，$F_2=3\text{kN}$，$AC=CD=DB=1\text{m}$

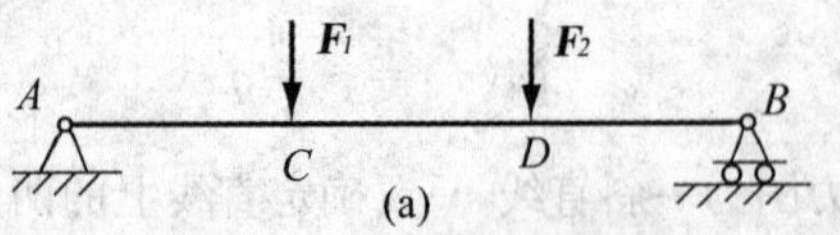

(a)

(2)如图 8-13(b) $AC=CB=a$，$m=Fa$

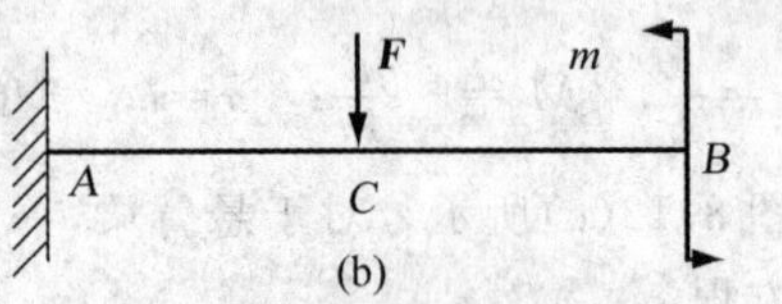

(b)

(3)如图 8-13(c)如图 AC 段受一均布载荷 q，集中力 $F=qa$，$AC=BD=a$，$AB=2a$

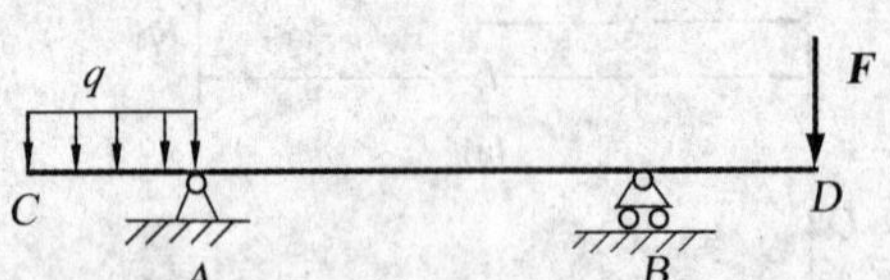

(c)

图 8-13

第四节　弯曲正应力

在一般情况下，梁的横截面上既有剪力，也有弯矩，所以，在梁的横截面上将同时存在弯曲剪应力和弯曲正应力。一般情况下，长度远比横截面尺寸大的梁，弯曲变形时，剪力产生的剪应力对梁的影响较小，可以忽略不计，这里，我们只研究弯曲产生的正应力。为此，可取在横截面上只有弯矩而没有剪力的梁作为研究对象。只有弯曲作用而没有剪切作用的梁，就是纯弯曲梁。

与研究圆轴扭转变形时的应力相似，在研究纯弯曲梁的正应力时，也是先通过实验观察梁的变形，再经过分析得出横截面上正应力分布规律及计算公式。

一、纯弯曲变形

取一矩形截面直梁，在其表面画上横向线 1—1，2—2 和纵向线 ab，cd 如图 8-14(a)所示，然后在梁的纵向对称面内施加一对大小相等、方向相反的力偶 m，使梁产生纯弯曲变形，如图 8-14(b)所示。可观察到下列变形现象：

(1)横向线 1－1 和 2－2 仍为直线，且仍与梁轴线正交(即与交点切线垂直)，但两线已相对倾斜；

(2)纵向线变为弧线，而且靠近顶面的纵向线缩短(如 ab)，靠近底面的纵向线伸长(如 cd)；

(3)在纵向线的缩短区，梁的宽度增大；在纵向线的伸长区，梁的宽度减小，情况与轴向拉伸、压缩时的变形相似。

根据以上变形现象，由表及里推断梁内部的变形，可作出**平面假设**：梁的横截面在变形后仍为平面，但绕截面内某轴转了一个角度，且仍垂直于梁变形后的轴线。

将梁看成是由无数颗粒均匀排列成的纵向纤维所组成，则横截面的相对转动将使梁凸边的纤维伸长，即颗粒之间的距离拉大；凹边的纤维缩短，即颗粒之间的距离缩小。而且伸长和缩短的长度是逐渐变化的。由于变形的连续性，从伸长区过渡到缩短区，中间必有一层纤维既不伸长也不缩短，这一层长度不变的纵向纤维为**中性层**(图 8-15)，中性层与横截面的交线称为**中性轴**，中性轴通过截面形心。梁弯曲变形时，所有横截面即绕各自的中性轴回转。

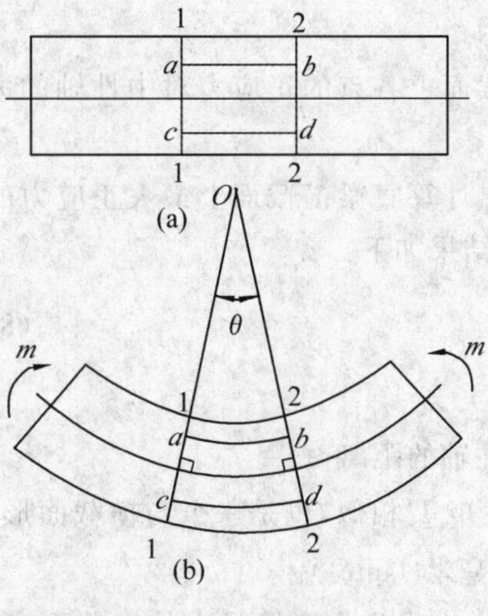

图 8-14

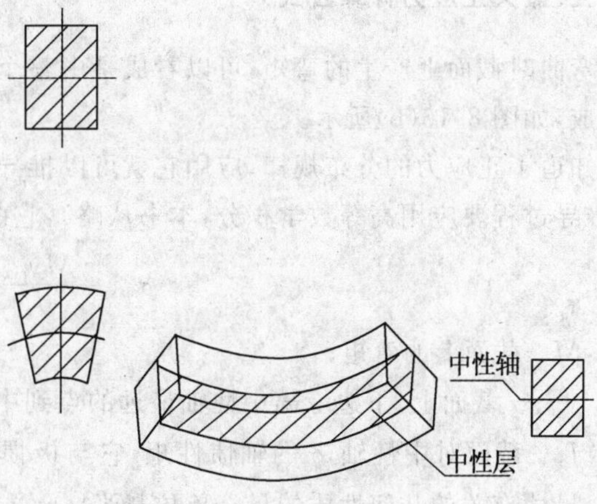

图 8-15

综上所述，当梁弯曲时，所有横截面仍保持平面，只是绕中性轴作相对转动，而每根纵向纤维则处于拉伸或压缩的受力状态。

二、正应力的分布规律

根据以上分析和讨论，可以判断纯弯曲梁横截面上只有正应力，梁的凸边颗粒间距离扩大，纤维伸长，因此是拉应力；梁的凹边颗粒间距离缩小，纤维缩短，因此是压应力。注意到梁变形时其平面截面绕中性轴转动后仍然为一平面的特点，可知截面上各点拉、压内力的大小，必按其到中性轴的距离成正比地分布。从而可得正应力的分布规律：横截面上各点正应力的大小，与该点到中性轴的距离成正比。在中性轴处纤维长度不变，颗粒不受力，因此正应力为零，离中性轴最远的截面上、下边缘正应力最大。也就是说，正应力沿截面高度按直线规律分布，如图 8-16(a)所示。离中性轴距离相同的各纵向纤维的变形都相同，所以应力也相同。

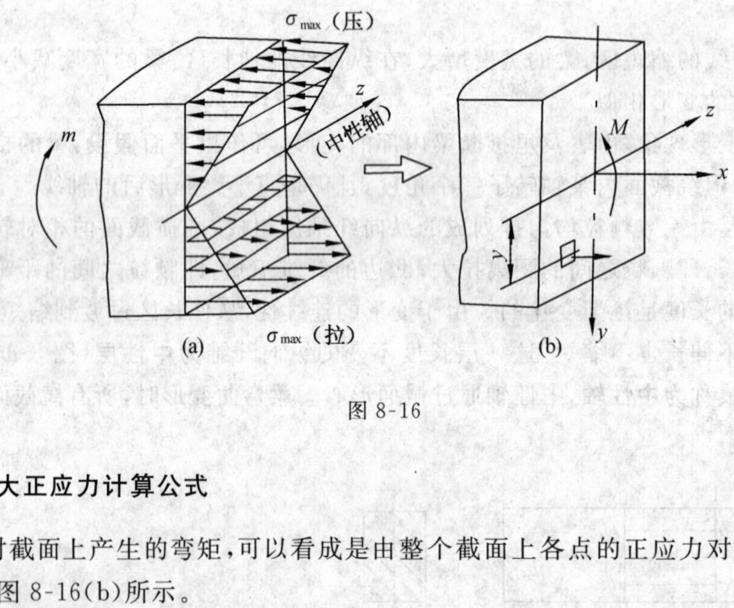

图 8-16

三、最大正应力计算公式

弯曲时截面上产生的弯矩，可以看成是由整个截面上各点的正应力对中性轴的力矩所组成，如图 8-16(b)所示。

知道了正应力的分布规律，应用它就可以推导出计算直梁横截面上最大正应力的公式(推导过程要应用高等数学积分，本书从略)，它的结果如下：

$$\sigma_{max}=\frac{My_{max}}{I_z} \tag{8-1}$$

式中：M—截面上的弯矩；

y_{max}—截面上、下边缘离中性轴最远的点到中性轴的距离；

I_z—截面对中性轴 Z 的轴惯性矩，它与极惯性矩 I_p 相似，也是一个与横截面形状、尺寸有关的几何性质的量。单位是米^4(m^4)或毫米^4(mm^4)。

由式(8-1)可看出，对于等截面梁，梁内最大正应力发生在弯矩最大的横截面(这个截面称为危险截面)上，离中性轴最远的上、下边缘处。

式(8-1)中，I_z 和 y_{max} 都是与横截面尺寸有关的量，为了计算简便，可将它们合并成一

个量，即令

$$W_z = \frac{I_z}{y_{\max}} \tag{8-2}$$

则

$$\sigma_{\max} = \frac{M}{W_z} \tag{8-3}$$

式中，W_z 称为梁的**抗弯截面模量**，其值只与截面的几何形状及尺寸有关，单位为米^3（m^3）或立方毫米（mm^3）。

公式(8-3)与扭转最大剪应力计算公式 $\tau_{\max} = \dfrac{T_n}{W_p}$（公式 7-2）相似。显然，当弯矩 M 不变时，W_z 愈大，则 $\sigma_{\max}$ 愈小，所以 W_z 是反映梁横截面抵抗弯曲破坏能力的一个几何量。

四、常用截面的 *I*，*W* 计算公式

工程中常用的梁截面图形的 I_z 和 W_z 计算公式列于表 8-1 中。

工程中常用的型钢有工字钢、角钢、槽钢等，都有规定的型号规格，它们的截面几何性质（包括轴惯性矩和抗弯截面模量等），可从有关手册的“型钢表”中查出。工字钢型钢表见本书附录 *B*。

表 8-1　　常用截面的 *I*，*W* 计算公式

截面图形	轴惯性矩	抗弯截面模量
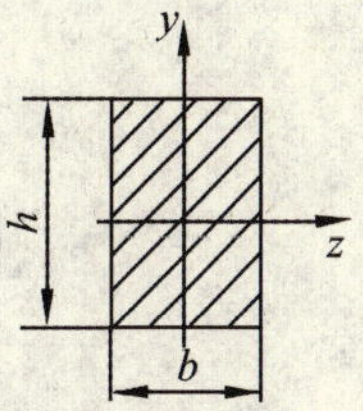	$I_z = \dfrac{bh^3}{12}$ $I_y = \dfrac{hb^3}{12}$	$W_z = \dfrac{bh^2}{6}$ $W_y = \dfrac{hb^2}{6}$
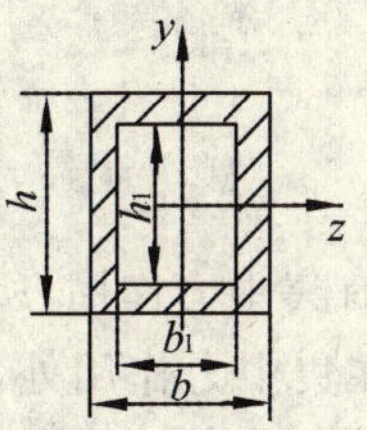	$I_z = \dfrac{bh^3 - b_1 h_1^3}{12}$ $I_y = \dfrac{b^3 h - b_1^3 h_1}{12}$	$W_z = \dfrac{bh^3 - b_1 h_1^3}{6h}$ $W_y = \dfrac{b^3 h - b_1^3 h_1}{6h}$
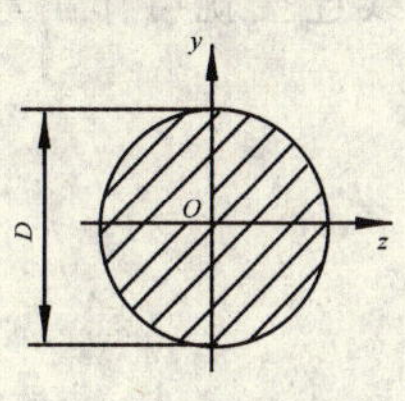	$I_z = I_y = \dfrac{\pi D^4}{64} \approx 0.05D^4$	$W_z = W_y = \dfrac{\pi d^3}{32} \approx 0.1d^3$

续表

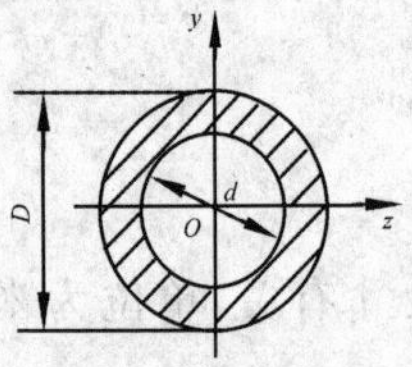	$I_z=I_y=\frac{\pi}{64}(D^4-d^4)$ $\approx 0.05D^4(1-\alpha^4)$ 式中 $\alpha=\frac{d}{D}$	$W_z=W_y=\frac{\pi D^3}{32}(1-\alpha^4)$ $\approx 0.1D^3(1-\alpha^4)$ 式中 $\alpha=\frac{d}{D}$

【例 8-5】图 8-17(a)所示为一矩形截面梁，梁高 $h=100\text{mm}$，梁宽 $b=60\text{mm}$，梁长 $l=4\text{m}$，梁上受到等距离分布的载荷 $F_1=F_2=F_3=2\text{kN}$，试求危险截面上的最大正应力。

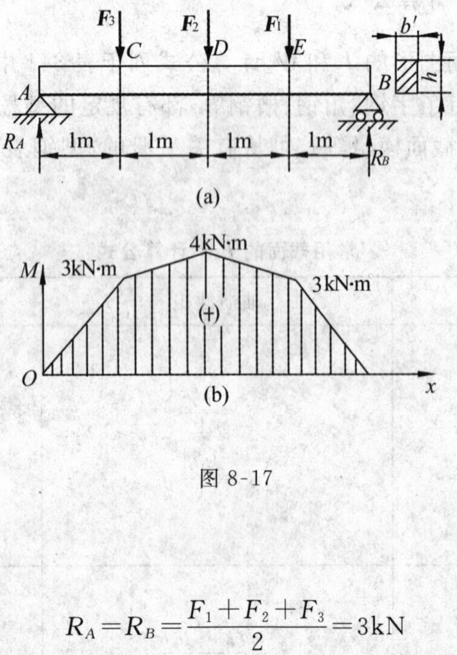

图 8-17

解：(1)求支座反力

$$R_A=R_B=\frac{F_1+F_2+F_3}{2}=3\text{kN}$$

(2)绘弯矩图，求最大弯矩

由于梁上除了在 A,B 两端有约束反力外，在 C,D,E 三处还有集中力作用，所以可将梁分成 AC,CD,DE,EB 四段，每段的弯矩图都是一条斜直线。在集中力作用处，弯矩图有转折。因此只要计算控制点(即集中力作用点)的弯矩值，用直线连接就可作出弯矩图。以 A 点为坐标原点，取坐标轴如图 8-17(b)所示。

A 截面：$x=0, M_A=0$

C 截面：$x=1\text{m}, M_C=R_A\times 1\text{m}=3\text{kN}\cdot\text{m}$

D 截面：$x=2\text{m}, M_D=R_A\times 2\text{m}-F_3\times 1\text{m}=4\text{kN}\cdot\text{m}$

E 截面：$x=3\text{m}, M_E=R_A\times 3\text{m}-F_3\times 2\text{m}-F_2\times 1\text{m}=3\text{kN}\cdot\text{m}$

B 截面：$x=4\text{m}, M_B=0$

按一定比例作出这些点，并将这些点连成折线，即为弯矩图，如图 8-17(b)所示。由弯矩图可知最大弯矩在梁的中点(截面 D 处)，其值为

$$M_{max}=M_D=4\text{kN}\cdot\text{m}$$

(3)计算最大正应力

由表 8-1 可知矩形截面抗弯截面模量为

$$W_z=\frac{bh^2}{6}=\frac{60\times100^2}{6}=100\times10^3\text{mm}^3$$

由公式(8-3)计算最大正应力，得

$$\sigma_{max}=\frac{M_{max}}{W_z}=\frac{4\times10^3\times10^3\text{N}\cdot\text{mm}}{100\times10^3\text{mm}^3}=40\text{MPa}$$

第五节　弯曲强度计算

分析和实践均表明，对于一般细而长的梁，影响其强度的主要因素是弯曲正应力。因此，要使梁具有足够的强度，就应该使梁内的最大工作正应力 σ_{max}不超过材料的许用应力$[\sigma]$。对于由塑性材料制造的梁，$[\sigma]_l=[\sigma]_y=[\sigma]$，所以，梁的弯曲正应力强度条件为

$$\sigma_{max}=\frac{M_{max}}{W_z}\leqslant[\sigma] \tag{8-4}$$

根据弯曲强度条件，可以用来解决强度校核、选择截面和确定许可载荷这三类问题。

【例 8-6】螺栓压板夹具，如图 8-18(a)所示。已知压板长 $3a=180$mm，压板材料的弯曲许用应力$[\sigma]=140$MPa，设对工件的压紧力 $Q=4$kN，试校核压板的强度。

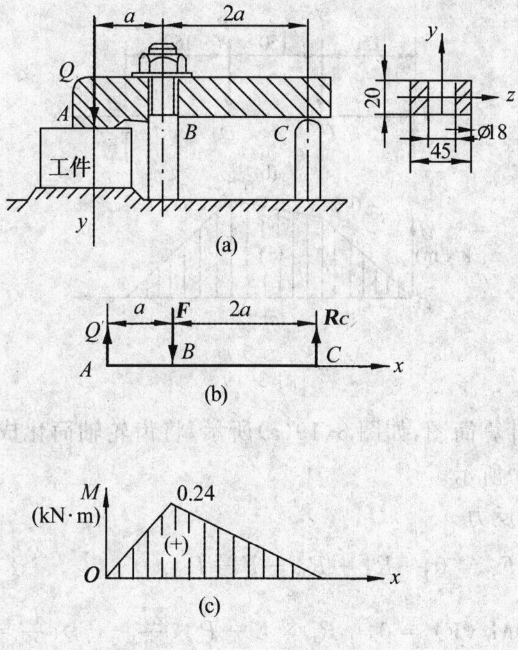

图 8-18

解：压板可简化成如图 8-18(b)所示简支梁，由平衡方程 $\sum M_A(\boldsymbol{F})=0$ 和 $\sum F_y=0$，可求得 $F=6$kN，$R_C=2$kN 。

作弯矩图，最大弯矩在截面 B 处图 8-18(c)，

$$M_{\max}=Q'\cdot a=4\times 0.06=0.24\text{kN}\cdot\text{m}$$

根据截面 B 的尺寸求出抗弯截面模量

$$W_z=\frac{bh^2}{6}-\frac{dh^2}{6}=\frac{45\times 20^2}{6}-\frac{18\times 20^2}{6}=4.5\times 20^2=1800\text{mm}^3$$

梁的最大工作应力为

$$\sigma_{\max}=\frac{M_{\max}}{W_z}=\frac{0.24\times 10^6\text{N}\cdot\text{mm}}{1800\text{mm}^3}=\frac{240}{1.8}\text{N/mm}^2=133\text{MPa}$$

$$\sigma_{\max}<[\sigma]=140\text{MPa}$$

所以压板强度足够。

【例 8-8】图 8-19(a)为齿轮轴简图。已知齿轮 C 受径向力 $F=3$kN，齿轮 D 受径向力 $P=6$kN，轴的跨度 $L=450$mm，材料的许用应力$[\sigma]=100$MPa，试确定轴的直径。

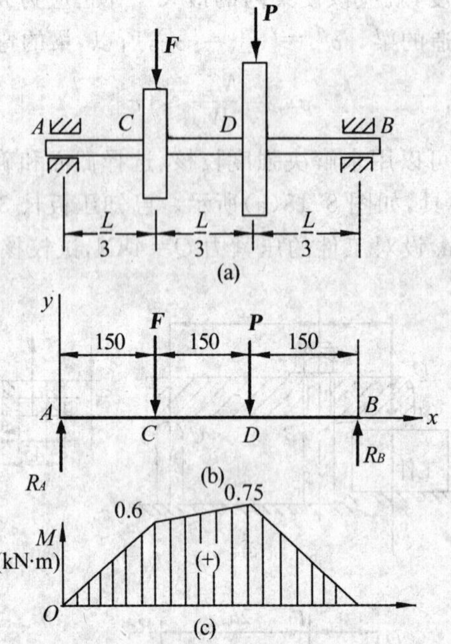

图 8-19

解：(1)绘制轴的计算简图，如图 8-19(a)所示，将齿轮轴简化成受二集中力作用的简支梁 AB，如图 8-19(b)所示。

(2)计算梁的支座反力

$$\sum F_y=0,\quad R_A+R_B-F-P=0 \qquad ①$$

$$\sum M_A(\boldsymbol{F})=0,\quad R_B\times L-P\times\frac{2L}{3}-F\times\frac{L}{3}=0 \qquad ②$$

由式②解得 $R_B=5$kN

将 R_B代入式①，得 $R_A=4$kN

(3)绘弯矩图　弯矩图由三段直线组成。设 A 点为坐标原点，计算控制点弯矩：

A 截面：$x=0$，　$M_A=0$

C 截面：$x=\frac{L}{3}$，　$M_C=R_A\times\frac{L}{3}=4\times0.15=0.6\text{kN}\cdot\text{m}$

D 截面：$x=\frac{2}{3}L$，　$M_D=R_A\times\frac{2}{3}L-F\times\frac{1}{3}L=0.75\text{kN}\cdot\text{m}$

B 截面：$x=L$，　$M_B=0$

按比例作出这四点，并将这些点连成折线得弯矩图，如图 8-19(c)所示。从弯矩图上可看出危险截面在 D 处，$M_{\max}=0.75\text{kN}\cdot\text{m}$

(4)根据强度条件确定轴的直径　设轴的直径为 d，则其抗弯截面模量为 $W_z\approx0.1d^3$

$$\sigma_{max}=\frac{M_{\max}}{W_z}\leqslant[\sigma]$$

所以

$$0.1d^3\geqslant\frac{M_{\max}}{[\sigma]}$$

$$d\geqslant\sqrt[3]{\frac{M_{\max}}{0.1\times[\sigma]}}=\sqrt[3]{\frac{0.75\times10^6}{0.1\times100}}=\sqrt[3]{375\times10^3}=42\text{mm}$$

取齿轮轴的直径 $d=42\text{mm}$。

【例 8-9】图 8-20(a)为吊车梁简图。已知跨距 $L=6.4\text{m}$，梁选用 14 号工字型钢，$[\sigma]=160\text{MPa}$。(1)试确定梁的许可载荷；(2)如果跨距、材料和载荷相同，但改用矩形截面梁 $\left(\frac{h}{b}=2\right)$ 或圆形截面梁，试比较三种梁的重量。

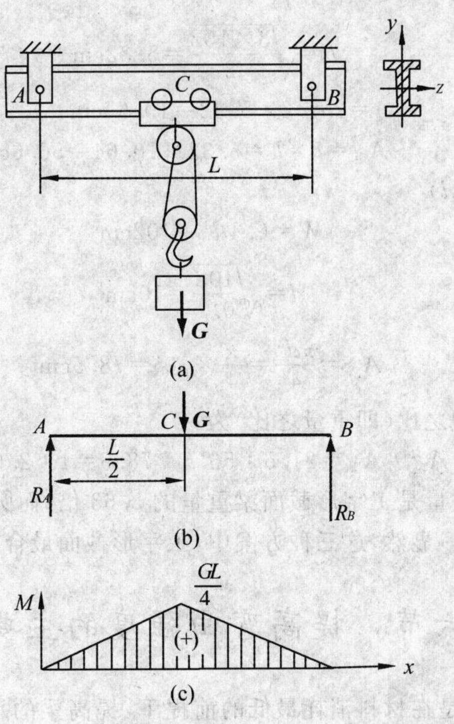

图 8-20

解:(1)将吊车梁简化为承受一集中力 $\boldsymbol{G}$ 的简支梁 AB 图 8-20(b),显然,当小车运行到梁的中点 C 时,梁的弯矩最大,梁的弯矩图如图 8-20(c)。这时,两端支点的约束反力 $R_A=R_B=\dfrac{G}{2}$,梁中点处的最大弯矩为

$$M_{\max}=R_A\times\frac{L}{2}=\frac{GL}{4}$$

把强度条件式(8-4)改写成

$$M_{\max}\leqslant W[\sigma],即\frac{QL}{4}\leqslant W[\sigma]$$

从本书附录型钢表中,查得 14 号工字钢 W_z(即本题 W)$=102\text{cm}^3$。[其截面面积 $A_{工}=21.5\text{cm}^2$]。于是有

$$G\leqslant\frac{4W[\sigma]}{L}=\frac{4\times102\times16}{640}=10\text{kN}$$

所以,根据工字钢梁的强度,梁的最大载荷(包括小车的重量)不应超过 10kN

(2)在材料、长度相同时,梁重量之比等于截面面积之比。

选用 14 号工字钢,截面面积 $A_{工}=21.5\text{cm}^2$

选用矩形截面$\left(\dfrac{h}{b}=2\right)$,要求其承载能力与 14 号工字钢相同,即抗弯截面模量相同,$W=102\text{cm}^3$

因为
$$W=\frac{bh^2}{6}=\frac{b(2b)^2}{6}=\frac{2}{3}b^3=102\text{cm}^3$$

所以
$$b=\sqrt[3]{\frac{3\times102}{2}}=5.32\text{cm}$$

$$h=2b=2\times5.32=10.64\text{cm}$$

$$A_{矩}=b\times h=5.32\times10.64=56.6\text{cm}^2$$

选用圆形截面(求 d)

$$W=0.1d^3=102\text{cm}^3$$

所以
$$d=\sqrt[3]{\frac{102}{0.1}}=10\text{cm}$$

$$A_{圆}=\frac{\pi d^2}{4}=\frac{\pi}{4}\times10^2=78.5\text{cm}^2$$

三种梁的截面面积之比(即重量之比)为

$$A_{工}:A_{矩}:A_{圆}=21.5:56.6:78.5=1:2.63:3.65$$

即矩形截面梁的重量是工字形截面梁重量的 2.63 倍;而圆形截面梁的重量是工字形截面梁重量的 3.65 倍。显然,这三种方案中,工字形截面最合理。

第六节　提高弯曲强度的主要措施

提高梁的强度,就是在材料消耗最低的前提下,提高梁的承载能力,从而满足既安全又经济的要求。

从弯曲强度条件

$$\sigma_{\max}=\frac{M_{\max}}{W}\leqslant[\sigma]$$

可以看出，梁的强度与外力引起的最大弯矩、横截面的形状和尺寸以及所用材料有关。因此，要提高梁的强度，一方面应合理安排梁的受力情况，以降低最大弯矩 $M_{\max}$ 的数值；另一方面则是采用合理截面，以增大抗弯截面模量 W 的数值，充分利用材料。下面将就这几方面进行分析。

一、降低最大弯矩值 $M_{\max}$

梁的最大弯矩值 $M_{\max}$ 不仅决定于载荷大小，而且决定于载荷在梁上的分布。所以合理安排加载方式和支座的布置，将显著减小梁内最大弯矩。

例如，图 8-21(a)所示的简支梁 AB，集中力 $\boldsymbol{F}$ 作用于梁的中点 $\frac{l}{2}$ 处，则 $M_{\max}=R_A\times\frac{l}{2}=\frac{Fl}{4}$。若按图 8-21(b)所示，使轴上的集中力 $\boldsymbol{F}$ 靠近支座，比如距离 A 端支座为 $\frac{l}{6}$ 处，则 $M_{\max}=R_A\times\frac{l}{6}=\frac{5}{6}F\times\frac{l}{6}=\frac{5}{36}Fl$，相比之下，后者的最大弯矩就减小了很多。机器中常见某些齿轮轴，把齿轮安置在紧靠轴承处，这就是使轴上的集中力靠近支座，可大大减小轴的最大弯矩。

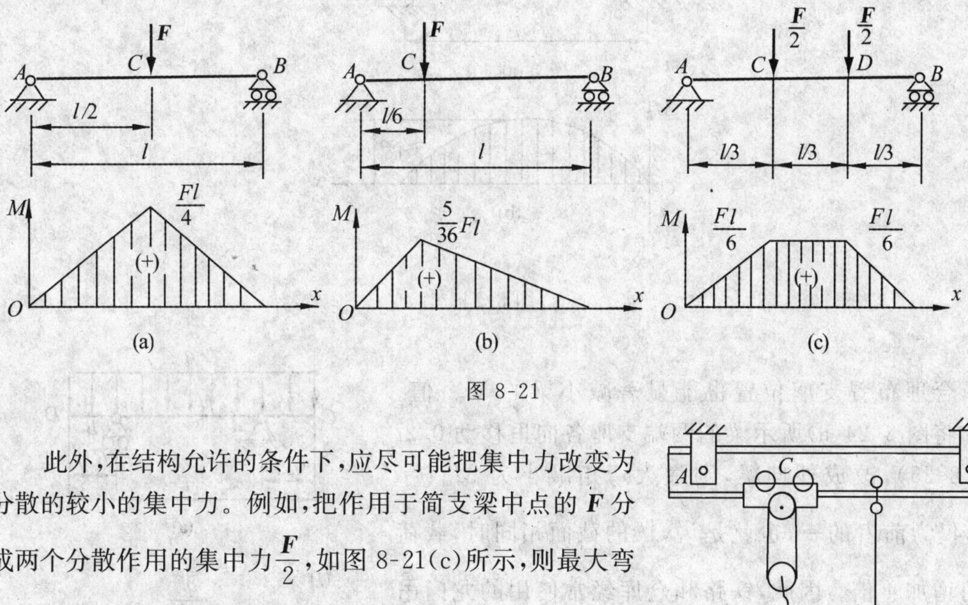

图 8-21

此外，在结构允许的条件下，应尽可能把集中力改变为分散的较小的集中力。例如，把作用于简支梁中点的 $\boldsymbol{F}$ 分成两个分散作用的集中力 $\frac{\boldsymbol{F}}{2}$，如图 8-21(c)所示，则最大弯矩 $M_{\max}$ 将由 $\frac{Fl}{4}$ 降低为 $\frac{Fl}{6}$。某厂装配车间就利用这个方法，用 4 吨的吊车吊起了 6 吨重的机器。图 8-22 就是这个装置的简图。上海运输工人利用长的大型平板车，将重量为 120 吨的重型设备，安全地通过了限定载重量为 60 吨的十多座钢筋混凝土桥(图 8-23)，就是利用长平板车上的 56 个车轮，将载荷分布在较长的一段桥上，从而减小了最大弯矩值。

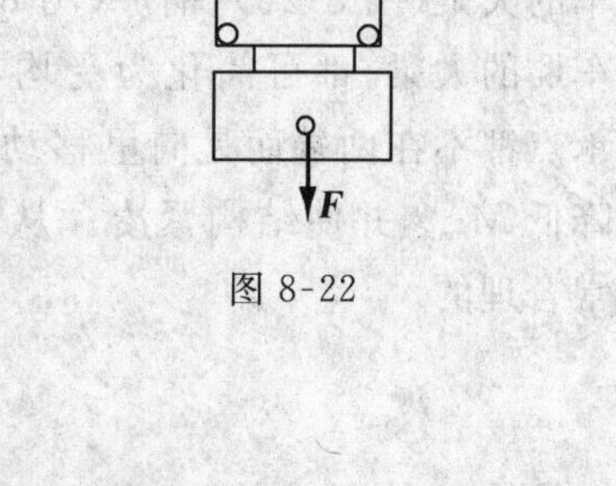

图 8-22

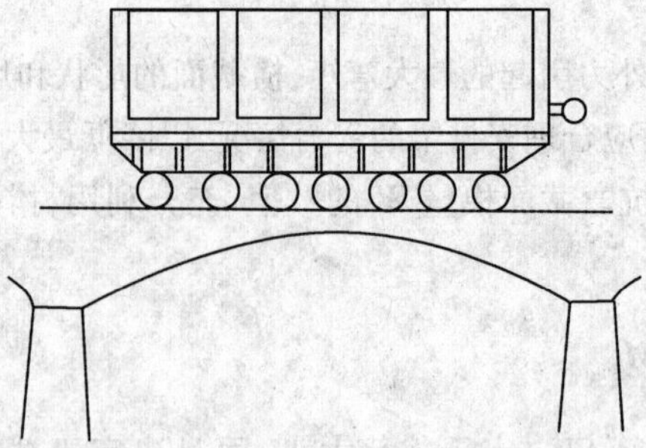

图 8-23

图 8-24(a)所示为受均布载荷 q 作用的简支梁，其最大弯矩 $M_{\max}=\frac{ql^2}{8}$，弯矩图是一条抛物线，如图 8-24(b)所示。设 $ql=F$，则其最大弯矩只有图 8-21(a)所示受集中力作用简支梁最大弯矩值的一半。

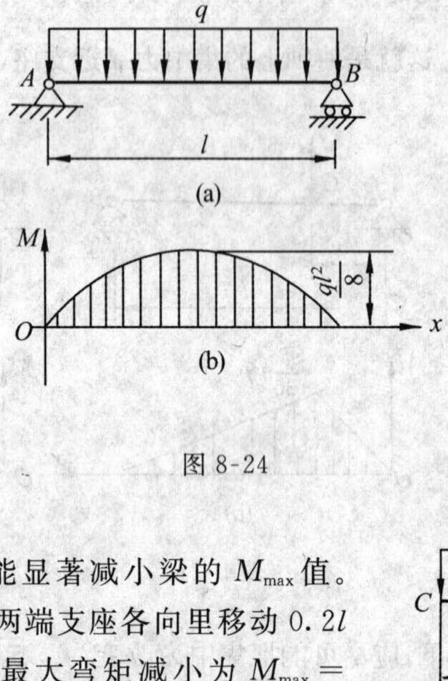

图 8-24

合理布置支座位置也能显著减小梁的 $M_{\max}$ 值。例如将图 8-24(a)所示梁的两端支座各向里移动 $0.2l$（图 8-25），改成外伸梁，则最大弯矩减小为 $M_{\max}=\frac{ql^2}{40}$，仅为前者的 $\frac{1}{5}$，也就是说，梁的截面相同时，载荷还可增加 4 倍。因此，铁路和仓库经常使用的龙门吊车的大梁(图 8-26)、锅炉(图 8-27)、汽车底盘及火车车厢的大梁，都可简化为受均布载荷作用的梁，其支承点都不在两端而是向里移动了一段距离，就是为了降低 $M_{\max}$，并使结构紧凑。从强度的观点来看，是非常合理的。

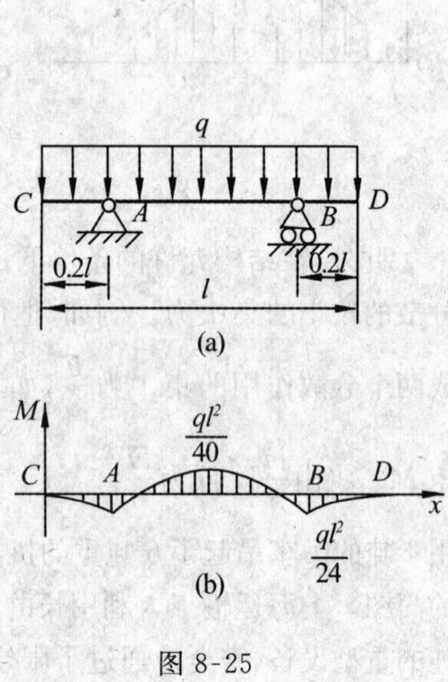

图 8-25

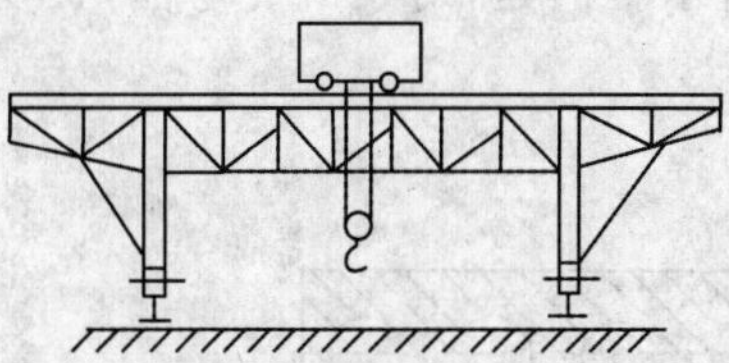

图 8-26

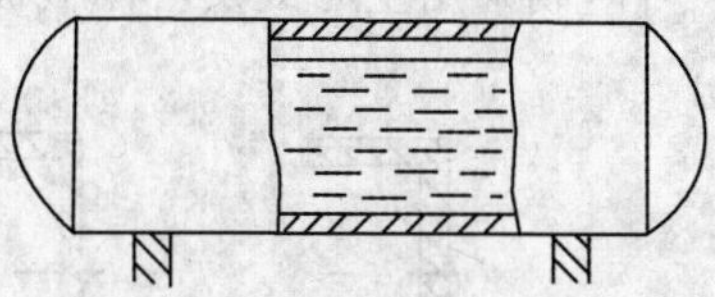

图 8-27

二、选择合理的截面形状

从例题 8-9 中可以看出，在相同的工作条件下，选用不同形状的截面，所需的材料用量不同。在该例题中，用工字形截面的梁就远比用矩形截面或圆形截面的梁节省材料。为了做到物尽其用，最合理的截面是用最少的材料获得最大抗弯截面模量的截面。这也可以从弯曲应力的分布来说明。由图 8-16 可看出，梁的横截面上应力不是均布的，当最大正应力达到许用值时，在中性轴附近的正应力值很小。若截面在中性轴附近面积大，则截面上的大部分工作应力远远低于许用应力，许多材料的潜力未能充分利用。例如，有一 $b=40\text{mm}$，$h=90\text{mm}$ 的矩形截面梁（图 8-28），承受弯曲时，直立的矩形截面模量为 $W_z=\frac{1}{6}bh^2$，［图 8-28(a)］而平放的矩形截面模量为 $W_y=\frac{1}{6}hb^3$［图 8-28(b)］，二者比值是：

$$\frac{W_z}{W_y}=\frac{\frac{1}{6}bh^2}{\frac{1}{6}hb^2}=\frac{h}{b}=\frac{90}{40}=2.25$$

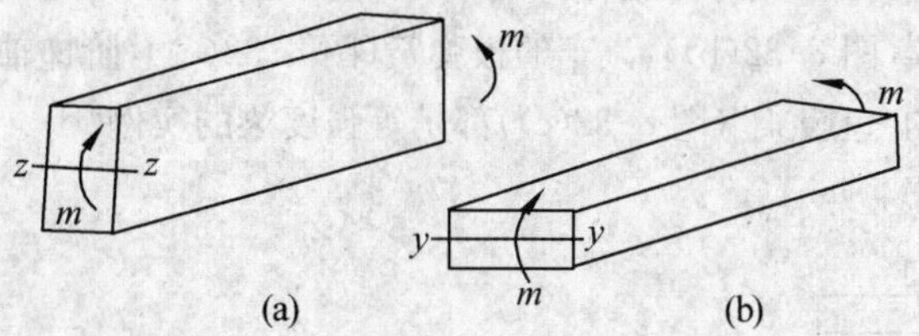

图 8-28

可见，这个矩形截面梁立放时的抗弯能力为平放时的 2.25 倍，比较经济合理。这就是房屋和桥梁等建筑物中的矩形截面梁，一般都是立放的道理。

显然，如果将矩形截面中性轴附近的材料转移到远离中性轴的部位，作成如图 8-29 所示的工字形截面，必然会提高材料的利用率。

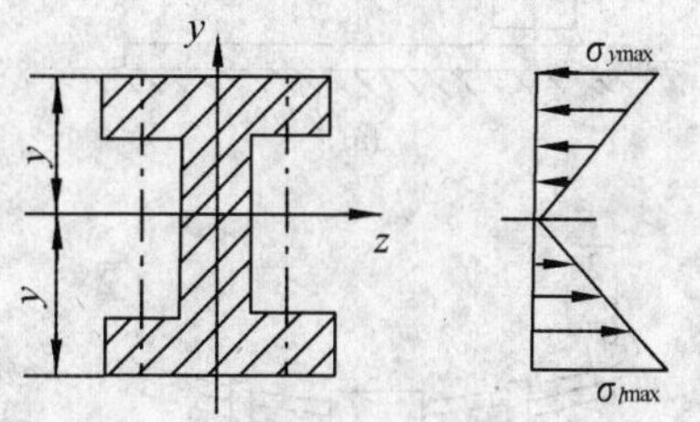

图 8-29

工程中金属梁的成型截面除了工字形以外，还有槽形、箱形（图 8-30(a)，(b) 等，也可将钢板用焊接或铆接的方法拼成上述形状的截面。

建筑中则常采用混凝土空心预制板，如图 8-30(c)所示。但是，对于既受弯曲，又受扭转的轴类零件，则采用空心或实心圆截面比较切于实际。

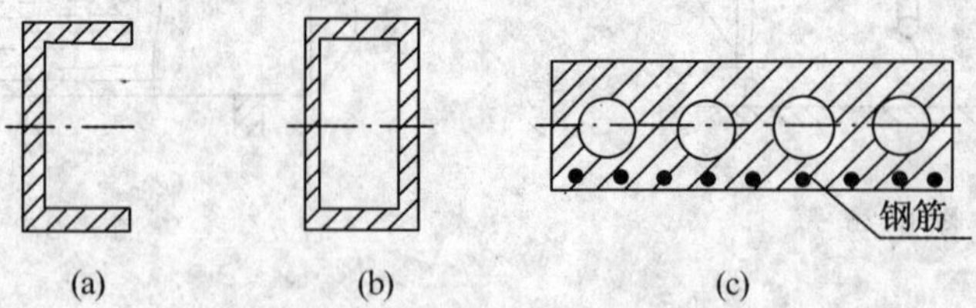

图 8-30

还应指出，对于铸铁等抗压强度高于抗拉强度的脆性材料，则最好采用 T 字形等上、下不对称的截面(图 8-31)，并使中性轴偏于强度较弱的一边(即许用应力较小的一边)，使最大拉应力和最大压应力同时接近材料的许用应力。

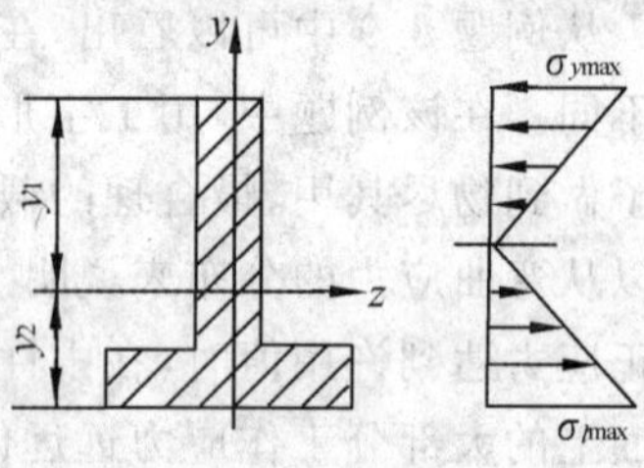

图 8-31

三、采用等强度梁

以上讨论的都是等截面梁，梁的截面尺寸是由最大弯矩 $M_{\max}$ 确定的，其他截面由于弯矩小，材料未能充分利用。工程中为了减轻自重和节省材料，常常根据弯矩沿梁轴线的变化情况，将梁作成变截面的，使所有横截面上的最大正应力都大致等于许用应力$[\sigma]$，这样的梁称为等强度梁。但等强度梁的外形是曲线，较难加工。考虑到构造上的需要和便于加工，工程实际中通常均将梁设计成近似等强度的，例如摇臂钻床的横臂(图 8-32(a))，飞机机翼(图 8-32(b))，汽车的板弹簧(图 8-32(c))，阶梯轴(图 8-32(d))，以及桥梁和屋梁中广泛采用的“鱼腹梁”(图 8-32(e))都是等强度梁的实例。

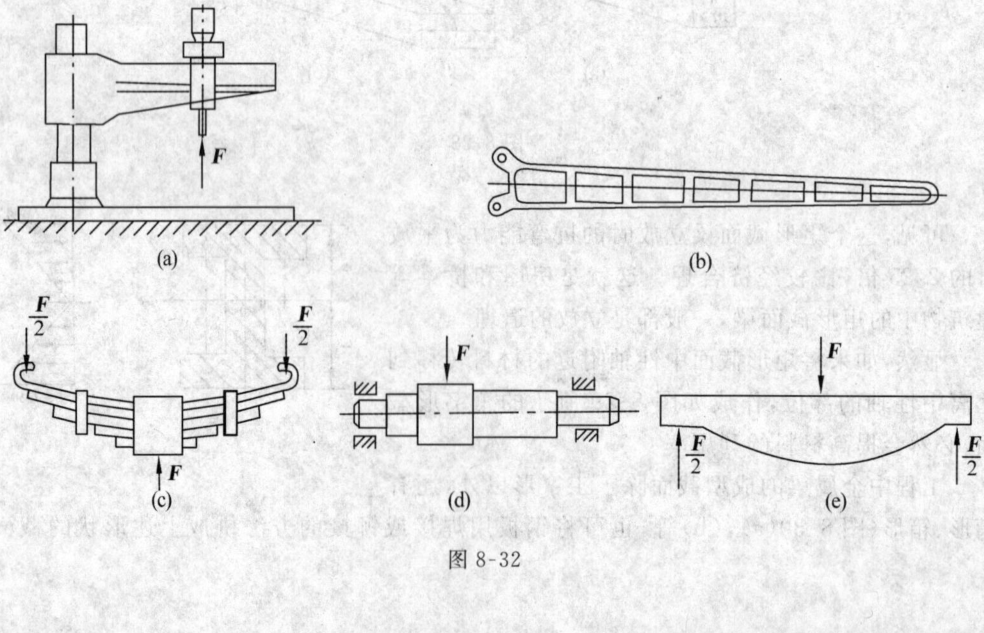

图 8-32

提高弯曲强度除了以上几个主要措施以外，还可以适当增加梁的支座，减小梁的跨度，以减小弯矩。不过在简支梁中间增加支座，或将铰链支座改为固定端后，梁的约束反力的数目，将超过静力学平衡方程的数目，这样的梁称为超静定梁(又称静不定梁)。计算超静定梁的约束反力还要应用梁变形协调条件，列出补充方程，解法本书从略。

第七节　弯曲刚度概述

工程上有一些梁，虽然强度足够，但由于弯曲变形过大，也会影响其正常工作。以车床齿轮轴为例，如果变形过大(图 8-33)，将影响齿轮的啮合和轴承的配合，以致接触不均匀而造成齿轮、轴和轴承严重磨损，降低寿命，产生噪声。主轴外伸端变形过大，还会影响零件加工精度，甚至造成废品。桥梁的变形过大，当火车通过时，会引起桥梁严重振动。这些实例说明，梁的变形必须限制在一定范围内，即梁应满足刚度要求。

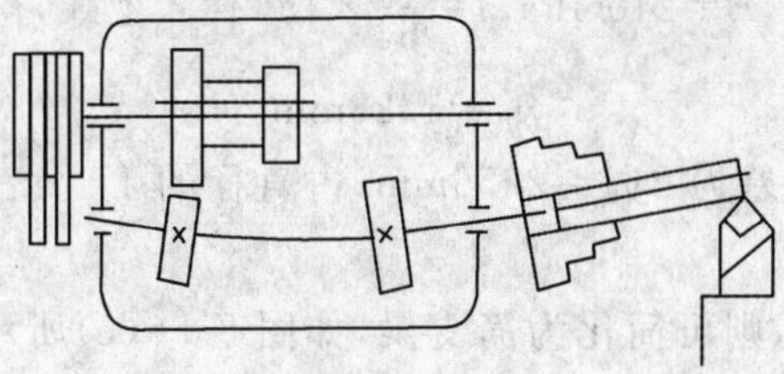

图 8-33

梁在发生弯曲变形时，若其最大工作应力不超过材料的弹性极限，梁的轴线由原来的直线变成曲线，变弯后的梁轴线称为**弹性曲线**。由弹性曲线可以看出梁的变形情况。梁的变形可以用**挠度**和**转角**表示。**挠度**是梁轴线上的一点在垂直于轴线方向的位移，用 y 表示。图 8-34 中 y_A 是梁轴线上 A 点的挠度。**转角**是梁的各横截面相对原来位置转过的角度，用 θ 表示。转角也是弹性曲线上各点切线与 x 轴的夹角。图 8-35 中 θ_A 即为截面 A 的转角。

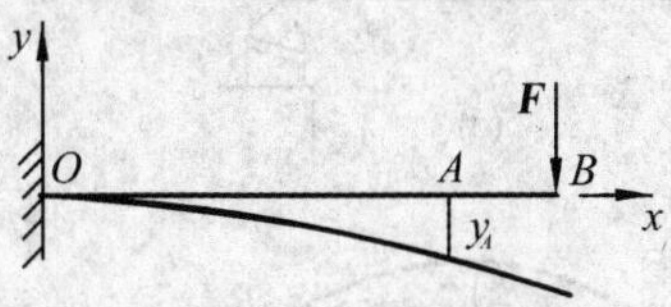

图 8-34

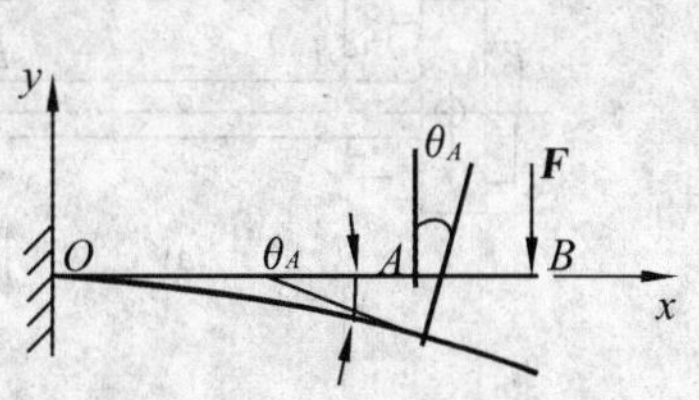

图 8-35

图 8-34 和图 8-35 所示悬臂梁，自由端受集中力作用，其最大挠度 y_{max} 和最大转角 θ_{max} 都产生在自由端 B 截面处。表 8-2 列出了四种简单情况下梁的挠度和转角计算公式(证明从略)。

为了使梁具有足够的刚度，要限制梁的最大挠度和最大转角不超过某一规定数值，所以弯曲刚度条件是：

$$y_{\max}\leqslant[y]$$

$$\theta_{\max}\leqslant[\theta]$$

式中$[y]$和$[\theta]$为规定的许可挠度和转角，在不同的工作条件下规定有不同数值，可从有关设计规范和资料中查得。

【例 8-10】在车床上用三爪卡盘夹持一细长的工件进行车削加工，如图 8-36(a)所示。设工件长 $l=100\text{mm}$，直径 $d=15\text{mm}$，$E=210\text{GPa}$，切削力 $F=2\text{kN}$，试求弯曲变形产生的误差。若工件两端改用顶针支承(图 8-36(d))，则误差为多少？

解：工件可简化成 A 端为固定端，B 端受集中力 $\boldsymbol{F}$ 作用的悬臂梁(图 8-36(b))，查表 8-2 公式可知

$$y_{\max}=y_B=\frac{Fl^3}{3EI}$$

将 $F=2\text{kN}$，$l=15\text{mm}$，$E=210\text{GPa}$，$I=\frac{\pi}{64}\times15^4$ 代入上式，得

$$y_B=1.28\text{mm}$$

则 B 端产生的尺寸误差为 $2y_B=2.56\text{mm}$，占直径的 17%，工件外形近似成锥形，如图 8-36(c)所示。

若工件两端改用顶针，则可简化为简支梁，如图 8-36(e)所示，车刀在工件中点 C 时挠度最大，由表 8-2 中公式可得

$$y_{\max}=y_c=\frac{Fl^3}{48EI}=0.08\text{mm}$$

最大尺寸误差 $2y_c=0.16\text{mm}$，仅占直径 1.1%，是卡盘夹持时的$\frac{1}{16}$。工件成鼓形，如图 8-36(f)所示。

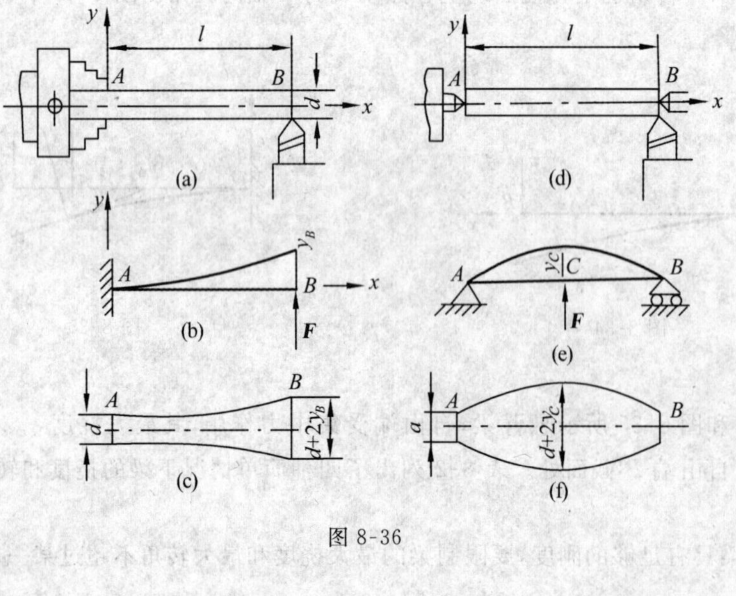

图 8-36

表 8-2　　**梁在简单载荷作用下的挠度和转角**

支座和载荷	最大挠度	最大转角
(1)悬臂梁,自由端受集中力 **F** 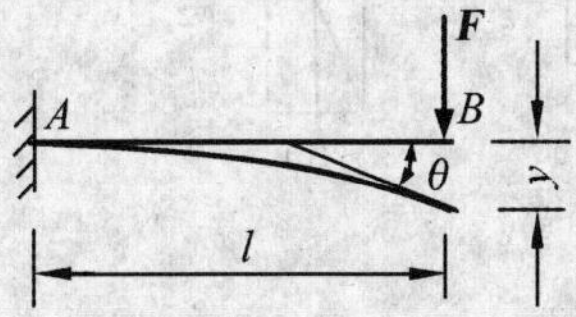	最大挠度发生在自由端 $y=\frac{Fl^3}{3EI}$ I 为轴惯性矩	最大转角发生在自由端 $\theta=\frac{Fl^2}{2EI}$
(2)悬臂梁,全梁受均布力 q 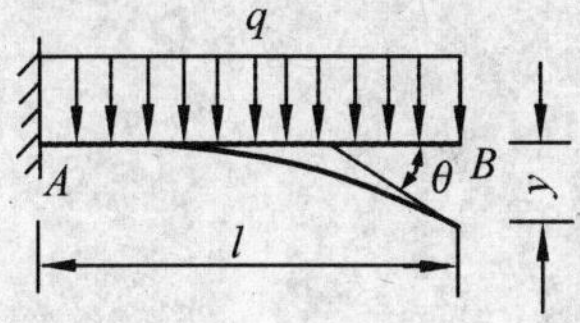	最大挠度发生在自由端 $y=\frac{ql^4}{8EI}$	最大转角发生在自由端 $\theta=\frac{ql^3}{6EI}$
(3)简支梁,梁中点受集中力 **F** 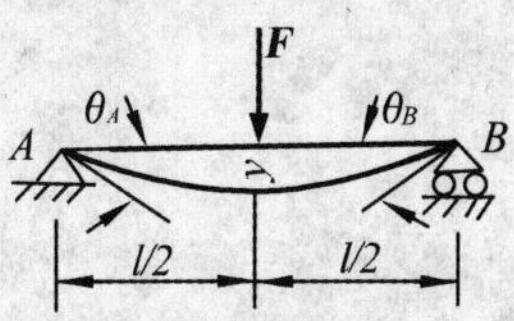	最大挠度发生在梁中点 $y=\frac{Fl^3}{48EI}$	最大转角发生在两端支座处 $\theta_A=\theta_B=\frac{Fl^2}{16EI}$
(4)简支梁,全梁受均布力 q 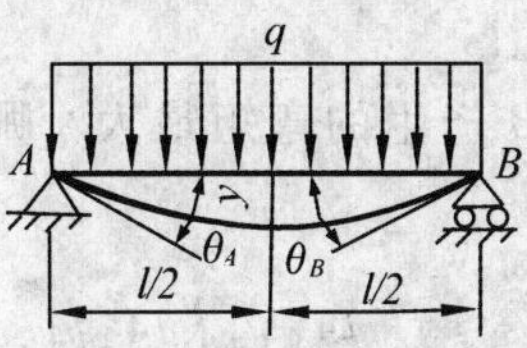	最大挠度发生在梁中点 $y=\frac{5ql^4}{384EI}$	最大转角发生在两端支座处 $\theta_A=\theta_B=\frac{ql^3}{24EI}$

思考题

1. 在什么情况下,杆将发生弯曲变形?

2. 什么是平面弯曲? 试举几个实例。

3. 根据梁的支座和受力情况,梁可分为哪几种基本类型?

4. 悬臂梁的 B 端作用一集中力 $\boldsymbol{F}$(图 8-37),$\boldsymbol{F}$ 与 y 轴夹角为 α,试说明当梁的截面为(a)圆形;(b)正方形;(c)矩形时,梁是否发生平面弯曲? 为什么?

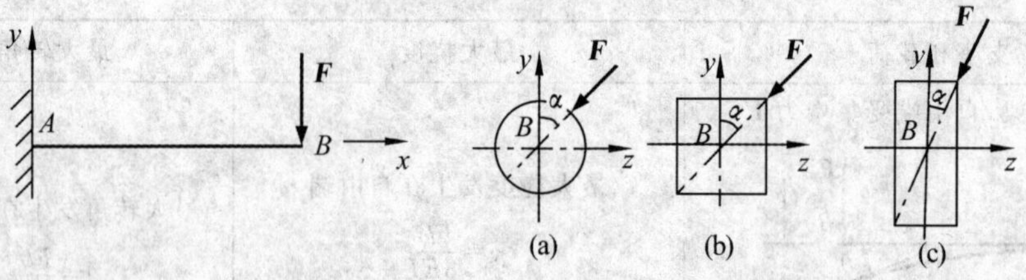

图 8-37

5. 图 8-38 所示斜齿圆柱齿轮上作用有径向力 **F**、轴向力 **P** 和圆周力 **Q**。试说明力 **F**,**P**,**Q** 各使轴产生什么变形?

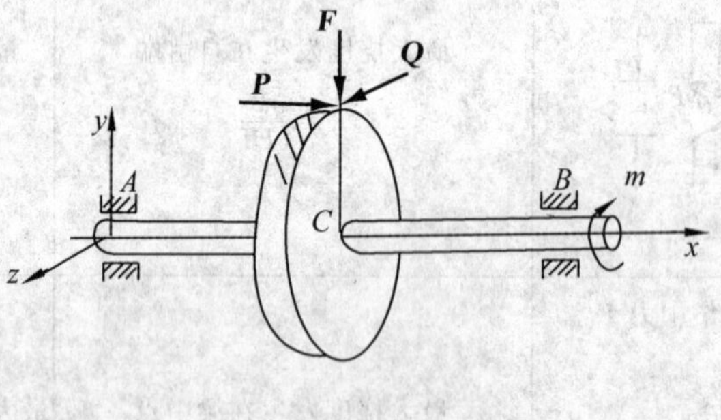

图 8-38

6. 梁弯曲时,一般情况下,梁的横截面上会产生什么内力?

7. 怎样确定梁的某一横截面上弯矩的大小和正负?

8. 什么是弯矩图?弯矩图能够说明什么问题?怎样绘制弯矩图?

9. 挑东西用的扁担常常是在中间折断,而游泳池的跳水板则容易在固定端处弯断,这是什么原因?

10. 试判断图 8-39 所示各梁,哪一个加载方法使梁 AB 产生的弯矩最大?哪一个最小?

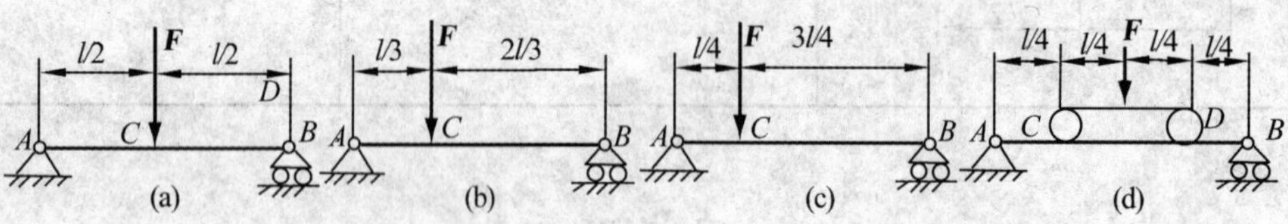

图 8-39

11. 怎样的弯曲称为纯弯曲?试判断图 8-40 所示各梁,哪一段是纯弯曲?

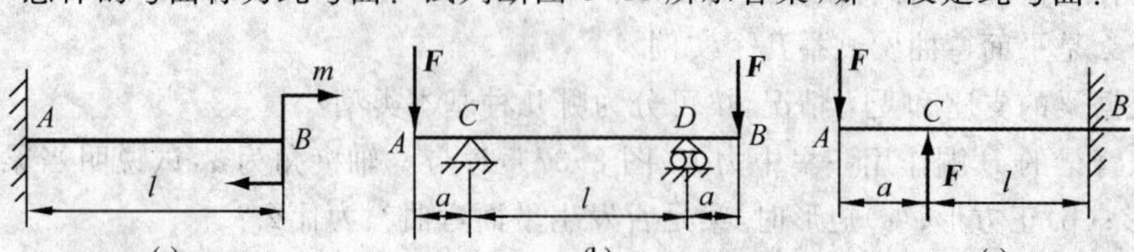

图 8-40

12. 从矩形截面直梁的纯弯曲实验,能观察到哪些变形现象?

13. 纯弯曲时,梁内与轴线平行的各纤维将发生何种变形?什么是中性层?什么是中性轴?

14. 纯弯曲时,梁内横截面上将产生什么应力?它们按什么规律分布?在横截面上什么位置的应力最大?什么位置应力为零?

15. 圆轴扭转时横截面上剪应力分布规律,与圆截面直梁弯曲时横截面上正应力分布规律是否相同?试作图说明。

16. 写出梁弯曲时最大正应力计算公式。

17. 什么是梁的抗弯截面模量?它与梁的承载能力有什么关系?试默写出矩形、正方形、圆形和圆环形的抗弯截面模量计算公式。

18. 试判断和比较图 8-41 所示各截面抗弯截面模量的大小,设各截面的面积相等。

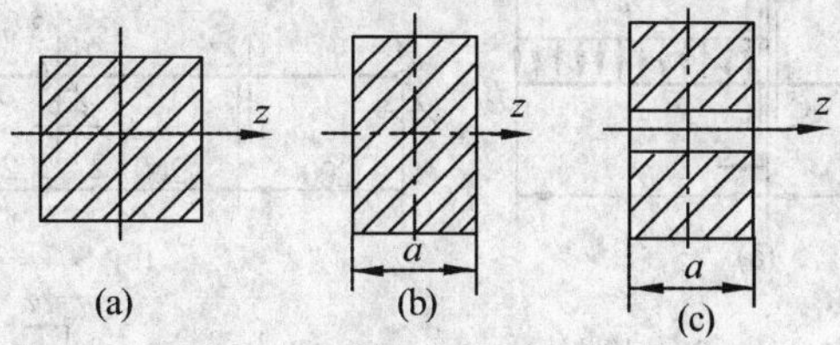

图 8-41

19. 试判断和比较图 8-42 所示各截面抗弯截面模量的大小。设各截面的高和宽相等。

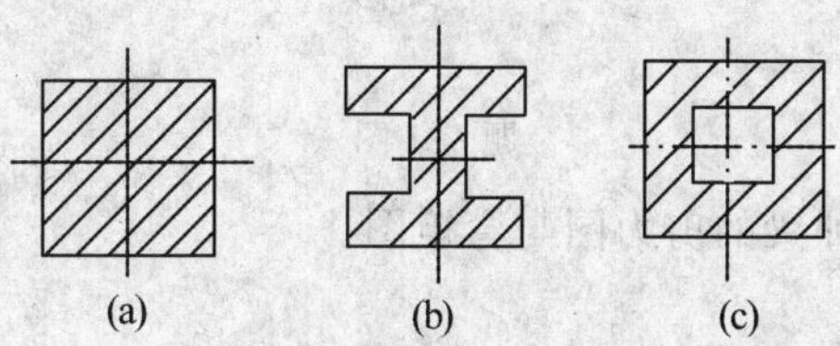

图 8-42

20. 试从本书附录中查出 20(b)号工字钢对 y 轴和 z 轴的轴惯性矩和抗弯截面模量。

21. 若矩形截面梁的高度 h 或宽度 b 分别增大一倍,其抗弯截面模量将各增大几倍?圆形截面直径增大一倍,其抗弯截面模量将增大几倍?

22. 有一 T 形截面的悬臂支架,材料为铸铁,在自由端受力 $\boldsymbol{F}$ 作用。试问 a,b 两种方案中,哪一个合理(图 8-43)。如果梁的材料是钢,采取这样的截面形状是否合理?

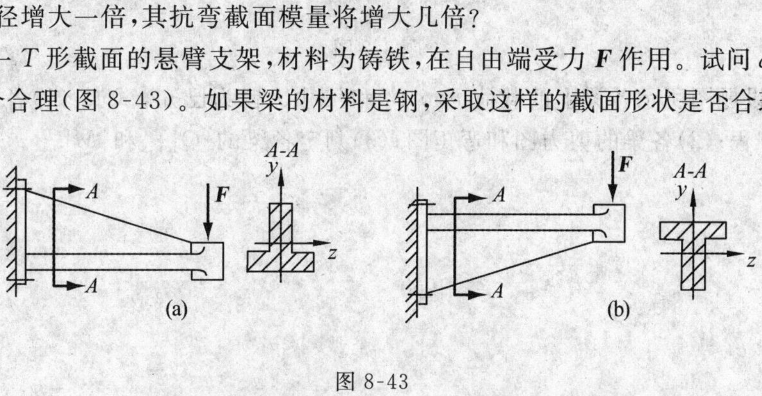

图 8-43

23. 弯曲的强度条件是什么？提高梁的弯曲强度可采取哪些主要措施？

24. 什么是等强度梁？试举出几个工程中常见的等强度梁的实例。

25. 梁的变形可用哪两个参数表示？梁的刚度条件是什么？

26. 有两根金属材料制成的梁，其尺寸、形状完全相同，受力与支座情况也相同，若 $E_1=2E_2$，试问：(1)两梁的最大正应力是否相同？(2)两梁的最大挠度是否相同？

习　题

8-1　在下图所示各梁中 F_p，q 和 a 均为已知，若各梁的横截面 1-1，2-2 和 3-3 无限接近于截面 C 和截面 D。试求横截面 1-1，2-2 和 3-3 上的剪力和弯矩。

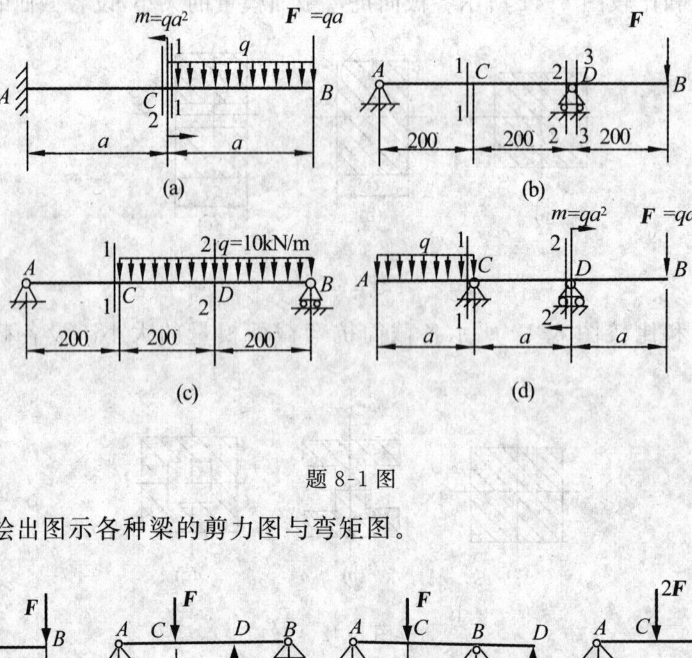

题 8-1 图

8-2　试绘出图示各种梁的剪力图与弯矩图。

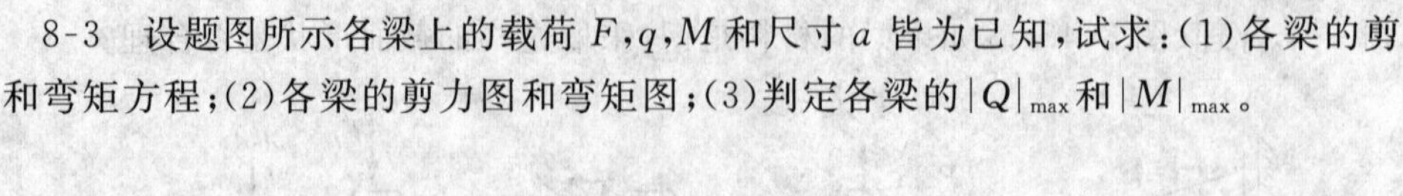

题 8-2 图

8-3　设题图所示各梁上的载荷 F，q，M 和尺寸 a 皆为已知，试求：(1)各梁的剪力方程和弯矩方程；(2)各梁的剪力图和弯矩图；(3)判定各梁的 $|Q|_{max}$ 和 $|M|_{max}$。

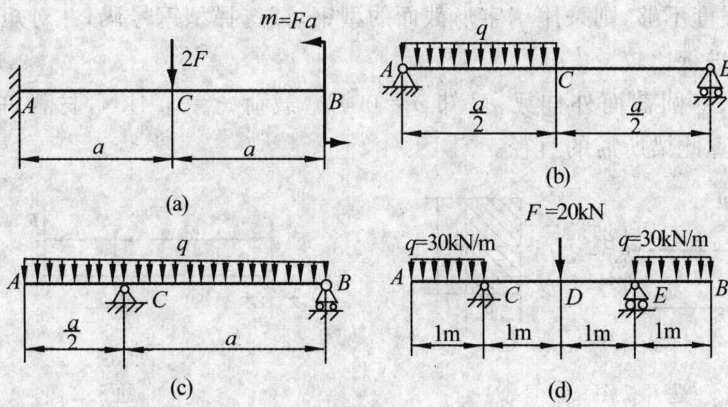

题 8-3 图

8-4　小吊车在梁 AB 上行驶，试求吊车的位置 x 等于多少时，梁的最大弯矩 M_{max} 的值为最大？

8-5　扳手旋紧螺母时受力情况如题图。已知 $l=130$mm，$l_1=100$mm，$b=6$mm，$h=18$mm，$F=300$N，扳手许用应力$[\sigma]=120$MPa。试核算扳手手柄部分的强度。

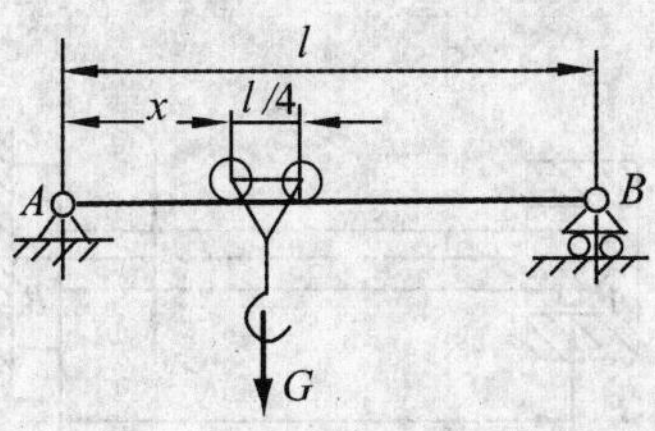

题 8-4 图

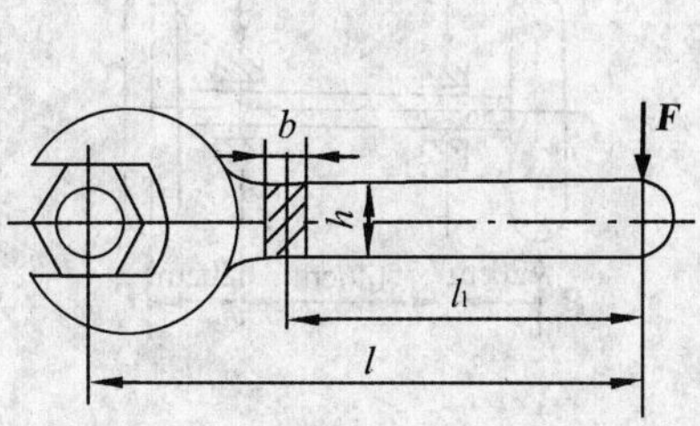

题 8-5 图

8-6　图示一夹具，压板 AB 的尺寸如图示，压板的许用应力$[\sigma]=110$MPa，夹紧时螺母对压板的压力为 6kN，试确定压板的厚度 h。

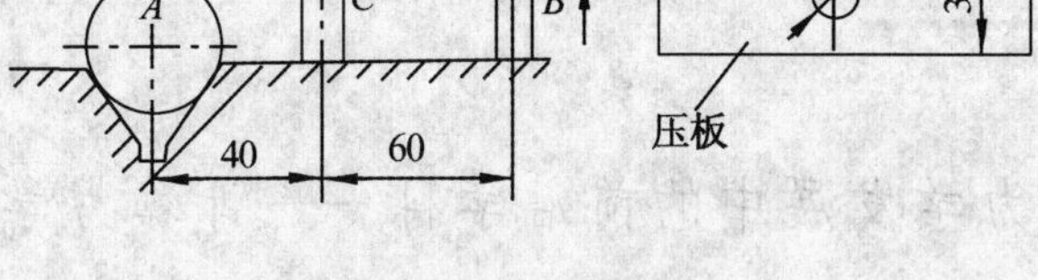

题 8-6 图

8-7　图示一矩形截面简支梁，跨度 $l=2$m，在梁的中点作用集中力 $P=80$kN，截面尺寸 $b=70$mm，$h=140$mm，许用应力$[\sigma]=140$MPa。

(1)试校核梁的强度。

(2)如果强度不够,则采用工字形截面的型钢,试选择型钢号码,并对矩形与工字形截面材料消耗量进行比较。

8-8 图示一圆截面外伸梁,已知 $a=0.4\text{m}$,载荷 $F=8.4\text{kN}$,材料许用应力$[\sigma]=160\text{MPa}$,试计算此梁所需的直径。

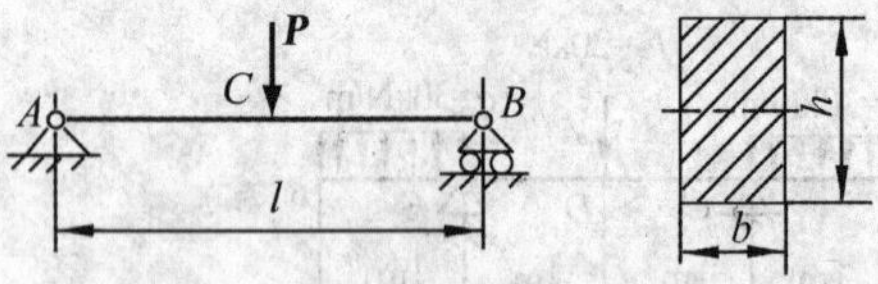

题 8-7 图

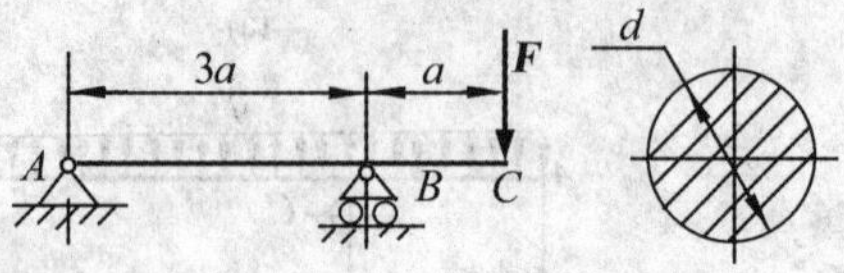

题 8-8 图

8-9 四轮拖车车轴直径 $d=80\text{mm}$,车轴材料的许用应力$[\sigma]=50\text{MPa}$,试计算拖车的许可载重量(包括自重,并设每一车轮所受的力为载重量的 1/4)。

8-10 图示一镗孔刀杆,为了保证镗孔精度,镗刀杆的弯曲变形不可过大。设径向切削力 $F=200\text{N}$,刀杆直径 $d=10\text{mm}$,外伸长度 $l=50\text{mm}$,材料的弹性模量 $E=210\text{MPa}$,试求刀杆上安装刀头的截面 A 处的转角和挠度。

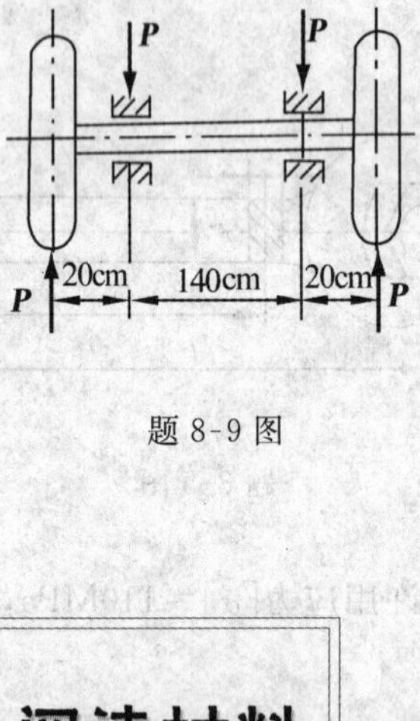

题 8-9 图

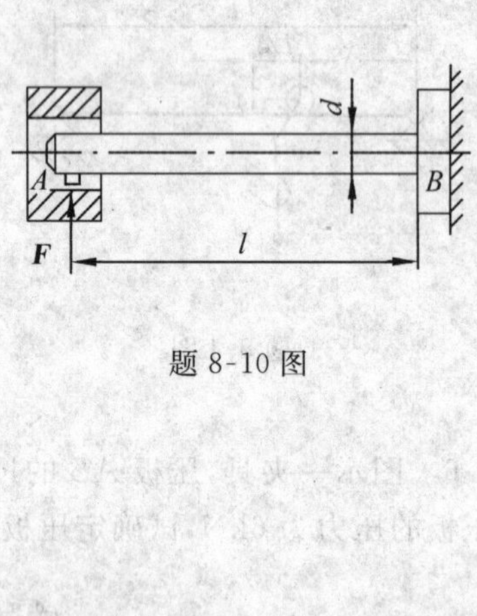

题 8-10 图

阅读材料

力学发展中的前沿学科——计算力学

计算力学是 20 世纪 60 年代出现的力学分支学科。它综合了力学、计算数学和计算机科学的知识,以计算机为工具研究解决力学问题和进行力学数据加工、编制应用软件。现在计算力学的研究范围已扩大到固体力学、流体力学、一般力学、岩土力学及生物力学等。计算力学的特点，就在于它寻求的是从一般的意义上用计算机尽可能广泛解决一些力学问题。计算力学的出现，无论是对工程技术还是对自然科学，都引起了很深刻的变化。例如：①在 20 世纪 50 年代，一项工程的设计如导弹、飞机、汽车、水坝等的设计，所涉及的力学问题有 90％靠经验，有 10％靠计算。而现在由于计算机的运用，使这一比例正好倒过来，同时还大大缩短了设计周期。②计算力学已成为一种新的独特的力学研究手段，而使过去的一些传统的理论和实验方法失去了优势，如光弹性力学、弹性力学平面问题的复变函数法已为计算力学所取代。③计算力学向其他学科的渗透大大促进了其他学科的发展，如工程地质、计算物理、体育运动机理、控制系统的数值方法等的研究就比过去更活跃。计算力学现在正以空前的速度深入发展着，它一方面从微观上研究力学现象，另一方面从方法上及时精确地解决力学问题，不断完善和优化工程设计。

中国古建筑的力与美探析

在中国古建筑中，砖石和木结构占有很大比重。人们在游览山川名胜时，远望蓝天白云，不时见到掩映在绿树丛中的亭台楼阁和寺庙陵墓，其景象格外引人注目，或者雍容华丽，或者雄伟庄严，人们禁不住为这些巧夺天工的古建筑发出赞叹！这其中力与美的结合是何等奇妙啊！下图就是一个古建筑结构的典例。

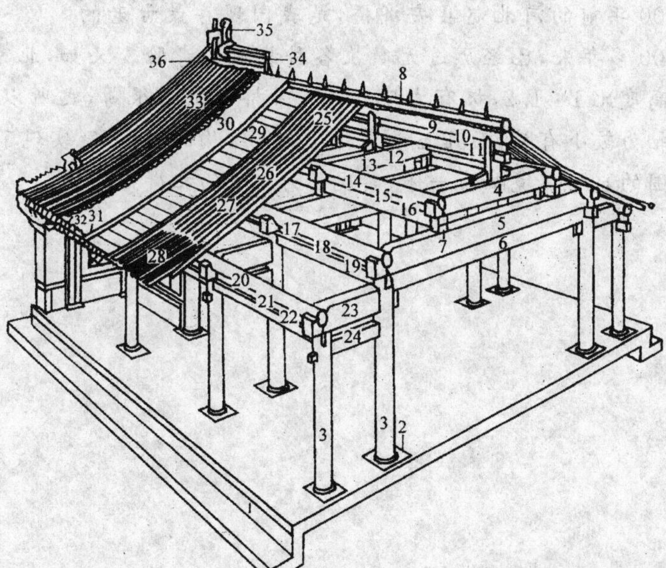

古建筑结构

1. 台基　2. 柱础　3. 柱　4. 三架梁　5. 五架梁　6. 随梁枋　7. 瓜柱　8. 扶脊木　9. 脊檩　10. 脊垫板　11. 脊瓜柱　13. 角背　14. 上金檩　15. 上金垫板　16. 上金枋　17. 老檐檩　18. 老檐垫板　19. 老檐枋　20. 檐檩　21. 檐垫板　22. 檐枋　23. 抱头梁　24. 穿插枋　25. 脑椽　26. 花架椽　27. 檐椽　28. 飞椽　29. 望板　30. 苫板　31～36(略)

一、压杆——沉稳的立柱

古建筑中的立柱，在靠近地面的一端多采用横断面较大的石头作为基座，外观给人以沉稳之感(左图)。然而从力学上讲显然起到了减小木质立柱横压应力的作用。

另外值得注意的是，立柱高与横断面直径的比多为9∶1左右，这样的长细比，对木质立柱来说，属于小柔度杆，可以不考虑失稳。古时候人们并不知道用稳定理论设计木柱，完全是由材料的实际力学性能和外观美，再依据大量的经验来建造房屋的，于此达到了力与美的统一。

二、合理的截面几何形状——檩条、枋子

在木结构建筑中，沿屋顶纵向常用檩条和枋子来联系，而檩和枋之间有垫板联接，这实际上使两者结合成了一长梁，以承受屋面传来的垂直载荷，其横截面呈工字形，与现代的工字梁截面很相似，无疑具有良好的承载性能。其中枋子和垫板正面为平面，能方便工匠在上面绘制美丽的彩画，显示了古代劳动者有着合理利用材料的聪明才智和对建筑的审美素质。

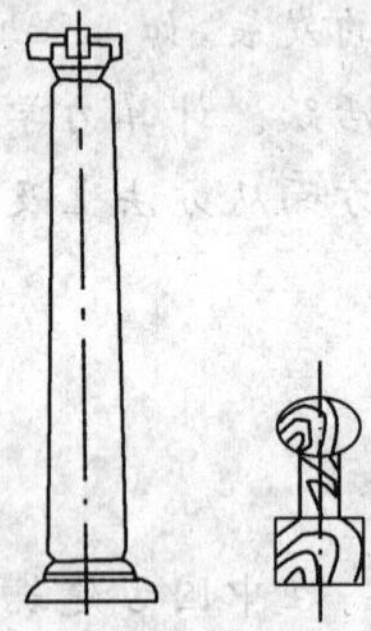

主柱及檩、枋组合

三、拱——优美的古桥

建于公元600年前的河北赵县安济桥，是我国现存最古老的桥，建桥至今1400多年来，已经历过无数次各种载荷的考验。又如，北京颐和园的玉带桥，拱洞宽度与高度比1∶1.2，极有力度感。玉带桥拱做得很薄，之所以如此，与这一点的弯矩、剪力和轴力较小有关，而且还很省料。这样结构的拱桥，既实现了合理的受力，又显得美观，与周围的自然环境融为一体，实现了力与美的相得益彰。

*第九章　应力状态与强度理论

第一节　轴向拉压杆斜截面上的应力

从第五章中得出轴向拉伸与压缩杆横截面上的正应力的公式 $\sigma=\dfrac{N}{A}$，为了更全面地了解杆内的应力情况，下面研究斜截面上的应力计算。

图 9-1(a)所示拉杆，任意斜截面 m—m'的方位角为 α。所谓**方位角**是指斜截面的外法线 $\boldsymbol{n}$ 与 x 轴的夹角。α 的符号规定：自 x 轴正向按逆时针转至斜截面外法线 n 时，α 为正值；反之为负值。由截面法可求得斜截面上内力为

$$N_\alpha=F$$

仿照横截面上正应力均匀分布的推导过程，可得出斜截面 m—m'上的应力也是均布的(图 9-1(b)。

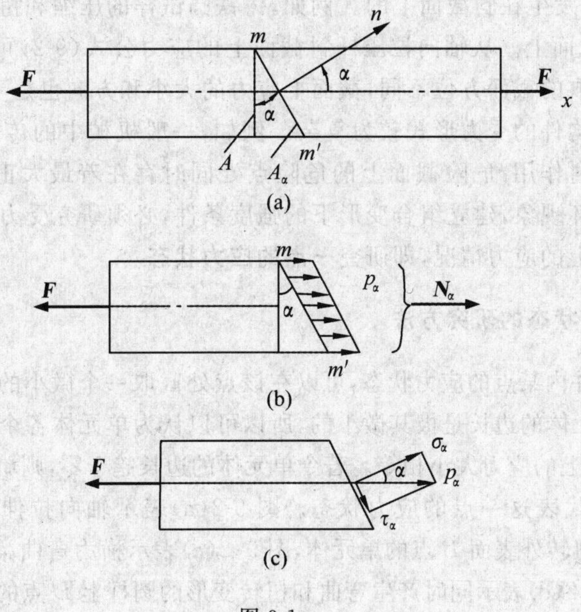

图 9-1

设拉杆横截面面积为 A，斜截面的面积为 A_α，$A_\alpha=\dfrac{A}{\cos\alpha}$，则有

$$p_\alpha=\frac{N_\alpha}{A_\alpha}=\frac{N}{A/\cos\alpha}=\sigma\cos\alpha \tag{9-1}$$

式中，$\sigma=\dfrac{N}{A}$是横截面上的正应力。

将斜截面上的全应力 p_α分解为垂直于斜截面的正应力 σ_α和相切于斜截面的切应力 τ_α图 9-1(c)，由几何关系得到

$$\left.\begin{aligned}\sigma_\alpha&=p_\alpha\cos\alpha=\sigma\cos^2\alpha\\ \tau_\alpha&=p_\alpha\sin\alpha=\sigma\cos\alpha\sin\alpha=\frac{\sigma}{2}\sin2\alpha\end{aligned}\right\} \tag{9-2}$$

由式(9-2)可知，斜截面上的应力 σ_α和 τ_α均为 α 的函数。这表明，轴向拉压杆内同一点的不同斜截面上的应力是不同的。显然，当 $\alpha=0°$时，σ_α最大，其值为 $\sigma_{max}=\sigma$，即最大正应力在横截面上；当 $\alpha=45°$时，$\tau_\alpha=\dfrac{\sigma}{2}$，即最大切应力在与轴线成 45°的斜截面上。这就可以解释为什么在低碳钢拉伸试验中，屈服时与试样轴线成 45°的方向出现滑移线。

第二节　应力状态的概念

一、一点的应力状态

前面各章对杆件的强度分析，主要是研究杆件横截面上的应力分布规律，找出危险截面上正应力或切应力最大的点进行强度计算。即使如此，杆件的强度破坏也不总是发生在横截面上，也有发生在斜截面上的。例如，铸铁圆试样的压缩和扭转破坏都是发生在沿轴线约 45°的斜截面上。从轴向拉压杆斜截面上的应力公式(9-2)可以看出，通过受力构件内一点处所截取的截面方位不同，截面上应力的大小和方向也是不同的。

工程上许多构件的受力形式较为复杂。例如，一般机械中的传动轴往往表现为受到弯曲和扭转的同时作用，危险截面上的危险点处同时存在着最大正应力和最大切应力。为了分析各种破坏现象，建立组合变形下的强度条件，必须研究受力构件内某一点处的各个不同方位截面上的应力情况，即研究**一点的应力状态**。

二、一点应力状态的研究方法

为了研究构件内某点的应力状态，可以在该点处截取一个微小的正六面体——单元体来分析。因为单元体的边长是极其微小的，所以可以认为单元体各个面上的应力是均匀分布的，相对平行面上的应力大小相等。若令单元体的边长趋于零，则单元体各不同方位截面上的应力情况就代表这一点的应力状态。图 9-2(a)表示轴向拉伸杆 A 点的单元体；图 9-2(b)表示图轴扭转外表面 B 点的单元体，图 9-2(c)表示横力弯曲梁上、下边缘处 C 和 C' 点的单元体；图 9-2(d)表示同时产生弯曲和扭转变形的圆杆上 D 点的单元体。由于这些单元体上的应力均可以通过构件上的外载荷求得，所以这些单元体称为**原始单元体**。

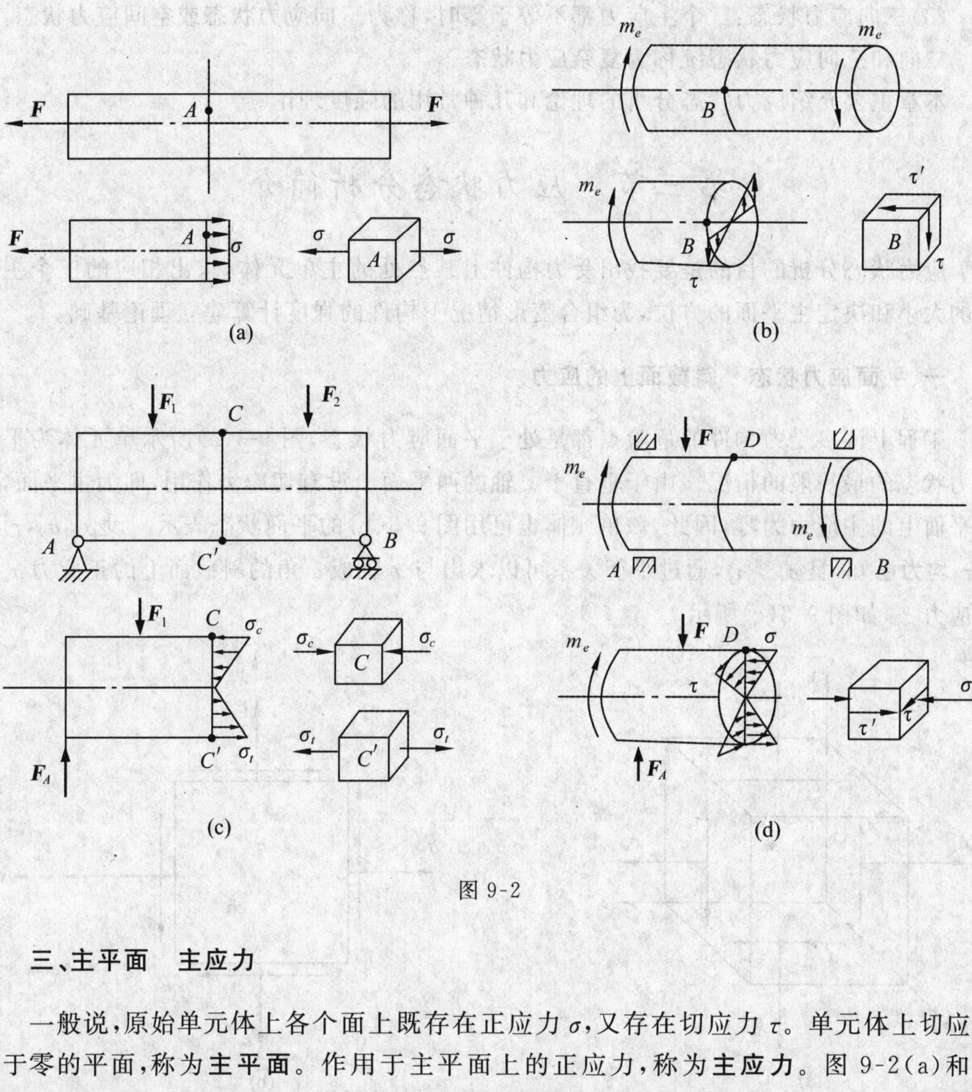

图 9-2

三、主平面　主应力

一般说，原始单元体上各个面上既存在正应力 σ，又存在切应力 τ。单元体上切应力等于零的平面，称为**主平面**。作用于主平面上的正应力，称为**主应力**。图 9-2(a)和图 9-2(c)中所示的三个单元体的三对面上均没有切应力，所以三对面均为主平面；三对面上的正应力(包括正应力为零)都是主应力。可以证明，在受力构件的任一点处，总可以找到由三个相互垂直的主平面组成的单元体，称为**主单元体**。相应的三个主应力，分别用 σ_1，σ_2，σ_3 表示，并规定按它们的代数值大小顺序排列，即 $\sigma_1 \geqslant \sigma_2 \geqslant \sigma_3$。图 9-2(a)(c)中的三个单元体均为主单元体。

四、应力状态的分类

一点的应力状态通常用该点处的三个主应力来表示，根据主应力不等于零的数目，将应力状态分为三类：

(1)单向应力状态：一个主应力不为零的应力状态。如图 9-2(a)(c)所示。

(2)二向应力状态：两个主应力不为零的应力状态，称二向应力状态或平面应力状态。如图 9-2(b)(d)所示。

(3)三向应力状态：三个主应力都不等于零时，称为三向应力状态或空间应力状态。

二向和三向应力状态统称为**复杂应力状态**。

本章主要介绍应力状态分析的理论和几种常用的强度理论。

第三节　应力状态分析简介

应力状态分析的目的是要找出受力构件上某点处的主单元体，求出相应的三个主应力的大小和决定主平面的方位，为组合变形情况下构件的强度计算建立理论基础。

一、平面应力状态　斜截面上的应力

工程上许多受力构件的危险点都是处于平面应力状态，图 9-3(a)所示单元体为平面应力状态的最一般的情况。由于垂直于 z 轴的两平面上没有切应力作用，即为主平面，该主平面上的主应力为零，因此，该单元体也可用图 9-3(b)的平面状态表示。设 $\sigma_x, \sigma_y, \tau_x = -\tau_y$ 均为已知，且 $\sigma_x > \sigma_y$，通过平衡关系可以求出与 x 轴成 α 角的斜截面上的正应力 σ_α 和切应力 τ_α，如图 9-3(c)所示。

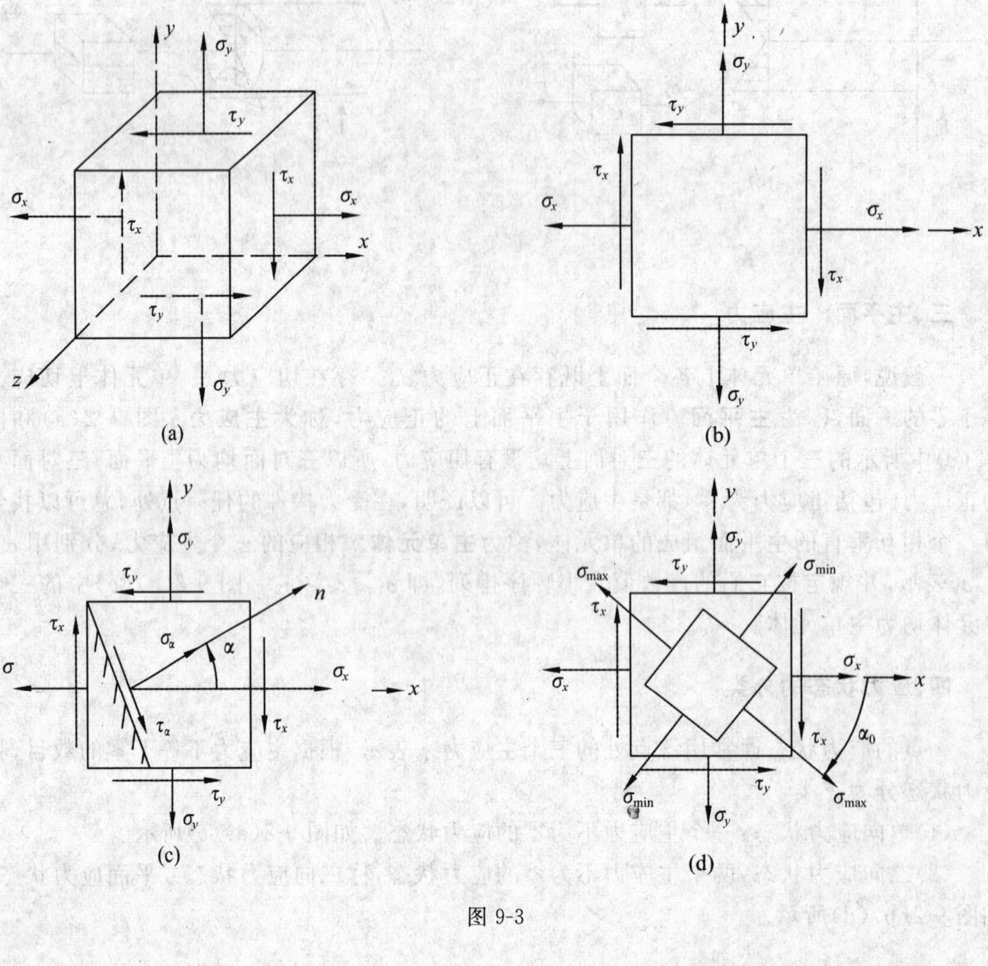

图 9-3

$$\sigma_\alpha=\frac{\sigma_x+\sigma_y}{2}+\frac{\sigma_x-\sigma_y}{2}\cos2\alpha-\tau_x\sin2\alpha \tag{9-3}$$

$$\tau_\alpha=\frac{\sigma_x-\sigma_y}{2}\sin2\alpha+\tau_x\cos\alpha \tag{9-4}$$

利用式(9-3)和(9-4)进行计算时，应注意符号的规定：正应力以拉应力为正，压应力为负；切应力以对单元体内任一点产生顺时针转向的力矩时为正，反之为负；α 角以自 x 轴正向按逆时针转至斜截面的外法线 n 时为正，反之为负。

【例 9-1】拉杆横截面面积 $A=10\text{cm}^2$，$F=30\text{kN}$，如图 9-4(a)所示。求拉杆 $\alpha=30°$ 斜截面上的正应力和切应力。

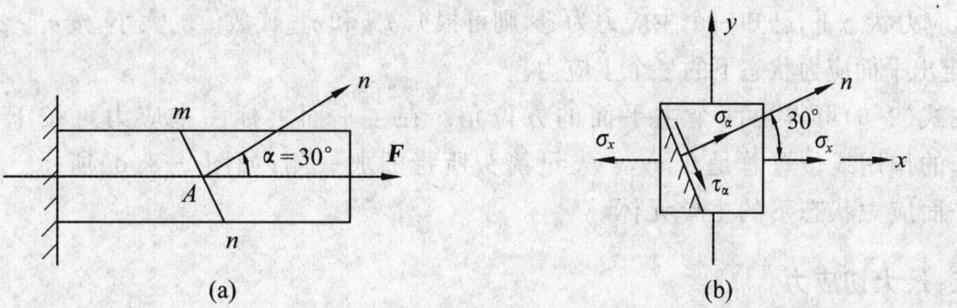

图 9-4

解：1)在 **A** 点沿纵向和横向截取单元体，如图 9-4(b)所示，可见为单向应力状态。

$$\sigma_x=\frac{F}{A}=\frac{30\times10^6\text{N}}{10\times10^{-4}\text{m}^2}=30\times10^6\text{Pa}=30\text{MPa}$$

2)将 $\sigma_x=30\text{MPa}$，$\sigma_y=0$，$\tau_x=0$ 以及 $\alpha=30°$ 代入式(9-3)和式(9-4)得

$$\sigma_\alpha=\frac{\sigma_x+\sigma_y}{2}+\frac{\sigma_x-\sigma_y}{2}\cos2\alpha-\tau_x\sin2\alpha=\frac{\sigma_x}{2}+\frac{\sigma_x}{2}\cos2\alpha$$

$$=\sigma_x\left(\frac{1+\cos2\alpha}{2}\right)=\sigma_x\cos^2\alpha=30\cos^2 30°=22.5\text{MPa}$$

$$\tau_\alpha=\frac{\sigma_x-\sigma_y}{2}\sin2\alpha+\tau_x\cos2\alpha=\frac{\sigma_x}{2}\sin2\alpha=\frac{30}{2}\sin(2\times30°)=13\text{MPa}$$

本题也可直接按式(9-2)进行计算。可见，单向应力状态是平面应力状态的特例。

二、平面应力状态主应力的大小和方向

从式(9-3)和式(9-4)可以看出，斜截面上的应力 σ_α 和 τ_α 是斜截面的方位角 α 的连续函数。为求最大和最小正应力所在平面的方位，可对式(9-3)求导，令 $\frac{d\sigma_\alpha}{d\alpha}=0$，得

$$\frac{d\sigma_\alpha}{d\alpha}=\frac{\sigma_x-\sigma_y}{2}(-2\sin2\alpha)-\tau_x(2\cos2\alpha)=0$$

即

$$\frac{\sigma_x-\sigma_y}{2}\sin2\alpha+\tau_x\cos2\alpha=0 \tag{9-5}$$

将上式与式(9-4)比较可知，最大和最小正应力所在的平面，就是切应力 τ_α 等于零的平面，

也就是主平面。也就是说，平面应力状态下最大和最小正应力就是主应力。

若以 α_0 表示主平面的外法线 n 与 x 轴正向间的夹角，由式(9-5)可得

$$\tan 2\alpha_0 = -\frac{2\tau_x}{\sigma_x - \sigma_y} \tag{9-6}$$

上式可确定 α_0 的两个数值：α_0 和 $\alpha_0 + 90°$。这表明两个主平面是相互垂直的，两个主应力也必相互垂直。由式(9-6)求出 $\cos 2\alpha_0$ 和 $\sin 2\alpha_0$，代入式(9-3)可得两个主平面上的最大正应力和最小正应力为

$$\left.\begin{matrix}\sigma_{\max}\\ \sigma_{\min}\end{matrix}\right\} = \frac{\sigma_x + \sigma_y}{2} \pm \sqrt{\left(\frac{\sigma_x - \sigma_y}{2}\right)^2 + \tau_x^2} \tag{9-7}$$

在平面应力状态下，已知一个主应力为零，则可根据 $\sigma_{\max}$ 和 $\sigma_{\min}$ 代数值的大小，按 $\sigma_1 \geqslant \sigma_2 \geqslant \sigma_3$ 排列次序，定出平面应力状态下的三个主应力。

按式(9-6)可得出两个主平面的方位角。在主平面上标注主应力可按下列规则进行：$\sigma_{\max}$ 的作用线位置总是在 τ_x，τ_y 矢量箭头所指的那一侧；如图 9-3(d)所示。据此可以作出平面应力状态下的主单元体。

三、最大切应力

平面应力状态和空间应力状态都是复杂应力状态。理论分析证明，在复杂应力状态下，最大切应力的值为

$$\tau_{\max} = \frac{\sigma_1 - \sigma_3}{2} \tag{9-8}$$

其作用面与最大主应力 σ_1 和最小主应力 σ_3 的所在平面构成 45°，且与主应力 σ_2 所在平面垂直，如图 9-5 所示。

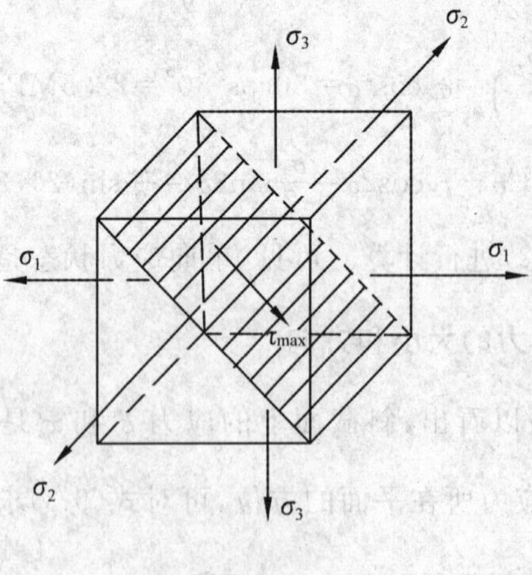

图 9-5

【例 9-2】如图 9-6(a)所示试利用应力状态分析理论，说明塑性材料和脆性材料圆轴的扭转破坏现象。

解：圆轴扭转时，最大切应力发生在圆轴的外表面，表面上点 A 处的原始单元体为平

面应力状态，如图 9-6(b)所示，且 $\tau_x=\dfrac{T}{W_p}$。按式(9-7)得

$$\left.\begin{matrix}\sigma_{\max}\\ \sigma_{\min}\end{matrix}\right\}=\frac{\sigma_x+\sigma_y}{2}\pm\sqrt{\left(\frac{\sigma-\sigma_y}{2}\right)^2+\tau_x^2}=\pm\tau_x$$

故三个主应力分别为 $\sigma_1=\tau_x$，$\sigma_2=0$，$\sigma_3=-\tau_x$。按式(9-6)

$$\tan 2\alpha_0=-\frac{2\tau_x}{\sigma_x-\sigma_y}=-\infty$$

得

$$\alpha_0=-45^\circ \text{和} \alpha_0+90^\circ=45^\circ$$

在决定了主平面的方位后，按 σ_1 的作用线位置总是在 τ_x，τ_y 箭头所指的那一侧的规则，可在主单元体标上主应力 σ_1 和 σ_3，如图 9-6(b)所示。

对塑性材料(如低碳钢)制成的圆轴，由于塑性材料的抗剪强度低于抗拉强度，扭转时沿横截面破坏，如图 9-6(c)所示；对脆性材料(如铸铁)制成的圆轴，由于脆性材料的抗拉强度较低，扭转时沿与轴线 45°方向破坏，如图 9-6(d)所示。

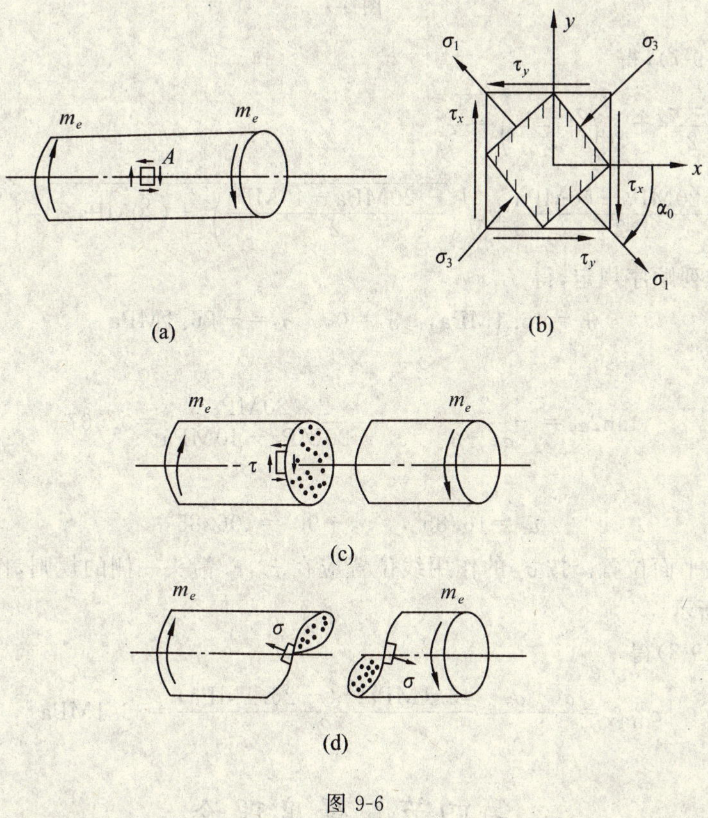

图 9-6

【例 9-3】一单元体应力状态如图 9-7a 所示。已知 $\sigma_x=-20\text{MPa}$，$\sigma_y=40\text{MPa}$，$\tau_x=20\text{MPa}$，$\tau_y=-20\text{MPa}$。试求：(1)$\alpha=45^\circ$斜截面上的应力；(2)主应力值与主平面位置，并画出主单元体；(3)最大切应力。

解：(1)按式(9-3)和式(9-4)得

$$\sigma_{45^\circ}=\frac{\sigma_x+\sigma_y}{2}+\frac{\sigma_x-\sigma_y}{2}\cos 90^\circ-\tau_x\sin 90^\circ=\frac{-20\text{MPa}+40\text{MPa}}{2}-20\text{MPa}=-10\text{MPa}$$

$$\tau_{45^\circ}=\frac{\sigma_x-\sigma_y}{2}\sin 90^\circ+\tau_x\cos 90^\circ=\frac{-20\text{MPa}-40\text{MPa}}{2}=-30\text{MPa}$$

负号表示与所设方向相反。

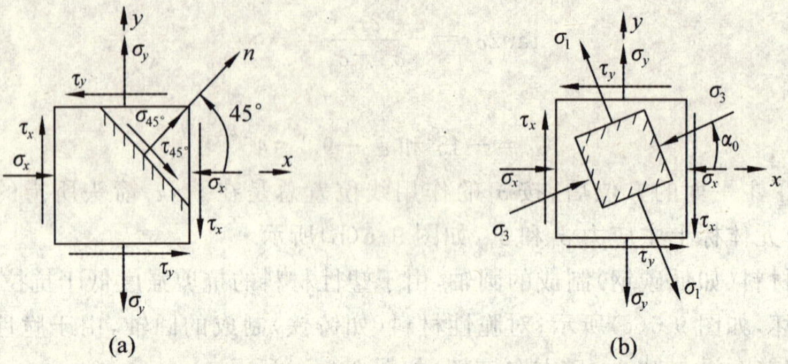

图 9-7

(2)按式(9-7),得

$$\left.\begin{matrix}\sigma_{\max}\\ \sigma_{\min}\end{matrix}\right\}=\frac{\sigma_x+\sigma_y}{2}\pm\sqrt{\left(\frac{\sigma_x-\sigma_y}{2}\right)^2+\tau_x^2}$$

$$=\frac{-20\text{MPa}+40\text{MPa}}{2}\pm\sqrt{\left(\frac{-20\text{MPa}-40\text{MPa}}{2}\right)^2+(20\text{MPa})^2}=\begin{cases}46.1\text{MPa}\\-26.1\text{MPa}\end{cases}$$

按主应力的排列顺序规定,得

$$\sigma_1=46.1\text{MPa},\quad \sigma_2=0,\quad \sigma_3=-26.1\text{MPa}$$

由式(9-6)

$$\tan 2\alpha_0=-\frac{2\tau_x}{\sigma_x-\sigma_y}=-\frac{2\times 20\text{MPa}}{-20\text{MPa}-40\text{MPa}}=0.667$$

得

$$\alpha_0=16.85^\circ,\quad \alpha_0+90^\circ=106.85^\circ$$

由此可定出主平面位置。按 σ_1 的作用线位置应在 τ_x,τ_y 箭头一侧的规则,作出主单元体,如图 9-7(b)所示。

(3)按式(9-8)得

$$\tau_{\max}=\frac{\sigma_1-\sigma_3}{2}=\frac{46.1\text{MPa}-(-26.1\text{MPa})}{2}=36.1\text{MPa}$$

第四节　强度理论

一、强度理论的概念

前几章中,轴向拉压、圆轴扭转和平面弯曲的强度条件,可用 $\sigma_{\max}\leqslant[\sigma]$ 或 $\tau_{\max}\leqslant[\tau]$ 形

式表示,许用应力[σ]或[τ]是通过材料实验测出失效(断裂或屈服)时的极限应力再除以安全因数后得出的,可见基本变形的强度条件是以实验为基础的。

但是,工程中构件的受力形式较为复杂,构件中的危险点常处于复杂应力状态。如果想通过类似基本变形的材料试验方法,测出失效时的极限应力是极其困难的。主要原因是:在复杂应力状态下,材料的失效与三个主应力的不同比例组合有关,从而需要进行无数次的试验;另外,模拟构件的复杂受力形式所需的设备和实验方法也难以实现。所以,要想直接通过材料试验的方法来建立复杂应力状态下的强度条件是不现实的。于是,人们在试验观察、理论分析、实践检验的基础上,逐渐形成了这样的认识;认为材料按某种方式的失效(如断裂或屈服)主要是由某一因素(如应力、应变或变形能等)引起的,与材料的应力状态无关,只要导致材料失效的这一因素达到极限值,构件就会破坏。这样,人们找到了一条利用简单应力状态的实验结果来建立复杂应力状态下强度条件的途径,这些推测材料失效因素的假说称为**强度理论**。

二、四种常见的强度理论

材料失效破坏现象,可以归纳为两类基本形式:铸铁、石料、混凝土、玻璃等脆性材料,通常以断裂形式失效;碳钢、铜、铝等塑性材料,通常以屈服形式失效。相应地有两类强度理论:一类是关于脆性断裂的强度理论,其中有**最大拉应力理论**和**最大拉应变理论**;一类是关于塑性屈服的强度理论,其中有**最大切应力理论**和**畸变能理论**。

四种强度理论的强度条件可以用统一的形式来表达:

$$\sigma_r \leqslant [\sigma] \tag{9-9}$$

式中 σ_r 称为**相当应力**。它由三个主应力按一定的形式组合而成。对脆性断裂:$[\sigma]=\dfrac{\sigma_b}{n}$;对塑性屈服:$[\sigma]=\dfrac{\sigma_s}{n}$。

下面分别介绍四种强度理论及其相当应力。

(一)**最大拉应力理论**(第一强度理论)

这一理论认为:材料在各种应力状态下引起脆性断裂的主要原因是最大拉应力达到了与材料性质有关的某一极限值。在复杂应力状态下最大拉应力即为 σ_1,而单向拉伸时只有 σ_1。当 σ_1 达到强度极限 σ_b 时发生断裂。即有 $\sigma_1=\sigma_b$,于是得到第一强度理论的相当应力

$$\sigma_{r1}=\sigma_1 \tag{9-10}$$

(二)**最大拉应变理论**(第二强度理论)

这一理论认为:材料在各种应力状态下引起脆性断裂的主要原因是最大拉应变达到了与材料性质有关的某一极限值。由理论推导得出在复杂应力状态下最大拉应变表达式为 $\varepsilon_1=\dfrac{1}{E}[\sigma_1-\upsilon(\sigma_2+\sigma_3)]=\dfrac{\sigma_b}{E}$。于是得到第二强度理论的相当应力为

$$\sigma_{r2}=\sigma_1-\gamma(\sigma_2+\sigma_3) \tag{9-11}$$

(三)**最大切应力理论**(第三强度理论)

这一理论认为:材料在各种应力状态下引起塑性屈服的主要原因是最大切应力达到

了与材料性质有关的某一极限值。在复杂应力状态下，最大切应力为 $\tau_{\max}=\dfrac{\sigma_1-\sigma_3}{2}$；而在单向拉伸到屈服时，与轴线成 45°的斜截面上有 $\tau_{\max}=\dfrac{\sigma_s}{2}$，即有$\dfrac{\sigma_1-\sigma_3}{2}=\dfrac{\sigma_s}{2}$，于是得到第三强度理论相当应力为

$$\sigma_{r3}=\sigma_1-\sigma_3 \tag{9-12}$$

（四）**畸变能理论**（第四强度理论）

构件受力后，其形状和体积都会发生改变，同时构件内部也积蓄了一定的变形能。因此，积蓄在单位体积内的变形能包括两部分：即体积改变能和因形状改变而产生的畸变能。单位体积内的形状改变能即**畸变能密度**。畸变能理论认为：材料在各种应力状态下引起塑性屈服的主要原因是畸变能密度达到其单向拉伸屈服时的极限值。

由理论推导得出在复杂应力状态下的畸变能密度为

$$v_{\mathrm{d}}=\frac{1+\gamma}{6E}[(\sigma_1-\sigma_2)^2+(\sigma_3-\sigma_1)^2+(\sigma_2-\sigma_3)^2]$$

而在单向拉伸屈服时的畸变能密度为

$$v_{\mathrm{d}}=\frac{1+\gamma}{3E}\sigma_s^2$$

即有

$$\frac{1+\gamma}{6E}[(\sigma_1-\sigma_2)^2+(\sigma_3-\sigma_1)^2+(\sigma_2-\sigma_3)^2]=\frac{1+\gamma}{3E}\sigma_s^2$$

于是得到第四强度理论的相当应力为

$$\sigma_{r4}=\sqrt{\frac{1}{2}[(\sigma_1-\sigma_2)^2+(\sigma_3-\sigma_1)^2+(\sigma_2-\sigma_3)^2]} \tag{9-13}$$

三、四种强度理论的适用范围

材料的失效是一个极其复杂的问题，四种常用的强度理论都是在一定的历史条件下产生的，受到经济发展和科学技术水平的制约，都有一定的局限性。大量的工程实践和试验结果表明，上述四种强度理论的适用范围与材料的类别和应力状态等有关：

（1）脆性材料通常以断裂形式失效，宜采用第一或第二强度理论。

（2）塑性材料通常以屈服形式失效，宜采用第三或第四强度理论。

（3）在三向拉伸应力状态下，如果三个拉应力相近，无论是塑性材料或脆性材料都将以断裂形式失效，宜采用最大拉应力理论。

（4）在三向压缩应力状态下，如果三个压应力相近，无论是塑性材料或脆性材料都可引起塑性变形，宜采用第三或第四强度理论。

下面举例说明强度理论的应用。

【例 9-4】构件内某点处的应力状态，如图 9-8 所示。试用第三和第四强度理论建立相应强度条件

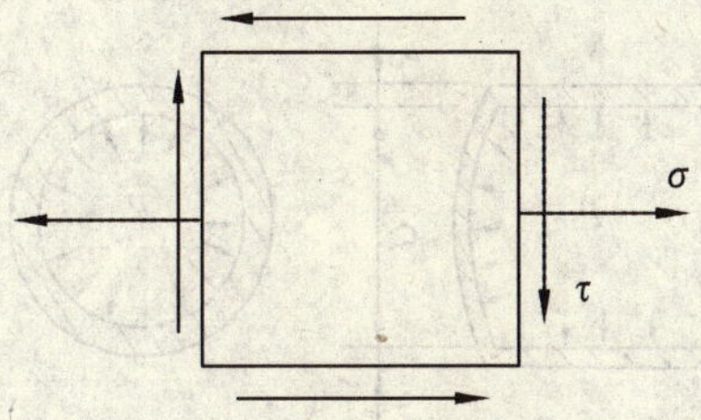

图 9-8

解:(1)求该点的主应力 按式(9-7)得

$$\left.\begin{matrix}\sigma_{\max}\\ \sigma_{\min}\end{matrix}\right\}=\frac{\sigma_x+\sigma_y}{2}\pm\sqrt{\left(\frac{\sigma_x-\sigma_y}{2}\right)^2+\tau_x^2}=\frac{\sigma}{2}\pm\sqrt{\left(\frac{\sigma}{2}\right)^2+\tau^2}$$

三个主应力分别为

$$\sigma_1=\frac{\sigma}{2}+\sqrt{\left(\frac{\sigma}{2}\right)^2+\tau^2},\quad \sigma_2=0,\quad \sigma_3=\frac{\sigma}{2}-\sqrt{\left(\frac{\sigma}{2}\right)^2+\tau^2}$$

(2)第三和第四强度理论的强度条件由式(9-12)和式(9-13)得

$$\sigma_{r3}=\sigma_1-\sigma_3=\sqrt{\sigma^2+4\tau^2}$$

$$\sigma_{r4}=\sqrt{\frac{1}{2}[(\sigma_1-\sigma_2)^2+(\sigma_2-\sigma_3)^2+(\sigma_3-\sigma_1)^2]}=\sqrt{\sigma^2+3\tau^2}$$

所以强度条件分别为

$$\sigma_{r3}=\sqrt{\sigma^2+4\tau^2}\leqslant[\sigma] \tag{9-14}$$

$$\sigma_{r4}=\sqrt{\sigma^2+3\tau^2}\leqslant[\sigma] \tag{9-15}$$

【例 9-5】锅炉的内径 $D=1\text{m}$,炉内蒸汽压强 $p=3.6\text{MPa}$,锅炉钢板材料的许用应力 $[\sigma]=160\text{MPa}$。试按第三和第四强度理论设计锅炉壁厚 δ。

解:工程上常见的蒸汽锅炉,储气罐等都可以视为圆筒形薄壁容器,如图 9-9(a)所示。若不考虑所装流体的重量,则由于内压作用,筒壁的纵截面和横截面上,都只有正应力而没有切应力。当壁厚 δ 远小于圆筒直径 $D(\delta<D/20)$,则可认为壁内应力沿壁厚均匀分布。在圆筒部分的 A 点取单元体(图 9-9(b),作用于横截面上的正应力 σ_x 称**轴向应力**;作用于纵截面正应力 σ_y 称**周向应力**,可视为平面应力状态。

先求 σ_x。假想用一个横截面将圆筒截开,取左侧(连同流体)为研究对象,如图 9-9(c)所示。

$$\sum F_x=0,\quad \sigma_x\cdot(\pi D\delta)-p\left(\frac{\pi}{4}D^2\right)=0$$

得

$$\sigma_x=\frac{pD}{4\delta}$$

再求 σ_y。假想取单位长度筒体,再用包含直径的纵向平面截开,取下半部分(连同流体)为研究对象图 9-9(d)所示。

$$\sum F_y=0,\quad 2(\sigma_y\cdot\delta\cdot 1)-p\cdot D\cdot 1=0$$

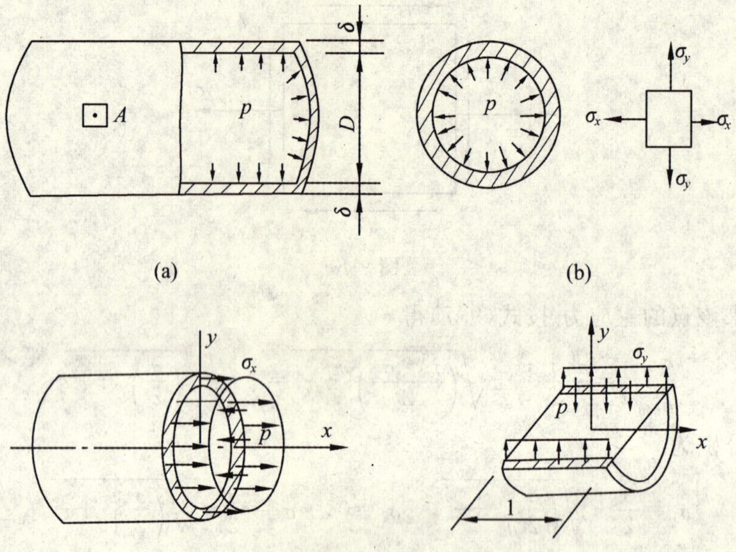

(a)　　(b)　　(c)　　(d)

图 9-9

得

$$\sigma_y = \frac{pD}{2\delta}$$

这样，单元体上的三个主应力为

$$\sigma_1 = \sigma_y = \frac{pD}{2\delta}, \quad \sigma_2 = \sigma_x = \frac{pD}{4\delta}, \quad \sigma_3 = 0$$

按第三强度理论设计壁厚 δ

$$\sigma_{r3} = \sigma_1 - \sigma_3 = \frac{pD}{2\delta} \leqslant [\sigma]$$

$$\delta \geqslant \frac{pD}{2[\sigma]} = \frac{3.6 \times 10^6\,\text{Pa} \times 1\,\text{m}}{2 \times 160 \times 10^6\,\text{Pa}} = 11.25 \times 10^{-3}\,\text{m} = 11.25\,\text{mm}$$

按第四强度理论设计壁厚 δ

$$\sigma_{r4} = \sqrt{\frac{1}{2}[(\sigma_1 - \sigma_2)^2 + (\sigma_2 - \sigma_3)^2 + (\sigma_3 - \sigma_1)^2]}$$

$$= \sqrt{\frac{1}{2}\left[\left(\frac{pD}{2\delta} - \frac{pD}{4\delta}\right)^2 + \left(\frac{pD}{4\delta} - 0\right)^2 + \left(0 - \frac{pD}{2\delta}\right)^2\right]} = \frac{\sqrt{3}}{4}\frac{pD}{\delta} \leqslant [\sigma]$$

$$\delta \geqslant \frac{\sqrt{3}pD}{4[\sigma]} = \frac{\sqrt{3} \times 3.6 \times 10^6\,\text{Pa} \times 1\,\text{m}}{4 \times 160 \times 10^6\,\text{Pa}} = 9.75 \times 10^{-3}\,\text{m} = 9.75\,\text{mm}$$

上述结果都可采用，但按第四强度理论设计，比较经济，节省材料。

思考题

1. 何谓一点处的应力状态？为什么要研究一点处的应力状态？

2. 如何理解主应力？主应力与正应力有何区别？

3. 外伸梁如图 9-10 所示，图中给出了 A,B,C 三点处的应力状态。试指出并改正各单元体上所给应力的错误。

4. 为什么要提出强度理论？常用的强度理论有哪几种？它们的适用范围如何？

5. 薄壁圆筒容器在内压较大时为何在筒壁上总是出现纵向裂纹(图 9-11)而不出现横向裂纹？

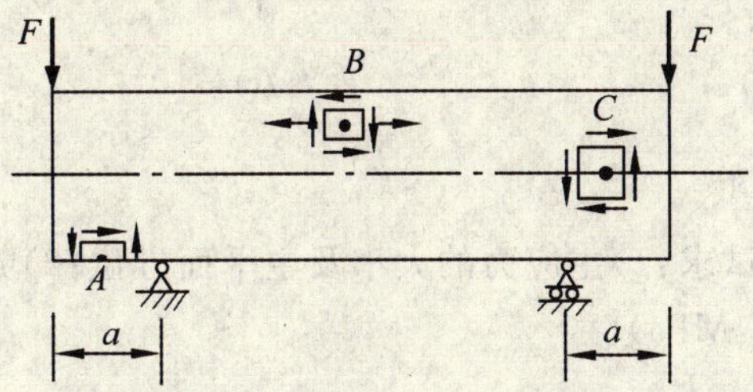

图 9-10

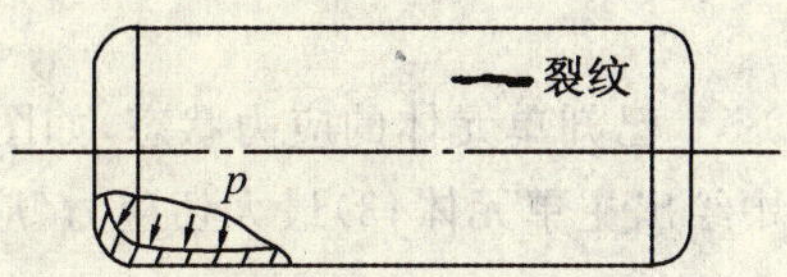

图 9-11

习　题

9-1　直径 $d=20\text{mm}$ 的拉伸试样，当与杆轴线成 45°斜截面的切应力 $\tau=150\text{MPa}$ 时，杆表面上将出现滑移线，求此时试样的拉力 F。

9-2　拉杆的某一斜截面上，正应力为 50MPa，切应力为 50MPa，求最大正应力和最大切应力。

9-3　试绘出图示构件 A 点处的原始单元体，表示其应力状态。

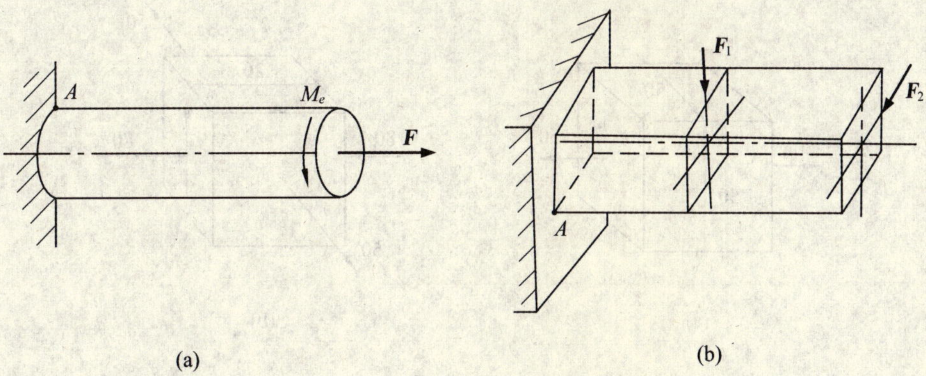

题 9-3 图

9-4 求图示各单元体中指定斜面上的应力(应力单位:MPa)。

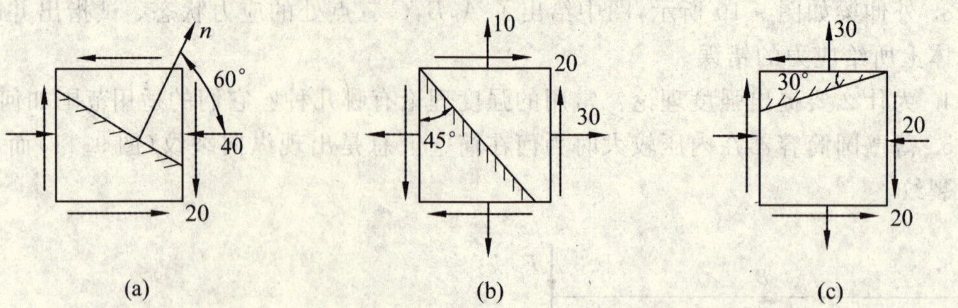

题 9-4 图

9-5 已知单元体的应力状态,如图所示。试求:1)主应力的大小及主平面方位;2)并在图中绘出主单元体;3)最大切应力(应力单位:MPa)。

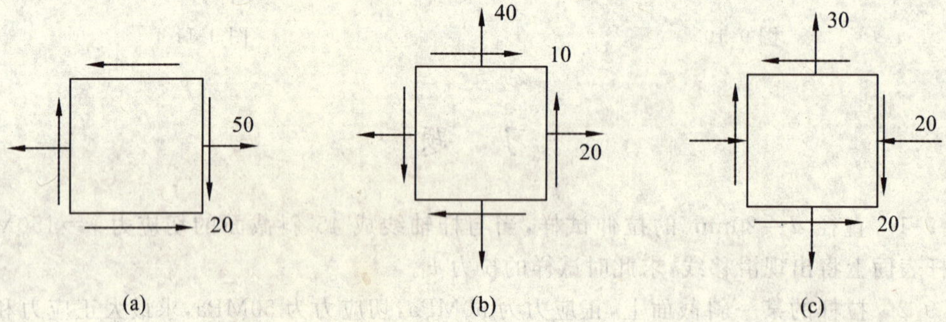

题 9-5 图

9-6 试求图示各单元体的主应力和最大切应力(应力单位:MPa)。

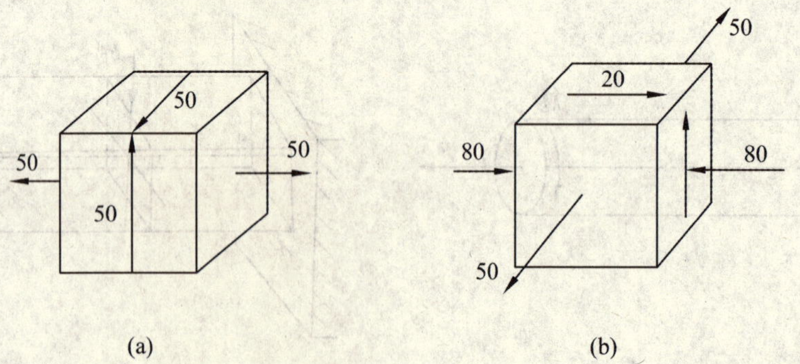

题 9-6 图

9-7 试对钢制零件进行强度校核,已知$[\sigma]=120$MPa,危险点的主应力为:

(1)$\sigma_1=140$MPa, $\sigma_2=100$MPa, $\sigma_3=40$MPa;

(2)$\sigma_1=60$MPa, $\sigma_2=0$,$\sigma_3=-50$MPa。

9-8 试对铸铁零件进行强度校核。已知$[\sigma]=30$MPa,$\gamma=0.3$,危险点的主应力为:

(1)$\sigma_1=29$MPa，　$\sigma_2=20$MPa，　$\sigma_3=-20$MPa；

(2)$\sigma_1=30$MPa，　$\sigma_2=20$MPa，　$\sigma_3=15$MPa。

9-9　薄壁锅炉的平均直径 $D=1250$mm，最大内压为 2.3MPa，在高温下工作，锅炉钢板屈服极限 $\sigma_S=182.5$MPa，取安全因数 $n=1.8$，试按第三强度理论设计壁厚 δ。

9-10　钢制圆轴受力如图所示。已知轴径 $d=20$mm，$[\sigma]=140$MPa，试用第三和第四强度理论校核轴的强度。

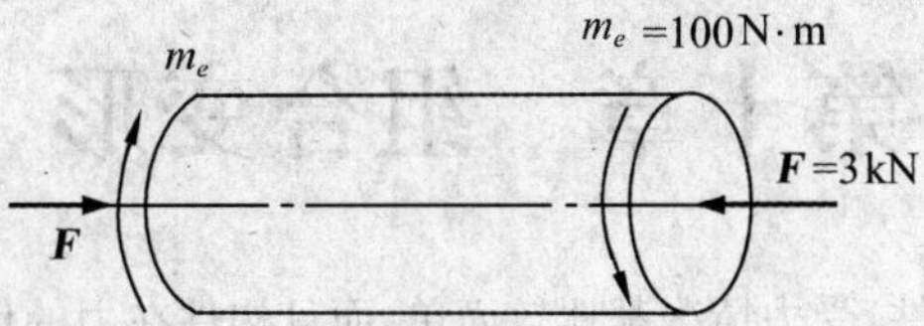

题 9-10 图

第十章　组合变形

以前各章所研究的构件，受力情况都比较简单，而且构件在力的作用下只发生一种基本变形(拉伸或压缩、剪切、扭转、弯曲)。但在实际工程中，多数构件受力情况比较复杂，构件在外力作用下，常同时产生两种或两种以上的基本变形，这种情况称为**组合变形**。例如，压力机机身的立柱部分，在力 $\boldsymbol{F}$ 作用下，将同时产生拉伸和弯曲的组合变形(图 10-1)。齿轮传动轴的径向力 $\boldsymbol{F}_r$ 和圆周力 $\boldsymbol{F}_t$ 作用下，将同时产生弯曲和扭转的组合变形(图 10-2)。

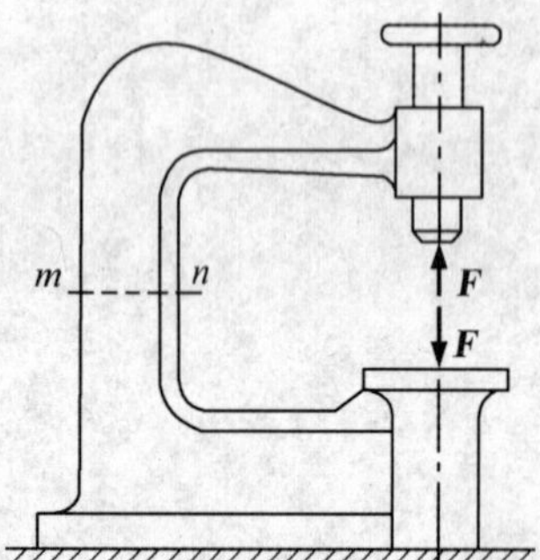

图 10-1

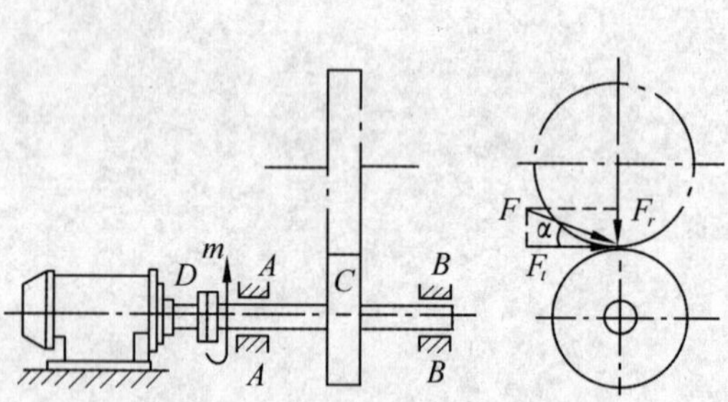

图 10-2

构件组合变形时的应力和变形计算，可以运用**叠加原理**。在材料服从虎克定律及变形很小的前提下，构件上虽然同时发生几种基本变形，但其中任一种基本变形都不会改变其他另一种基本变形所引起的应力和应变。即每一种基本变形都是各自独立、互不影响的。于是可以分别计算每一种基本变形各自引起的应力和变形，然后求出这些应力和变形的总和，即为杆件的原载荷作用下的应力和变形。这就是力作用的叠加原理。最后可确定危险截面，根据危险点的应力状态建立强度条件，并进行强度计算。

本章讨论拉伸(压缩)与弯曲、扭转与弯曲两种组合变形的强度计算。这是工程中经常遇到的情况。其他形式的组合变形，应用同样的方法也不难解决。

第一节　拉伸(压缩)与弯曲组合变形的强度计算

图 10-3(a)所示为一矩形截面的悬臂梁，在自由端作用一力 $\boldsymbol{F}$，它位于梁的纵向对称

面内，并与梁的轴线成夹角 φ。现以此为例，来说明拉伸与弯曲组合变形时的强度计算方法。

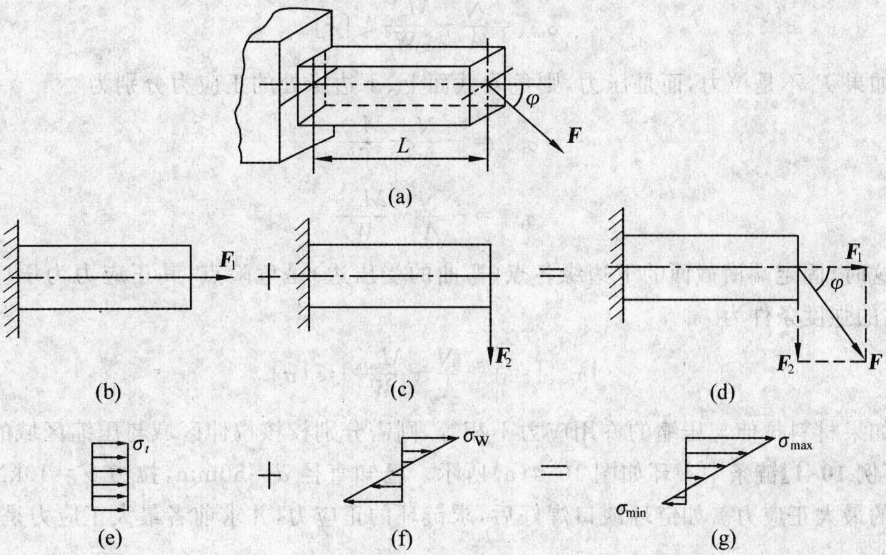

图 10-3

首先将力 $\boldsymbol{F}$ 沿梁的轴线和轴线的垂直方向分解为两个分力 F_1 与 F_2，如图 10-3(b)，(c)，(d)所示，其值为

$$F_1 = F\cos\varphi$$
$$F_2 = F\sin\varphi$$

在轴向拉力 $\boldsymbol{F}_1$ 作用下，梁产生拉伸变形，各横截面轴力相同，均为 $\boldsymbol{N}=\boldsymbol{F}_1$，且拉伸正应力是均匀分布的，如图 10-3(e)所示，其值为

$$\sigma_1 = \frac{N}{A} = \frac{F_1}{A}$$

在横向力 $\boldsymbol{F}_2$ 作用下，梁产生弯曲变形，其固定端的横截面上弯矩最大，故为危险截面。其最大弯矩值为

$$M_{\max} = F_2 L$$

在危险截面的上、下边缘处，弯曲正应力的绝对值最大，如图 10-3(f)所示，其值为

$$\sigma_w = \frac{M_{\max}}{W}$$

然后，按叠加原理，将固定端横截面上的弯曲正应力和拉伸正应力叠加。当 $\sigma_1 < \sigma_W$ 时，其正应力分布图如图 10-3(g)所示。上、下边缘处，正应力分别为

$$\sigma_{\max} = \frac{N}{A} + \frac{M_{\max}}{W}$$

$$\sigma_{\min} = \frac{N}{A} - \frac{M_{\max}}{W}$$

由以上分析可知，固定端的上边缘各点(受拉边)是危险点。因此，要使拉伸和弯曲组

合作用的构件具有足够的强度，就应使构件的最大正应力不超过许用应力，故其强度条件为

$$\sigma_{\max}=\frac{N}{A}+\frac{M_{\max}}{W}\leqslant[\sigma] \tag{10-1}$$

如果 $\boldsymbol{F}_1$ 不是拉力，而是压力，则危险截面上、下边缘处的正应力分别为

$$\sigma_{\max}=-\frac{N}{A}+\frac{M_{\max}}{W}$$

$$\sigma_{\min}=-\frac{N}{A}-\frac{M_{\max}}{W}$$

这时，固定端横截面的下边缘各点（弯曲的受压边）是危险点，其正应力为压应力，因此，它的强度条件为

$$|\sigma_{\max}|=\left|-\frac{N}{A}-\frac{M_{\max}}{W}\right|\leqslant[\sigma] \tag{10-2}$$

如果材料拉伸与压缩的许用应力不相等，则需分别校核拉伸区域与压缩区域的强度。

【例 10-1】链条中一环如图 10-4(a)所示。已知直径 $d=50\text{mm}$，拉力 $F=10\text{kN}$，试求链环的最大正应力。如链环缺口焊好后，求链环的正应力，并求前者最大正应力是后者的几倍？

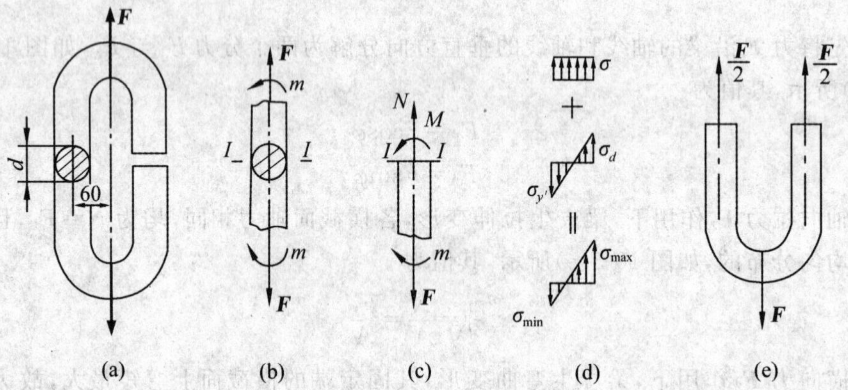

图 10-4

解：(1)对于开口的链环，力 $\boldsymbol{F}$ 是一对偏心拉力，链环的杆部承受的外力 $\boldsymbol{F}$ 与轴线平行，但不通过截面形心。外力作用线与杆轴线之间的偏心距 $e=60\text{mm}$。由静力学可知，将力 $\boldsymbol{F}$ 平移到截面形心上，要附加一个力偶，其力偶矩 $m=Fe$，如图 10-4(b)所示。因此，偏心拉伸（或压缩）实际上就是拉伸（或压缩）与弯曲的组合作用。其任一横截面Ⅰ－Ⅰ上的轴力和弯矩，如图 10-4(c)所示，分别为

$$N=F=10\text{kN}=10^4\,\text{N}$$

$$M=m=Fe=10^4\times60=6\times10^5\ \text{N}\cdot\text{mm}$$

链环杆部的危险点是在横截面的内侧边缘处，因此此处由轴力 N 和弯矩 M 所产生的正应力同号，都是拉应力，如图 10-4(d)。此危险点处的最大正应力为

$$\sigma_{\max}=\frac{N}{A}+\frac{M}{W}=\frac{10^4}{\frac{\pi}{32}d^3}+\frac{6\times10^5}{\frac{\pi}{32}d^3}=\frac{4\times10^4}{\pi\times50}+\frac{32\times6\times10^5}{\pi\times50^3}=54\text{MPa}$$

(2)如将链环缺口焊好后，链环杆部两边各受力$\frac{\boldsymbol{F}}{2}$，如图 10-4(e)所示，外力作用线与杆轴线重合，因此，链环杆部仅受轴向拉伸，横截面上的内力(轴力)为

$$N=\frac{F}{2}=5\text{kN}=5\times10^5\text{N}$$

横截面上的应力是均布的，其值为

$$\sigma=\frac{N}{A}=\frac{5\times10^3}{\frac{\pi}{4}\times50^2}=2.55\text{MPa}$$

(3)以上两种情况下应力的比值为

$$\frac{\sigma_{\max}}{\sigma}=\frac{54}{2.55}=21.2$$

即链环有缺口时，杆部横截面上的最大正应力，是链环焊好后横截面上正应力的 21.2 倍。

【例 10-2】一单轨吊车，如图 10-5(a)所示。已知载荷重量 G=15kN，横梁采用 14 号工字钢，材料的许用应力$[\sigma]$=120MPa，试根据 $\boldsymbol{G}$ 在横梁中间位置时，校核梁的强度(梁自重不计)。

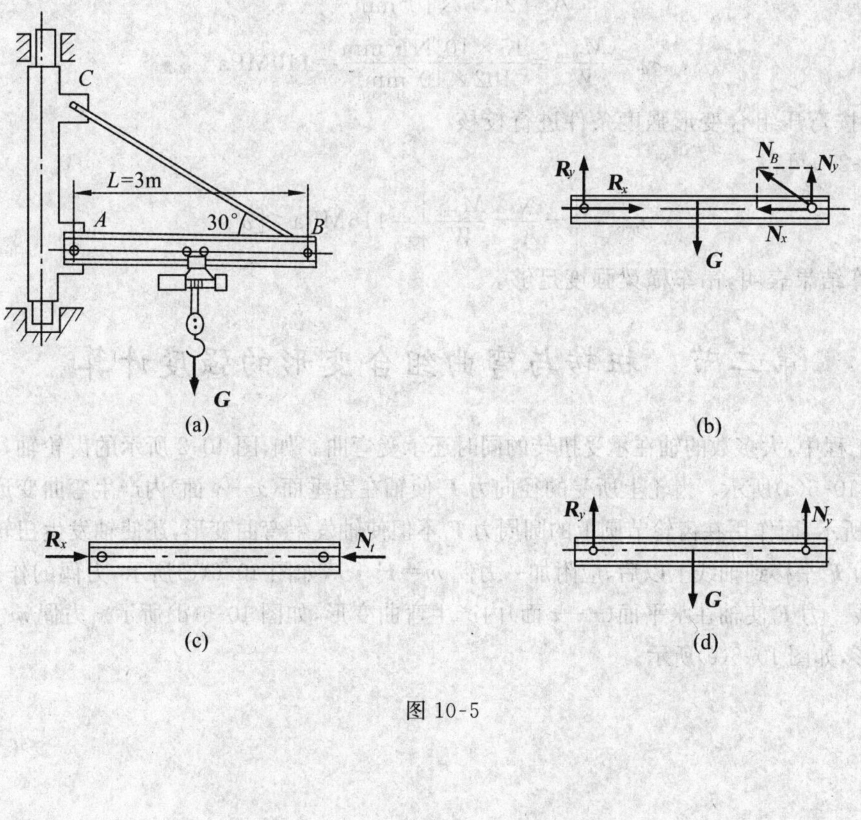

图 10-5

解:(1)计算横梁所受的外力

作横梁 AB 的受力图如图 10-5(b)所示,将拉杆 BC 的作用力 N_B 分解为 N_x 与 N_y。由静力学平衡方程得

$$N_B=G$$

$$N_y=R_y=N_B\sin30°=\frac{G}{2}=7.5\text{kN}$$

$$N_x=R_x=N_B\cos30°=G\times\frac{\sqrt{3}}{2}=13\text{kN}$$

(2)计算横梁的内力和应力

由图 10-5(c),(d)可知,横梁产生压缩与弯曲组合变形。横梁各截面因压缩而引起的轴力都相等,其值为

$$N=N_x=13\text{kN}$$

横梁中点截面上的弯矩最大,其值为

$$M_{\max}=R_y\times\frac{l}{2}=\frac{1}{4}Gl=\frac{1}{4}\times15\times3=11.25\text{kN}\cdot\text{m}$$

因此,梁的中点处横截面为危险截面。由型钢表查得 14 号工字钢 $W=102\text{cm}^3$,$A=21.5\text{cm}^2$,可计算出压应力和最大弯曲正应力分别为

$$\sigma_y=\frac{N}{A}=\frac{13\times10^3\text{N}}{21.5\times10^2\text{mm}}=6\text{MPa}$$

$$\sigma_w=\frac{M_{\max}}{W}=\frac{15\times10^6\text{N}\cdot\text{mm}}{102\times10^3\text{mm}^3}=110\text{MPa}$$

(3)按弯压组合变形强度条件进行校核

由式(10-2),可得

$$\sigma_{\max}=\left|-\frac{N}{A}-\frac{M_{\max}}{W}\right|=116\text{MPa}<[\sigma]$$

计算结果表明,吊车横梁强度足够。

第二节 扭转与弯曲组合变形的强度计算

在工程中,大多数的轴在承受扭转的同时还承受弯曲。如,图 10-2 所示的齿轮轴,其受力图,如图 10-6(a)所示。齿轮上所受的径向力 $\boldsymbol{F}_r$ 使轴在铅垂面(x—y 面)内产生弯曲变形,如图 10-6(b)所示,而作用在齿轮节圆上的圆周力 $\boldsymbol{F}_t$ 不但使轴发生弯曲变形,还使轴发生扭转变形。因为将力 $\boldsymbol{F}_t$ 平移到轴线上以后,应附加一力偶 $m=F_t\cdot r$,如图 10-6(c)所示,力偶的作用面垂直于轴线。力 $\boldsymbol{F}_t$ 使轴在水平面(x—z 面)内产生弯曲变形,如图 10-6(d)所示。力偶 m 则产生扭转变形,如图 10-6(e)所示。

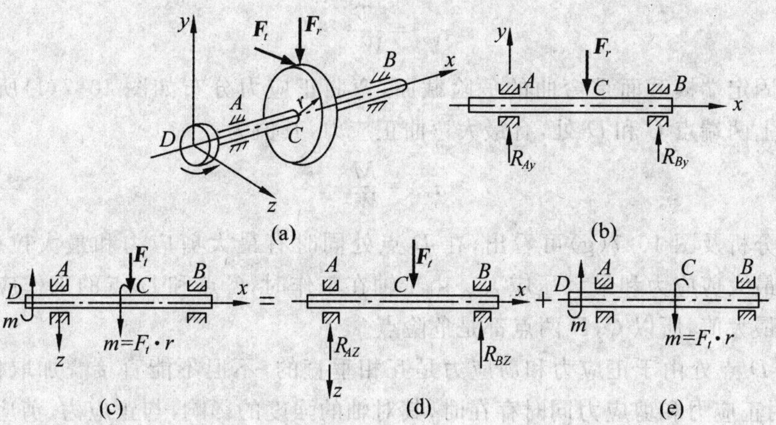

图 10-6

为了便于分析，选用一端固定，另一端自由的实心圆轴为例，如图 10-7(a)所示。轴的直径为 d，长度为 L，在自由端承受水平方向的圆周力 $\boldsymbol{F}$。将力 $\boldsymbol{F}$ 向形心 O 平移，并附加一力偶 $m=F\times\dfrac{d}{2}$。力偶 m 使轴产生扭转，如图 10-7(b)。力 $\boldsymbol{F}_1$ 使轴产生弯曲，如图 10-7(c)，因此，圆轴产生扭转和弯曲组合变形。在圆轴任意截面上的扭矩为 $T=m$，剪应力 τ 是沿半径线性分布的，如图 10-7(e)，最大剪应力产生在该截面边缘上各点处，其值为

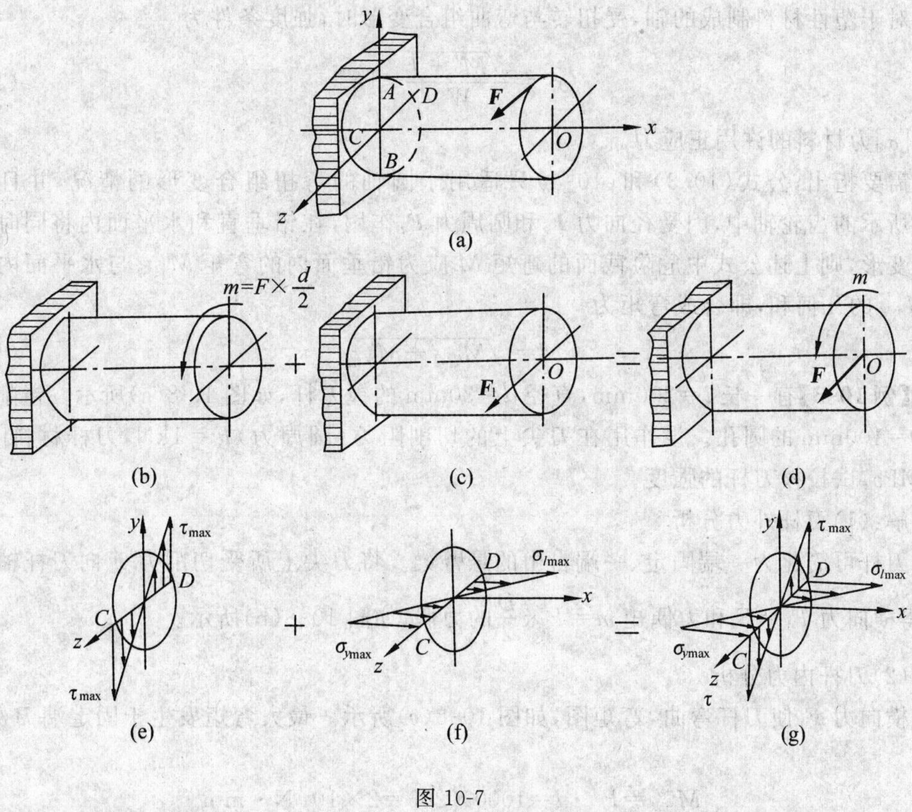

图 10-7

$$\tau_{\max}=\frac{T}{W_p}$$

圆轴的固定端横截面是弯曲的危险截面，弯曲正应力分布如图 10-7(f)所示。该截面水平直径上两端点 C 和 D 处，有最大弯曲正应力，其值为

$$\sigma_{\max}=\frac{M}{W}$$

由以上分析及图 10-7(g)可看出，在 D 点处同时有最大剪应力和最大拉应力，在 C 点处同时有最大剪应力和最大压应力。由于轴在工作时，C 点和 D 点的工作应力是同时达到上述的最大值，所以 C,D 两点都是危险点。

在 C 或 D 点处由于正应力和剪应力是互相垂直的，不但不能直接叠加取代数和，而且，实践证明正应力和剪应力同时存在时，其对轴的强度的影响，与正应力、剪应力单独存在时的影响也是不同的，必须按照强度理论建立强度条件。即把正应力和剪应力同时存在的情况，按不同强度理论指示的方法计算出工作应力，这个应力叫相当应力，用 σ_r 表示。例如，按第三强度理论计算圆轴上述的两个危险点的相当应力时，其计算公式均为

$$\sigma_{r3}=\frac{\sqrt{M^2+T^2}}{W} \tag{10-3}$$

式中：M—危险截面上的弯矩；

T—危险截面上的扭矩；

W—危险截面的抗弯截面模量

对于塑性材料制成的轴，受扭转与弯曲组合变形时，强度条件为

$$\sigma_{r3}=\frac{\sqrt{M^2+T}}{W}\leqslant[\sigma] \tag{10-4}$$

式中$[\sigma]$为材料的许用正应力。

需要指出，公式(10-3)和(10-4)只适用于圆轴的弯扭组合变形的情况，并且在图 10-2所示的齿轮轴中，因受径向力 $\boldsymbol{F}_r$ 和圆周力 $\boldsymbol{F}_t$ 作用，在铅垂直和水平面内将同时产生弯曲变形，则上述公式中危险截面的弯矩 M 应为铅垂面内的弯矩 $M_{铅垂}$ 与水平面内的弯矩 $M_{水平}$ 的几何和，即合成弯矩为

$$M=\sqrt{M_{铅垂}^2+M_{水平}^2} \tag{10-5}$$

【例 10-3】有一长 $l=200$mm，直径 $d=30$mm 的镗刀杆，如图 10-8(a)所示。镗削一直径 $D=100$mm 的圆孔。设作用在刀尖上的切削阻力(圆周力)$F=1$kN，刀杆材料$[\sigma]=100$MPa，试校核刀杆的强度。

解：(1)刀杆外力分析

刀杆可简化为一端固定、一端自由的悬臂梁。将刀尖上所受切削力 $\boldsymbol{F}$ 向刀杆轴线简化，得横向力 $F_1=F$ 和力偶矩 $m=F\times\dfrac{D}{2}$的力偶，如图 10-8(b)所示。

(2)刀杆内力分析

横向力 $\boldsymbol{F}_1$ 使刀杆弯曲，弯矩图，如图 10-8(c)所示。最大弯矩发生于固定端 B 处，其值为

$$M_{\max}=F_1\cdot l=1000\times200=2\times10^5\ \text{N}\cdot\text{mm}$$

力偶 m 使刀杆扭转，扭矩图如图 10-8(d)所示。AB 段扭矩为

$$T=m=\frac{FD}{2}=\frac{1000\times100}{2}=5\times10^{4}\,\mathrm{N\cdot mm}$$

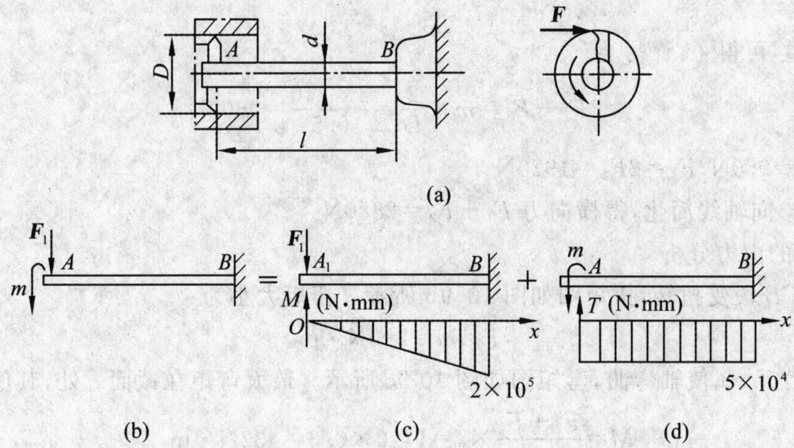

图 10-8

(3)找危险截面并核算强度

根据弯矩图和扭矩图可判断，刀杆的危险截面在固定端 B 处，根据式(10-4)，有

$$\sigma_{r3}=\frac{\sqrt{M^2+T^2}}{W}=\frac{\sqrt{20^2+5^2}}{0.1\times30^3}\times10^4=76.4\mathrm{MPa}<[\sigma]$$

故刀杆的强度足够。

【例 10-4】图 10-9(a)所示带轮轴，通过联轴器由电动机驱动。已知输入转矩 $m=240\mathrm{N\cdot m}$，带轮直径 $D=0.5\mathrm{m}$，$l=0.3\mathrm{m}$，传动带紧边拉力 $\boldsymbol{F}_1$ 为松边拉力 $\boldsymbol{F}_2$ 的 2 倍，轴的材料为 45 号钢调质，$[\sigma]=100\mathrm{MPa}$，试按第三强度理论设计轴的直径。

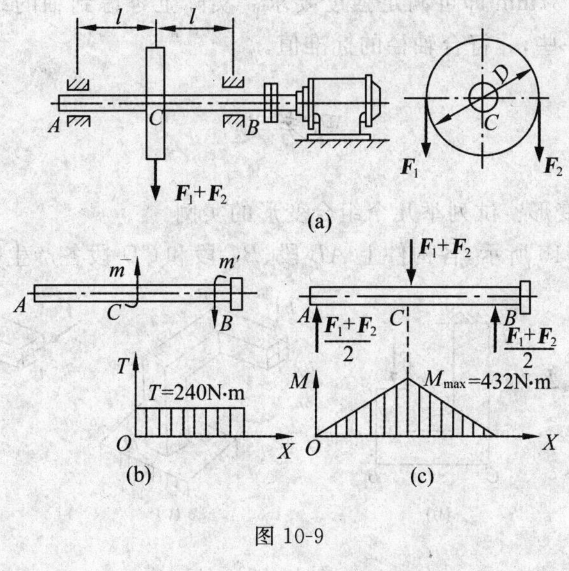

图 10-9

解:(1)轴的外力分析

轴的转矩 m 是通过传动带的拉力 $\boldsymbol{F}_1$ 和 $\boldsymbol{F}_2$ 传递的,故有

$$(F_1-F_2)\times\frac{D}{2}=m$$

因 $F_1=2F_2$,可得

$$2F_2-F_2=m\times\frac{2}{D}=\frac{2\times240}{0.5}=960\text{N}$$

于是有 $F_2=960\text{N}, F_1=2F_2=1920\text{N}$

将 F_1 和 F_2 向轴线简化,得横向力 $F_1+F_2=2880\text{N}$

(2)轴的内力分析

轴的 CB 段受扭转,扭矩图如图 10-9b 所示。扭矩大小为

$$T=m=240\text{N}\cdot\text{m}$$

横向力 T+t 使轴弯曲,弯矩图如图 10-9c 所示。最大弯矩在截面 c 处,其值为

$$M=\frac{F_1+F_2}{2}\times l=1440\times0.3=432\text{N}\cdot\text{m}$$

(3)找危险截面并计算轴的直径。

根据弯矩图和扭矩图可判断,轴的危险截面在中点 C 处,由式(10-4)可得

$$\frac{\sqrt{M^2+T^2}}{W}\leqslant[\sigma]$$

或
$$W\geqslant\frac{\sqrt{M^2+T^2}}{[\sigma]}=\frac{\sqrt{432^2+240^2}\times10^3}{100}=4940\text{mm}^3$$

而
$$W=0.1d^3$$

故
$$d\geqslant\sqrt[3]{\frac{4940}{0.1}}=36.7\text{mm}$$

取轴的直径 $d=37\text{mm}$ 即可满足强度要求。实际上考虑到轴的结构和刚度等要求,轴的直径还应加大一些,并符合轴径的标准值。

思考题

1. 什么是组合变形?试列举几个组合变形的实例。
2. 试分析图 10-10 所示,各构件上 AB 段、BC 段和 CD 段各产生哪些基本变形?

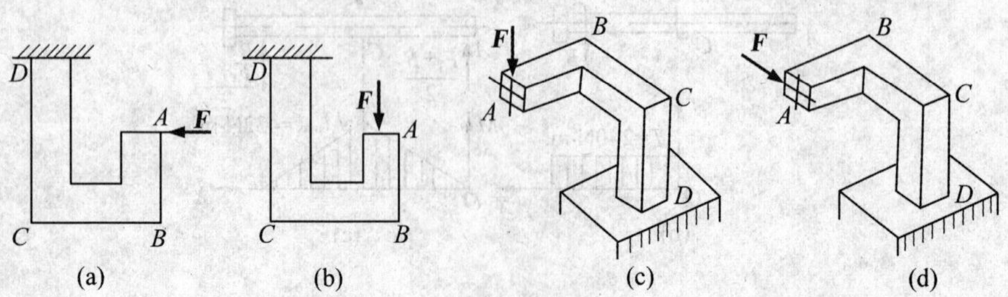

图 10-10

3. 图 10-11 所示，各构件受偏心拉伸（或压缩）作用时，将产生何种组合变形？如何求最大应力？

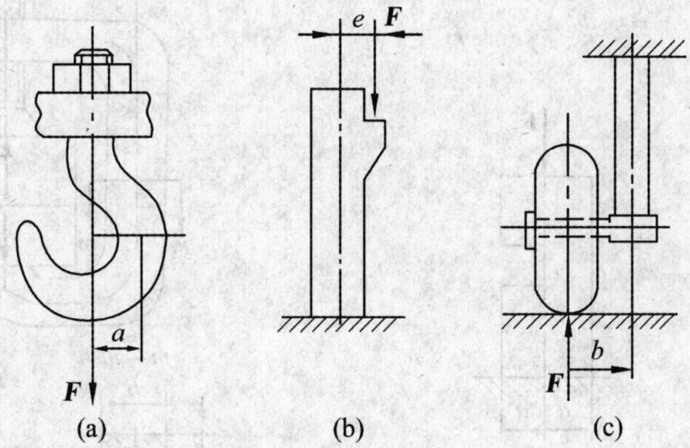

图 10-11

4. 传动轴上装有斜齿轮（或蜗轮、蜗杆）时，在啮合处作用有圆周力，径向力和轴向力。试画出斜齿轮的受力图，并分析这些力各使轴产生哪些基本变形？

5. 杆件受扭转与弯曲组合变形，横截面产生哪些应力？这些应力如何分布？如何建立强度条件？

6. 试述计算组合变形强度的方法和步骤。

7. 当圆杆在水平面和铅垂面内都产生弯曲变形时，如何计算合成弯矩？

8. 如何判断扭转与弯曲组合变形时的危险截面及危险点位置？

9. 用低碳钢作一支架，受水平力 $\boldsymbol{P}_1$ 及铅垂力 $\boldsymbol{P}_2$ 作用。有图 10-12(a)，(b)两种方案可供选择。试分别画出支架横截面上的正应力分布图，并从强度方面考虑，哪种方案较合理，为什么？

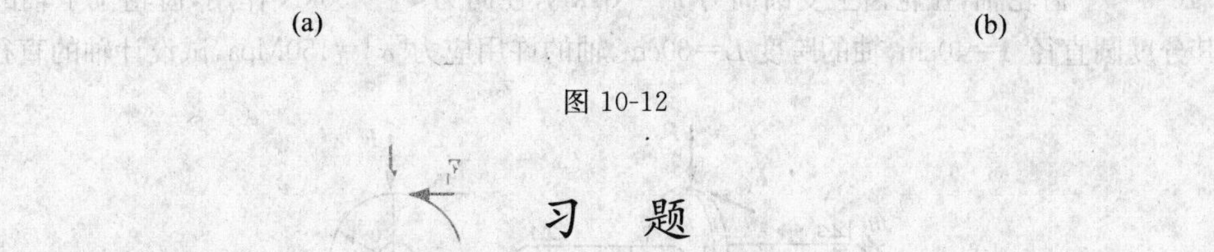

图 10-12

习　题

10-1　若在正方形截面短柱的中间处开一个槽，使横截面面积减少为原截面面积的一半。试求最大正应力比不开槽时增大几倍？

10-2　图示夹具 m—m 截面为矩形，$a=1\text{cm}$，$b=2\text{cm}$。已知 $F=2\text{kN}$，偏心距 $e=6\text{cm}$，材料许用应力$[\sigma]=200\text{MPa}$。试校核截面 m—m 的强度。

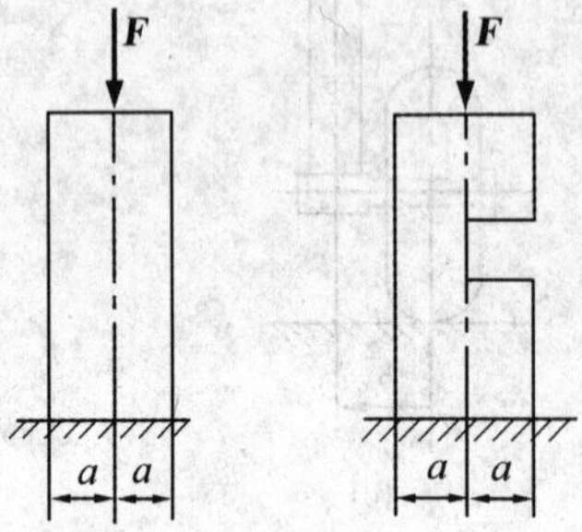

(a) (b)

题 10-1 图

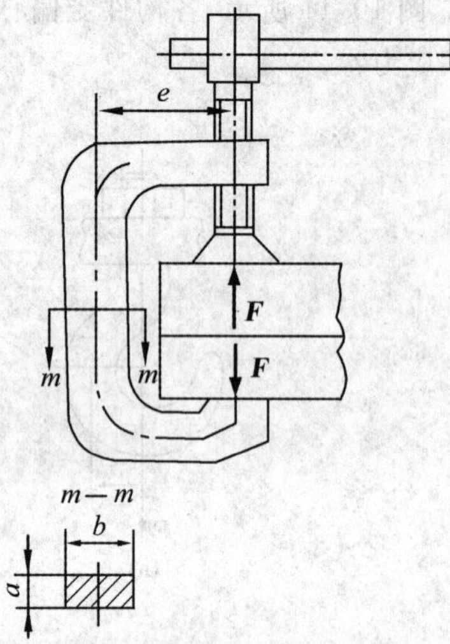

题 10-2 图

10-3 如图所示的支架，横梁 AB 为 22b 号工字钢，已知许用应力$[\sigma]=100$Mpa，载荷 $F=40$kN，作用在梁 AB 的中点，$L=2$m。试校核梁 AB 的强度。

10-4 图示拐轴，若 $P=20$kN，圆轴直径 $d=70$mm，$[\sigma]=160$MPa，试校核圆轴的强度。

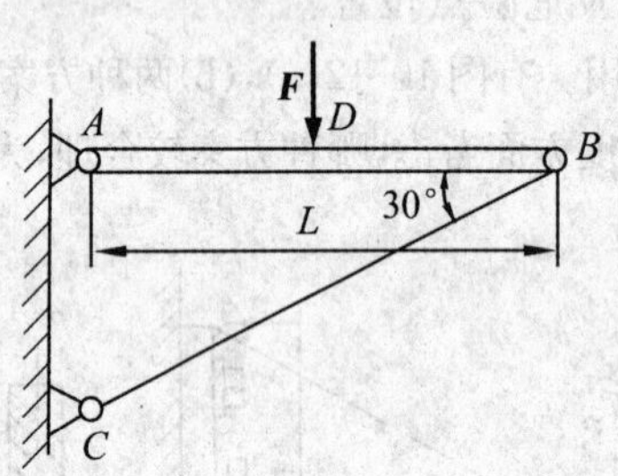

题 10-3 图

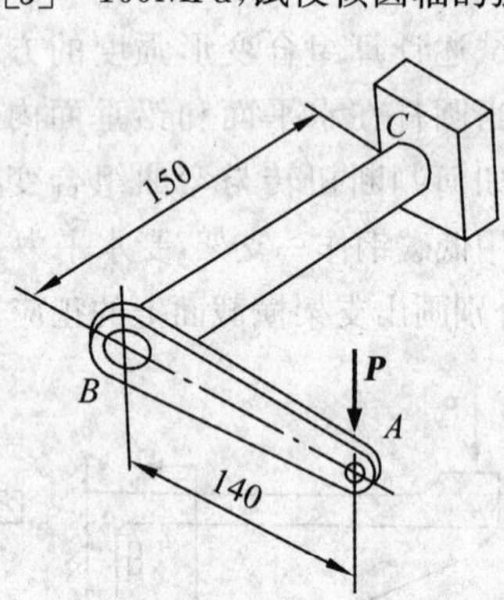

题 10-4 图

10-5 一齿轮轴，在轮齿上受圆周力 $F_1=84$kN，径向力 $F_2=30$kN 作用，齿轮位于轴的中间，其分度圆直径 d=40cm，轴的跨度 $L=60$cm，轴的许用应力$[\sigma]=150$Mpa，试设计轴的直径。

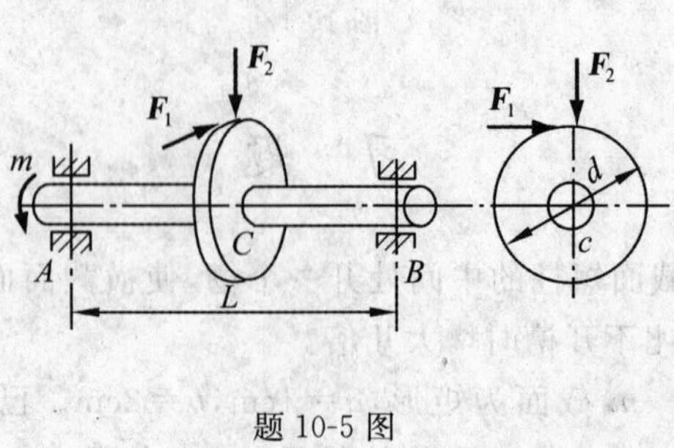

题 10-5 图

*第十一章　压杆稳定

第一节　压杆稳定的概念

在拉伸与压缩这一章中，我们讨论了受压杆件的强度计算，认为只要压杆满足压缩强度条件，压杆就能保持正常工作。实际上，这个结论只适用于粗短压杆，对细长的压杆就不适用了。例如取一根截面尺寸为 30mm×5mm、高为 10mm 的松木短杆，对其施加轴向压力 $\boldsymbol{P}$，如图 11-1 所示。由实验可知，$P=6\text{kN}$ 时，才能使该杆压坏，这一数值与按强度计算的结果相符。但如受压的是一根截面尺寸相同而长为 1m 的细长松木杆，则轴向压力 $\boldsymbol{P}$ 不到 30N 时，此杆就会突然产生显著的弯曲变形而失去工作能力(图 11-1)。这说明，细长杆受压时，由于其轴线不能维持原有直线形状的平衡状态而丧失了工作能力。这种现象称为压杆丧失了稳定，简称**失稳**。

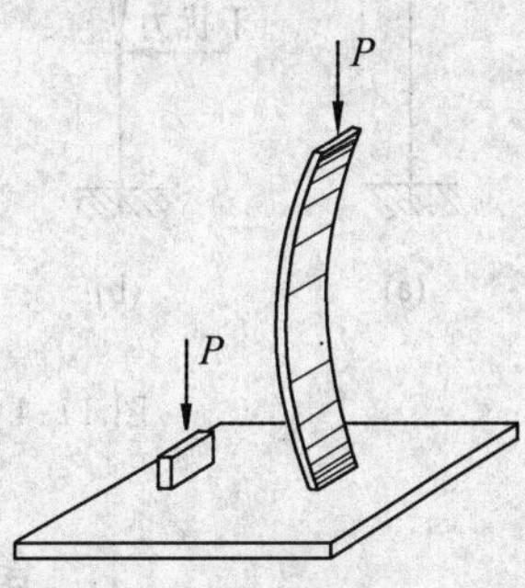

图 11-1

工程中，一些受压构件，如简易起重机的起重臂(图 11-2)、螺旋千斤顶的螺杆(图 11-3)等。它们的失效通常就是由于构件失稳引起的。

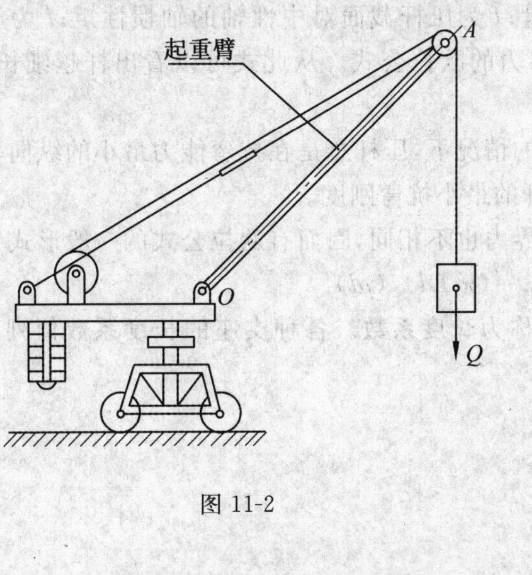

图 11-2

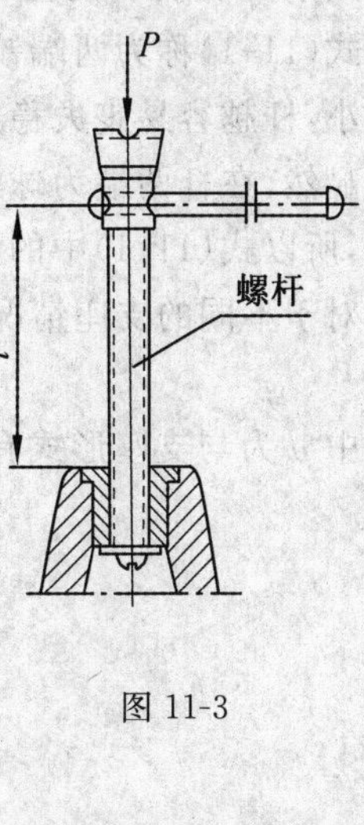

图 11-3

为了进一步建立压杆稳定的概念，现以一端受有轴向压力 **P** 的细长直杆为例，如图 11-4(a)所示。当力 **P** 较小时，若使杆的横向受一微小干扰力作用，如图 11-4(b)，杆将发生微小的弯曲变形，当干扰力消失后，杆的弯曲变形亦随即消失，杆恢复到原来的直线平衡状态。这说明压杆原有的直线形状的平衡是稳定的。当压力 **P** 逐渐增加到某一极限 ***Pcr*** 时，压杆的直线平衡变为不稳定，此时，如果再使杆横向受一微小干扰力作用，杆产生的弯曲变形在干扰力除去后依然存在，杆将不能恢复到原来的直线形状如图 11-4(c)所示，我们称极限值 ***Pcr*** 为**临界力**。

当轴向压力 **P**<***Pcr*** 时，压杆的平衡是稳定的；当 **P**≥***Pcr*** 时，压杆的平衡是不稳定的。因此，临界力就是使压杆失稳的最小轴向压力。

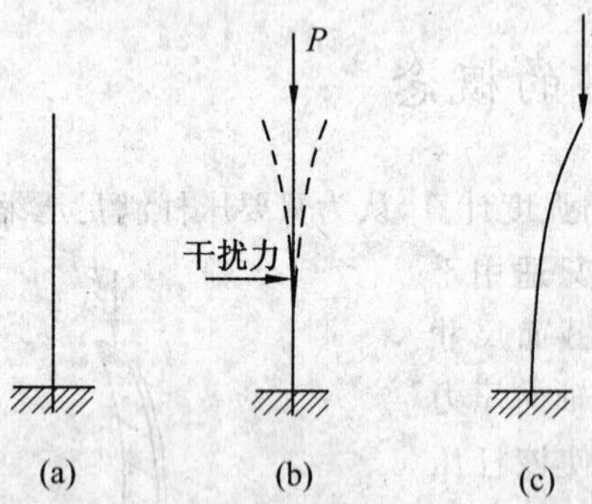

图 11-4

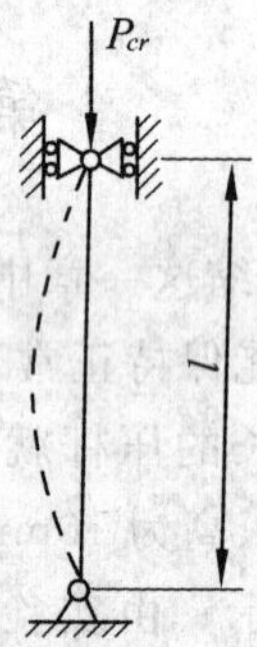

图 11-5

第二节 细长压杆的临界力

临界力是判断压杆是否失稳的依据。对于两端为铰链支座的细长压杆(图 11-5)，当杆横截面上的正应力不超过材料的比例极限 σ_p 时，临界力 ***Pcr*** 由理论推导可得

$$P_{cr}=(\pi^2 EI)/\ l^2 \quad (11\text{-}1)$$

式中 E 为材料的拉(压)弹性模量；I 为压杆截面对中性轴的轴惯性矩；l 为压杆的长度。式(11-1)称为两端铰支压杆临界力的欧拉公式。从此式可以看出杆越细长，其临界力越小，杆越容易丧失稳定。

显然，在杆两端为球式铰链支座的情况下，压杆总是在抗弯能力最小的纵向平面内弯曲的，所以式(11-1)中的 EI 应为压杆的最小抗弯刚度。

对于不同的支座情况，压杆的临界力也不相同，因而有欧拉公式的一般形式

$$P_{cr}=(\pi^2 EI)/(\mu l)^2 \quad (11\text{-}2)$$

中 μ 为与支座形式有关的系数，称为**长度系数**。各种支座的长度系数值列于表 11-1 中。

表 11-1　　　　**各种支座的 μ 的值**

支承方式	**两端铰链**	**一端固定 另一端自由**	**两端固定**	**一端固定 另一端铰链**
结构简图	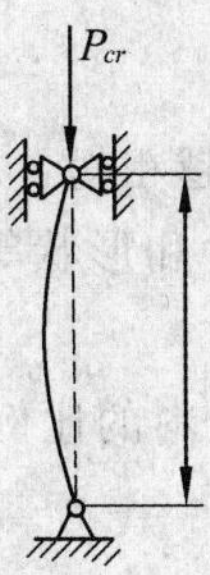	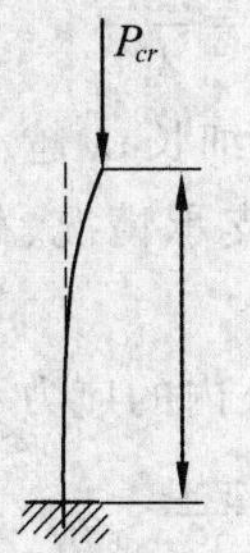	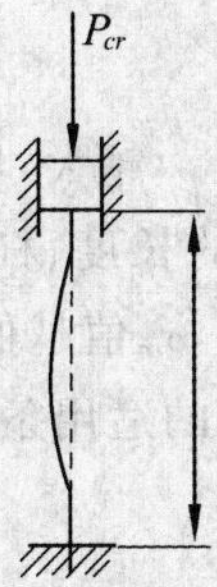	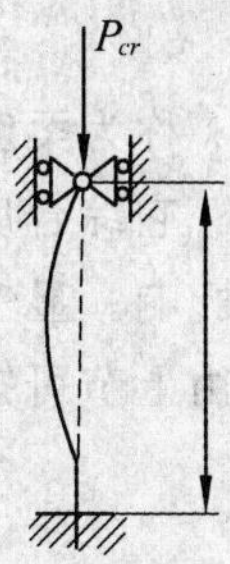
$\boldsymbol{\mu}$	1	2	$\frac{1}{2}$	$\frac{2}{3}$

【例 11-1】试用欧拉公式求图 11-6 所示圆截面杆的临界力。已知杆的材料为 Q_{235} 钢，$l=500\text{mm}$，$d=7\text{mm}$，$E=2.06\times10^5\text{MPa}$.

解：由于杆两端铰支，故 $\mu=1$。$I=\pi d^4/64$，由公式(11-2)得杆的临界力

$$P_{cr}=(\pi^2EI)/(\mu l)^2=\frac{\pi^2E(\pi d^4/64)}{(\mu l)^2}$$

$$=\frac{\pi^2\times2.06\times10^5\times\pi\times7^4}{(1\times500)^2\times64}=958.5\text{N}$$

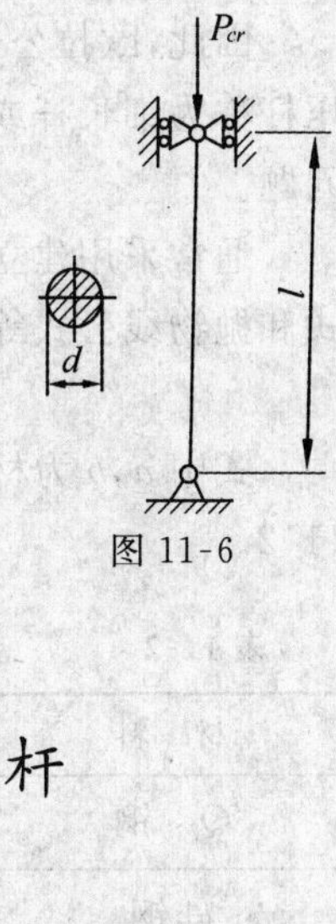

图 11-6

第三节　欧拉公式的适用范围非细长杆临界应力的经验公式

实践表明，细长压杆的临界力可以用欧拉公式来计算。对于较粗短的压杆，用欧拉公式计算出的临界力与实际情况不符合。因此，需要进一步探讨欧拉公式的适用范围。

为了便于研究，我们将单位面积上的临界力 $\boldsymbol{P_{cr}}$ 称为**临界应力**，以 $\boldsymbol{\sigma_{cr}}$ 表示，则

$$\sigma_{cr}=\frac{P_{cr}}{A}=\frac{\pi^2EI}{(\mu l)^2A} \tag{a}$$

设

$$i=\sqrt{\frac{I}{A}} \tag{b}$$

i 称为压杆截面的**惯性半径**，其单位为毫米(mm)。

将式(b)代入式(a)得

$$\sigma_{cr}=\frac{\pi^2 E i^2}{(\mu l)^2} \tag{c}$$

令 $\lambda=\frac{\mu l}{i}$并代入(c)式得

$$\sigma_{cr}=\frac{\pi^2 E}{\lambda^2} \tag{11-3}$$

式中 λ 称为**柔度**或长细比。λ 越大，压杆越细长；λ 越小，压杆越粗短。λ 是一个没有量纲的量。它综合反映了压杆的长度、杆两端支承情况、截面尺寸和形状等因素对临界应力 σ_{cr} 的影响。显然，杆越细长，σ_{cr} 值越低。

由上节可知，欧拉公式的适用条件为杆内的应力不超过材料的比例极限 σ_p，所以应有

$$\sigma_{cr}=\frac{\pi^2 E}{\lambda^2}\leqslant\sigma_p$$

由上式可以求出对应于比例极限的柔度

$$\lambda_p=\pi\sqrt{\frac{E}{\sigma_p}} \tag{11-4}$$

因此，欧拉公式的适用范围可以由 λ_p 来说明。当 $\lambda\geqslant\lambda_p$ 时，欧拉公式才能适用。这类压杆称为细长杆或大柔度杆；当 $\lambda<\lambda_p$ 时，欧拉公式不再适用，这类问题属于非弹性稳定问题。

通常采用建立在试验基础上的经验公式来计算临界应力，常用的经验公式为直线公式和抛物线公式等，本书仅介绍直线公式，其表达式为

$$\sigma_{cr}=a-b\lambda \tag{11-5}$$

式中 a，b 为材料力学性能有关的常数，其单位为 MPa，一些常用材料的 a，b 值见表 11-2。

表 11-2　　几种常见材料的 a，b 值

材　料	a/MPa	b/MPa	λ_p	λ_s
Q_{235} 钢	304	1.12	100	62
硅钢	577	3.74	100	60
铬钼钢	980	5.29	55	0
硬铝	372	2.14	50	0
铸铁	331.9	1.453		
松木	39.2	0.199	59	0

经验公式也有其适用范围，即临界应力不应超过材料的压缩极限应力。这是由于当临界应力达到压缩临界应力时，压杆已因强度不足而失效。对于有塑性材料制成的压杆，其临界应力不允许超过材料的屈服点应力 σ_S，即

$$\sigma_{cr}=a-b\lambda\leqslant\sigma_S$$

令
$$\lambda_S=\frac{a-\sigma_S}{b} \tag{11-6}$$
得
$$\lambda \geqslant \lambda_S$$

式中 λ_S 表示当临界应力等于材料的屈服点应力时压杆的柔度值。因此，直线公式的适用范围为

$$\lambda_S \leqslant \lambda < \lambda_P$$

一般把柔度值在 λ_S 和 λ_P 之间的压杆称为中柔度杆或中长杆。柔度小于 λ_S 的压杆称为小柔度杆或粗短杆。

小柔度杆的失效是因强度不足造成的，如果将这类压杆也作为稳定问题的形式处理，则对于由塑性材料制成的压杆，其临界应力为 $\sigma_{cr}=\sigma_S$。

综上所述，压杆按柔度可分为三类，并分别由不同方法计算临界应力。当 $\lambda \geqslant \lambda_p$ 时，压杆为大柔度杆（细长杆），应用欧拉公式计算临界应力；当 $\lambda_S \leqslant \lambda < \lambda_p$ 时，压杆为中柔度杆（中长杆），应用直线公式计算临界应力；当 $\lambda < \lambda_S$ 时，压杆为小柔度杆（粗短杆），临界应力为压缩时的极限应力。

【例 11-2】如图 11-7 所示的矩形截面杆，其中 $b=40\text{mm}$，$h=60\text{mm}$，长度 $l=2400\text{mm}$。杆的材料为 Q_{235} 钢，$E=2.06\times10^5\text{MPa}$。试求杆的临界力。

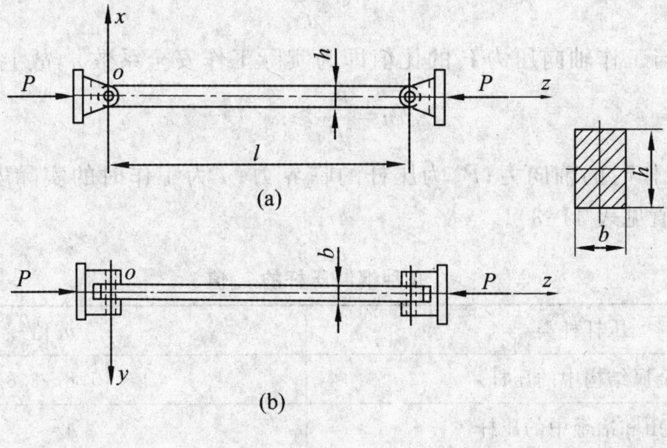

图 11-7

解：压杆在 Oxz 平面内弯曲时，两端为铰支。在 Oyz 平面内弯曲时，两端可视为固定。显然，在这两平面内临界力如不相等，则其中较小者即为此压杆的临界力。

(1)计算压杆在 Oxz 平面内弯曲时的临界力 P_{cr1}

惯性半径为

$$i_1=\sqrt{\frac{I_1}{A}}=\sqrt{\frac{bh^3}{12}/(bh)}=\sqrt{\frac{h^2}{12}}=\sqrt{\frac{6^2}{12}}=\sqrt{3}\text{cm}$$

柔度为
$$\lambda_1=\frac{\mu_1 l}{i_1}=\frac{1\times240}{\sqrt{3}}=139>100$$

故临界力由欧拉式确定，其值为

$$P_{cr1}=\frac{\pi^2 EA}{\lambda_1^2}=\frac{\pi^2\times 2.06\times 10^5\times 40\times 60}{139^2}=253\text{kN}$$

(2)计算压杆在 Oyz 平面内弯曲时的临界力 P_{cr2} 惯性半径为

$$i_2=\sqrt{\frac{I_2}{A}}=\sqrt{\frac{hb^3}{12}/(bh)}=\sqrt{\frac{b^2}{12}}=\sqrt{\frac{4^2}{12}}\text{cm}$$

柔度为
$$\lambda_2=\frac{\mu_2 l}{i_2}=\frac{0.5\times 240}{\frac{2}{3}\sqrt{3}}=104>100$$

故临界力由欧拉式确定，其值为

$$P_{cr2}=\frac{\pi^2 EA}{\lambda_2^2}=\frac{\pi^2\times 2.06\times 10^5\times 40\times 60}{104^2}=451\text{kN}$$

(3)比较 P_{cr1} 及 P_{cr2} 值可知，此压杆的临界力应为 $P_{cr}=253\text{kN}$。

第四节　压杆的稳定校核

为了保证压杆能安全正常地工作，必须使压杆所承受的工作轴向压力 $\boldsymbol{P}$ 小于临界力 $\boldsymbol{P}_{cr}$。同时，考虑到在稳定方面还应有一定的安全储备，因此，**压杆的稳定条件**为

$$P\leqslant\frac{P_{cr}}{n_{st}}$$

由于临界力 $\boldsymbol{P}_{cr}$ 与工作轴向压力 $\boldsymbol{P}$ 的比值即为实际工作安全系数 n，故上式可写为

$$n=\frac{P_{cr}}{P}\geqslant n_{st} \tag{11-7}$$

P 为压杆工作时的轴向力；P_{cr} 为压杆的临界力；n 为工作时的实际安全系数；n_{st} 为稳定安全系数(其值见表 11-3)。

表 11-3　　几种钢制压杆的 n_{st} 值

压杆种类	n_{st} 值
金属结构中的压杆	1.8～3.8
矿山和冶金中的压杆	4～8
机床的丝杆	2.5～4
水平长丝杆或精密丝杆	>4
磨床油缸活塞杆	4～6

【例 11-3】图 11-8(a)所示托架中的 AB 杆，直径 $d=40\text{mm}$，两端可视为铰支，材料为 Q_{235} 钢。试求：(1)AB 杆的临界力 $\boldsymbol{P}_{cr}$；(2)若已知作用在 D 处的工作载荷 $Q=70\text{kN}$，AB 杆的稳定安全系数 $n_{st}=2$，试校核 AB 杆的稳定性。$E=2.06\times 10^5\text{MPa}$。

解：(1)确定 AB 杆的临界力 $\boldsymbol{P}_{cr}$

由图可知 AB 杆长为

$$l=\frac{600}{\cos 45^\circ}=849\text{mm},\quad i=\frac{d}{4}=10\text{mm}$$

柔度为 $$\lambda=\frac{\mu l}{i}=\frac{1\times 849}{10}=84.9<100$$

故用经验公式求临界力

$$P_{cr}=(a-b\lambda)A=(304-1.12\times 84.9)\times 1256.6=262.5\text{kN}$$

(2)核算 AB 杆的稳定性

取 CD 杆为研究对象，其受力图如图 11-8(b)所示，B 点处的反力 $\boldsymbol{P}_{AB}$ 可由力矩方程求得

$$\sum M_C(F)=0,\quad P_{AB}\times 60\sin 45^\circ-90\text{Q}=0,\quad P_{AB}=148.5\text{kN}$$

AB 杆所受的压力，其大小等于 P_{AB}，故 AB 杆的实际安全系数

$$n=P_{cr}/P_{AB}=1.58<2$$

故 AB 杆稳定性不够。

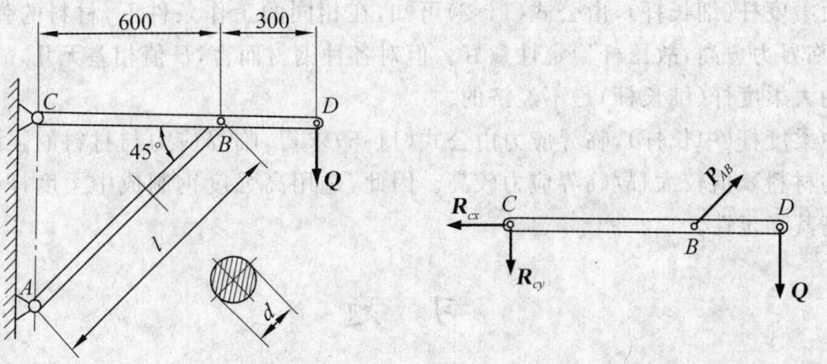

图 11-8

第五节　提高压杆稳定性的途径

通过前几节的讨论可知，为了提高压杆的稳定性，即提高压杆的临界力，可以从减小压杆的柔度 λ 和合理选用压杆材料两方面进行考虑。

一、减小柔度 λ

在压杆截面面积一定的情况下，就尽量使材料远离截面的中性轴，以增大截面的轴惯性矩 I(或惯性半径 i)，减小柔度 λ。如图 11-9(a)所示。这样做可提高压杆的临界力。

对在两个纵向平面内杆端约束情况相同的压杆，为使其在两个平面内的稳定性相同，就使横截面的最大和最小轴惯性矩接近相等，即 $I_{max}\approx I_{min}$。例如，两槽钢组合的压杆，采用图 11-9(b)所示的组合形式，其稳定式要比图 11-9(c)所示的形式好。

在结构允许时，可改变压杆的约束条件，设法加固支座，减小长度系数 μ；或适当增加杆的中间支承，使压杆的计算长度减小，这样做都能减小柔度，从而提高压杆的临界力。

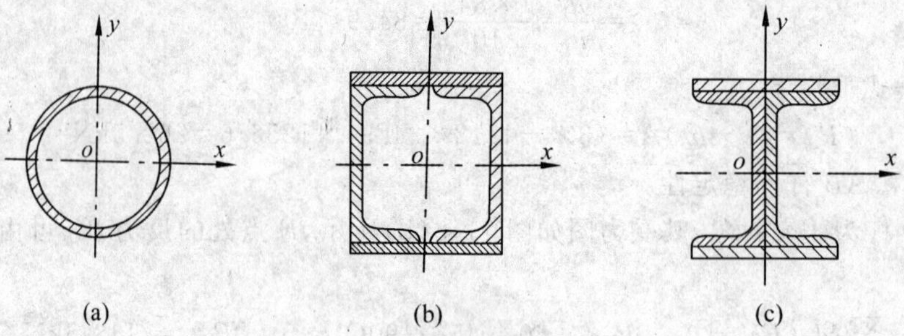

图 11-9

二、合理地选用压杆材料

对大柔度杆(细长杆),由公式(11-2)可知,在相同的工作条件下,材料的弹性模量 E 愈大,则临界力愈高,故压杆稳定性愈好。但对各种钢材而言,E 值相差无几,故选用合金钢制成的大柔度杆(细长杆)是不经济的。

对中柔度杆(中长杆),临界应力由公式(11-5)求得,临界应力与材料的强度有关,强度较高的材料 a 值较大,故临界应力较高。因此,选用高强度钢制成中柔度杆(中长杆),可以提高其稳定性。

习　题

11-1　(1)长为 l_1 的细长压杆,其临界力 P_{cr1},若其他条件不变,而长度增加一倍,即 $l_2=2\,l_1$,问 P_{cr2} 是 P_{cr1} 的几倍?

(2)直径为 d_1 的圆截面细长压杆,其临界力为 P_{cr1},若其他条件不变,而直径增加一倍,即 $d_2=2\,d_1$,设它的临界力为 P_{cr2},问 P_{cr2} 是 P_{cr1} 的几倍?

11-2　两端为球铰的压杆,当其横截面为图示各种不同形状时,试分析压杆将会在哪个平面内失稳(即失稳时,压杆绕哪一根轴转动)?

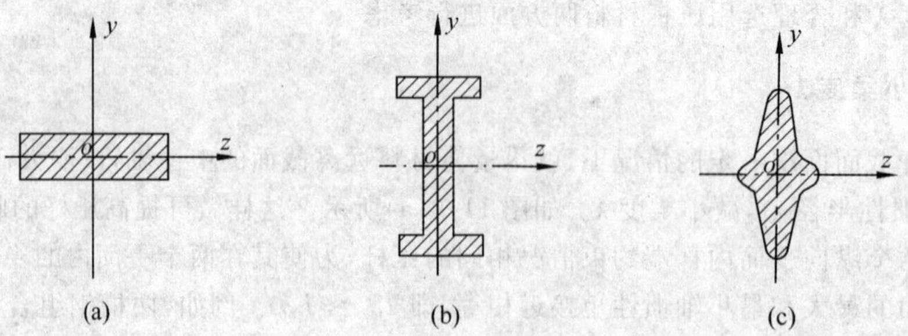

题 11-2 图

11-3　一细长的压杆,材料为 Q_{235} 钢。如图所示,杆的截面为矩形,$h=4\text{cm}$,$b=2\text{cm}$,长度 $l=100\text{cm}$。杆的一端固定,另一端自由。试计算此压杆的临界力。$E=2\times10^5\,\text{MPa}$。

11-4　试求如图所示之千斤顶螺杆的实际安全系数，已知其最大承重 $P=100\text{kN}$，内径 $d_1=52\text{mm}$，长度 $l=70\text{cm}$，材料为 Q_{235} 钢，螺杆的下端可以认为固定，上端可以认为是自由的。$E=2.06\times10^5\text{MPa}$。

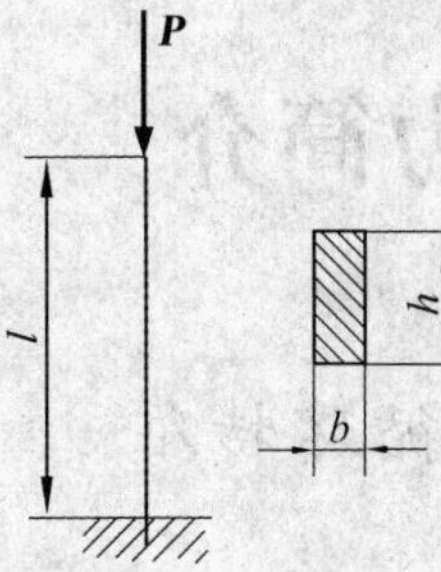

题 11-3 图

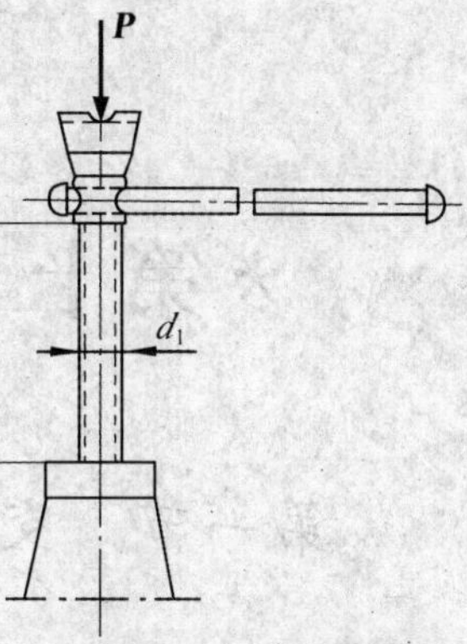

题 11-4 图

11-5　压缩机的活塞杆，两端可视为铰链支座，受活塞传来的轴向压力 $P=100\text{kN}$ 的作用，活塞杆的长度 $l=1000\text{mm}$，直径 $d=50\text{mm}$。材料为硅钢，稳定安全系数 $n_{st}=4$，试校核活塞杆的稳定性。

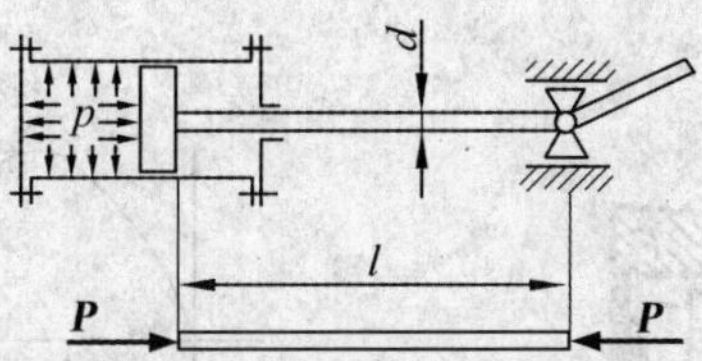

题 11-5 图

11-6　为提高圆截面细长压杆的稳定性，若分别采用如下措施：(1)材料由普通碳钢改为合金钢；(2)截面面积不变，但由实心改为空心；(3)增大直径；(4)减小压杆两支承间的长度。你认为哪些措施的效果较好？

*第十二章　交变应力简介

第一节　交变应力的概念及其循环特征

一、交变应力的概念

在前面各章讨论的强度问题中，构件内的应力都是作为静应力（不随时间而变化的应力）来考虑的。实际上，机器中有许多构件在工作时内部的应力是随时间而变化的。在如图 12-1 中的火车轮轴，虽然所受的荷载没有发生变化，但由于轮轴在旋转，因而使轮轴横截面上各点（除轴心外）的弯曲正应力随时间作周期性的变化。这种随时间作周期性变化的应力，称为**交变应力**。

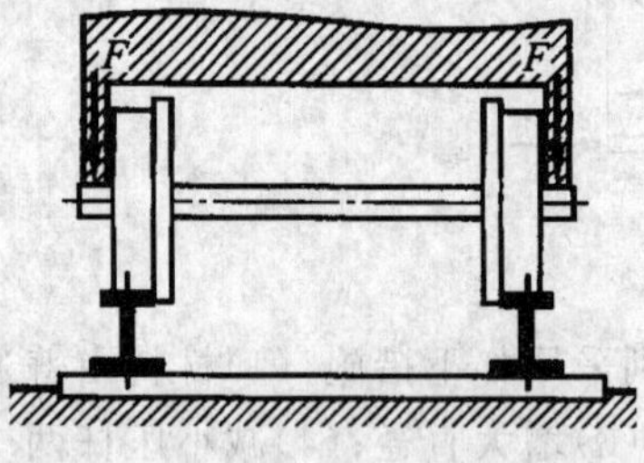

图 12-1

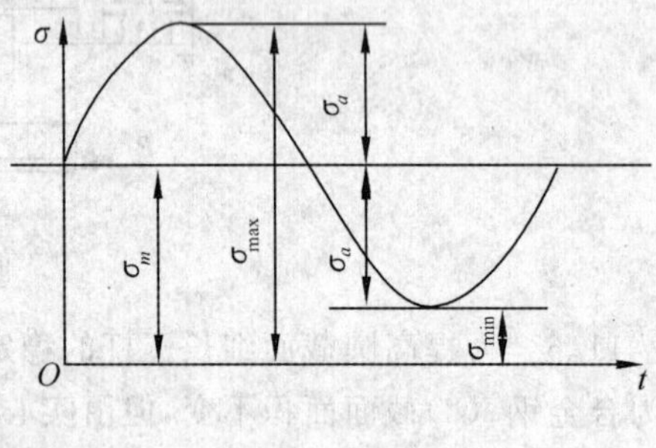

图 12-2

二、交变应力的循环特征

为了清楚地看出交变应力的变化规律，将应力 σ 随时间 t 变化的情况绘成图形，称为 σ—t 曲线（图 12-2）。曲线上最高点的纵坐标为最大应力 σ_{max}，最低点的纵坐标为最小应力 σ_{min}，应力重复变化一次的过程称为一个应力循环。

交变应力的变化特点，通常用最小应力 σ_{min} 与最大应力 σ_{max} 的比值 r 来表示；r 称为**交变应力的循环特征**。即

$$r=\sigma_{min}/\sigma_{max} \qquad (12\text{-}1)$$

需要注意的是，为了保证 $|r|\leqslant1$，当 $|\sigma max|<|\sigma min|$ 时，

$$r=\sigma_{max}/\sigma_{min} \tag{12-2}$$

在工程实际中，通常将交变应力归纳成如下三种类型：

1. 对称循环应力

应力循环中的 $\sigma_{max}=-\sigma_{min}$；循环特征 $r=-1$ 。

2. 脉动循环应力

应力循环中的 $\sigma_{min}=0$，$\sigma_{max}>0$，或 $\sigma_{max}<0$ ；循环特征 $r=0$

3. 不变应力

不变应力就是静应力；循环特征 $r=+1$。

在交变应力中，除循环特征 $r=-1$ 时称为对称循环的交变应力外，其他的统称为非对称循环的交变应力。

对于剪应力情况下的交变应力，以上概念完全适用，只需将 σ 改为 τ 就可以了。

第二节　疲劳破坏

构件在交变应力下的破坏情况与静应力下的破坏情况截然不同。在交变应力下，构件内的最大应力虽然低于材料的屈服极限，但经过长期重复后，也会突然发生脆性断裂（即断裂前没有明显的塑性变形）。这种破坏现象习惯上称为**疲劳破坏**。

经大量的实践、研究，认为疲劳破坏的原因是：当交变应力中的最大应力达到某一数值时（此时的最大应力远低于材料在静载荷下的极限应力），经过一定的应力循环次数后，首先在构件中最大应力处或材料有缺陷的地方，出现极细微的裂纹，这就是裂纹的起源（简称裂纹源）。在裂纹的尖端有严重的应力集中。因而随着应力循环次数的增加，裂纹逐渐扩展，以致使构件截面不断削弱。当裂纹扩展到一定程度时，在偶然的震动或冲击下，构件就会沿削弱了的截面突然发生脆性断裂。

图 12-3 为轴的疲劳破坏断口的照片。由图可见，破坏的断口明显的有三个区域：疲劳源，光滑区域（裂纹扩展区）和颗粒状区域（断裂区）。这是因为，在裂纹的形成和扩展过程中，裂纹两侧的材料时而分开、时而压紧，不断反复，因而形成光滑区。至于粗糙的颗粒状区域，则是最后突然发生脆性断裂时形成的。

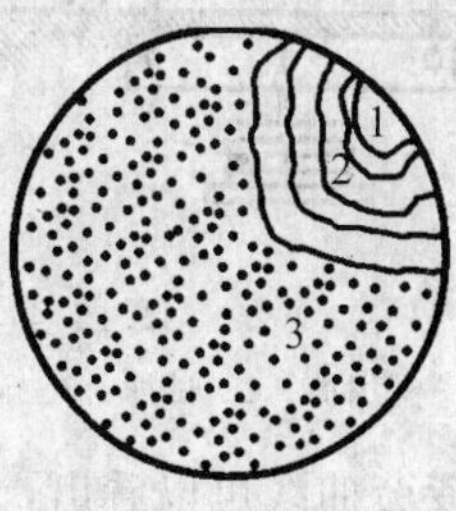

图 12-3

1-裂纹源　2-裂纹扩展区　3-断裂区

疲劳破坏通常是在机器工作过程中突然发生。由于事先没有明显的预兆，故很容易造成事故。在现代工业生产中，机器运转速度不断提高，在损坏的机器零件中，疲劳破坏占很大比例。因此研究材料抵抗疲劳破坏的性能是十分重要的。

第三节　材料的持久极限及其测定

前面提到，在交变应力下工作的构件，即使其最大应力低于材料的屈服极限，仍有可能发生疲劳破坏。可见，构件在静应力下的机械性质，已不能作为交变应力下强度计算的依据。因此，必须测定在交变应力下材料的极限应力。

实验表明，在交变应力下，要经过一定次数的应力循环，试件才会发生疲劳破坏。而且，应力循环中的最大应力越大，试件破坏前，经历的循环次数就越少；反之，最大应力越小，破坏前经历的循环次数就越多。当最大应力减小到某一极值后，试件可经历无限多次循环而不发生疲劳破坏。最大应力达这一极限值，称为**材料的持久极限**(或疲劳极限)，通常用 σ_r(下标 r 表示循环特征)表示。同一材料在不同的循环特征下，其持久极限是不同的，对称循环下的持久极限 σ_{-1} 为最低。

材料的持久极限是通过试验来测定的，这种试验成为疲劳试验。下面通过弯曲疲劳试验来说明持久极限的测定方法。

将材料做成中部直径为 7～10mm、表面磨光的试件(通常称为光滑小试件)。每组试验需试件 6～10 根。实验时将试件装夹在疲劳试验机夹头上，如图 12-4 所示。试件与电动机以相同的转速旋转，并通过砝码对试件施加荷载，于是试件中的中间部分承受对称循环的交变应力。试件每旋转一周，其横截面上各点经受一次应力循环。当试件断裂后，电动机自动停转。断裂前，试件的旋转次数，可由计数器读出。调整荷载，依次逐步降低各试件的最大应力值，逐根进行疲劳试验，记下各根试件的最大应力数值和断裂时的循环次数。若以最大应力 σ_{max} 为纵坐标，以断裂时的循环次数 N 为横坐标，将一组试件的试验结果绘成一条曲线，成为疲劳曲线。图 12-5 所示为钢的疲劳曲线。

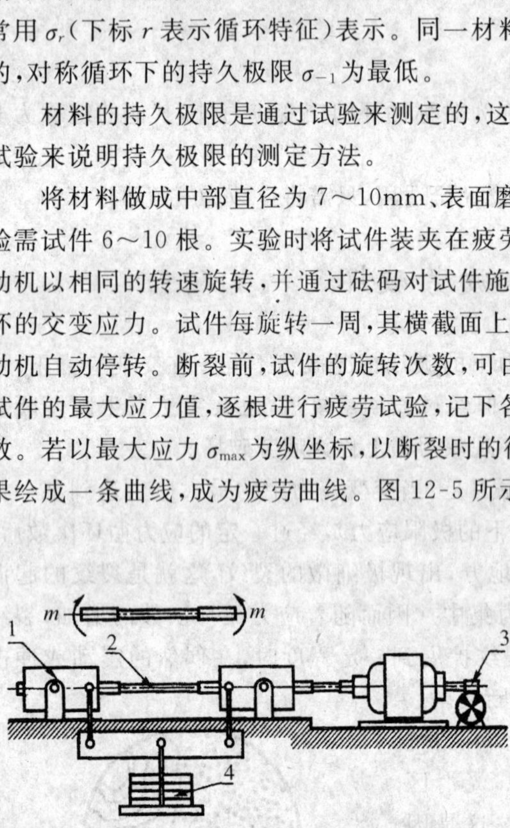

图 12-4

1—支撑筒　2—试样　3—计数器　4—砝码

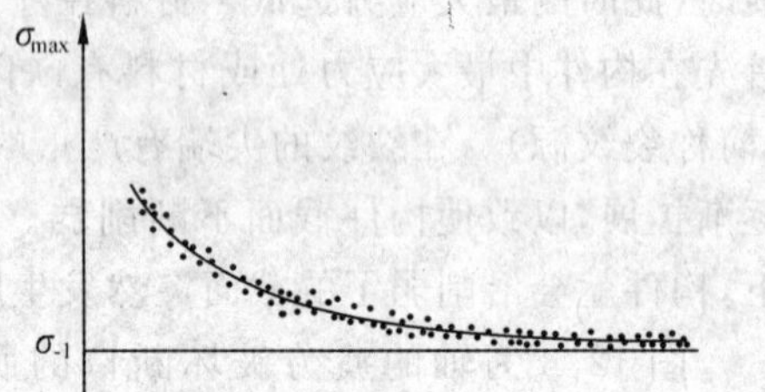

图 12-5

由疲劳曲线可以看出，试件断裂前所能经受的循环次数 N，随 σ_{max} 的减小而增加，当 σ_{max} 降低到一定数值时，曲线接近于水平，这说明，在此应力下，循环次数无限增加，试件不会发生疲劳破坏。故此应力数值就是材料的持久极限 σ_{-1}。实验表明，对于钢试件，如果试件经过 10^7 次应力循环还不破坏时，则继续试验下去，就不会发生疲劳破坏。故 $N=10^7$ 次应力循环所对应的最大应力值就是钢的持久极限 σ_{-1}。

第四节　影响持久极限的主要因素

由前节可知，材料的持久极限是用光滑小试件通过试验测定的。而工程中的实际构件，由于工作的需要，其结构形状、尺寸大小、表面加工质量等一般与试件不同。因此在对具体构件进行强度计算时，必须考虑上述因素对持久极限的影响。下面具体介绍影响持久极限的几个主要因素。

1. 应力集中的影响

由于实用上的需要，机器中的构件常需钻孔、开槽、切制螺纹等，构件的某些截面发生突变，以致产生应力集中。经过一定时间的工作后，构件便在应力集中处产生疲劳裂纹，从而使构件的持久极限降低。通常用有效应力集中系数 K_σ(下标 σ 表示正应力)来表示应力集中对持久极限的影响程度。

实验表明，应力集中现象越严重，构件的持久极限就越低。因此在构件截面尺寸急剧改变处，应尽可能采用较大的圆角过渡，以减少应力集中程度，提高构件的持久极限。

2. 尺寸大小的影响

材料的持久极限是用直径为 7～10mm 的光滑小试件测定的。实验表明，当试件尺寸增大时，持久极限相应地降低。这是因为，试件的尺寸越大，材料所包含的杂质、缺陷也相应地增多，出现疲劳裂纹的可能性就越大，故持久极限也降低。其影响用尺寸系数 ε_σ 表示。

3. 表面加工质量的影响

构件表面上的刀纹、伤痕等都会引起应力集中，所以随着表面光洁度的降低，持久极限也要降低。

实验表明，强度极限越高的材料，对应力集中越敏感，故表面加工情况对持久极限的影响也越显著。其影响用表面质量系数 β 表示。

对承受交变应力的构件，若提高表面光洁度，以及在使用中避免构件表面受损伤，也可提高其持久极限，这对高强度钢尤为显著。另外对构件的表面采用强化处理(喷丸、滚压、渗碳、渗氮和液体碳氮共渗等)，也可提高其持久极限。

综合考虑上述三种因素的影响，构件在弯曲和拉伸对称循环时的持久极限应为

$$\sigma_{-1构}=(\varepsilon_\sigma\beta/K_\sigma)\sigma_{-1} \tag{12-3}$$

选定适当的安全系数 n 后，可得构件在交变应力下的许用应力为

$$[\sigma_{-1构}]=\sigma_{-1构}/n=[\varepsilon_\sigma\beta/(nK_\sigma)]\sigma_{-1} \tag{12-4}$$

构件在交变应力下的强度计算，仍可按静应力下的强度计算方法进行，但许用应力的数值应按公式(12-4)确定。

附录A　简单几何形状物体的重心或形心位置

简单几何形状物体		重心或形心位置
三角形	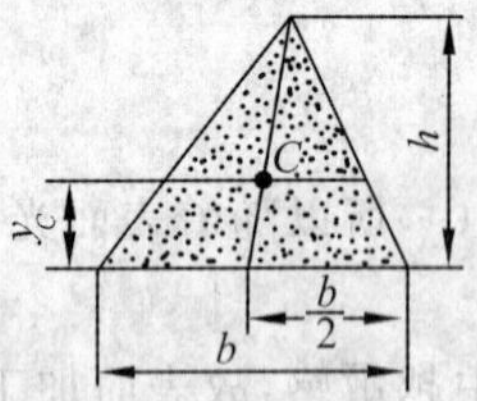	在中线的交点 $y_C=\frac{1}{3}h$
梯形	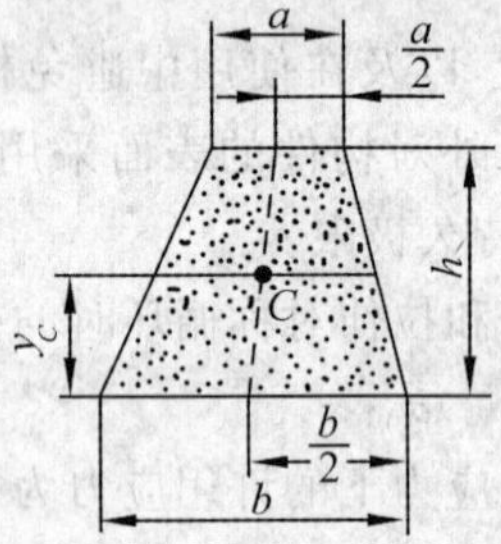	$y_C=\frac{h(2a+b)}{3(a+b)}$
弓形	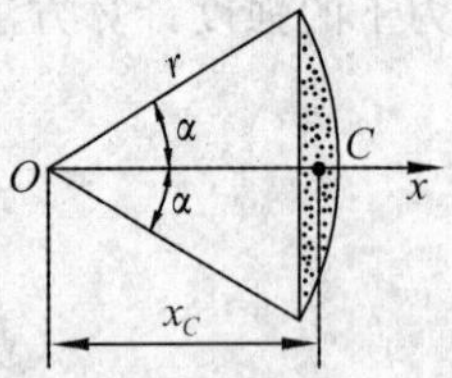	$x_C=\frac{2}{3}\frac{r^3\sin^3\alpha}{A}$ $\left[\text{面积 } A=\frac{r^2(2\alpha-\sin2\alpha)}{2}\right]$
扇形	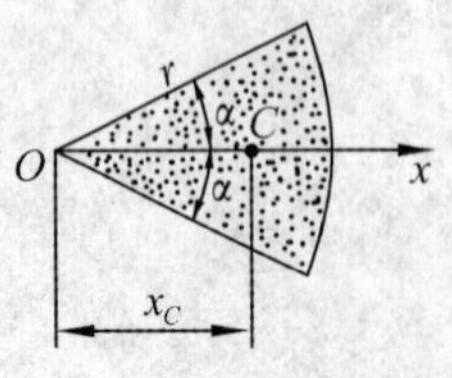	$x_C=\frac{2}{3}\frac{r\sin\alpha}{\alpha}$ 对于半圆 $\alpha=\frac{\pi}{2}$，则 $x_C=\frac{4r}{3\pi}$

续表

部分圆环 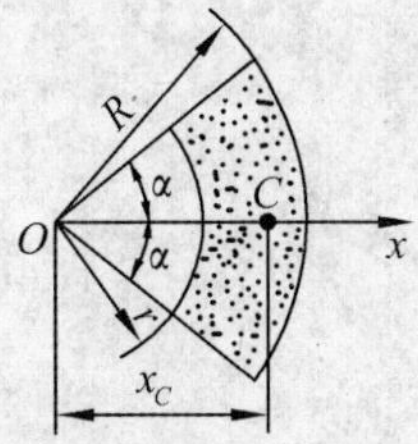	$x_C=\frac{2}{3}\frac{R^3-r^3\sin\alpha}{R^2-r^2\alpha}$
抛物线面 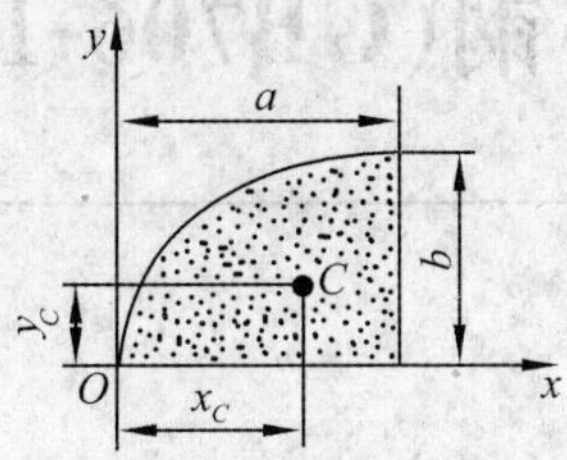	$x_C=\frac{3}{5}a$ $y_C=\frac{3}{8}b$
抛物线面 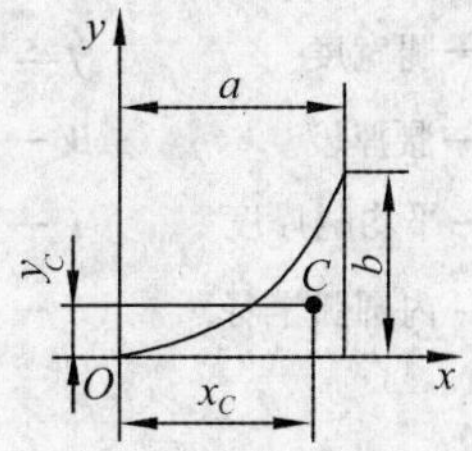	$x_C=\frac{3}{4}a$ $y_C=\frac{3}{10}b$
半圆球 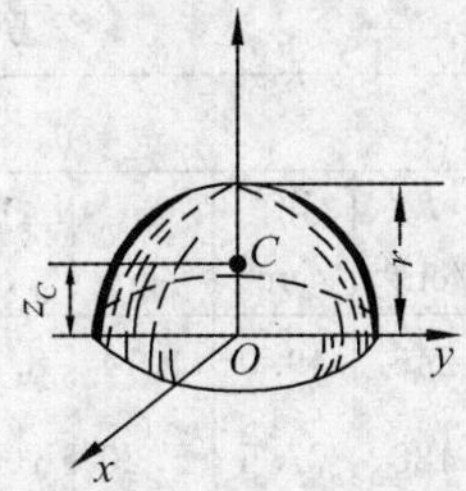	$z_C=\frac{3}{8}r$
正圆锥体 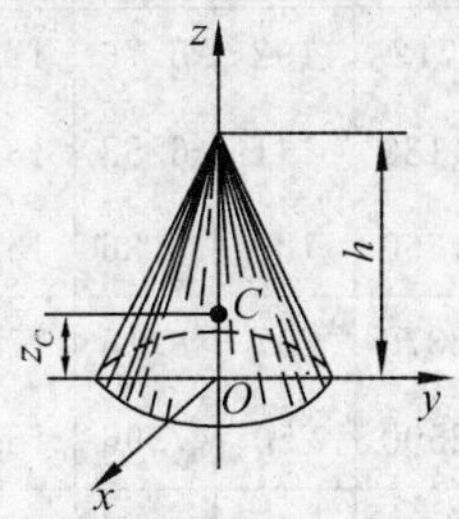	$z_C=\frac{1}{4}h$
正角锥体 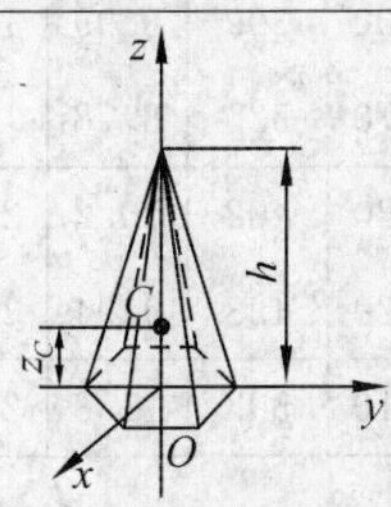	$z_C=\frac{1}{4}h$

附录 B　热轧工字钢(GB706-1988)

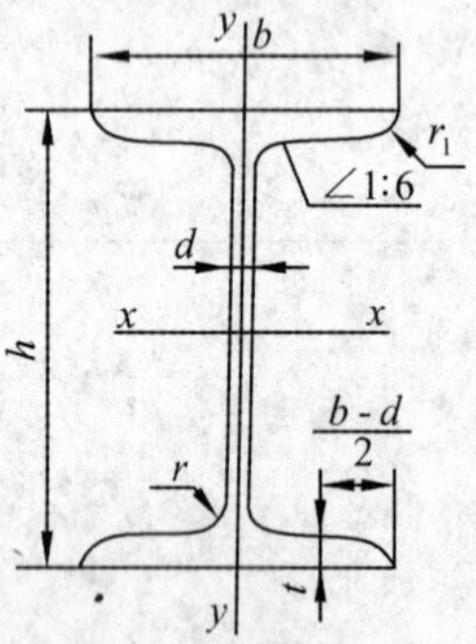

符号意义：h—高度　　　　　r_1—腿端圆弧半径

b—腿宽度　　　　　I—惯性矩

d—腰厚度　　　　　W—抗弯截面系数

t—平均腿厚度　　　i—惯性半径

r—内圆弧半径　　　S—半截面的静力矩。

型号	尺寸/mm						截面面积/cm²	理论重量/(kg/m)	参考数值						
									$x-x$				$y-y$		
	h	b	d	t	r	r_1			I_x /cm⁴	W_x /cm³	i_x /cm	$I_x : S_x$ /cm	I_y /cm⁴	W_y /cm³	i_y /cm
10	100	68	4.5	7.6	6.5	3.3	14.345	11.261	245	49.0	4.14	8.59	33.0	9.72	1.52
12.6	126	74	5.0	8.4	7.0	3.5	18.118	14.223	488	77.5	5.20	10.8	46.9	12.7	1.61
14	140	80	5.5	9.1	7.5	3.8	21.516	16.890	712	102	5.76	12.0	64.4	16.1	1.73
16	160	88	6.0	9.9	8.0	4.0	26.131	20.513	1130	141	6.58	13.8	93.1	21.2	1.89
18	180	94	6.5	10.7	8.5	4.3	30.756	24.143	1660	185	7.36	15.4	122	26.0	2.00
20a	200	100	7.0	11.4	9.0	4.5	35.578	27.929	2370	237	8.15	17.2	158	31.5	2.12
20b	200	102	9.0	11.4	9.0	4.5	39.578	31.069	2500	250	7.96	16.9	169	33.1	2.06
22a	220	110	7.5	12.3	9.5	4.8	42.128	33.070	3400	309	8.99	18.9	225	40.9	2.31
22b	220	112	9.5	12.3	9.5	4.8	46.528	36.524	3570	325	8.78	18.7	239	42.7	2.27
25a	250	116	8.0	13.0	10.0	5.0	48.541	38.105	5020	402	10.2	21.6	280	48.3	2.40
25b	250	118	10.0	13.0	10.0	5.0	53.541	42.030	5280	423	9.94	21.3	309	52.4	2.40
28a	280	122	8.5	13.7	10.5	5.3	55.404	43.492	7110	508	11.3	24.6	345	56.6	2.50

续表

28b	280	124	10.5	13.7	10.5	5.3	61.004	47.888	7480	534	11.1	24.2	379	61.2	2.49
32a	320	130	9.5	15.0	11.5	5.8	67.156	52.717	11100	692	12.8	27.5	460	70.8	2.62
32b	320	132	11.5	15.0	11.5	5.8	73.556	57.741	11600	726	12.6	27.1	502	76.0	2.61
32c	320	134	13.5	15.0	11.5	5.8	79.956	62.765	12200	760	12.3	26.3	544	81.2	2.61
36a	360	136	10.0	15.8	12.0	6.0	76.480	60.037	15800	875	14.4	30.7	552	81.2	2.69
36b	360	138	12.0	15.8	12.0	6.0	83.680	65.689	16500	919	14.1	30.3	582	84.3	2.64
36c	360	140	14.0	15.8	12.0	6.0	90.880	71.341	17300	962	13.8	29.9	612	87.4	2.60
40a	400	142	10.5	16.5	12.5	6.3	86.112	67.598	21700	1090	15.9	34.1	660	93.2	2.77
40b	400	144	12.5	16.5	12.5	6.3	94.112	73.878	22800	1140	16.5	33.6	692	96.2	2.71
40c	400	146	14.5	16.5	12.5	6.3	102.112	80.158	23900	1190	15.2	33.2	727	99.6	2.65
45a	450	150	11.5	18.0	13.5	6.8	102.446	80.420	32200	1430	17.7	38.6	855	114	2.89
45b	450	152	13.5	18.0	13.5	6.8	111.446	87.485	33800	1500	17.4	38.0	894	118	2.84
45c	450	154	15.5	18.0	13.5	6.8	120.446	94.550	35300	1570	17.1	37.6	938	122	2.79
50a	500	158	12.0	20.0	14.0	7.0	119.304	93.654	46500	1860	19.7	42.8	1120	142	3.07
50b	500	160	14.0	20.0	14.0	7.0	129.304	101.504	48600	1940	19.4	42.4	1170	146	3.01
50c	500	162	16.0	20.0	14.0	7.0	139.304	109.354	50600	2080	19.0	41.8	1220	151	2.96
56a	560	166	12.5	21.0	14.5	7.3	135.435	106.316	65600	2340	22.0	47.7	1370	165	3.18
56b	560	168	14.5	21.0	14.5	7.3	146.635	115.108	68500	2450	21.6	47.2	1490	174	3.16
56c	560	170	16.5	21.0	14.5	7.3	157.835	123.900	71400	2550	21.3	46.7	1560	183	3.16
63a	630	176	13.0	22.0	15.0	7.5	154.658	121.407	93900	2980	24.5	54.2	1700	193	3.31
63b	630	178	15.0	22.0	15.0	7.5	167.258	131.298	98100	3160	24.2	53.5	1810	204	3.29
63c	630	180	17.0	22.0	15.0	7.5	179.858	141.189	102000	3300	23.8	52.9	1920	214	3.27

附录 C　热轧槽钢(GB707-1988)

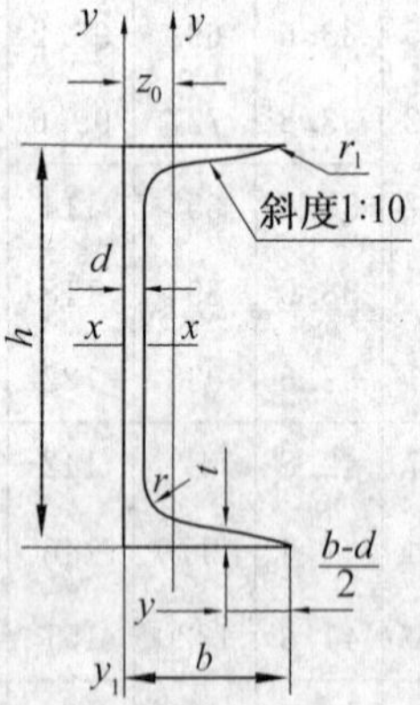

符号意义：h—高度；　　　　　r_1—腿端圆弧半径；

b—腿宽度；　　　　　I—惯性矩；

d—腰厚度；　　　　　W—抗弯截面系数；

t—平均腿厚度；　　　i—惯性半径；

r—内圆弧半径；　　　z_0—y-y轴与y_1-y_1轴间距。

型号	尺寸/mm						截面面积/cm²	理论重量/(kg/m)	参考数值							
									$x-x$			$y-y$			y_1-y_1	z_0 cm
	h	b	d	t	r	r_1			W_x /cm³	I_x /cm⁴	i_x /cm	W_y /cm³	I_y /cm⁴	i_y /cm	I_{y1} /cm⁴	
5	50	37	4.5	7	7.0	3.5	6.928	5.438	10.4	26.0	1.94	3.55	8.30	1.10	20.9	1.35
6.3	63	40	4.8	7.5	7.5	3.8	8.451	6.634	16.1	50.8	2.45	4.50	11.9	1.19	28.4	1.36
8	80	43	5.0	8	8.0	4.0	10.248	8.045	25.3	101	3.15	5.79	16.6	1.27	37.4	1.43
10	100	48	5.3	8.5	8.5	4.2	12.748	10.007	39.7	198	3.95	7.8	25.6	1.41	57.9	1.52
12.6	126	53	5.5	9	9.0	4.5	15.692	12.318	62.1	391	4.95	10.2	38.0	1.57	77.1	1.59
14^{a}_{b}	140	58	6.0	9.5	9.5	4.8	18.516	14.535	80.5	564	5.52	13.0	53.2	1.70	107	1.71
	140	60	8.0	9.5	9.5	4.8	21.316	16.733	87.1	609	5.35	14.1	61.1	1.69	121	1.67
16a	160	63	6.5	10	10.0	5.0	21.962	17.240	108	866	6.28	16.3	73.3	1.83	144	1.80
16	160	65	8.5	10	10.0	5.0	25.162	19.752	117	935	6.10	17.6	83.4	1.82	161	1.75
18a	180	68	7.0	10.5	10.5	5.2	25.699	20.174	141	1270	7.04	20.0	98.6	1.96	190	1.88
18	180	70	9.0	10.5	10.5	5.2	29.299	23.000	152	1370	6.84	21.5	111	1.95	210	1.84

续表

20a	200	73	7.0	11	11.0	5.5	28.837	22.637	178	1780	7.86	24.2	128	2.11	244	2.01
20	200	75	9.0	11	11.0	5.5	32.837	25.777	191	1910	7.64	25.9	144	2.09	268	1.95
22a	220	77	7.0	11.5	11.5	5.8	31.846	24.999	218	2390	8.67	28.2	158	2.23	298	2.10
22	220	79	9.0	11.5	11.5	5.8	36.246	28.453	234	2570	8.42	30.1	176	2.21	326	2.03
a	250	78	7.0	12	12.0	6.0	34.917	27.410	270	3370	9.82	30.6	176	2.24	322	2.07
25b	250	80	9.0	12	12.0	6.0	39.917	31.335	282	3530	9.41	32.7	196	2.22	353	1.98
c	250	82	11.0	12	12.0	6.0	44.917	35.260	295	3690	9.07	35.9	218	2.21	384	1.92
a	280	82	7.5	12.5	12.5	6.2	40.034	31.427	340	4760	10.9	35.7	218	2.33	388	2.10
28b	280	84	9.5	12.5	12.5	6.2	45.634	35.823	366	5130	10.6	37.9	242	2.30	428	2.02
c	280	86	11.5	12.5	12.5	6.2	51.234	40.219	393	5500	10.4	40.3	268	2.29	463	1.95
a	320	88	8.0	14	14.0	7.0	48.513	38.083	475	7600	12.5	46.5	305	2.50	552	2.24
32b	320	90	10.0	14	14.0	7.0	54.913	43.107	509	8140	12.2	59.2	336	2.47	593	2.16
c	320	92	12.0	14	14.0	7.0	61.313	48.131	543	8690	11.9	52.6	374	2.47	643	2.09
a	360	96	9.0	16	16.0	8.0	60.910	47.814	660	11900	14.0	63.5	455	2.73	818	2.44
36b	360	98	11.0	16	16.0	8.0	68.110	53.466	703	12700	13.6	66.9	497	2.70	880	2.37
c	360	100	13.0	16	16.0	8.0	75.310	59.118	746	13400	13.4	70.0	536	2.67	948	2.34
a	400	100	10.5	18	18.0	9.0	75.068	58.928	879	17600	15.3	78.8	592	2.81	1070	2.49
40b	400	102	12.5	18	18.0	9.0	83.068	65.208	932	18600	15.0	82.5	640	2.78	1140	2.44
c	400	104	14.5	18	18.0	9.0	91.068	71.488	986	19700	14.7	86.2	688	2.75	1220	2.42

参 考 文 献

1. 张秉荣,章剑青 . 工程力学 . 北京:机械工业出版社,1997
2. 谢传锋.静力学.北京:高等教育出版社,1999
3. 张三慧.力学.北京:清华大学出版社,1999
4. 冯立富等主编.理论力学.西安:陕西科学技术出版社,1996
5. 范钦珊.工程力学教程(1).北京:高等教育出版社,1998
6. 单辉祖.材料力学(1).北京:高等教育出版社,1999
7. 刘鸿文.简明材料力学. 北京:高等教育出版社,1997
8. 于光瑜,秦惠民.材料力学. 北京:高等教育出版社,1999
9. 张定华.工程力学. 北京:高等教育出版社,2001
10.《力学词典》编辑部.力学词典.北京:中国大百科全书出版社,1990
11. 老亮主编.中国古代材料力学史.长沙:国防科技大学出版社,1991
12. 徐秉业主编.身边的力学.北京:北京大学出版社,1997

图书在版编目(CIP)数据

工程力学/赵爱梅等主编. -2版. —济南:山东大学出版社,2009.1
ISBN 978-7-5607-3007-3 (2016.7重印)

Ⅰ.工...
Ⅱ.赵...
Ⅲ.工程力学-高等学校:技术学校-教材
Ⅳ.TB12

中国版本图书馆CIP数据核字(2005)第076720号

山东大学出版社出版发行
(山东省济南市山大南路27号 邮政编码:250100)
山东省新华书店经销
泰安农大印刷有限公司印刷
787×1092毫米 1/16 15印张 356千字
2009年1月第2版 2016年7月第7次印刷
定价:26.00元
购书电话:0531-88364808